圖解 新能源汽車 原理與構造

上百張全彩解剖插圖
專有名詞中英對照

張金柱 編著
臺北科技大學車輛工程系教授
車輛低碳能源與系統研發中心主任

黃國修 審定

U0546345

內容簡介

本書採用圖解的方式系統地介紹新能源汽車的原理與構造。全書分8章，分別介紹了新能源汽車的分類、馬達、電池，以及純電動汽車、混合動力汽車、燃料電池汽車、天然氣汽車和液化石油氣汽車的典型結構和原理。

本書內容系統全面，條理清晰，插圖直觀精美，語言簡明，實用性強，可作為學習新能源汽車技術的參考書、工具書，適合汽車行業的工程技術人員及相關專業的師生參考，還可供新能源汽車愛好者閱讀。

前 言
FOREWORD

自2015年起，中國新能源汽車產銷量已連續7年位居世界第一。新能源汽車種類繁多，結構複雜。電子技術、數位技術等的廣泛應用，使新能源汽車與傳統汽車有較大的差別。為幫助讀者在短時間內全面掌握新能源汽車基礎知識，本書採用圖解的方式介紹新能源汽車的組成、結構和工作原理等。本書選取廣受歡迎的新能源車型作為實例，如特斯拉純電動汽車、ID.4純電動汽車、etron純電動汽車、Corolla雙擎汽車、雅哥混合動力汽車、Mirai燃料電池汽車、奧迪A4天然氣汽車和Golf 液化石油氣汽車等。

《圖解新能源汽車原理與構造》是作者編寫的《圖解汽車原理與構造》一書的姊妹篇。本書保留了《圖解汽車原理與構造》的以下特色：

1. **完整性** 按照新能源汽車的分類，講解純電動汽車、混合動力汽車、燃料電池汽車、天然氣汽車和液化石油氣汽車等各種新能源汽車的結構特點。
2. **直觀性** 以簡圖、原理圖、解剖圖、分解圖等形式詳細介紹新能源汽車的組成系統、總成和零部件，使複雜的新能源汽車結構、原理一目瞭然。
3. **典型性** 精心挑選典型新能源車型的典型結構，如特斯拉純電動汽車、Corolla雙擎、Mirai燃料電池汽車等車型的結構。
4. **對應性** 插圖和專業詞彙相對應，以插圖引導專業詞彙，以令人賞心悅目、色彩絢麗的圖片搭配簡明、精准的專業詞彙解釋；英漢專業術語相對應，為讀者更好地學習和運用專業英語打下基礎。
5. **通俗性** 本書以圖解形式講述新能源汽車的原理與構造，即使無任何基礎也同樣可以學習，通俗直觀、易於掌握。

全書共分8章，分別介紹了新能源汽車的分類、馬達、電池和純電動汽車、混合動力汽車、燃料電池汽車、天然氣汽車、液化石油氣汽車。

本書可作為學習汽車技術的參考書、工具書，適合廣大汽車愛好者、汽車專業的師生、汽車從業人員以及汽車駕駛員閱讀。

本書由三亞理工職業學院張金柱主編。編寫成員及分工為：三亞理工職業學院孫佔周（第1章）、三亞學院孫文福（第2章）、三亞理工職業學院張振祥（第3章）、三亞理工職業學院何聲望（第4.1、4.2節）、三亞理工職業學院黎川林（第4.3、4.4節）、三亞理工職業學院張金柱（第5章）、三亞理工職業學院黎元江（第6章）、哈爾濱技師學院李鵬（第7章）、龍岩學院王悅新（第8章）。

本書的編寫得到三亞理工職業學院教育教學改革與課程建設項目（課程思政示範課專項）「新能源汽車技術（項目標號SGE202225）」的支持，在此表示感謝。

在編寫過程中曾參考多種國內外出版的有關圖書資料，在此謹向各書作者表示衷心的感謝。

由於本書所涉及的技術內容較新，範圍較廣，且作者水平有限，因此書中難免有不妥之處，懇請讀者不吝指正。

編　者

第1章　新能源汽車分類

1.1　電動汽車　/002
- 1.1.1　純電動汽車　/002
- 1.1.2　混合動力電動汽車　/005
- 1.1.3　燃料電池電動汽車　/016

1.2　燃氣汽車　/018
- 1.2.1　壓縮天然氣汽車　/018
- 1.2.2　液化天然氣汽車　/020
- 1.2.3　液化石油氣汽車　/023

1.3　醇類汽車　/023

1.4　生物柴油汽車　/024

第2章　新能源汽車馬達

2.1　直流馬達　/027
- 2.1.1　直流馬達結構　/027
- 2.1.2　直流馬達工作原理　/027

2.2　交流感應馬達　/028
- 2.2.1　交流感應馬達結構　/028
- 2.2.2　交流感應馬達工作原理　/029

2.3　永磁同步馬達　/029
- 2.3.1　永磁同步馬達結構　/029
- 2.3.2　永磁同步馬達工作原理　/030

2.4　開關磁阻馬達　/031
- 2.4.1　開關磁阻馬達結構　/031
- 2.4.2　開關磁阻馬達工作原理　/031

2.5　輪框馬達　/032

2.6　馬達冷卻系統　/032

第3章　新能源汽車電池

3.1　鋰離子電池　/035
- 3.1.1　鋰離子電池的結構　/035
- 3.1.2　鋰離子電池的工作原理　/035

3.2　鎳氫電池　/036
- 3.2.1　鎳氫電池的結構　/036
- 3.2.2　鎳氫電池的工作原理　/037

3.3　燃料電池　/037
- 3.3.1　燃料電池結構　/037
- 3.3.2　燃料電池工作原理　/037

3.4　超級電容　/039
- 3.4.1　超級電容器結構　/039
- 3.4.2　超級電容器工作原理　/039

3.5　飛輪電池　/040
- 3.5.1　飛輪電池結構　/040
- 3.5.2　飛輪電池工作原理　/041
- 3.5.3　飛輪混合動力電動汽車　/041

第4章　純電動汽車

4.1　概述　/043
- 4.1.1　純電動汽車組成　/043
- 4.1.2　純電動汽車充電系統　/044

4.2　特斯拉純電動汽車　/046
- 4.2.1　特斯拉純電動汽車Model S　/046
- 4.2.2　特斯拉純電動汽車Model 3　/048

4.3　福斯ID.4純電動SUV　/052
- 4.3.1　ID.4簡介　/052

目錄 CONTENTS

- 4.3.2 ID.4動力系統 /053
- 4.3.3 ID.4高壓線路 /053
- 4.3.4 ID.4驅動馬達 /054
- 4.3.5 ID.4功率和控制電子裝置 /056
- 4.3.6 ID.4單速變速箱 /059
- 4.3.7 ID.4高壓電池 /060
- 4.3.8 ID.4高壓充電器 /066
- 4.3.9 ID.4DC/DC轉換器 /066
- 4.3.10 ID.4電動空調壓縮機 /067
- 4.3.11 ID.4PTC加熱器 /067
- 4.3.12 ID.4高壓加熱器 /068
- 4.3.13 ID.4底盤 /068
- 4.3.14 ID.4煞車系統 /069

4.4 奧迪e-tron純電動SUV /076

- 4.4.1 e-tron電驅動系統 /076
- 4.4.2 e-tron驅動馬達 /077
- 4.4.3 e-tron動力傳動系統 /085
- 4.4.4 e-tron馬達冷卻系統 /090
- 4.4.5 e-tron功率電子裝置 /092
- 4.4.6 e-tron高壓電池 /094
- 4.4.7 e-tron充電系統 /101
- 4.4.8 e-tron煞車系統 /106
- 4.4.9 e-tron熱能管理系統 /110

第5章 混合動力汽車

5.1 豐田Corolla雙擎轎車 /114

- 5.1.1 Corolla雙擎轎車簡介 /114
- 5.1.2 豐田混合動力系統 /116
- 5.1.3 Corolla雙擎引擎 /119
- 5.1.4 Corolla雙擎傳動軸 /130
- 5.1.5 Corolla雙擎電子換擋系統 /134
- 5.1.6 Corolla雙擎馬達 /136
- 5.1.7 Corolla雙擎高壓電池 /143
- 5.1.8 Corolla雙擎動力控制系統 /148
- 5.1.9 Corolla雙擎動力控制單元 /151
- 5.1.10 Corolla雙擎煞車系統 /159
- 5.1.11 Corolla雙擎轉向系統 /164
- 5.1.12 Corolla雙擎空調系統 /166

5.2 雅哥混合動力汽車 /168

- 5.2.1 雅哥混合動力系統組成 /168
- 5.2.2 雅哥混合動力系統工作模式 /169
- 5.2.3 雅哥混合動力汽車引擎 /171
- 5.2.4 雅哥混合動力汽車電驅動系統 /179
- 5.2.5 雅哥混合動力汽車電子無級變速箱 /182
- 5.2.6 雅哥混合動力汽車線控換擋 /188
- 5.2.7 雅哥混合動力汽車煞車系統 /188
- 5.2.8 雅哥混合動力汽車電動空調 /193

第6章 燃料電池汽車

6.1 概述 /196

6.2 Mirai燃料電池汽車 /197

- 6.2.1 燃料電池 /198
- 6.2.2 燃料電池堆 /198
- 6.2.3 燃料電池輔助系統 /199
- 6.2.4 高壓儲氫罐 /201
- 6.2.5 高壓電池 /201

6.2.6 升壓器 /202
6.2.7 驅動馬達 /202
6.2.8 工作原理 /203

第7章 天然氣汽車

7.1 概述 /205

7.2 奧迪A4 Avant g-tron 天然氣汽車 /207

7.2.1 加油孔 /207
7.2.2 帶有濾清器的止回閥 /207
7.2.3 氣瓶和汽油箱 /208
7.2.4 壓縮天然氣氣瓶 /209
7.2.5 氣瓶關斷閥總成 /209
7.2.6 氣體壓力調節器 /212
7.2.7 機械式卸壓閥 /214
7.2.8 噴氣嘴 /214

第8章 液化石油氣汽車

8.1 概述 /217

8.2 Golf 液化石油氣汽車 /218

8.2.1 LPG供給系統 /218
8.2.2 儲氣瓶 /220
8.2.3 LPG氣瓶集成閥 /220
8.2.4 蒸發器 /223
8.2.5 氣體模式高壓閥 /226
8.2.6 燃氣過濾器 /227
8.2.7 燃氣軌 /228
8.2.8 噴氣嘴 /229

參考文獻 /230

第1章 新能源汽車分類

1.1 電動汽車
1.2 燃氣汽車
1.3 醇類汽車
1.4 生物柴油汽車

新能源汽車是指採用非常規車用燃料作為動力來源（或使用常規的車用燃料、採用新型車載動力裝置），綜合車輛動力控制和驅動方面的先進技術，形成技術原理先進、具有新技術、新結構的汽車。新能源汽車從燃料方面，可以分為電動汽車、燃氣汽車、醇類汽車和生物柴油汽車等。

1.1 電動汽車

電動汽車分為純電動汽車、混合動力電動汽車和燃料電池電動汽車等。電動汽車的一個共同特點是汽車完全或部分由電動馬達驅動。

1.1.1 純電動汽車

（1）純電動汽車簡介

純電動汽車（Battery Electric Vehicle，BEV）是全部採用電力驅動的汽車，利用驅動馬達來驅動車輛（圖1-1）。

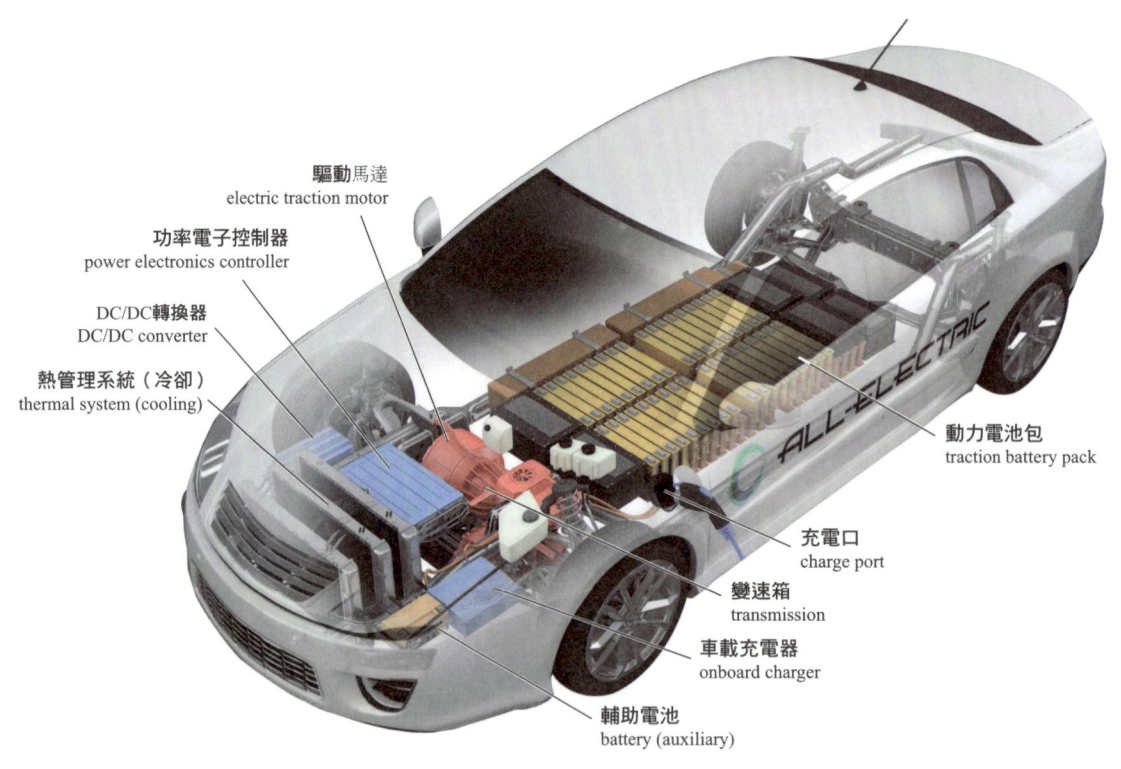

圖1-1 純電動汽車

（2）純電動汽車實例

福斯Golf blue-e-motion是無內燃機的純電動汽車。除了通過能量回收為電池充電以外，高壓電池通過充電站（220V電網接口）或通過充電纜線用公共充電柱充電。除了高壓電網之外，汽車還具有一個12V車載電池。85kW的電動馬達通過減速器和差速器直接將動力傳遞

給驅動輪。汽車的操作與帶自動變速箱或雙離合器變速箱的汽車操作一樣。此外，電動馬達的熱量不足以給車內部空間供暖，所以blue-e-motion具有一個高壓暖風裝置（圖1-2）。

圖1-2 Golf blue-e-motion純電動汽車

Golf blue-e-motion純電動汽車結構 動力總成和高壓組件如圖1-3所示。

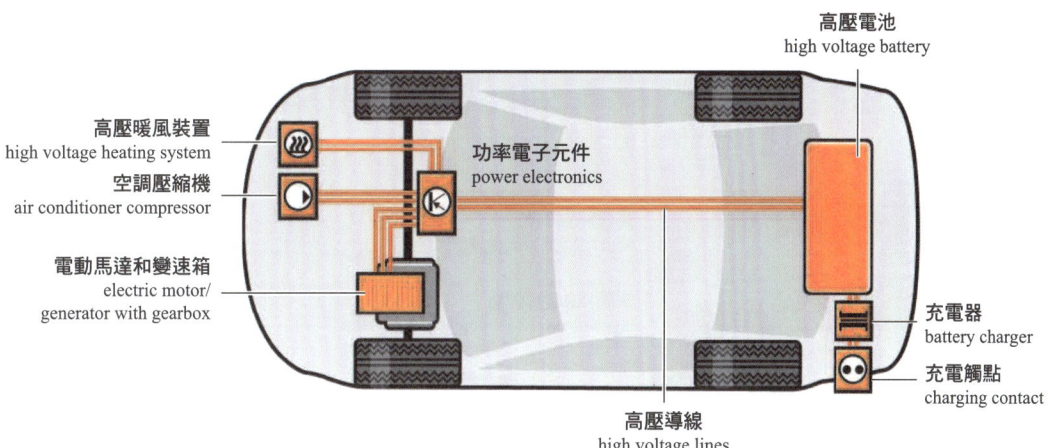

圖1-3 動力總成和高壓組件

Golf blue-e-motion純電動汽車工作原理

a.電力行駛 高壓電池為功率電子元件提供能量。功率電子元件將直流電壓轉換為交流電壓,用來驅動馬達(圖1-4)。

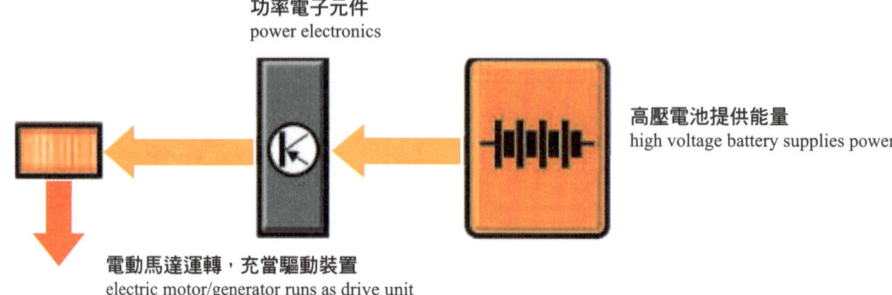

圖1-4 電力行駛

b.煞車能量回收 當電動汽車滑行時(汽車在無驅動力矩的情況下自行行駛),電動馬達充當發電機,將一部分動能儲存在高壓電池中(圖1-5)。

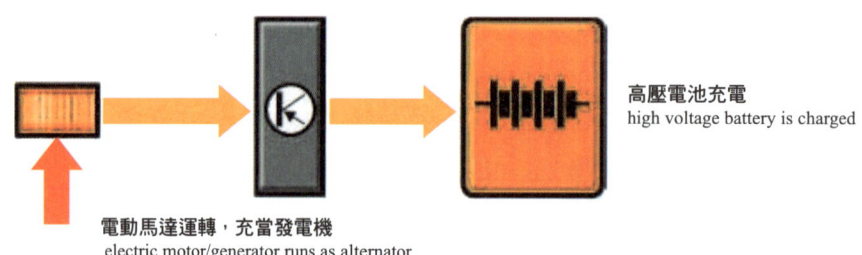

圖1-5 煞車能量回收

c.汽車靜止時的溫度調節 如果遇上堵車,電動汽車不會要求電動馬達輸送動力。乘員的舒適意願將通過高壓暖風裝置和高壓空調壓縮機得到滿足(圖1-6)。

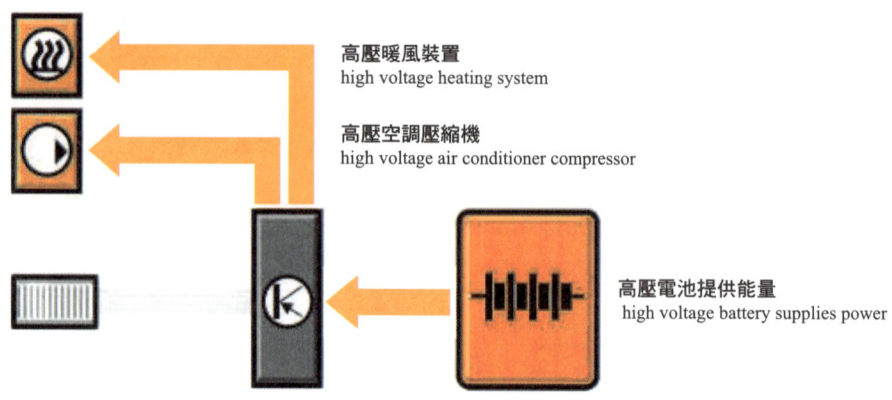

圖1-6 汽車靜止時的溫度調節

d.外部充電 高壓電池通過汽車上的充電接頭充電。如果連接了外部電源,那麼汽車就會自動地充電至預設的數值,之後自動結束充電過程。如果在充電過程中使用用電器,那麼會由外部電源為它們供電(圖1-7)。

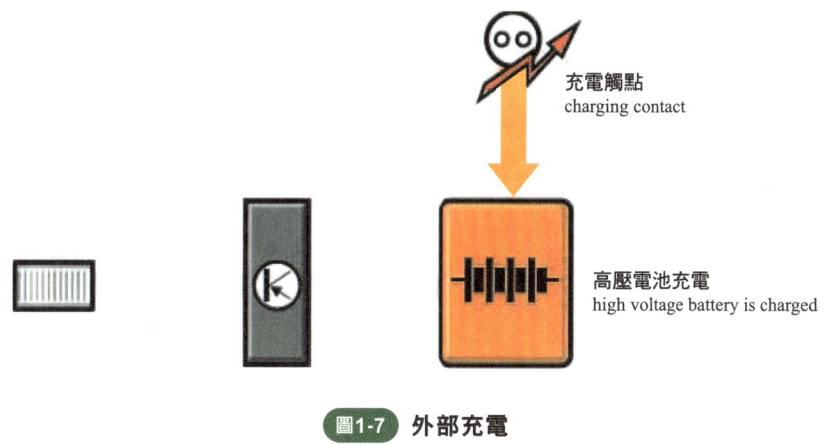

圖1-7 外部充電

1.1.2 混合動力電動汽車

(1) 混合動力電動汽車簡介

混合動力電動汽車(Hybrid Electric Vehicle, HEV)一般為油電混合,就是利用燃油引擎和電動馬達共同為汽車提供動力。混合動力車上的裝置可以在車輛減速、煞車、下坡時回收能量,並通過電動馬達為汽車提供動力(圖1-8)。

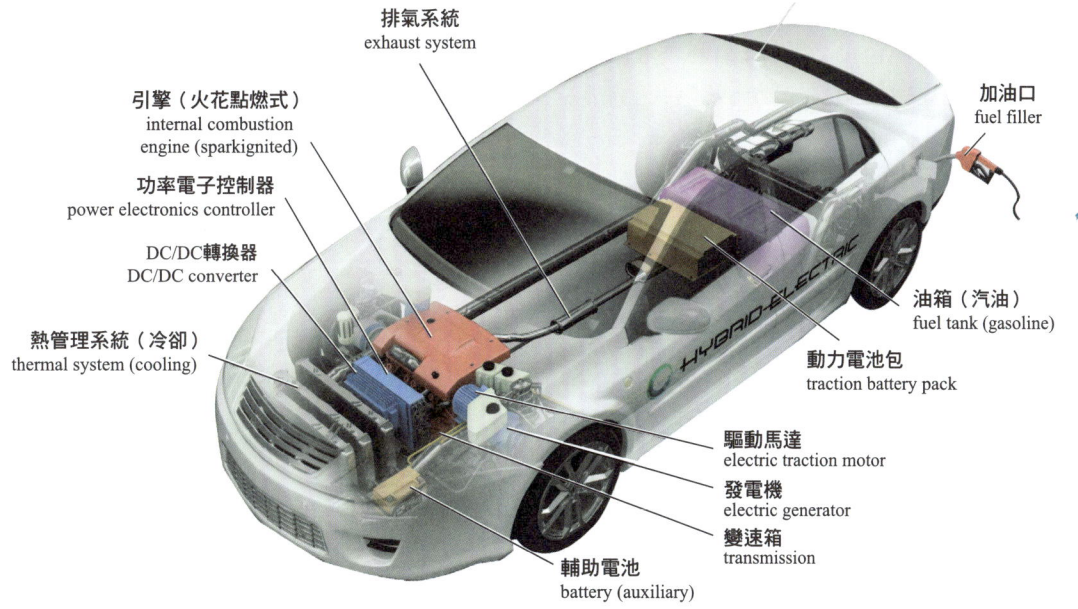

圖1-8 混合動力電動汽車

（2）混合動力電動汽車類型

混合動力系統主要分為四類：並聯式混合動力系統、串聯式混合動力系統、串並聯（混聯）式混合動力系統和插電式混合動力系統。

❶ **並聯式混合動力系統**：並聯式混合動力系統有兩套驅動系統，傳統的內燃機系統和電動馬達驅動系統，可以同時協調工作，也可以各自單獨工作驅動汽車（圖1-9）。

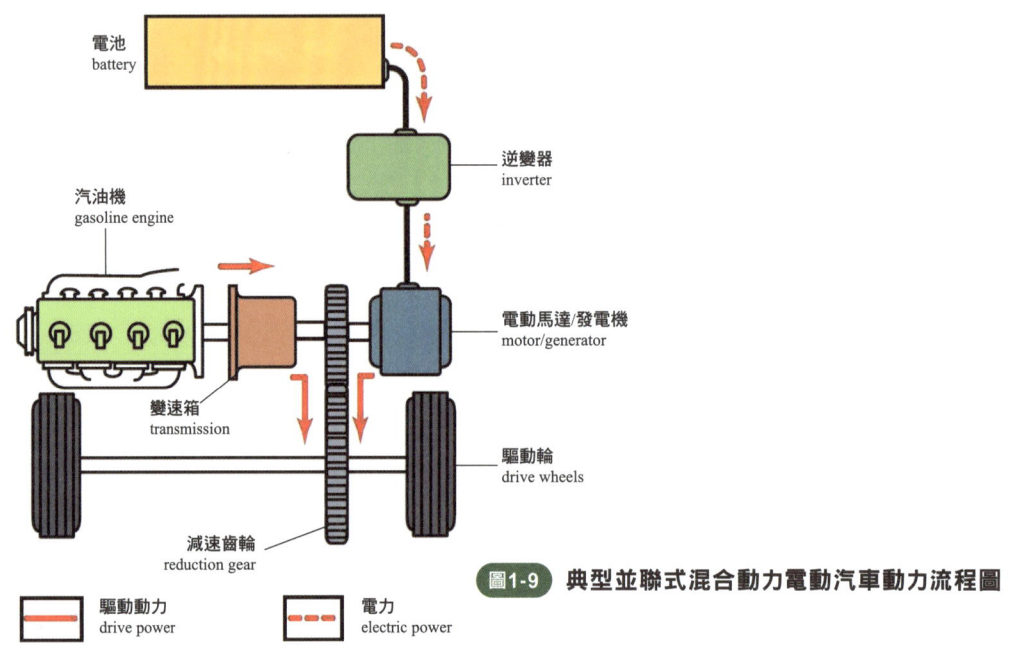

圖1-9　典型並聯式混合動力電動汽車動力流程圖

❷ **串聯式混合動力系統**：由內燃機帶動發電機發電，產生的電能通過控制單元傳到電池，再由電池傳輸給電動馬達轉化為動能，最後通過變速機構來驅動汽車（圖1-10）。

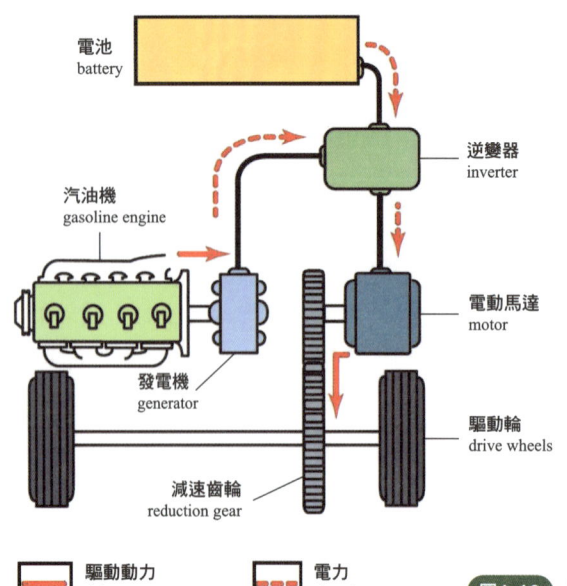

圖1-10　典型串聯式混合動力電動汽車動力流程圖

❸ **串並聯（混聯）式混合動力系統**：內燃機系統和電動馬達驅動系統各有一套機械變速機構，兩套機構或通過齒輪系，或採用行星輪式結構結合在一起，從而綜合調節內燃機與電動馬達之間的轉速關係（圖1-11）。

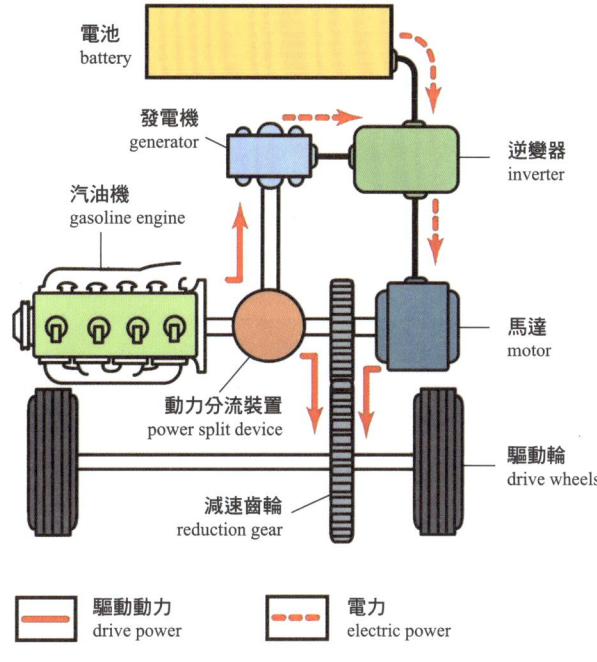

圖1-11 串並聯式混合動力電動汽車動力流程圖

❹ **插電式混合動力系統**：插電式混合動力電動汽車（Plug-in Hybrid Electric Vehicle，PHEV）是可以實現外部充電的混合動力電動汽車，電池比較大，可選擇純電動模式行駛，續航里程較長（圖1-12）。

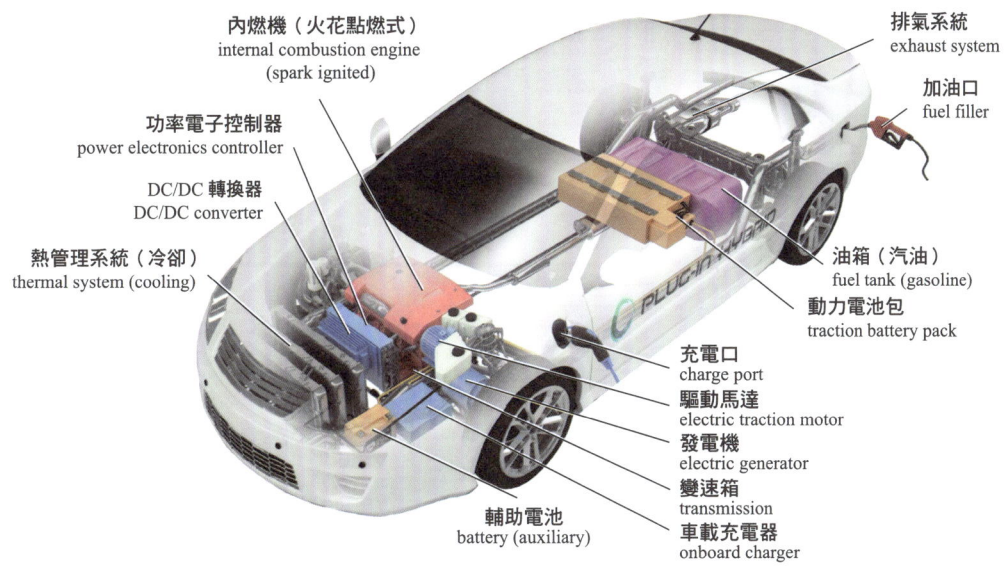

圖1-12 插電式混合動力電動汽車

（3）混合動力汽車實例

❶ 福斯Touareg並聯式混合動力汽車。混合動力汽車由傳統內燃機和電動馬達組成，電動馬達可以充當發電機、動力總成或起動機。各種運行狀態取決於各種因素，例如高壓電池的電量、加速踏板值、煞車踏板值。內燃機和電動馬達單獨或共同通過離合器和共用的變速箱將動力傳到驅動橋上。除了高壓電網外，汽車還配有12V車載電池。車內暖風功能通過經過加熱的內燃機冷卻水來實現（圖1-13）。

圖1-13 Touareg並聯式混合動力汽車

Touareg並聯式混合動力汽車結構 動力總成和高壓組件見圖1-14。

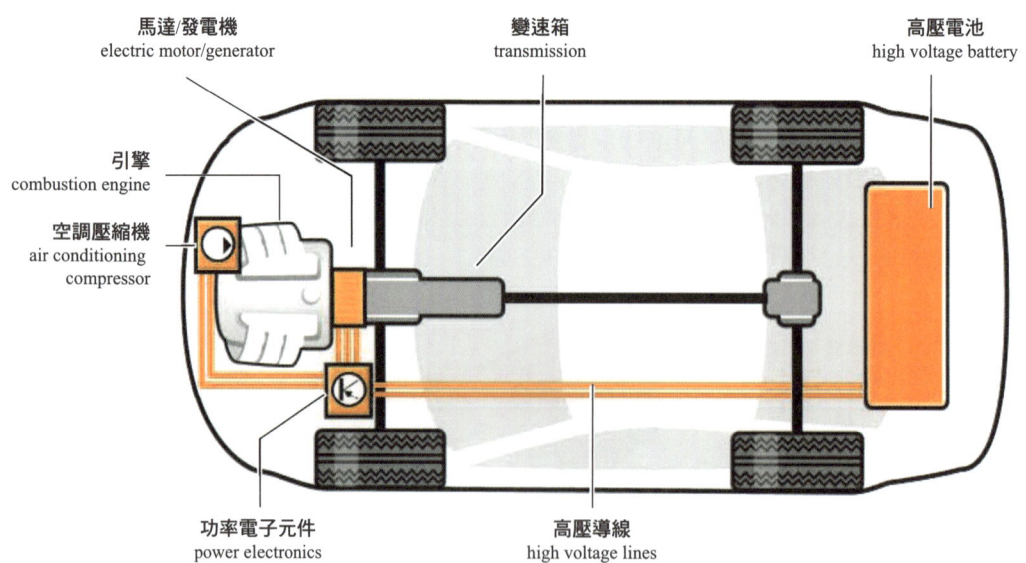

圖1-14 動力總成和高壓組件

Touareg並聯式混合動力汽車工作原理

a. 電力行駛　內燃機關閉，電動馬達驅動汽車行駛，所有由內燃機完成的工作全部由電動馬達和高壓電池完成（圖1-15）。

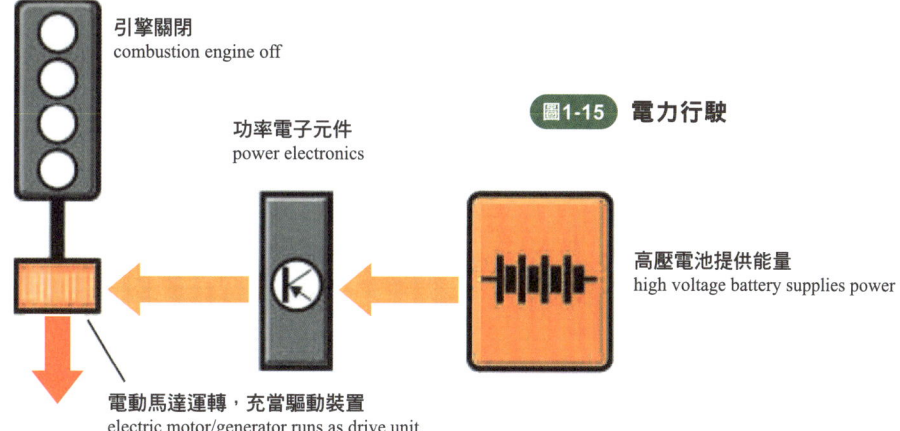

圖1-15　電力行駛

b. 引擎驅動　引擎驅動汽車行駛，高壓電池充電（取決於充電狀態）的工作點提高到高效率範圍（圖1-16）。

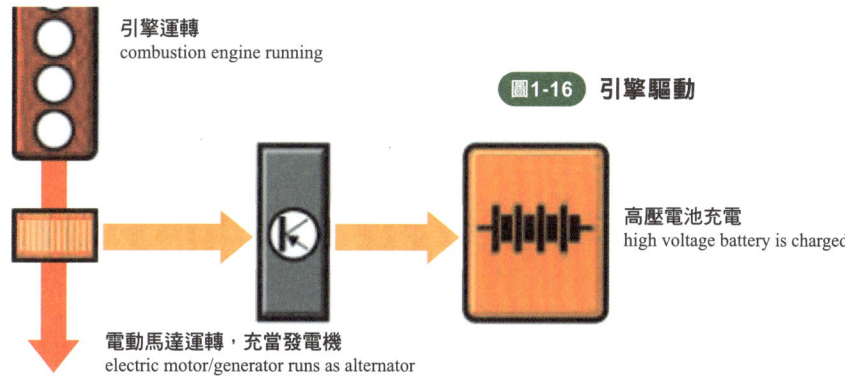

圖1-16　引擎驅動

c. 電動助動　若需要大負荷時，電動馬達會為內燃機提供支持。內燃機和電動馬達的動力會疊加（圖1-17）。

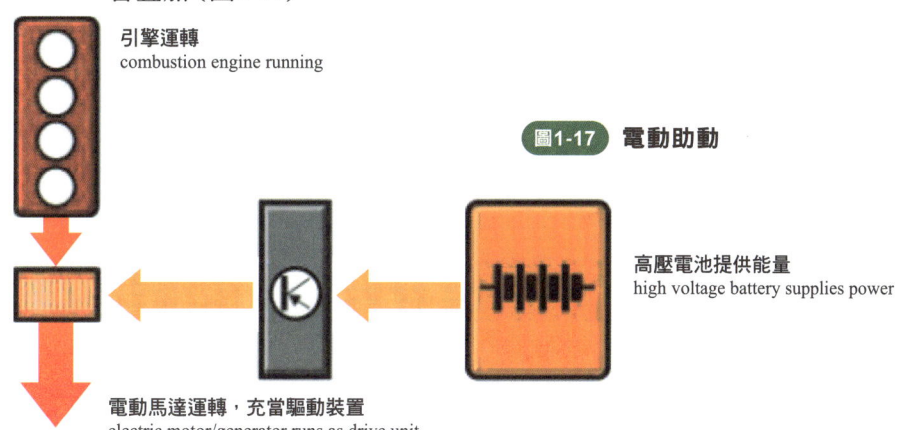

圖1-17　電動助動

d.煞車能量回收 內燃機關閉,煞車能量通過電動馬達(充當發電機)轉換為電能,並儲存在高壓電池中(圖1-18)。

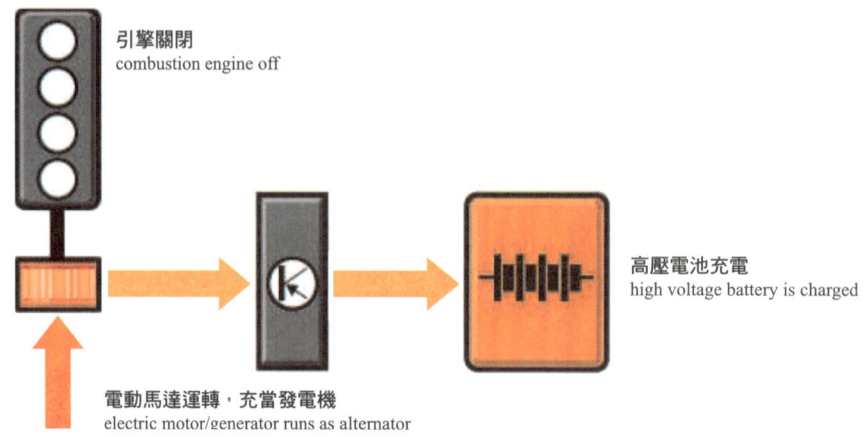

圖1-18 煞車能量回收

❷ 奧迪A1 e-tron串聯式混合動力汽車。串聯式混合動力汽車也稱為增程式混合動力汽車。A1 e-tron串聯式混合動力汽車的驅動系統具有一個內燃機和兩個電動馬達(圖1-19)。內燃機與驅動軸沒有機械連接,所以,汽車僅通過電動驅動來行駛。內燃機驅動其中的一個電動馬達,將其用作發電機,在行駛過程中為高壓電池充電。內燃機可以以其最佳的特性曲線組工作,具有高功率、低油耗的特點。這種結構可以延長汽車的最大行駛距離。高壓電池主要通過充電接頭從外部充電。除了高壓電網之外,汽車還具有一個12V車載電池。

圖1-19 奧迪A1 e-tron串聯式混合動力汽車

奧迪A1 e-tron串聯式混合動力汽車結構　動力總成和高壓組件如圖1-20所示。

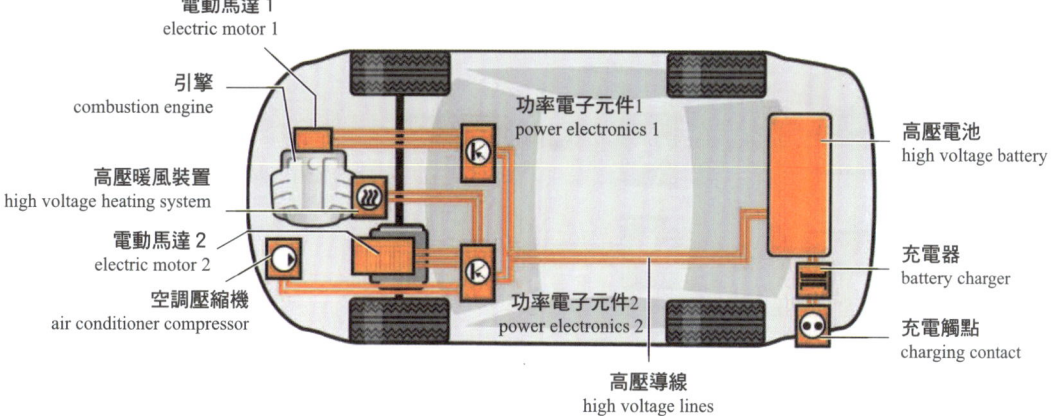

圖1-20　動力總成和高壓組件

奧迪A1 e-tron串聯式混合動力汽車運行狀態

a. **電力行駛**　如果高壓電池已充電，那麼汽車通過電動馬達2供電行駛。舒適用電器（高壓暖風裝置、高壓空調壓縮機等）和12V車載電池通過功率電子元件2供電（圖1-21）。

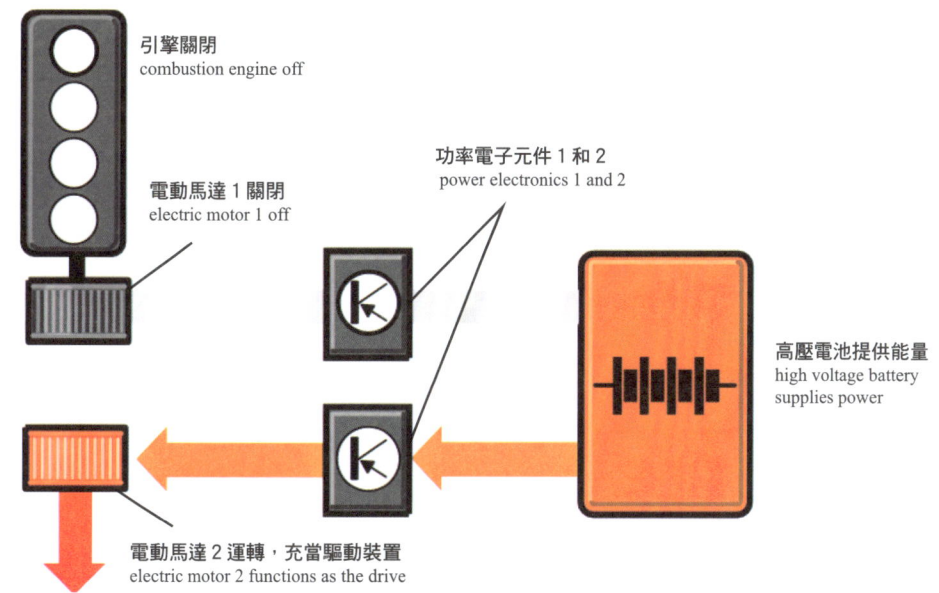

圖1-21　電力行駛

b. **電力行駛，同時充電**　高壓電池已無電，為了繼續行駛，內燃機啟動，驅動馬達1為高壓電池充電，通過電動馬達2驅動汽車和回收能量（圖1-22）。

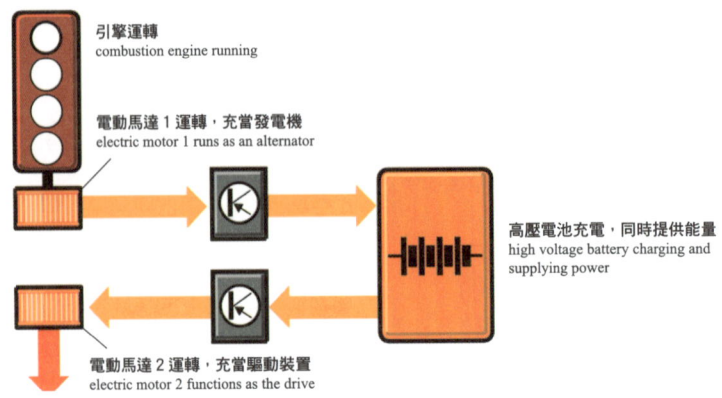

圖1-22 電力行駛，同時充電

c.**在汽車靜止時為電池充電** 引擎可在汽車靜止狀態下通過電動馬達1為高壓電池充電（圖1-23）。

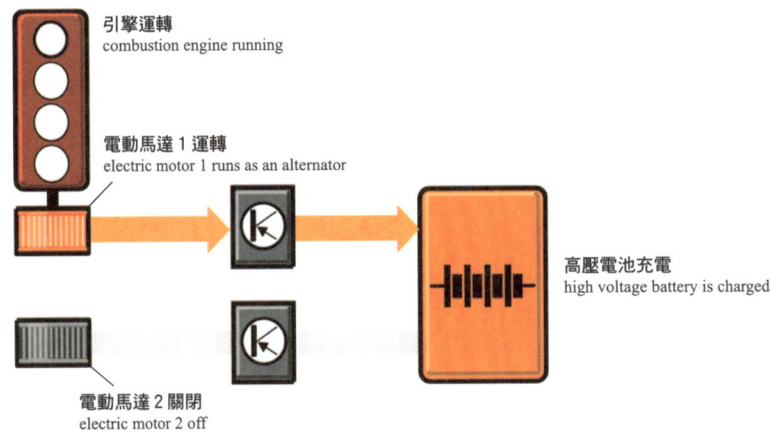

圖1-23 在汽車靜止時為電池充電

d.**外部充電** 通過汽車上的充電接口、高壓充電器和充電保護繼電器為高壓電池充電，由系統自動監控並結束充電過程（圖1-24）。

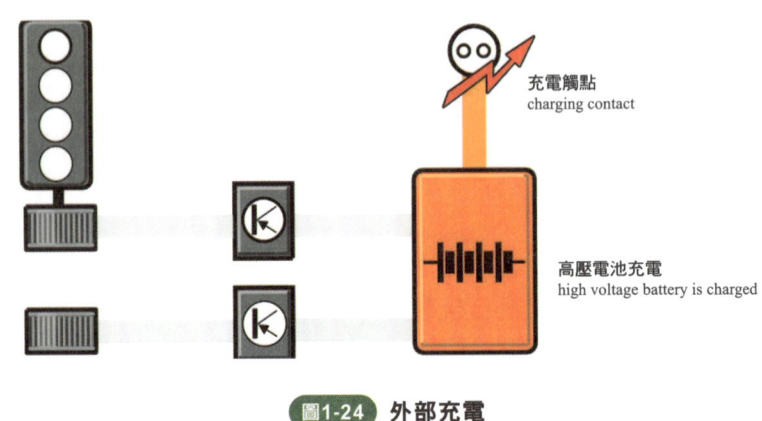

圖1-24 外部充電

❸ 福斯Golf插電式混合動力電動汽車。Golf TwinDrive插電式混合動力電動汽車的高壓電池也可以通過外部220V電網接口充電，甚至可以通過充電導線將電流輸入到220V公

共電網。除了高壓電網外,這種汽車還有一個獨立的12V車載電網和12V車載電池(圖1-25)。

圖1-25 Golf TwinDrive插電式混合動力電動汽車

Golf TwinDrive插電式混合動力電動汽車結構 動力總成和高壓組件如圖1-26所示。

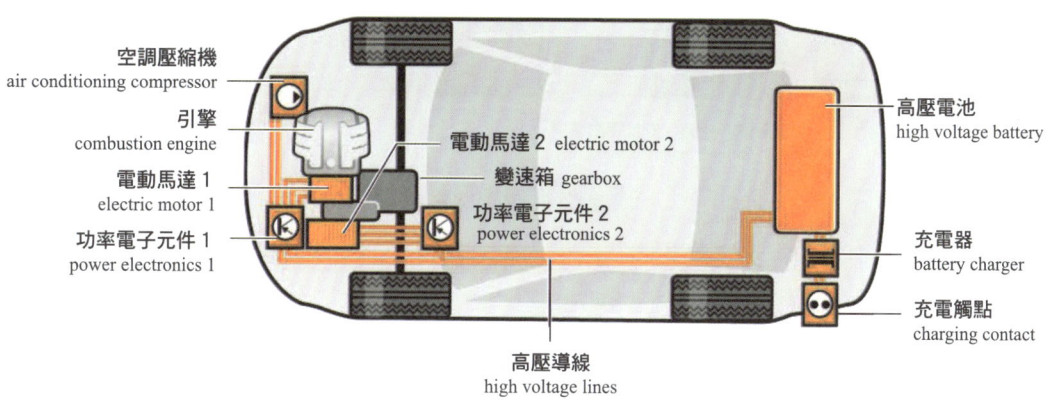

圖1-26 動力總成和高壓組件

Golf TwinDrive插電式混合動力電動汽車運行狀態

a.電力行駛 內燃機關閉，由電動馬達1驅動，高壓電池通過功率電子元件1提供能量（圖1-27）。

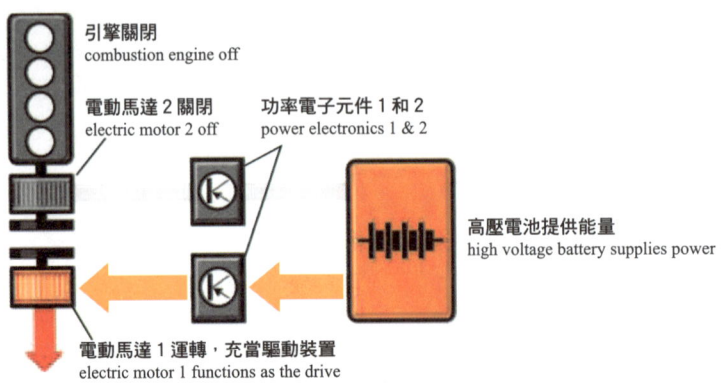

圖1-27 電力行駛

b.串聯行駛 動內燃機，然後電動馬達2充當發電機為高壓電池供電。高壓電池通過電動馬達1為汽車的電動驅動裝置提供能量。這種運行狀態是一種例外情況（圖1-28）。

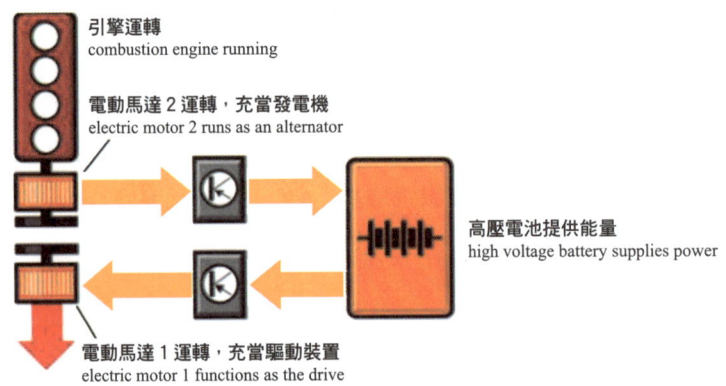

圖1-28 串聯行駛

c.助力行駛 引擎和電動馬達共同為汽車加速。此功能是否啟用取決於高壓電池的充電狀態（圖1-29）。

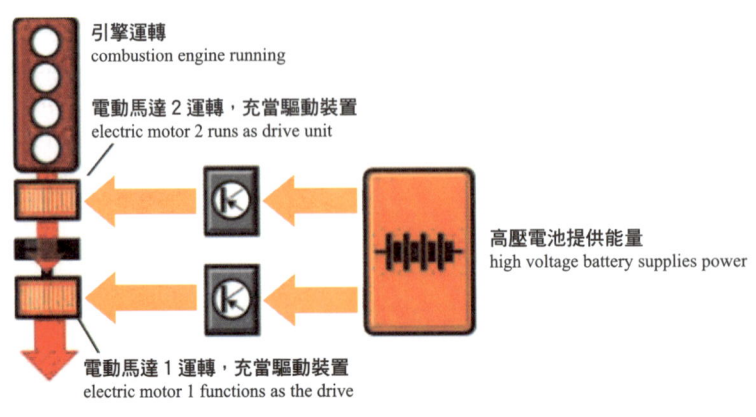

圖1-29 助力行駛

d.引擎驅動行駛 如果高壓電池無電，就不可以電力行駛。在這種情況下，通過引擎驅動汽車，同時借助電動馬達2用剩餘的動力為高壓電池充電（圖1-30）。

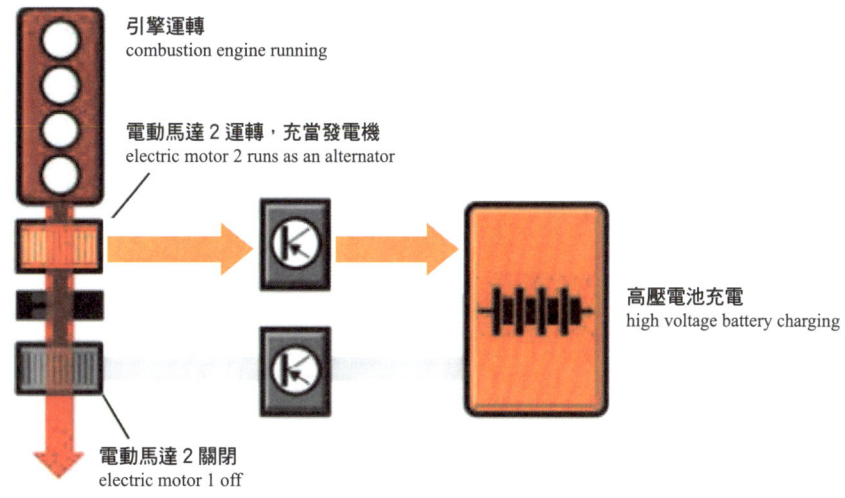

圖1-30 內燃機驅動行駛

e.煞車能量回收 在離合器接合狀態下，可以使用兩個電動馬達進行煞車能量回收。汽車滑行產生的能量可以通過兩個功率電子元件轉換成直流電壓，並立即儲存在高壓電池中（圖1-31）。

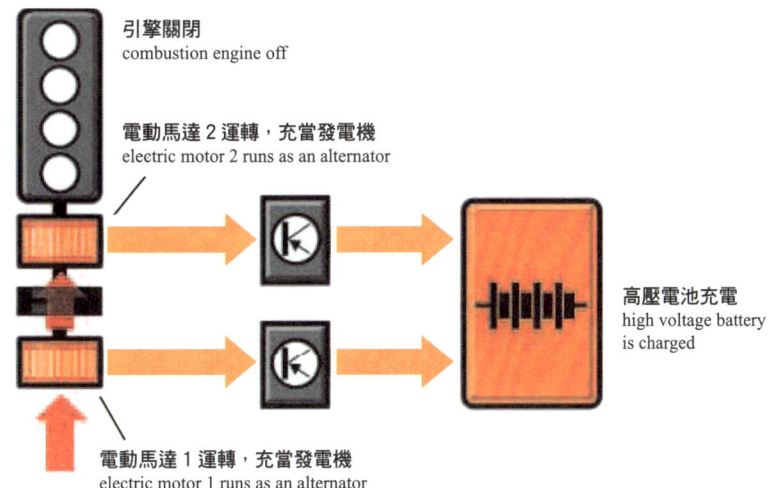

圖1-31 煞車能量回收

f. 外部充電 在用外部電源充電過程中,高壓電網處於靜默模式,電動馬達和功率電子元件關閉,充電電纜通過充電接頭與汽車連接。如果控制單元識別到為高壓電池充電的電源,就會閉合兩個充電保護繼電器,充電過程開始。達到所需的容量後,充電過程結束,由外部電源為充電過程中工作的用電器供電(圖1-32)。

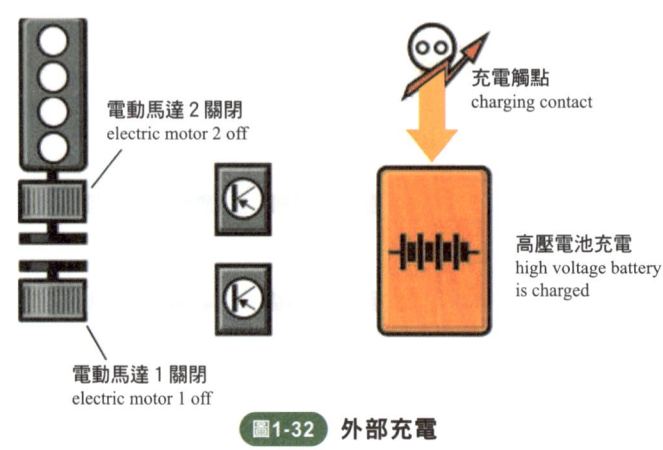

圖1-32 外部充電

1.1.3 燃料電池電動汽車

(1)燃料電池電動汽車簡介

燃料電池電動汽車(Fuel Cell Electric Vehicle,FCEV),又稱燃料電池汽車(Fuel Cell Vehicle,FCV),通過氫氣和氧氣的化學作用產生電能,而不是通過燃燒。燃料電池的化學反應過程不會產生有害產物,因此燃料電池汽車是無污染汽車(圖1-33)。

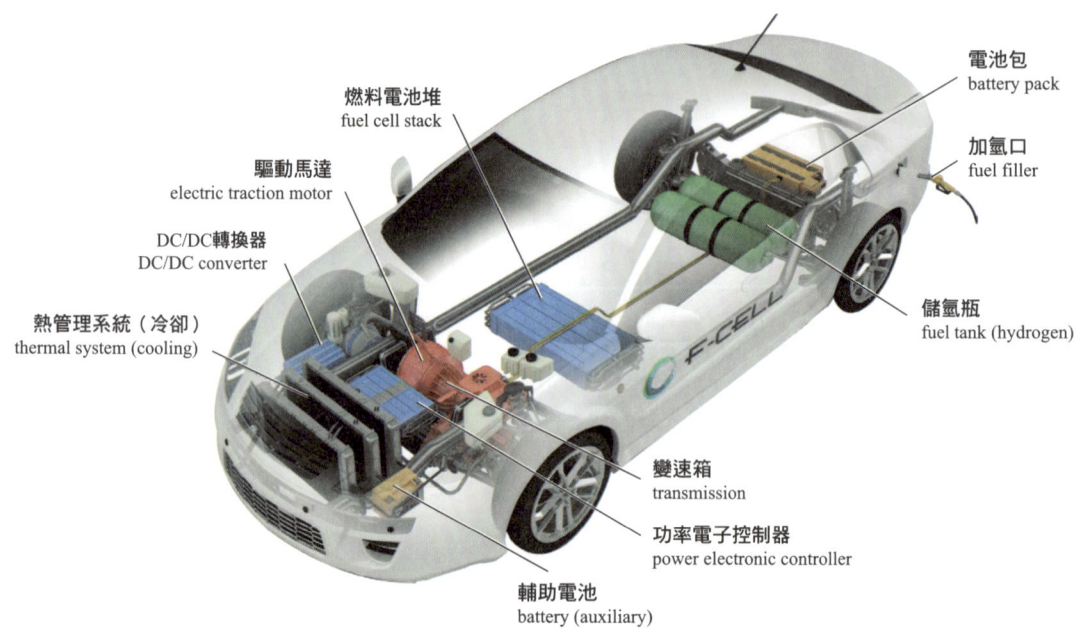

圖1-33 燃料電池電動汽車

（2）燃料電池汽車實例

福斯Tiguan Hy Motion燃料電池汽車採用燃料電池驅動。汽車加注氫氣，從燃料電池模組獲取電能，為電動馬達供電。氫氣在這個模組中被轉化成水，由此獲得電能，根據運行狀態給高壓電池充電，用於驅動汽車。該車沒有額外裝配內燃機。除了高壓電網之外，汽車還具有一個12V車載電網及12V車載電池（圖1-34）。

圖1-34　Tiguan Hy Motion燃料電池汽車

Tiguan Hy Motion燃料電池汽車結構　　動力總成和高壓組件如圖1-35所示。

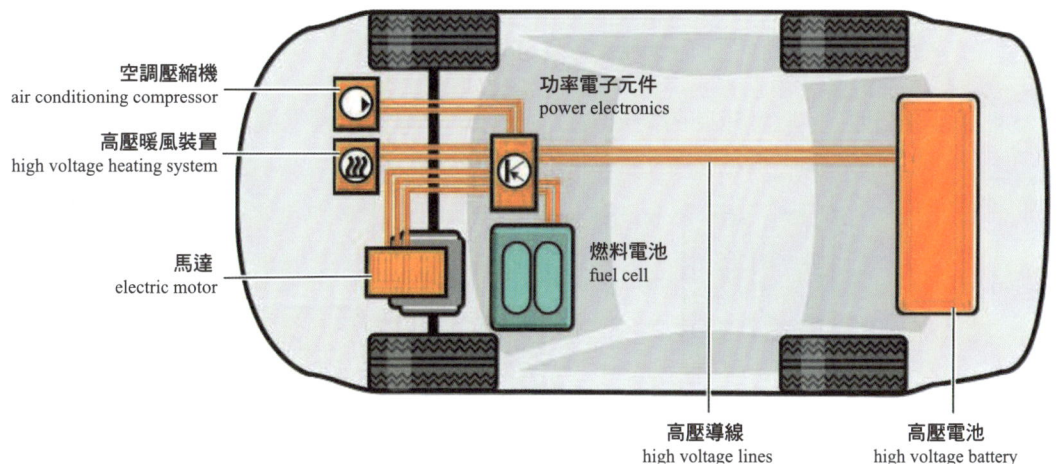

圖1-35　動力總成和高壓組件

Tiguan Hy Motion燃料電池汽車原理

a.**電力行駛**　如果高壓電池已充電，那麼可以電力行駛。在這種情況下，燃料電池不提供能量，不消耗氫氣（圖1-36）。

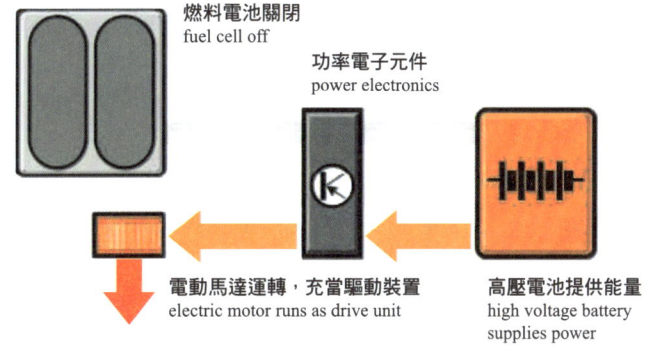

圖1-36　電力行駛

b. 電力行駛，同時充電　如果高壓電池需要充電，燃料電池就會開始工作，借助空氣中的氧氣，通過已加注的氫氣來產生電能，用於汽車行駛，並為高壓電池充電（圖1-37）。

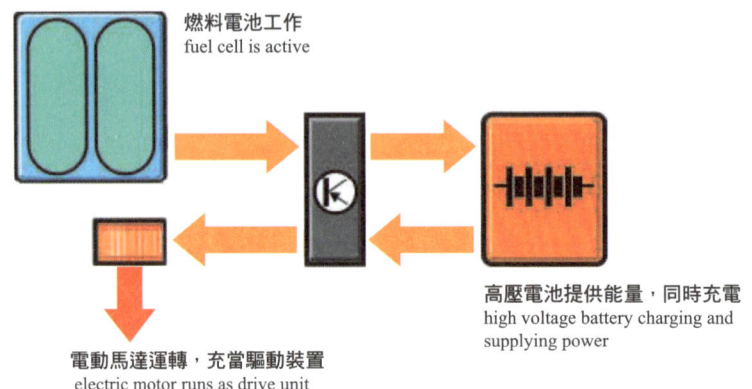

圖1-37　電力行駛，同時充電

c. 煞車能量回收　回收煞車時的能量。在汽車滑動時輸送給發電機，通過功率電子元件為高壓電池充電（圖1-38）。

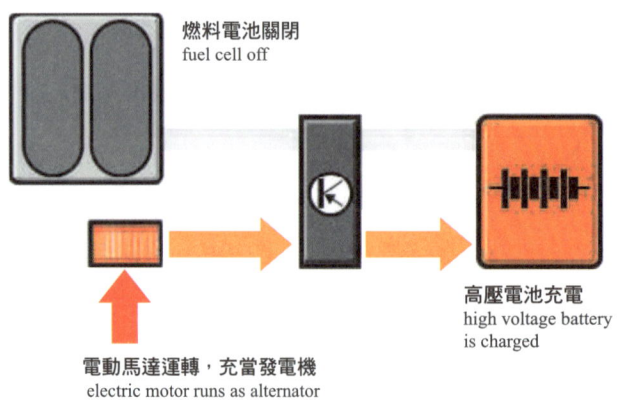

圖1-38　煞車能量回收

1.2　燃氣汽車

燃氣汽車主要分為液化石油氣汽車和壓縮天然氣汽車兩種。燃氣汽車主要以壓縮天然氣（CNG）、液化天然氣（LNG）、液化石油氣（LPG）為燃料。

1.2.1　壓縮天然氣汽車

(1) 壓縮天然氣汽車簡介

壓縮天然氣汽車（Compressed Natural Gas Vehicle，CNGV）是以壓縮天然氣（CNG）作為汽車燃料的車輛。對在用車來講，可在保留原車供油系統的情況下，增加一套專用壓縮天然氣裝置，形成壓縮天然氣汽車，燃料的轉換僅需撥動開關（圖1-39）。

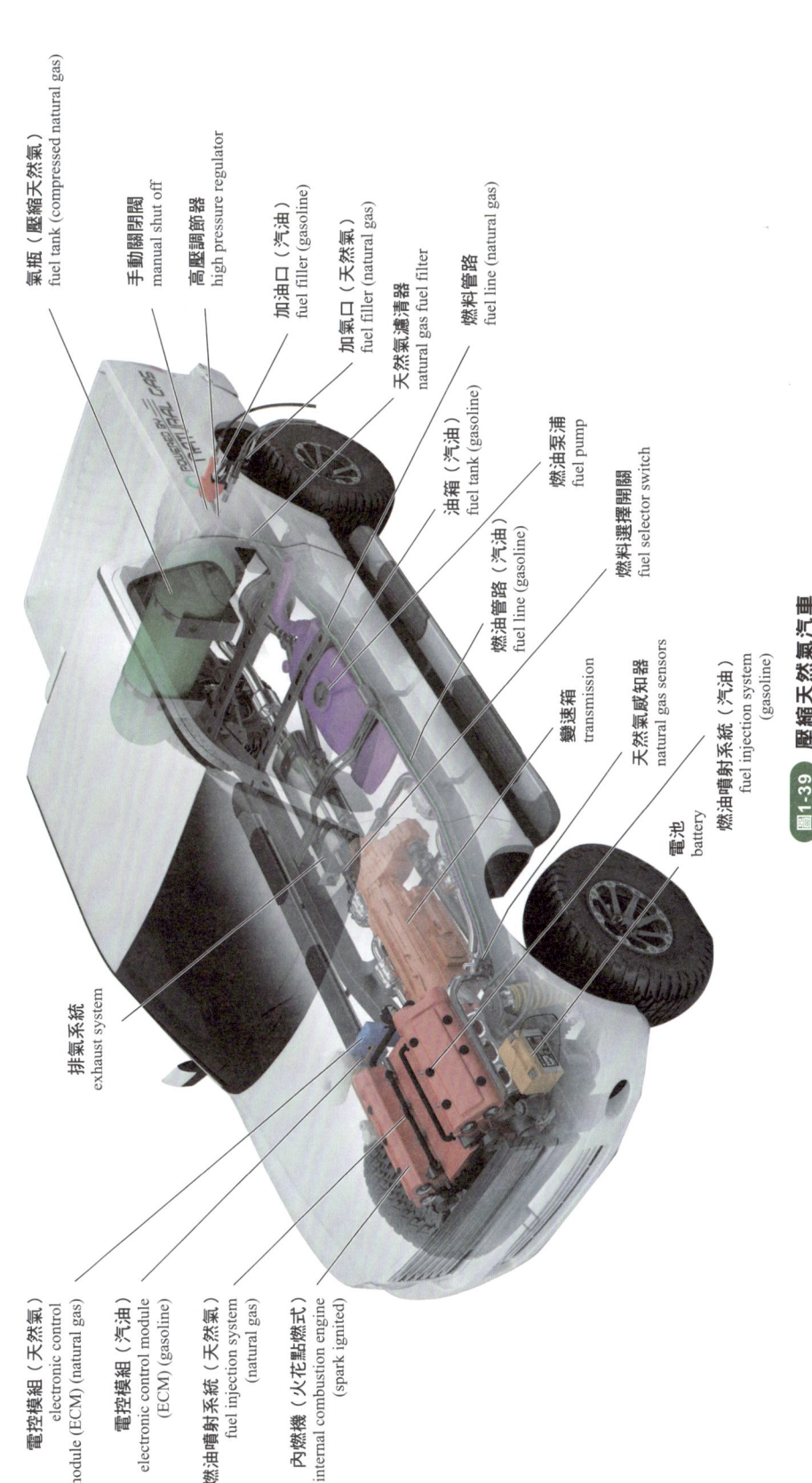

圖1-39 壓縮天然氣汽車

（2）壓縮天然氣汽車實例

喜美CNG轎車採用1.8L直列四缸引擎，在車的尾部帶有藍色菱形CNG標籤和天然氣徽章（圖1-40）。

圖1-40　喜美CNG轎車

喜美CNG轎車動力系統主要部件如圖1-41所示。

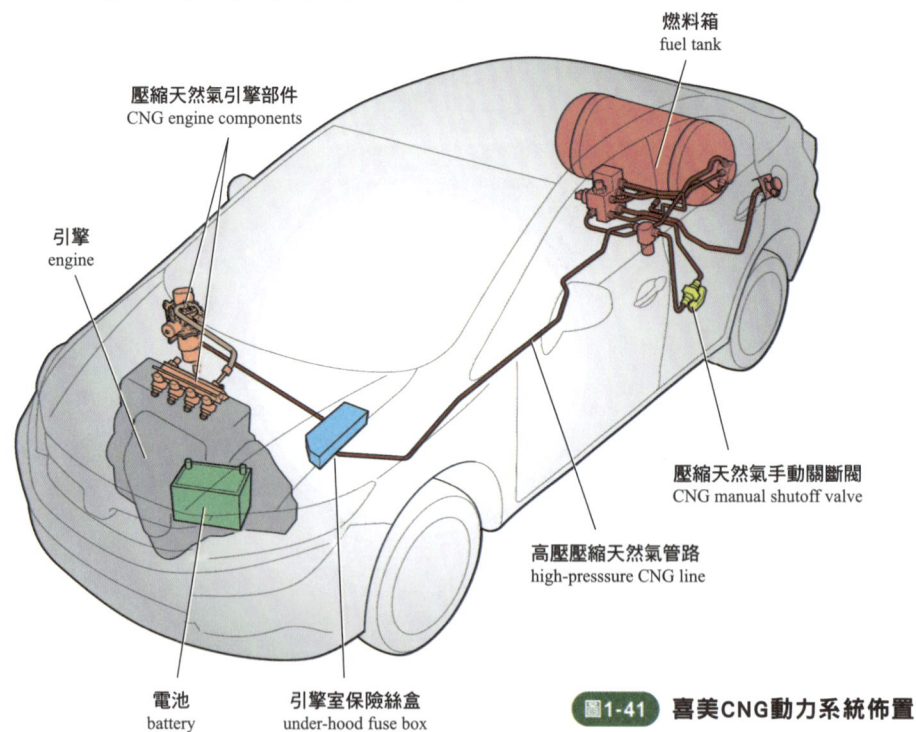

圖1-41　喜美CNG動力系統佈置

1.2.2　液化天然氣汽車

（1）液化天然氣汽車簡介

液化天然氣（Liquefied Natural Gas，LNG）是天然氣經淨化處理，在常壓下深冷至-162℃，由氣態變成液態而形成。液化天然氣汽車（Liquefied Natural Gas Vehicle，LNGV）是以低溫液態天然氣為燃料的天然氣汽車。LNG能量密度大（約為CNG的3倍），一般適用於大型貨運汽車（圖1-42）。

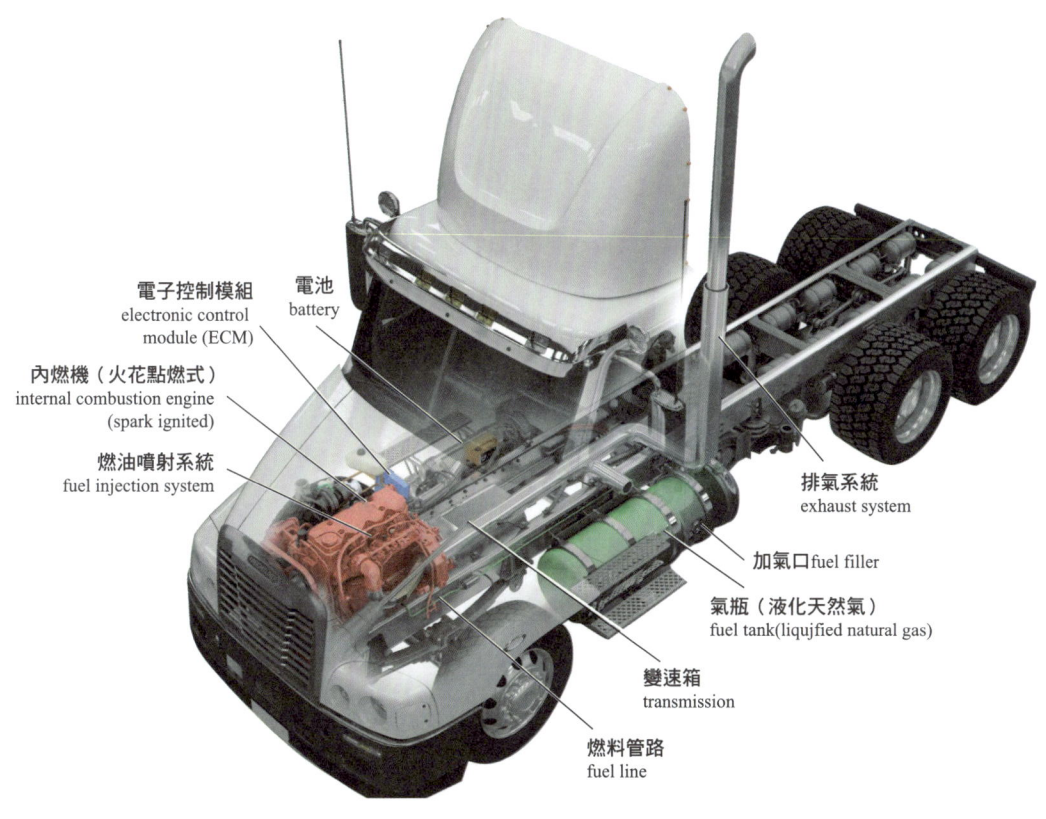

圖1-42 液化天然氣貨車

（2）液化天然氣汽車實例

大陸江鈴汽車衛龍車型HV5搭載的13L天然氣引擎最大功率460hp[※]，最大轉矩2300Nm，配有1000L容量的氣瓶（圖1-43）。

圖1-43 江鈴衛龍HV5 LNG重卡

※ 1hp＝745.6999W。

圖解新能源汽車原理與構造

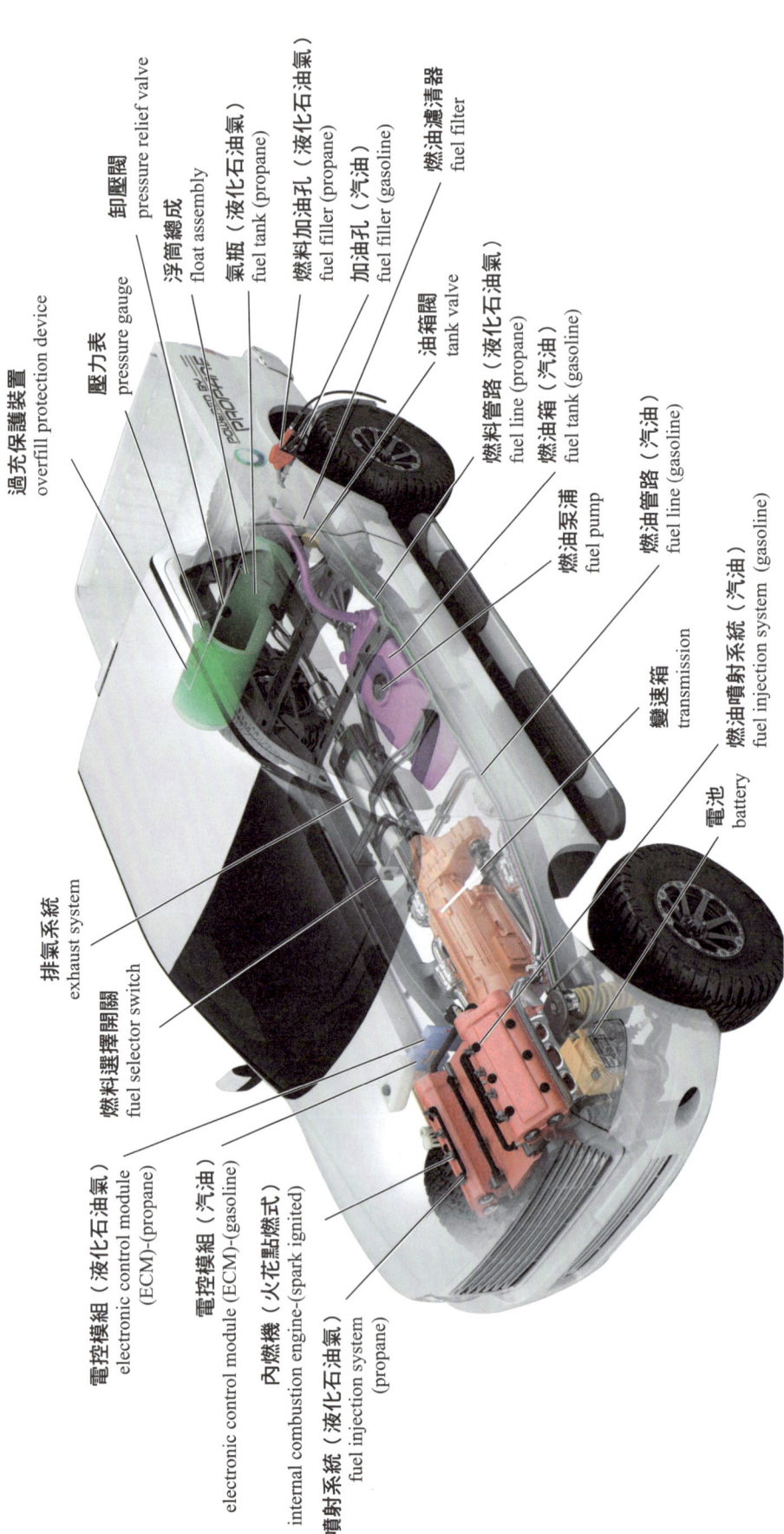

圖1-44 液化石油氣汽車

· 022 ·

1.2.3 液化石油氣汽車

(1) 液化石油氣汽車簡介

液化石油氣汽車(Liquefied Petroleum Gas Vehicle，LPGV)是以液化石油氣(LPG)為燃料的汽車(圖1-44)。液化石油氣是丙烷和丁烷的混合物，通常伴有少量的丙烯和丁烯。液化石油氣是在提煉原油或石油、天然氣開採過程中產生的氣體。

(2) 液化石油氣汽車實例

豐田JPN出租車使用液化石油氣(LPG)和電動傳動系統，其油耗19.4km/L，是一款前驅車，引擎安裝在汽車前面，液化石油氣罐安置在汽車後面(圖1-45)。

圖1-45　豐田液化石油氣(LPG)出租車

1.3　醇類汽車

(1) 醇類汽車簡介

醇類汽車是利用醇類燃料作為能源的汽車。醇類燃料主要指甲醇和乙醇，兩者都屬於含氧燃料。以甲醇為燃料的汽車稱為甲醇汽車，以乙醇為燃料的汽車稱為乙醇汽車(圖1-46)。

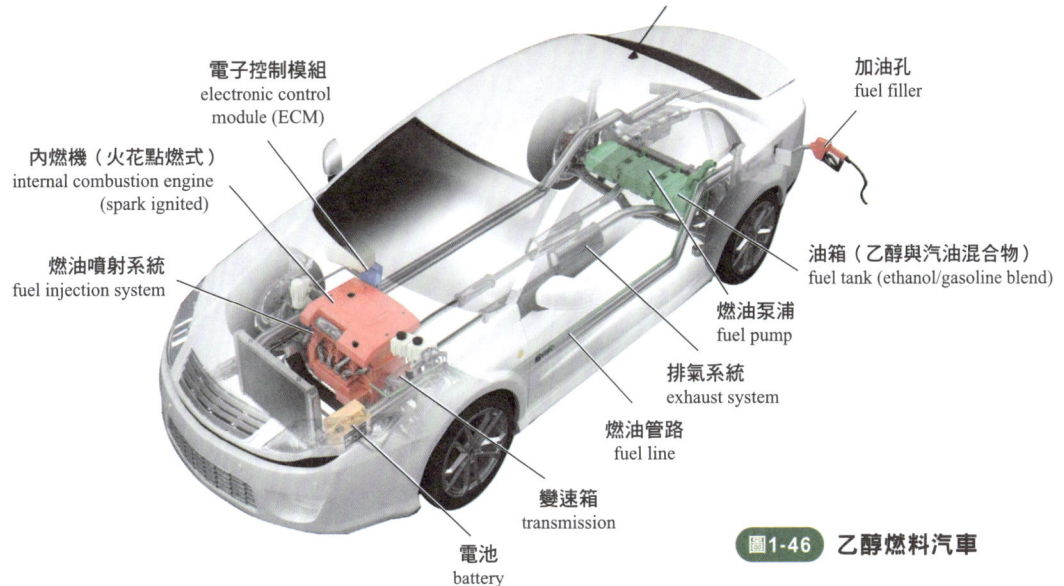

圖1-46　乙醇燃料汽車

(2) 醇類汽車實例

大陸吉利汽車帝豪車型甲醇轎車配備以甲醇為燃料的1.8L自然進氣引擎，最大輸出功率100kW，峰值轉矩168Nm，匹配5速手動變速箱，其最高車速175km/h，燃料箱容量為53L（圖1-47）。

圖1-47 吉利帝豪甲醇動力轎車

1.4 生物柴油汽車

(1) 生物柴油汽車簡介

生物柴油（Biodiesel）是指以油料作物、野生油料植物和工程微藻等水生植物油脂以及動物油脂、餐飲垃圾油等為原料油，通過酯交換工藝製成的可代替石化柴油的再生性柴油燃料。生物柴油汽車就是指使用全部或部分生物柴油作為燃料的汽車（圖1-48）。

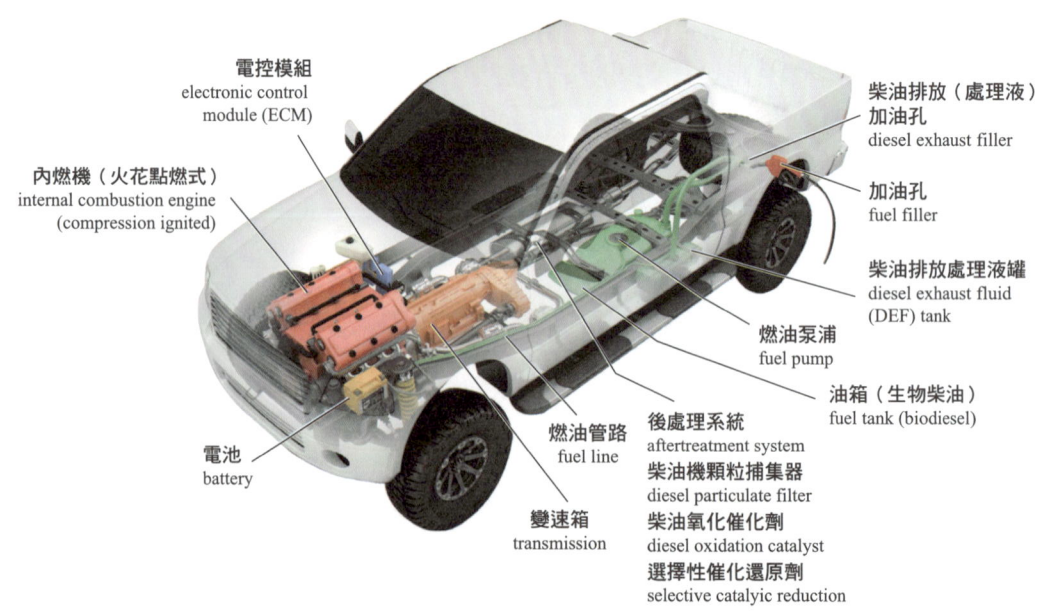

圖1-48 生物柴油汽車

（2）生物柴油汽車實例

馬自達生物柴油汽車以微藻類油脂和食用油為燃料，沒有生態破壞等問題，並且可以構築從生物柴油燃料的原料製造、供給到利用的價值鏈（圖1-49）。

圖1-49　馬自達生物柴油轎車

第 2 章 新能源汽車馬達

- 2.1 直流馬達
- 2.2 交流感應馬達
- 2.3 永磁同步馬達
- 2.4 開關磁阻馬達
- 2.5 輪框馬達
- 2.6 馬達冷卻系統

新能源汽車常用電動馬達有直流馬達、交流感應馬達、永磁同步馬達和開關磁阻馬達等。

2.1 直流馬達

2.1.1 直流馬達結構

直流馬達可以將直流電流形式的電能轉化為動能。它由一個固定部件一定子和一個轉動支承部件一轉子（電樞）組成，主要部件如圖2-1所示。

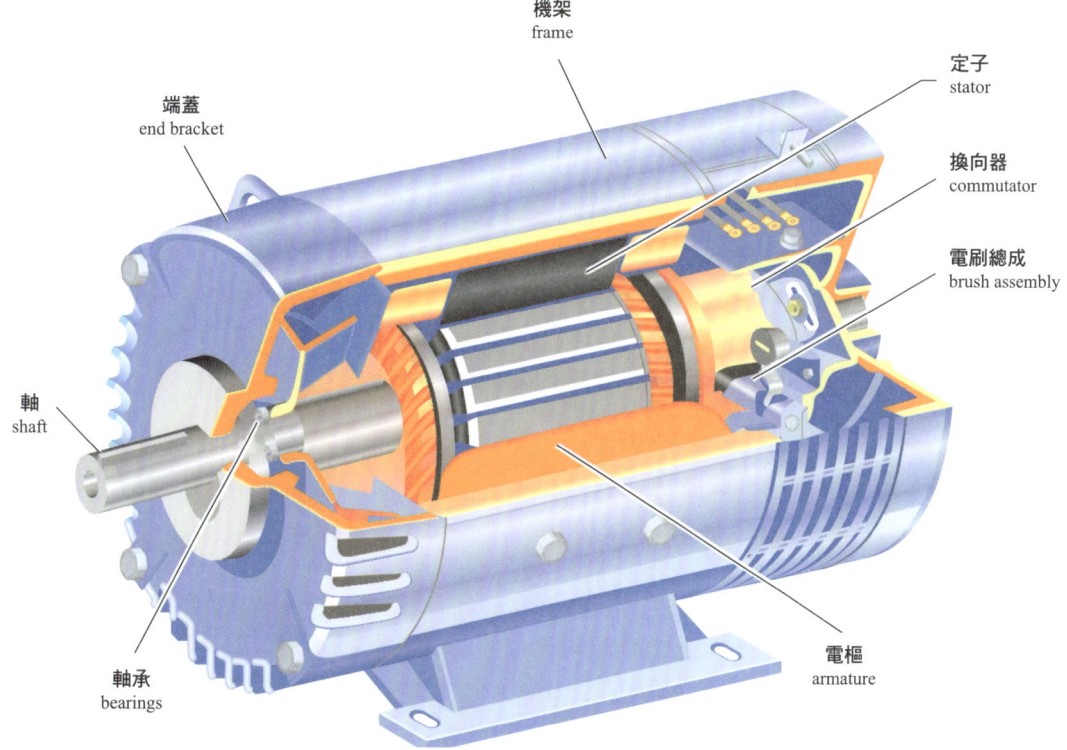

圖2-1 直流馬達主要部件

2.1.2 直流馬達工作原理

直流馬達的定子有一對N、S極，電樞繞組的末端分別接到兩個換向片上，電刷與兩個換向片接觸。如果給兩個電刷加上直流電源，則有直流電流從電刷流入，經過線圈從電刷流出。根據電磁力定律，載流導體受到電磁力的作用，形成了一個轉矩，使得轉子逆時針轉動，如圖2-2(a)所示，電樞極被吸引到極性相反的勵磁極上，電樞磁極與相反極性的磁場磁極相吸。轉子轉到圖2-2(b)所示的位置，在換向片空隙位置時無電流流過。轉子轉到圖2-2(c)所示的位置，直流電流換向，電流以反方向流經電樞線圈，載流導體產生的轉矩使得轉子繼續轉動。

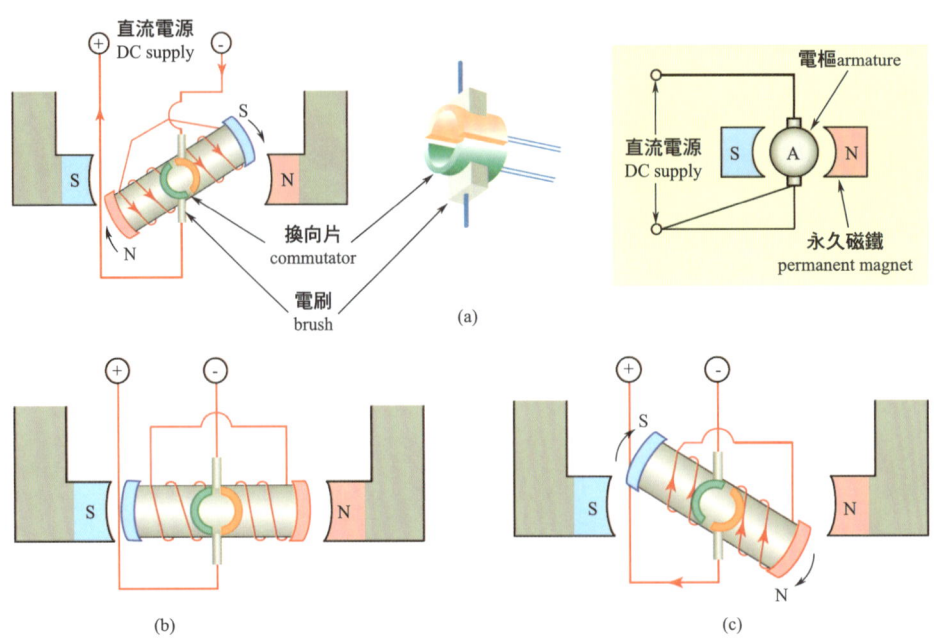

圖2-2 永磁直流馬達工作原理

2.2 交流感應馬達

2.2.1 交流感應馬達結構

　　交流感應馬達的特點是不為轉子直接提供電流，而是通過與定子旋轉磁場的磁場感應產生轉子磁場。因為轉子使用了定子旋轉磁場產生的感應電流，所以通常感應馬達也稱為感應式馬達（Induction Motor）。轉子繞組不是由絕緣導線繞制而成，而是鋁條或銅條與端環焊接而成或鑄造而成（圖2-3）。

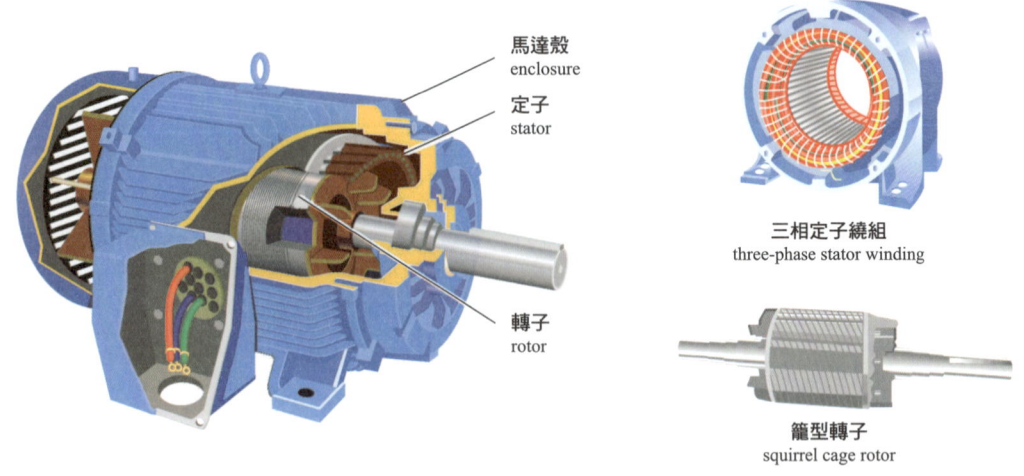

圖2-3 籠型感應馬達

2.2.2 交流感應馬達工作原理

當感應馬達的三相定子繞組通入三相交流電後,將產生一個旋轉磁場(圖2-4)。該旋轉磁場切割轉子繞組,從而在轉子繞組中產生感應電動勢,電動勢的方向由右手定則來確定。由於轉子繞組是閉合通路,轉子中便有電流產出,電流方向與電動勢方向相同,而載流的轉子導體在定子旋轉磁場作用下將產生電磁力,電磁力的方向可用左手定則確定。由電磁力進而產生電磁轉矩,驅動馬達旋轉,其旋轉方向與旋轉磁場的方向相同。

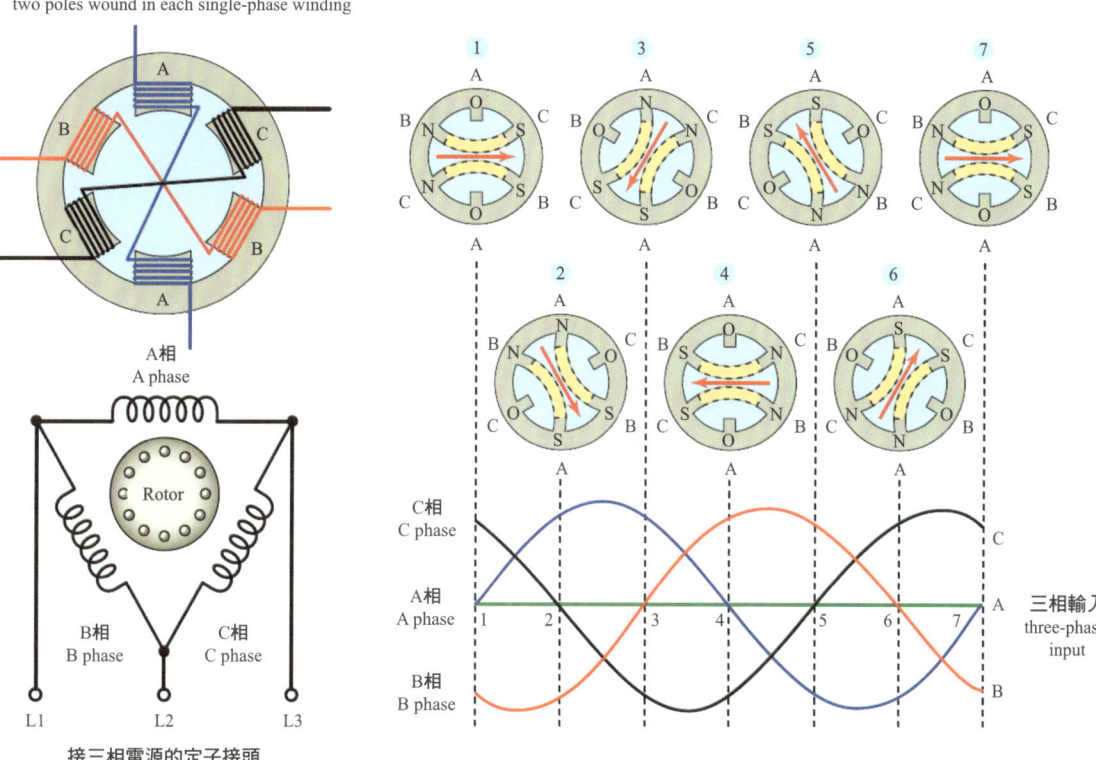

圖2-4 旋轉磁場

A表示A相;B表示A相;C表示A相;
O表示線圈電流為零;1~6表示旋轉磁場轉動的位置

2.3 永磁同步馬達

2.3.1 永磁同步馬達結構

永磁同步馬達(Permanent Magnet Synchronous Motor,PMSM)結構如圖2-5所示。轉子採用徑向永久磁鐵做成的磁極,轉子上安裝釹鐵硼磁鋼。轉子與旋轉磁場同步旋轉,旋轉磁場的速度取決於電源頻率。

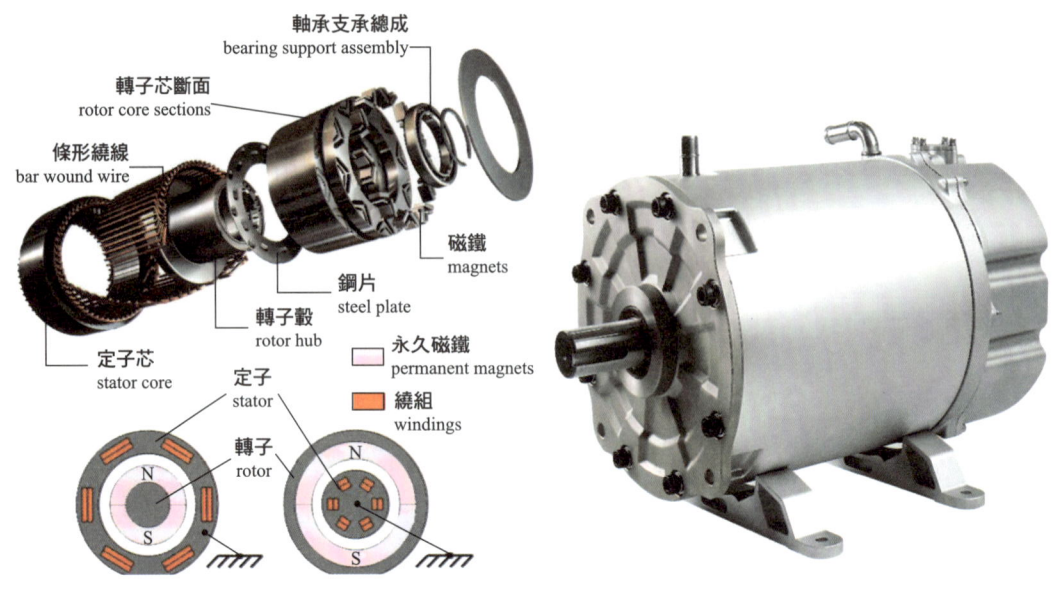

圖2-5 永磁同步馬達結構

2.3.2 永磁同步馬達工作原理

如果在定子的繞組上施加一個三相電流，就會產生相應的旋轉磁場。轉子的磁極隨著該旋轉磁場的方向進行相應的轉動（圖2-6）。轉子轉動的速度與旋轉磁場的轉速相同，該轉速也被稱為同步轉速，同步馬達也因此得名。通過三相電流的頻率和極點數量可精確地確定同步馬達的轉速。

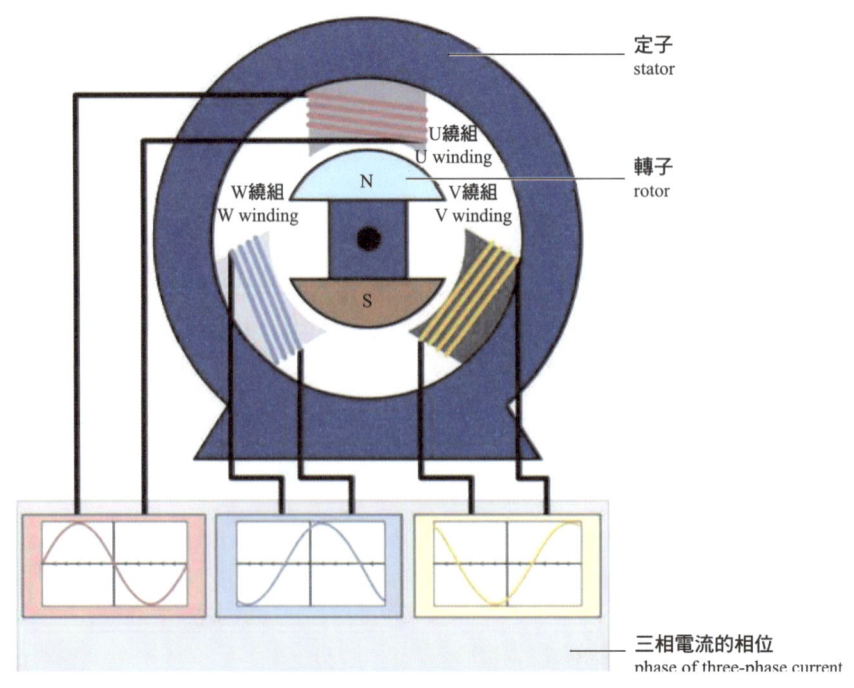

圖2-6 永磁同步馬達工作原理

2.4 開關磁阻馬達

2.4.1 開關磁阻馬達結構

開關磁阻馬達（Switched Reluctance Motor，SRM）結構如圖2-7所示。定子和轉子均為凸極結構，定子和轉子的齒數不等，定子齒上套有線圈，兩個空間位置相對的定子齒線圈相串聯，形成一相繞組。轉子由鐵芯疊片而成，其上無繞組。

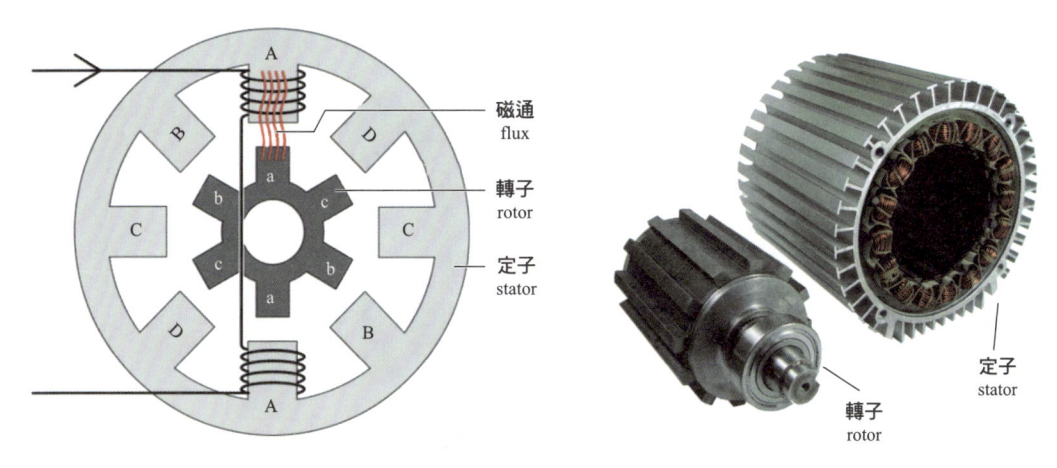

圖2-7 開關磁阻馬達結構

2.4.2 開關磁阻馬達工作原理

開關磁阻馬達的工作原理遵循「磁阻最小原理」—磁通總是沿著磁阻最小的路徑閉合，隨磁場扭曲會產生磁性引力，促使馬達轉動。當給其中一相繞組勵磁時，所產生的磁場力使離該定子極最近的一對轉子極旋轉到其軸線與勵磁定子極軸線重合的位置上，並使該相勵磁繞組的電感最大。按照定子繞組的分布，以一個方向依次給各相繞組通電，轉子齒會和所通電的定子齒依次吸合而連續旋轉（圖2-8）。

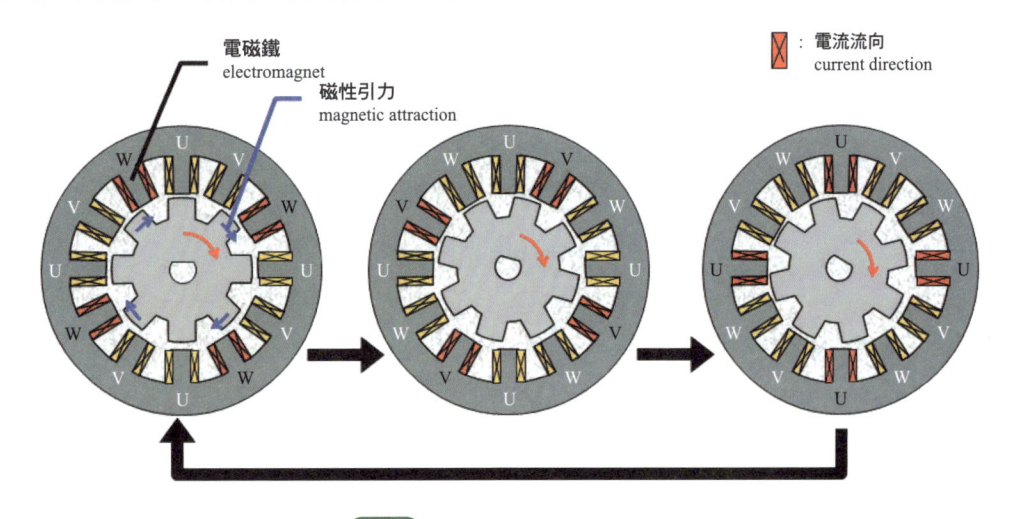

圖2-8 開關磁阻馬達工作原理

2.5 輪框馬達

輪框馬達又稱車輪內裝馬達（In-Wheel Motor），將動力裝置、傳動裝置和煞車裝置都整合到輪框內，使電動車輛的機械部分大為簡化（圖2-9）。多數輪框馬達採用永磁同步馬達結構，基本原理與永磁同步馬達相同。

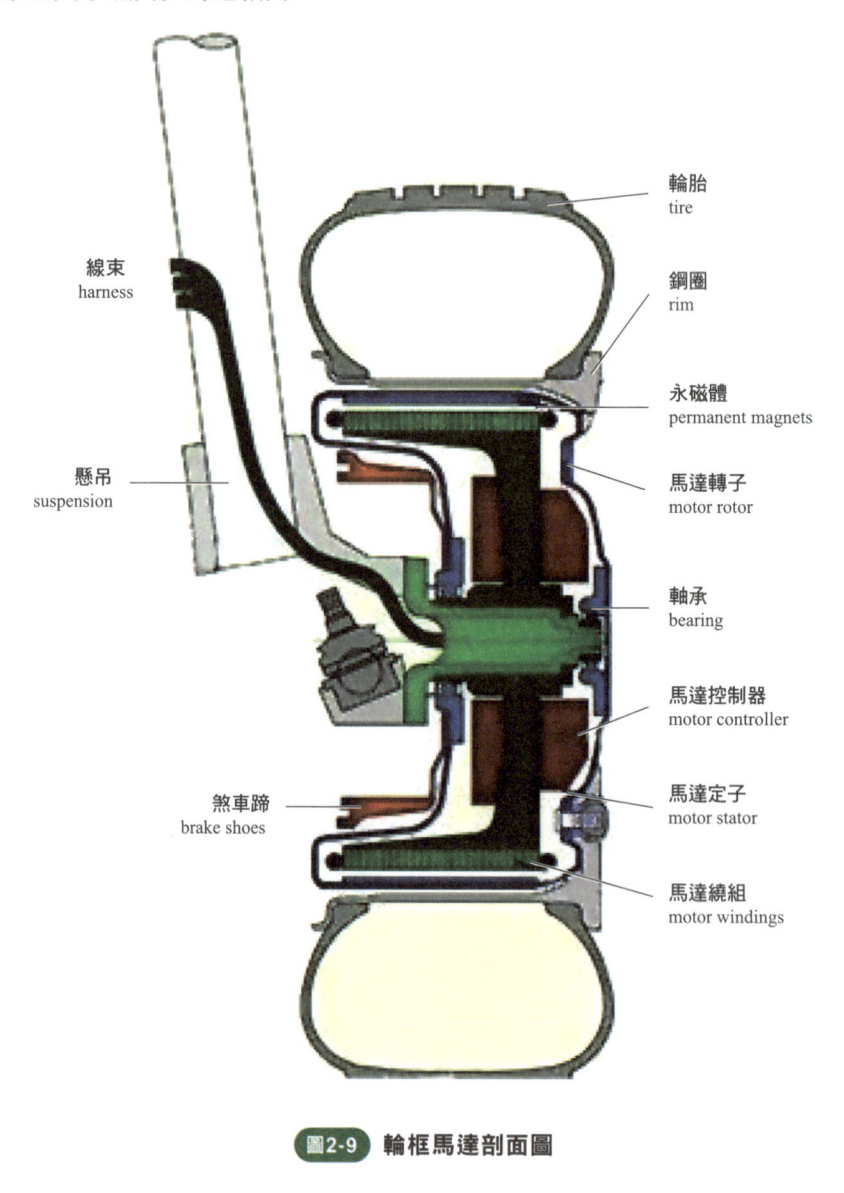

圖2-9 輪框馬達剖面圖

2.6 馬達冷卻系統

電動汽車驅動馬達與控制器的冷卻系統主要有電動泵浦、散熱器、冷卻管道等。冷卻液帶走驅動馬達、逆變器、DC/DC轉換器、充電器等產生的熱量，冷卻水泵浦帶動冷卻液在冷卻管道中循環流動，通過散熱器散熱（圖2-10）。為使散熱器熱量散髮更充分，通常還在散熱器後方設置風扇。

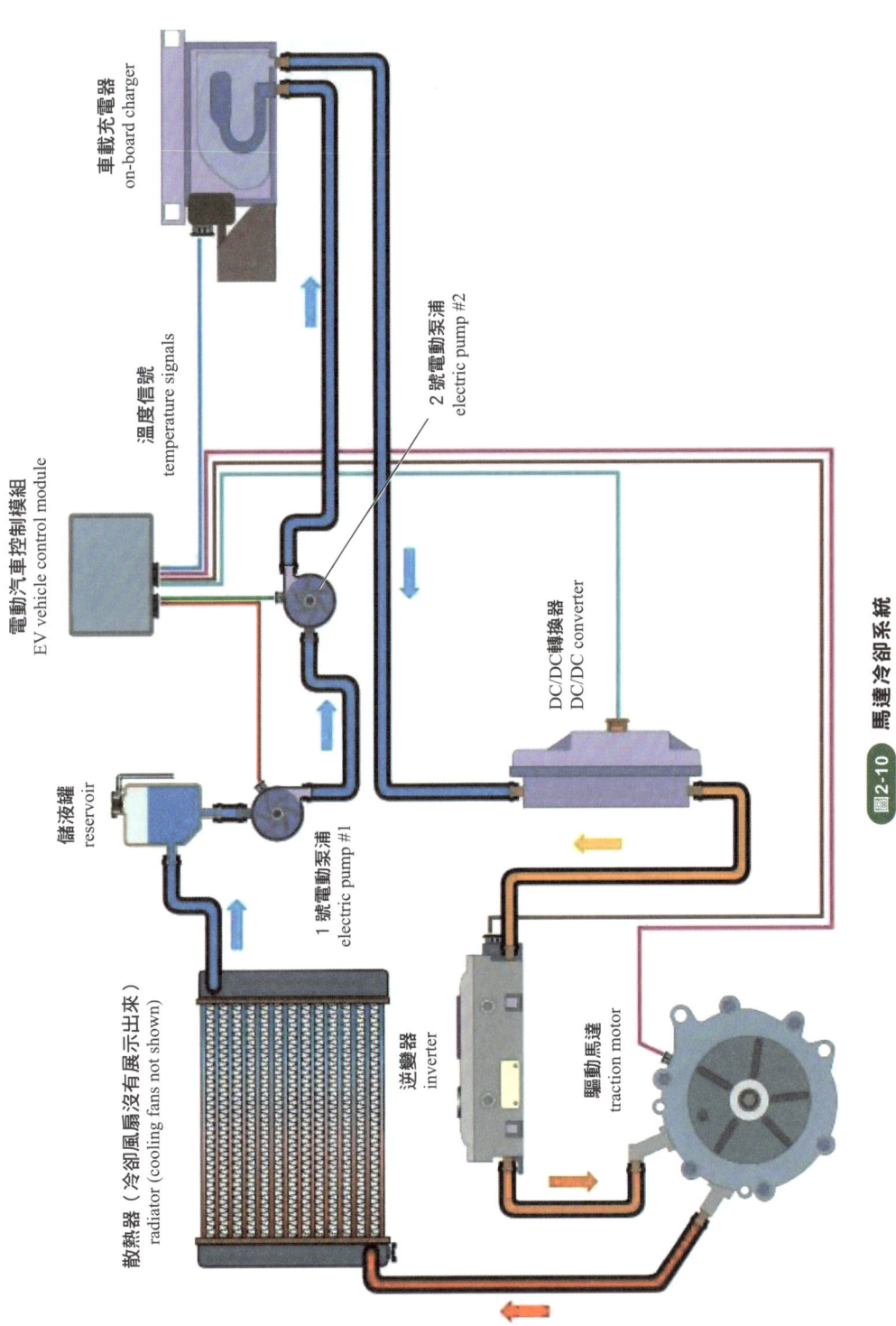

圖2-10 馬達冷卻系統

第 3 章 新能源汽車電池

3.1 鋰離子電池
3.2 鎳氫電池
3.3 燃料電池
3.4 超級電容
3.5 飛輪電池

新能源汽車常用電池有鋰離子電池、鎳氫電池、超級電容器和飛輪電池等。

3.1 鋰離子電池

3.1.1 鋰離子電池的結構

鋰離子電池由正極、負極、隔板、電解液和安全閥等組成。圓柱形鋰離子電池結構如圖3-1所示。

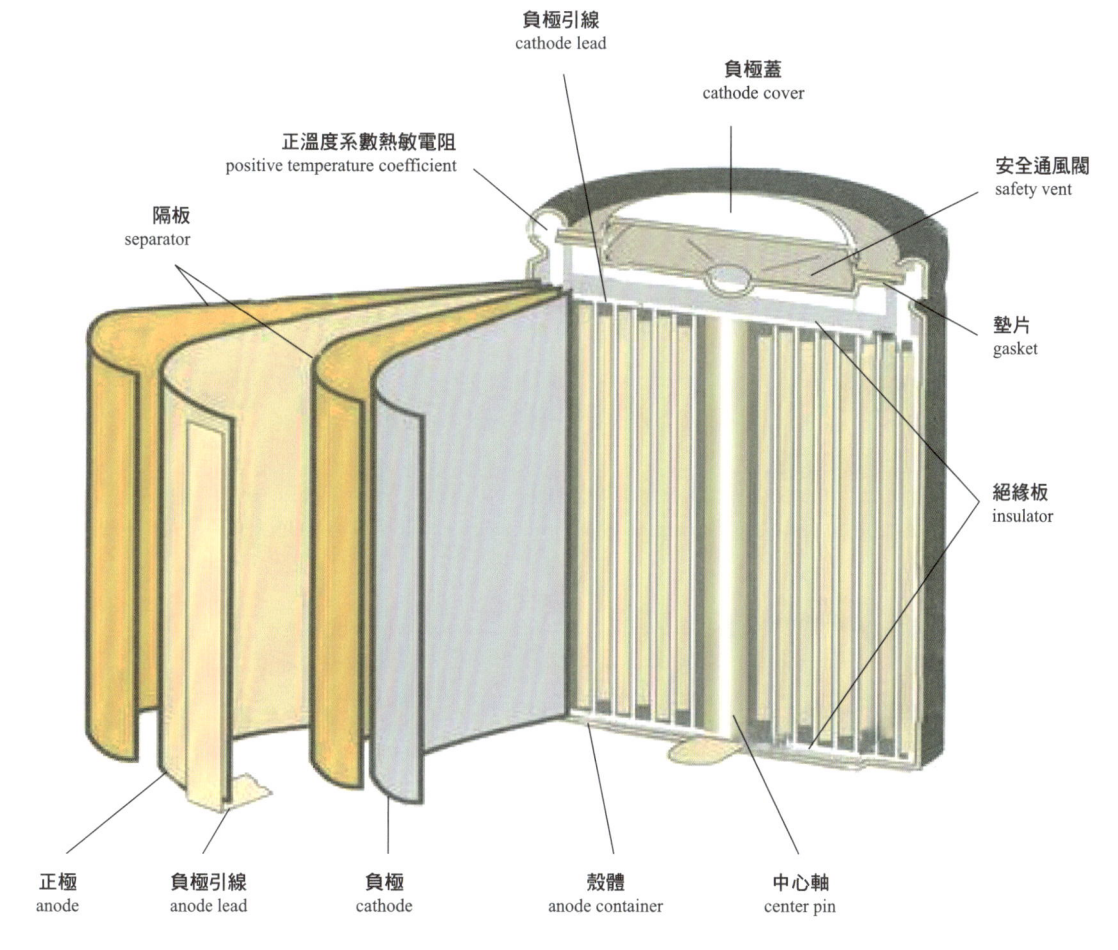

負極引線 cathode lead
負極蓋 cathode cover
正溫度系數熱敏電阻 positive temperature coefficient
安全通風閥 safety vent
隔板 separator
墊片 gasket
絕緣板 insulator
正極 anode
負極引線 anode lead
負極 cathode
殼體 anode container
中心軸 center pin

圖3-1 圓柱形鋰離子電池結構示意圖

3.1.2 鋰離子電池的工作原理

電池充電時，鋰離子從正極材料的晶格中脫出，通過電解質溶液和隔板嵌入到負極中（圖3-2）。放電時，鋰離子從負極中脫出，通過電解質溶液和隔板嵌入到正極材料晶格中。在整個充、放電過程中，鋰離子往來於正、負極之間。

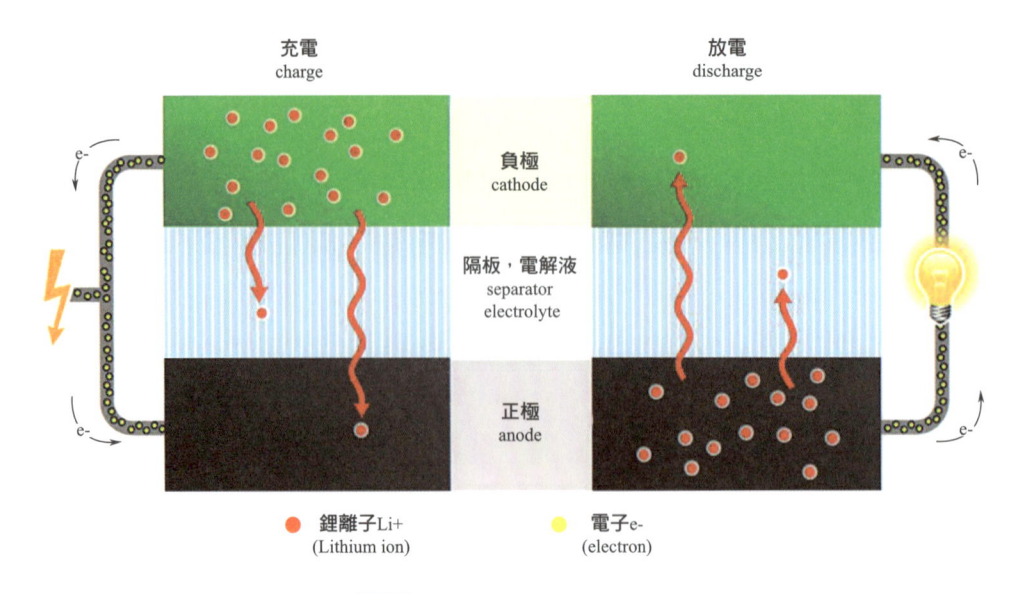

圖3-2 鋰離子電池的工作原理

3.2 鎳氫電池

3.2.1 鎳氫電池的結構

單體電池都由正極板、負極板和裝在正極板和負極板之間的隔板組成（圖3-3）。

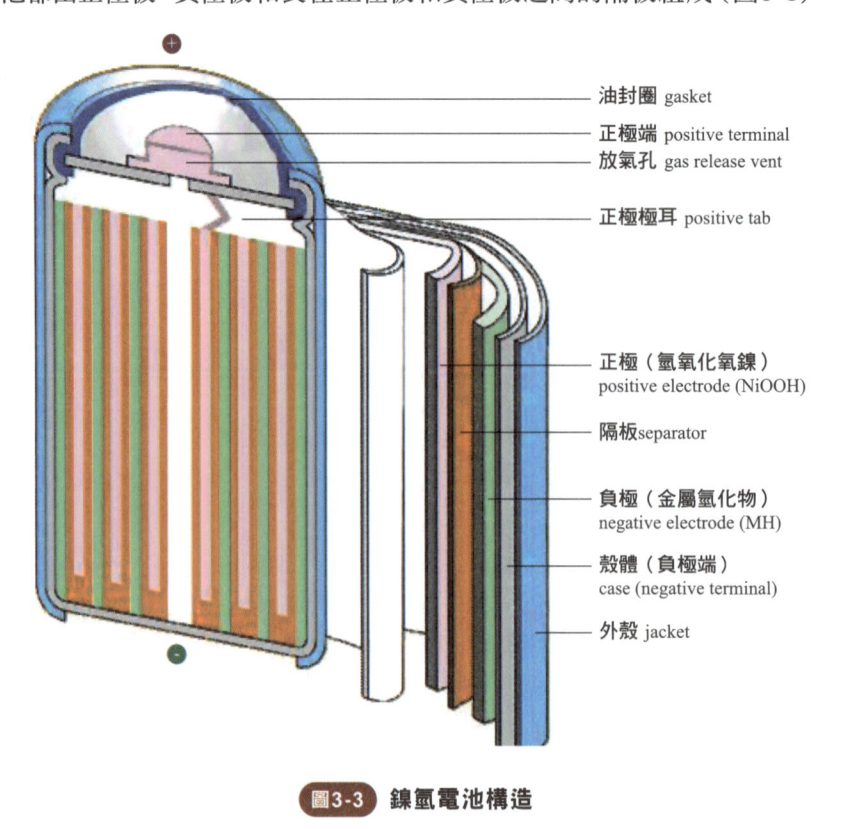

圖3-3 鎳氫電池構造

3.2.2 鎳氫電池的工作原理

鎳氫電池正極的活性物質為氫氧化氧鎳（NiOOH，放電時）和氫氧化鎳[Ni(OH)$_2$，充電時]，負極板的活性物質為氫（H$_2$，放電時）和水（H$_2$O，充電時），電解液為氫氧化鉀溶液（圖3-4）。充電時，水（H$_2$O）在電解質溶液中分解為氫離子（H$^+$）和氫氧離子（OH$^-$），氫離子被負極吸收，負極從金屬轉化為金屬氫化物。正極由氫氧化鎳[Ni(OH)$_2$]變成氫氧化氧鎳（NiOOH）和水（H$_2$O）；放電時，氫離子（H$^+$）離開負極，氫氧離子（OH$^-$）離開正極，氫離子和氫氧離子在電解質中結合成水（H$_2$O）並釋放電能。正極由氫氧化氧鎳（NiOOH）變成氫氧化鎳[Ni(OH)$_2$]。

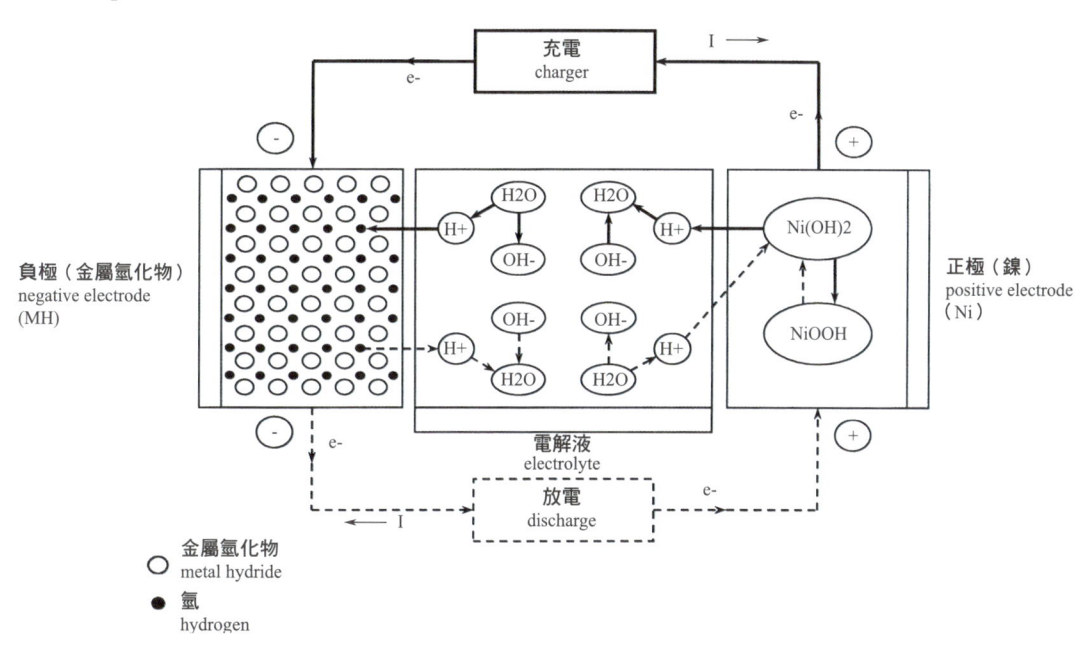

圖3-4 鎳氫電池工作原理

3.3 燃料電池

3.3.1 燃料電池結構

氫氣通過燃料電池的陽極催化劑分解成電子和氫離子（質子）。其中質子通過質子交換膜到達負極和氧氣反應變成水和熱量。對應的電子則從正極通過外電路流向負極產生電能（圖3-5）。氣體擴散層為參與反應的氣體和生成的水提供傳輸通道、支承催化劑。雙極板又叫流場板，起到分隔氧化劑和還原劑的作用。

3.3.2 燃料電池工作原理

在質子交換膜燃料電池中，電解質和質子能夠在薄的聚合物膜之間滲透但不導電。氫流入燃料電池到達陽極，裂解成氫離子（質子）和電子。氫離子通過電解質滲透到陰極，而電子通過外部迴路流動，提供電力。以空氣形式存在的氧供應到陰極，與電子和氫離子結合形成水（圖3-6）。

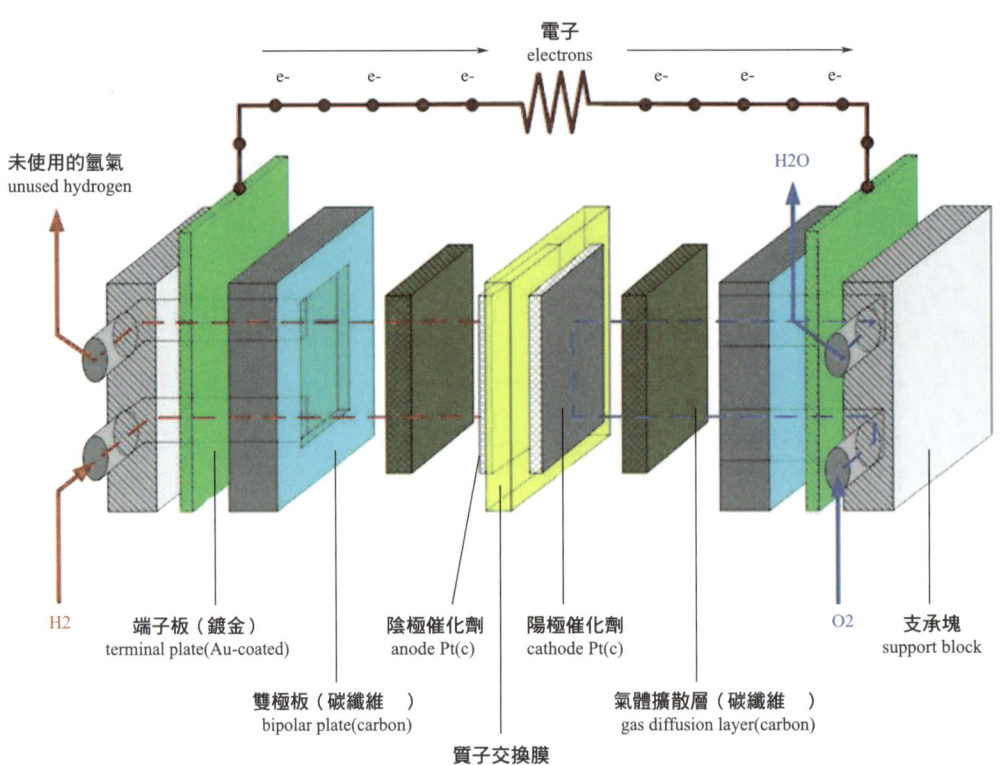

圖3-5 燃料電池結構

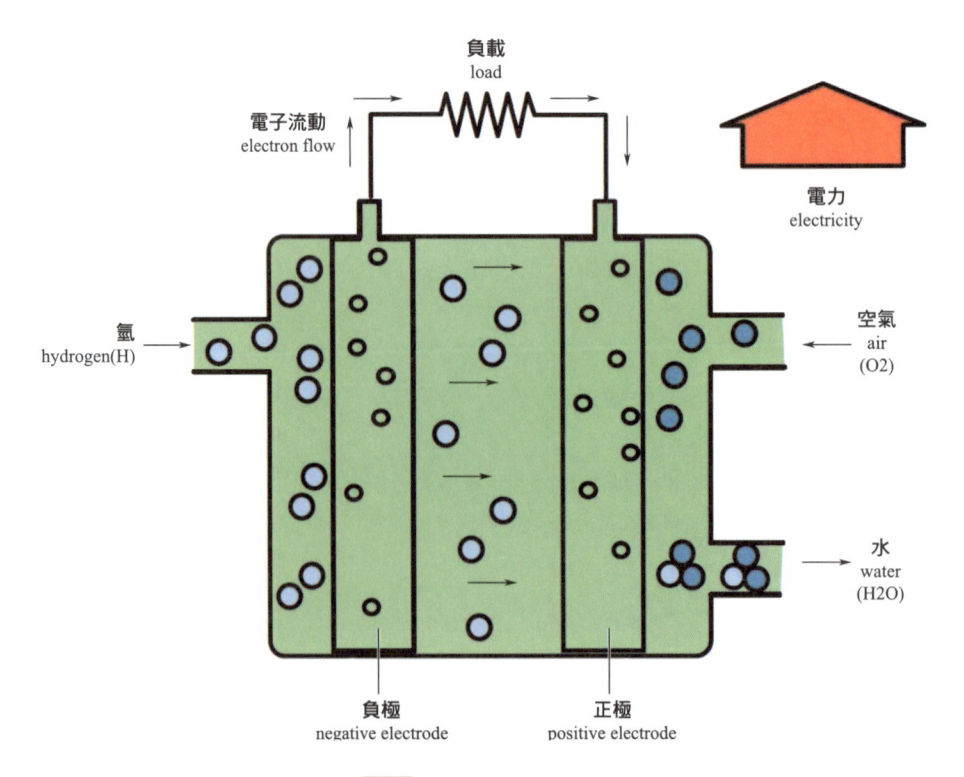

圖3-6 燃料電池工作原理

3.4 超級電容

3.4.1 超級電容器結構

超級電容器（Supercapacitor，Ultracapacitor）是指相對傳統電容器而言具有更高容量的一種電容器，通過極化電解質來儲存能量。超級電容器是介於電容器和電池之間的儲能器件，它既具有電容器可以快速充放電的特點，又具有電池的儲能特性（圖3-7）。

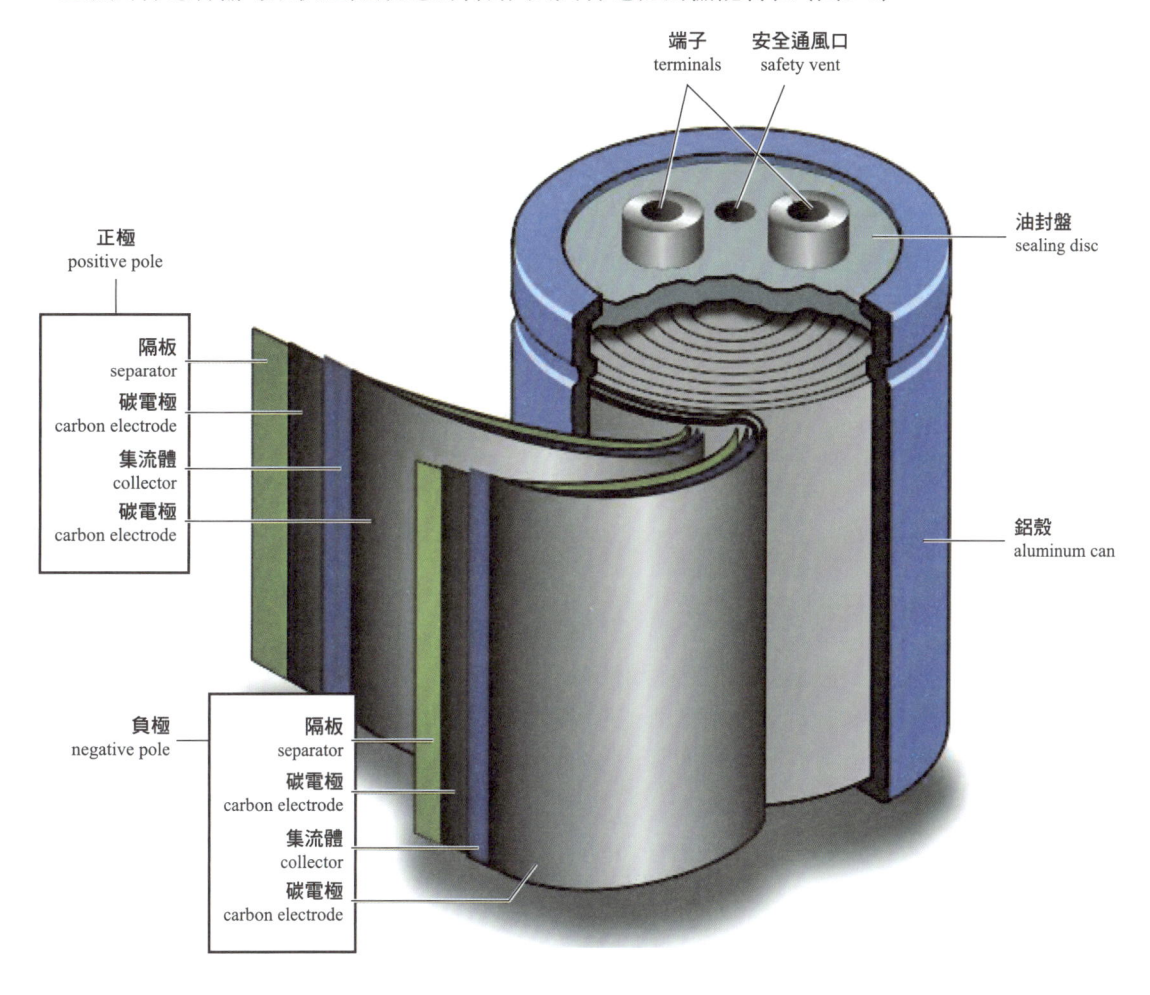

圖3-7　纏繞式超級電容器構造示意圖

3.4.2 超級電容器工作原理

當電壓加載到兩電極上時，加在正極板上的電勢吸引電解質中的負離子，負極板吸引正離子，從而在兩電極的表面形成了一個雙電層電容器。隨著超級電容的放電，正、負極板上的電荷被外電路釋放，電解液界面上的電荷相應減少（圖3-8）。

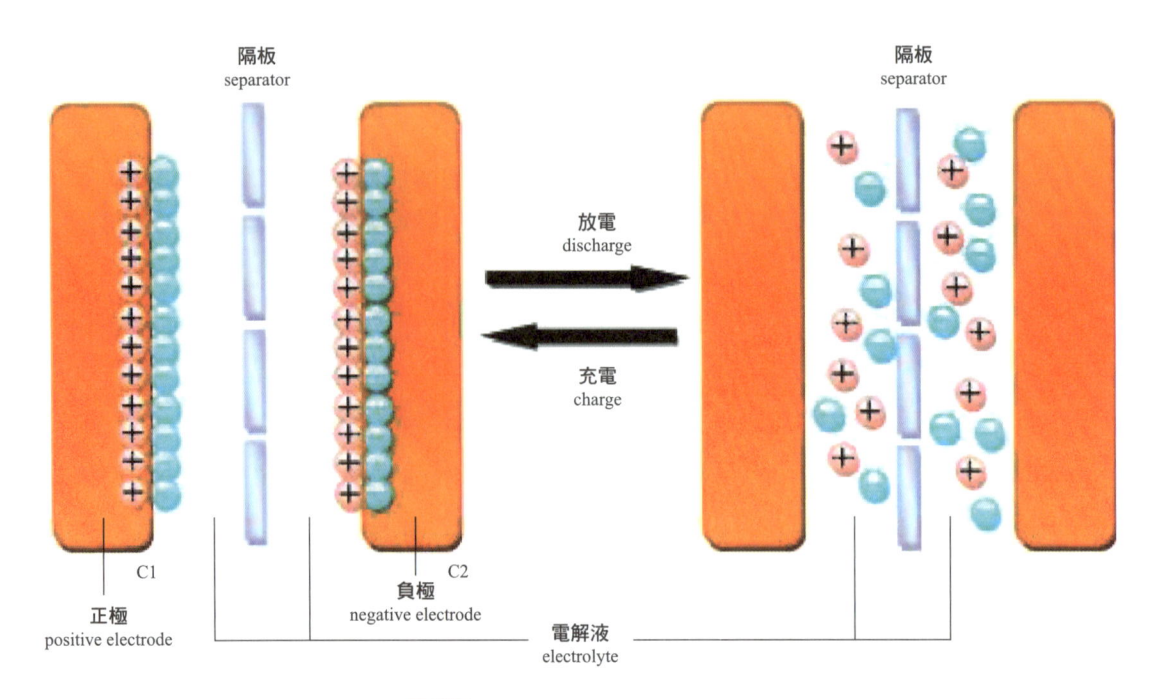

圖3-8　雙電層超級電容工作原理

3.5　飛輪電池

3.5.1　飛輪電池結構

　　飛輪電池實際是一種機電能量轉換和儲存裝置。根據飛輪能夠儲存和釋放能量的特性研制的機械式蓄電池，就是飛輪蓄電池。在飛輪的內部鑲有永久性磁鐵，外殼上裝有感應線圈，這樣飛輪就具有馬達和發電機的雙重功能（圖3-9）。

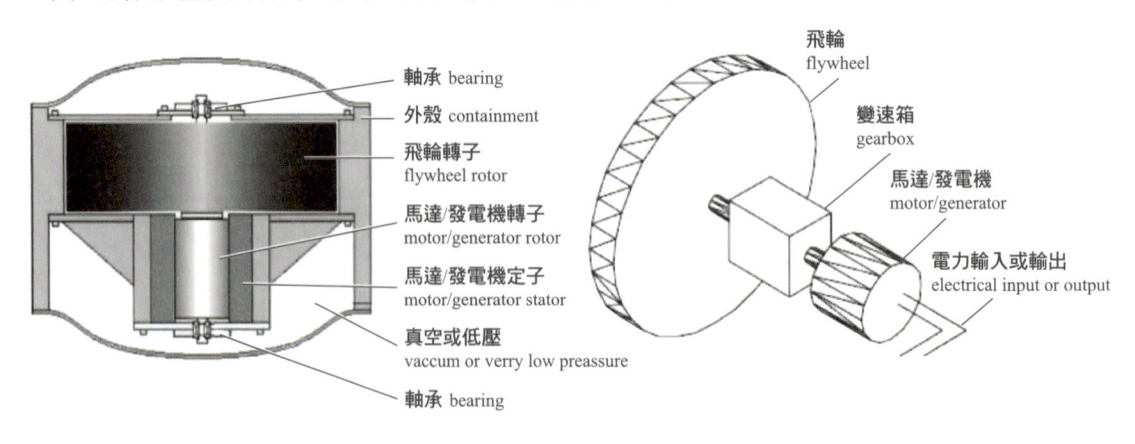

圖3-9　飛輪電池的基本結構

3.5.2 飛輪電池工作原理

充電時，馬達作為馬達運行，將電能轉換為動能，帶動飛輪加速旋轉，將能量以機械形式儲存在高速旋轉的飛輪中。放電時，馬達切換為發電機模式，由飛輪的慣性驅動發電機旋轉並逐漸減速，將儲存的機械能轉換為電能。產生的電能經由電力電子轉換器調整成負載所需的頻率與電壓供應使用。（圖3-10）。

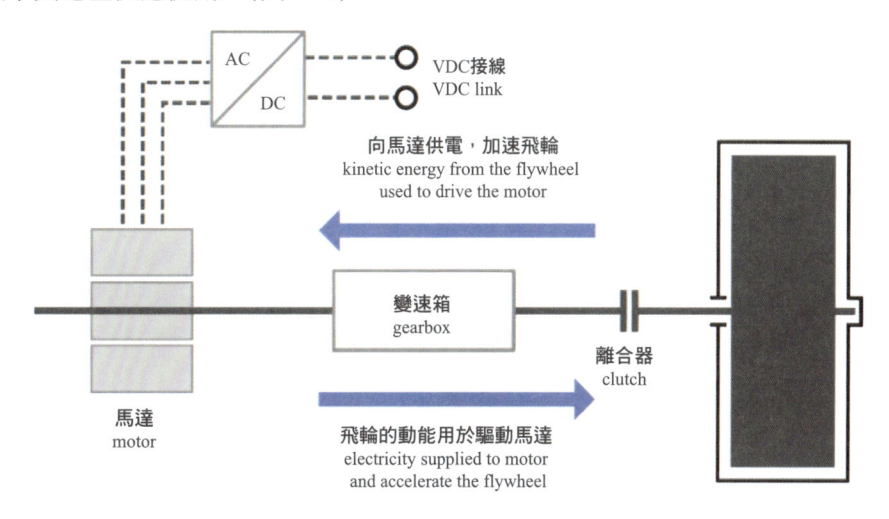

圖3-10 飛輪電池工作原理

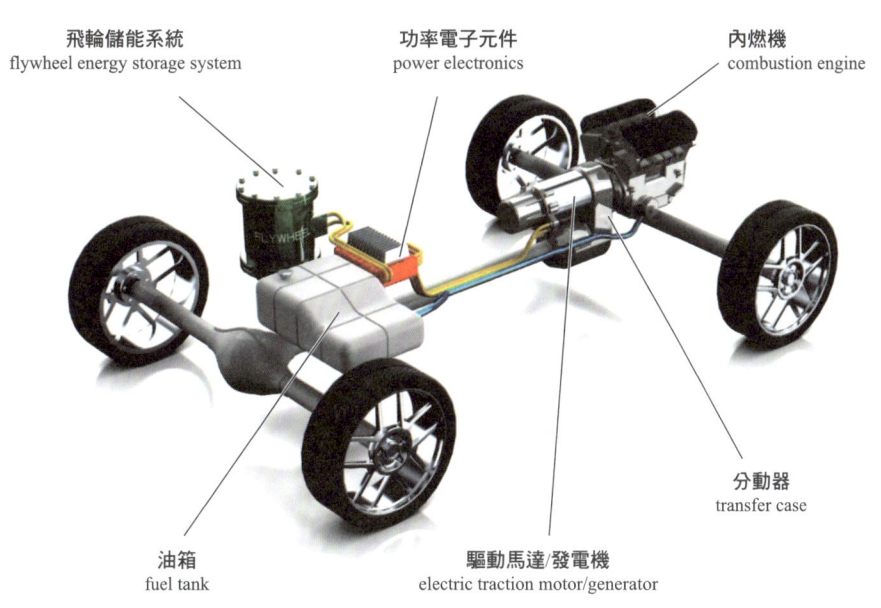

3.5.3 飛輪混合動力電動汽車

飛輪混合動力電動汽車包括飛輪儲能系統和馬達驅動系統（圖3-11）。飛輪能夠在汽車頻繁加減速時回收能量。

圖3-11 飛輪混合動力電動汽車

第 4 章 純電動汽車

- 4.1 概述
- 4.2 特斯拉純電動汽車
- 4.3 福斯 ID.4 純電動SUV
- 4.4 奧迪 e-tron 純電動SUV

4.1 概述

4.1.1 純電動汽車組成

純電動汽車（Battery Electric Vehicle，BEV）是指以車載電源為動力，用馬達驅動車輪行駛的車輛。純電動汽車將存儲在電池中的電能高效地轉化為車輪的動能，並能夠在汽車減速煞車時，將車輪的動能轉化為電能充入電池。典型純電動汽車主要部件如圖4-1所示。

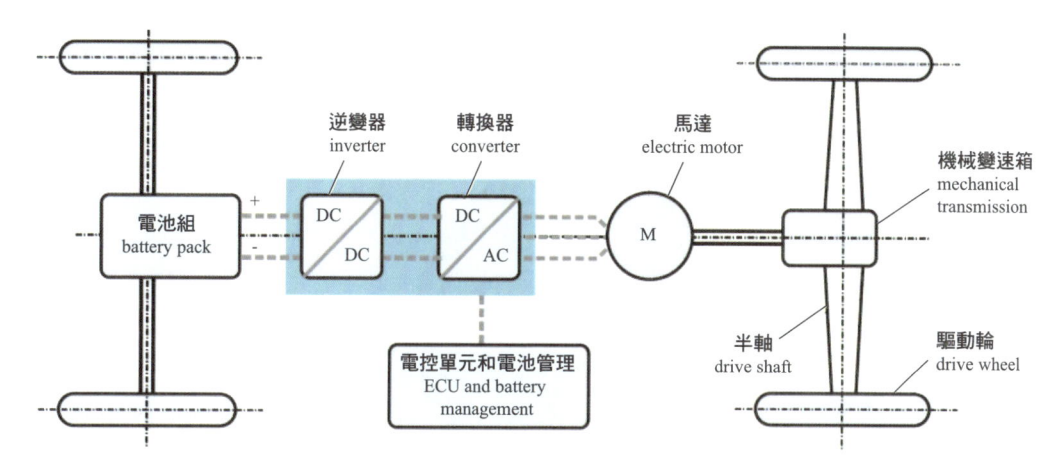

圖4-1 純電動汽車主要部件

純電動汽車除了電力驅動控制系統，其他部分的功能及其結構組成基本上與傳統汽車相同（圖4-2）。

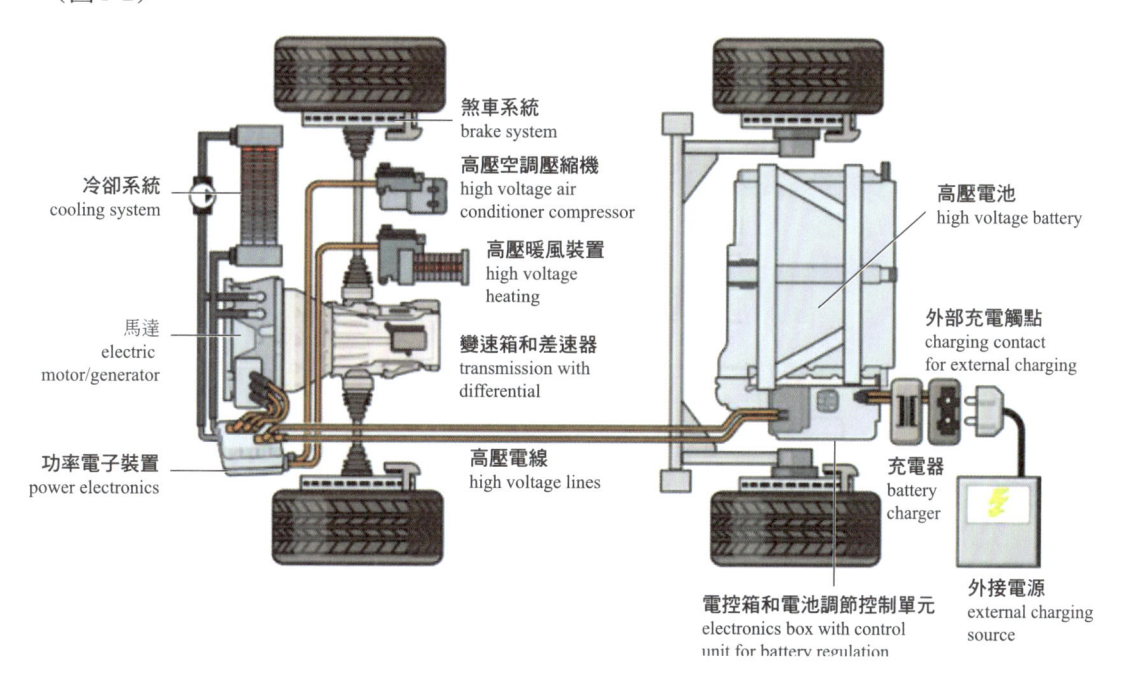

圖4-2 純電動汽車的主要組件

4.1.2 純電動汽車充電系統

純電動汽車充電系統主要分為常規充電（俗稱慢充）和快速充電（俗稱快充）兩種方式。

(1) 慢充系統

慢充系統是使用普通的交流220V單相民用電，通過車載充電機將交流電變換為高壓直流電，從而給動力電池充電。車載充電機採用高頻開關電源技術，由BMS控制智能充電，無需人工看守，保護功能齊全，具有過壓、欠壓、過流、過熱、輸出短路、反接等多種保護功能，當充電系統出現異常時會及時切斷供電。電動汽車慢充電插孔端子如圖4-3所示。

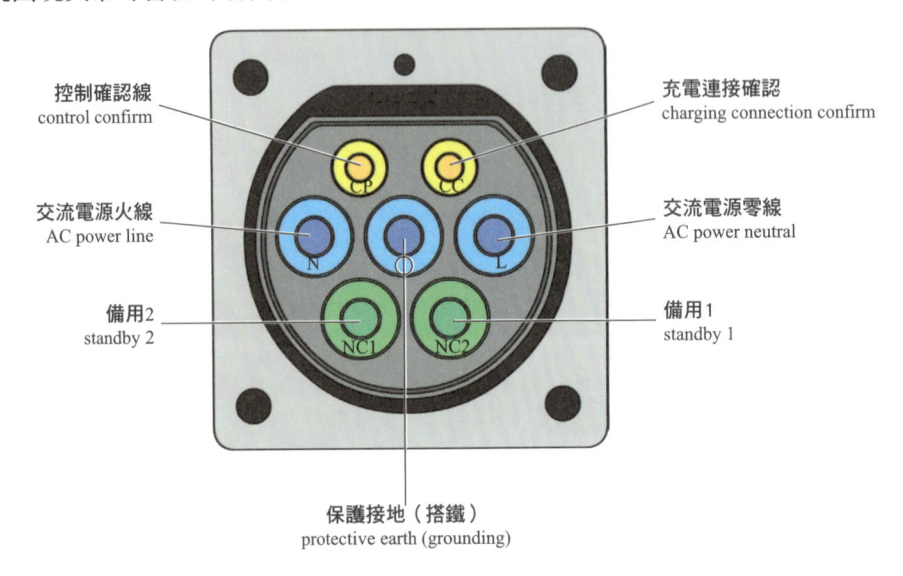

圖4-3 慢充電插座

車載充電機內部可分主電路、控制電路、線束及標準件三部分。主電路前端將交流電轉換為恆定電壓的直流電，主電路後端為DC/DC轉換器，將前端輸出的直流高壓電變換為合適的電壓及電流供給動力電池（圖4-4）。

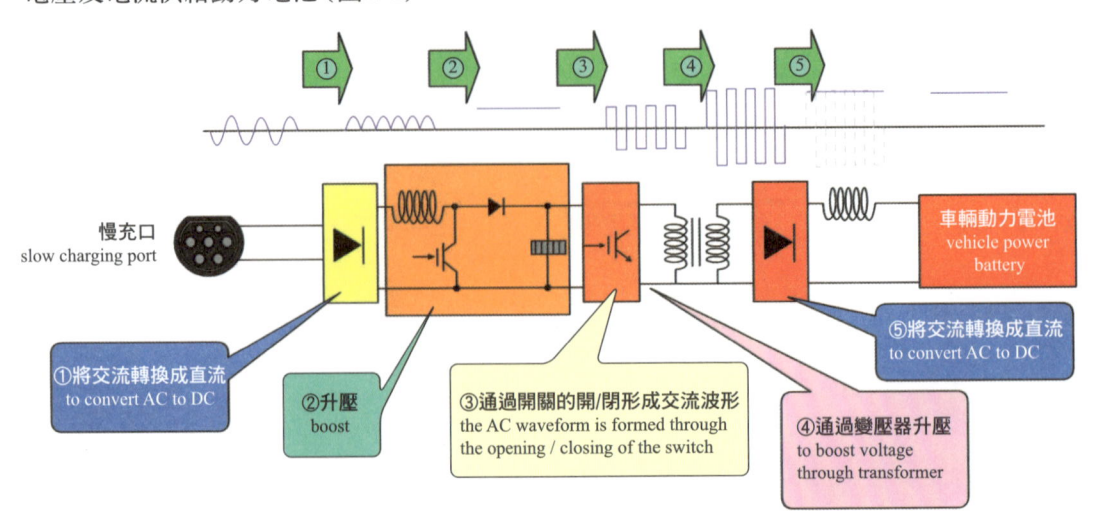

圖4-4 車載充電機工作原理

（2）快充系統

　　快充系統使用工業380V三相電，通過功率變換後，將直流高壓大電流通過高壓動力電纜直接向動力電池進行充電，在快充過程中電流顯示值通常在13.2～46.2A之間。快充系統主要部件包括快充樁、快充電插孔、車內高壓線束、高壓配電盒以及動力電池等。快充樁安裝在固定的充電場所，與380V交流電源連接。電流經過PFC功率因數模組、DC/AC逆變模組、高頻變壓器、AC/DC整流器後，與電動汽車快充電插孔相連接（圖4-5）。

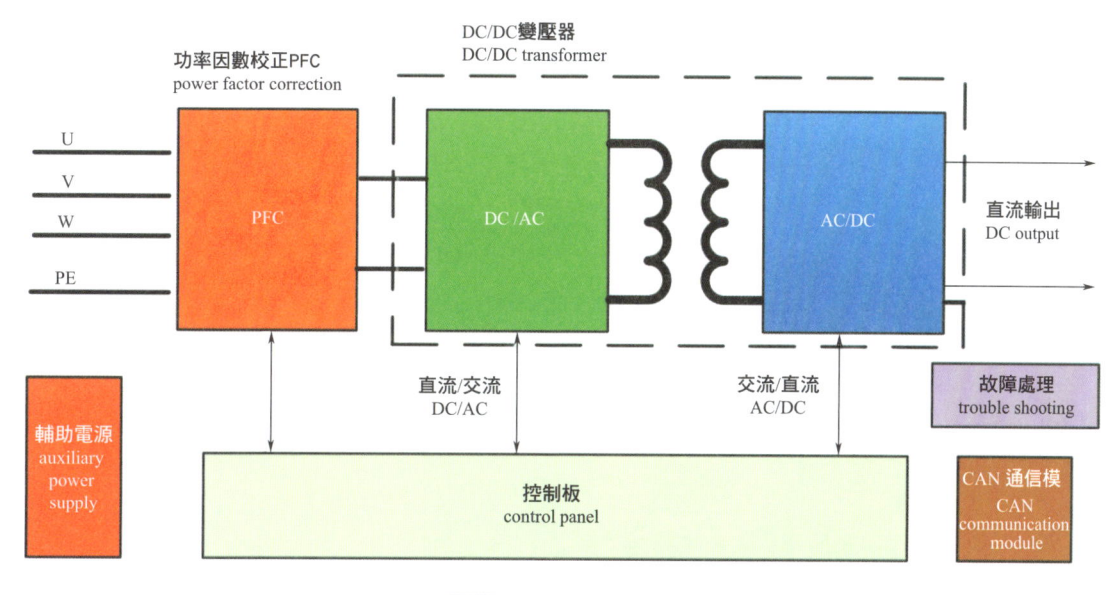

圖4-5　快充樁工作原理

　　電動汽車快充電插孔端子如圖4-6所示。

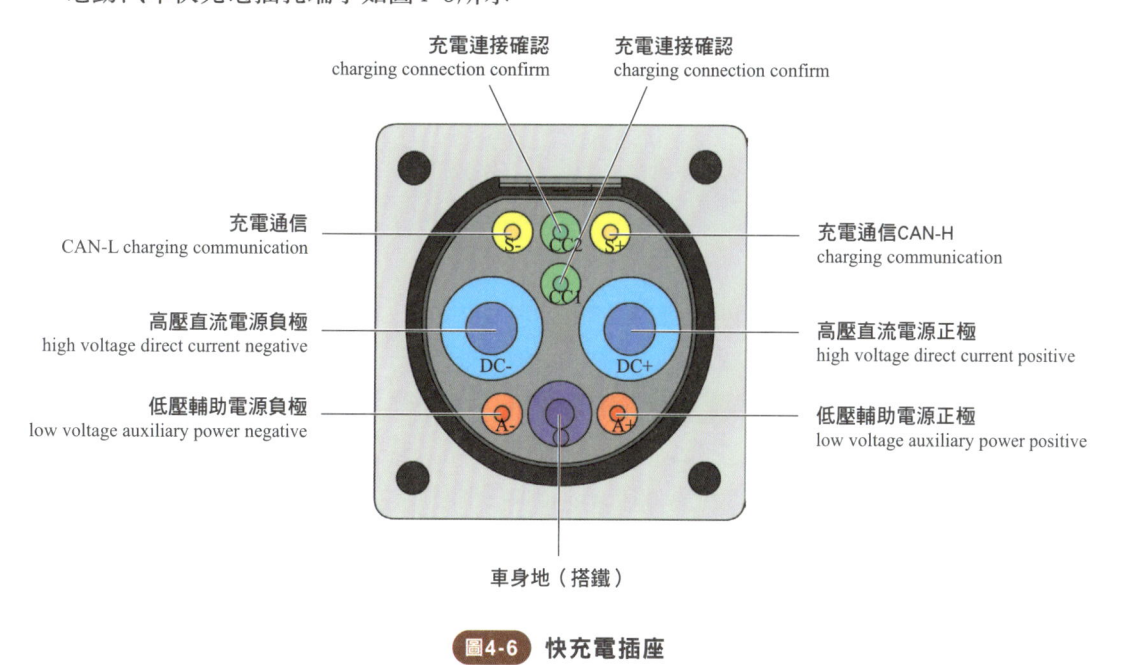

圖4-6　快充電插座

4.2 特斯拉純電動汽車

特斯拉（Tesla）2008年發佈第一款兩門運動型跑車Roadster之後，陸續發佈了Model S、Model X、Model Y和Model 3等多款車型。下面介紹特斯拉Model S和Model 3純電動汽車。Model S是特斯拉旗艦款高級電動轎車，擁有更長的續航里程、更好的加速性能以及更多的顯示屏和更多的個性化配置。Model 3是一款面向福斯、擁有門檻更低的純電動車。

4.2.1 特斯拉純電動汽車Model S

（1）特斯拉Model S傳動系

特斯拉Model S傳動系組成如圖4-7所示。

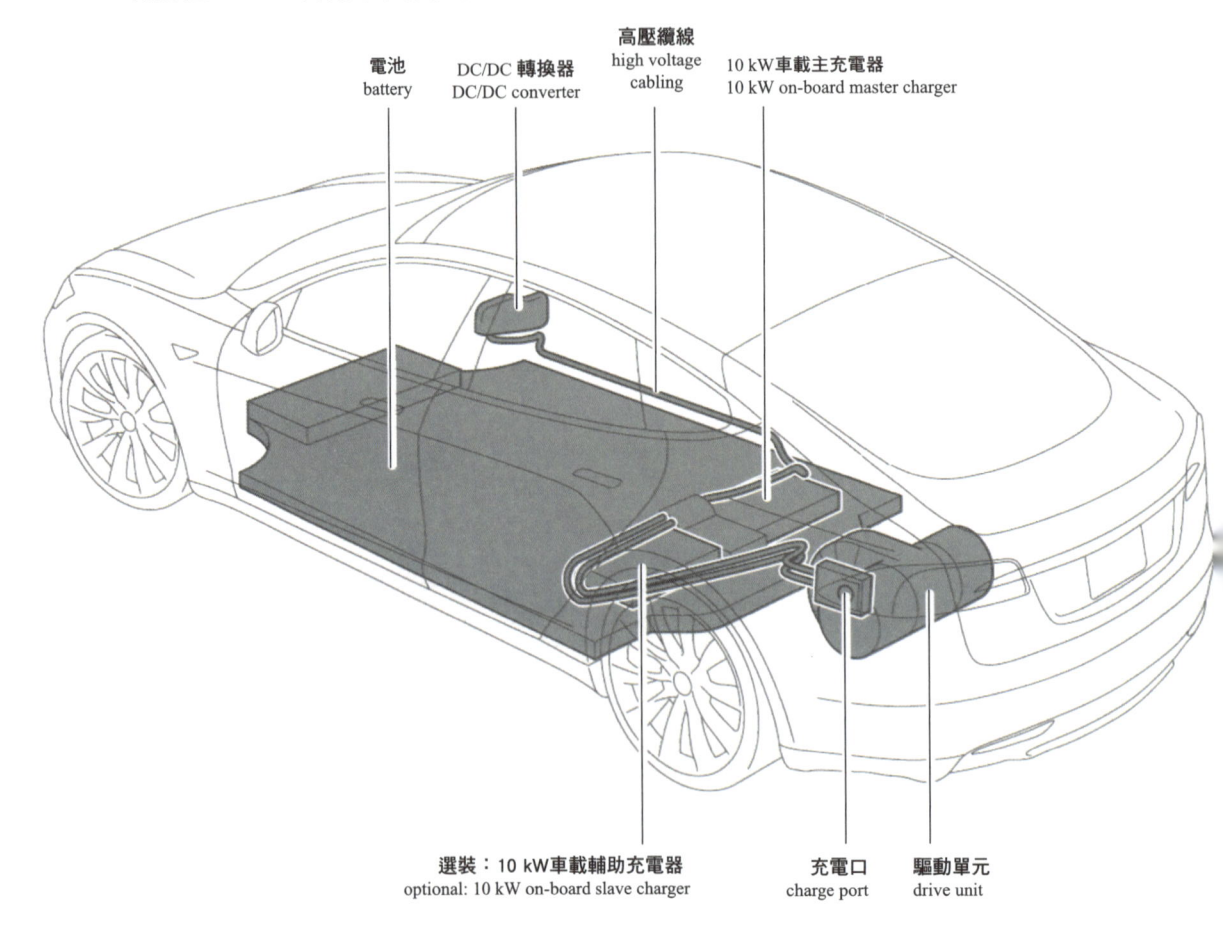

標註：
- 電池 battery
- DC/DC 轉換器 DC/DC converter
- 高壓纜線 high voltage cabling
- 10 kW車載主充電器 10 kW on-board master charger
- 選裝：10 kW車載輔助充電器 optional: 10 kW on-board slave charger
- 充電口 charge port
- 驅動單元 drive unit

圖4-7 特斯拉Model S傳動系

(2) 特斯拉Model S高壓系統

特斯拉Model S高壓系統部件如圖4-8所示。

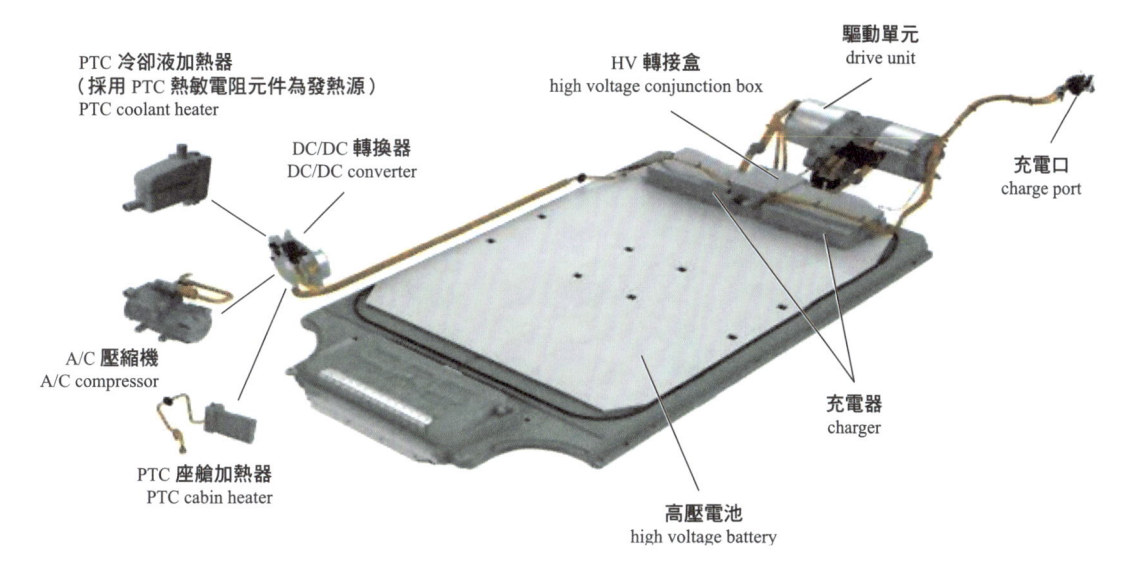

圖4-8 特斯拉Model S高壓系統

(3) 特斯拉Model S驅動總成

特斯拉Model S驅動總成由三個部分組成，分別為三相交流感應馬達、單級變速箱、逆變器。這三個部分集成一體（圖4-9）。

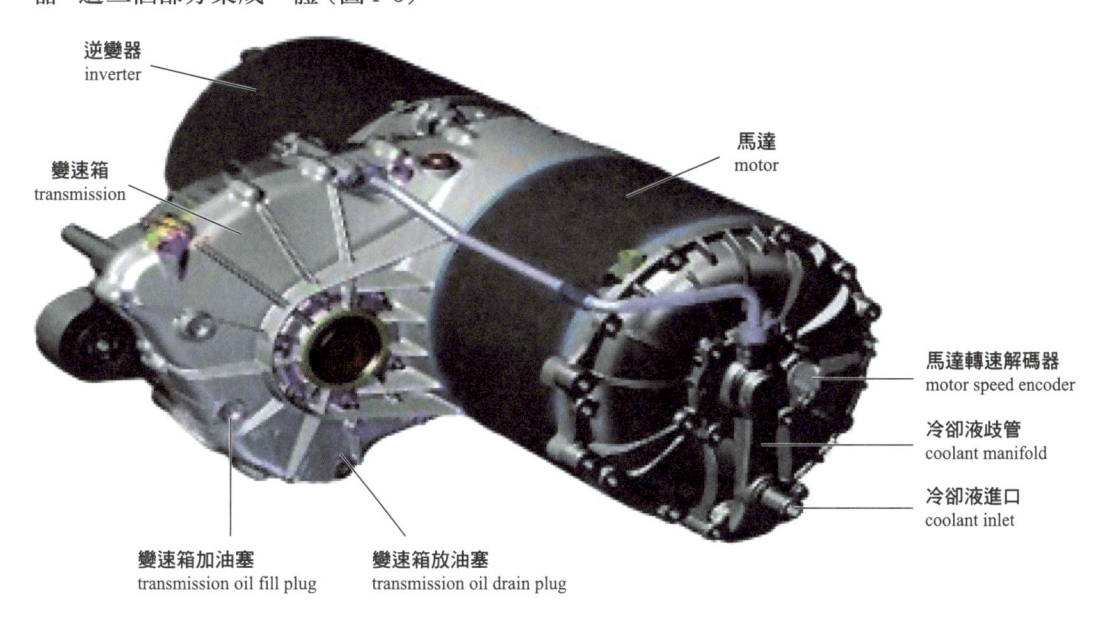

圖4-9 特斯拉Model S驅動總成

（4）特斯拉Model S馬達冷卻系統

特斯拉Model S馬達採用液冷方式，定子周圍佈置冷卻水套（圖4-10）。

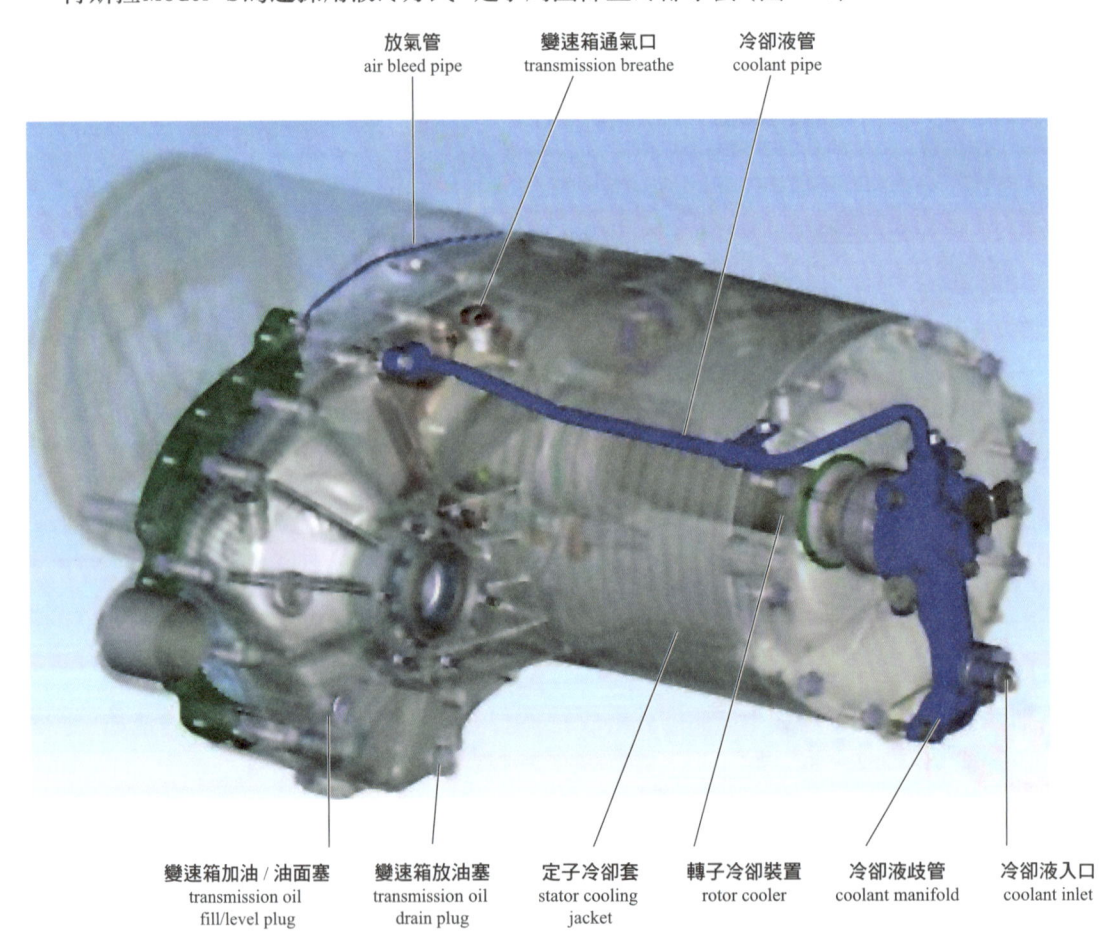

放氣管 air bleed pipe
變速箱通氣口 transmission breathe
冷卻液管 coolant pipe
變速箱加油/油面塞 transmission oil fill/level plug
變速箱放油塞 transmission oil drain plug
定子冷卻套 stator cooling jacket
轉子冷卻裝置 rotor cooler
冷卻液歧管 coolant manifold
冷卻液入口 coolant inlet

圖4-10 特斯拉Model S馬達冷卻系統

4.2.2 特斯拉純電動汽車Model 3

特斯拉Model 3傳動系組成如圖4-11所示。高壓電池安裝於車身底部，負責能量的輸出和儲存。驅動總成包括三相交流感應馬達、單級變速箱、逆變器。

（1）特斯拉Model 3驅動總成

Model 3同樣採用三合一電驅動系統，馬達＋逆變器＋變速箱（Motor+Inverter+Gearbox）。其中馬達作為整車的動力來源，為車輛的行駛提供動力；變速箱將馬達的旋轉傳輸到驅動軸；逆變器將直流電轉換成交流電（圖4-12）。

第 4 章　純電動汽車

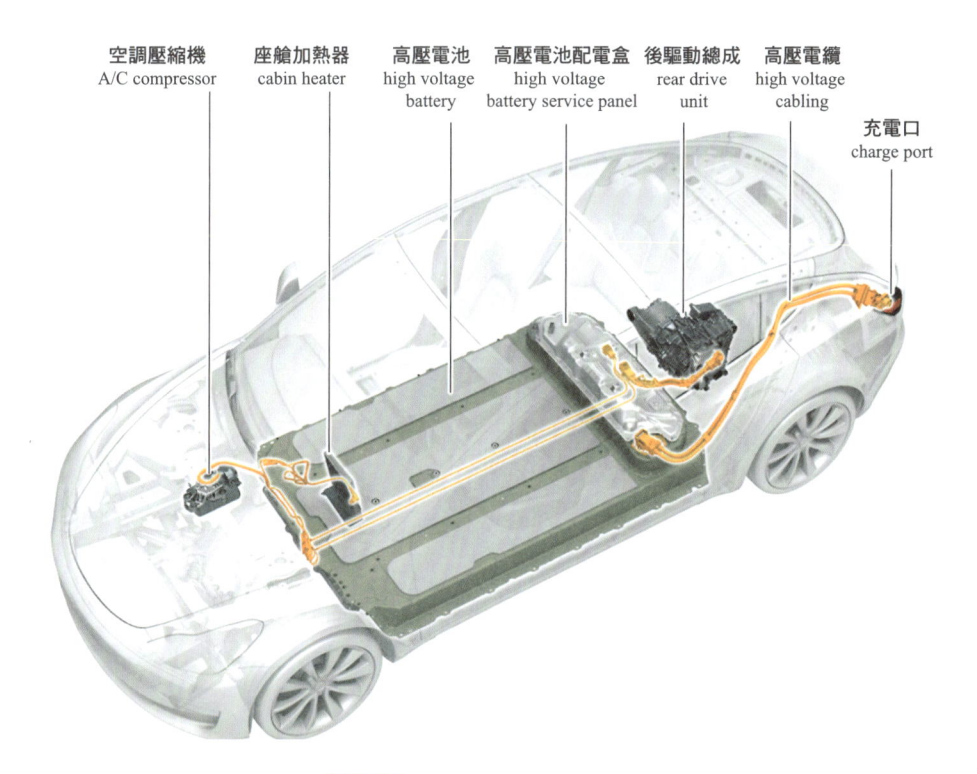

空調壓縮機　座艙加熱器　高壓電池　高壓電池配電盒　後驅動總成　高壓電纜
A/C compressor　cabin heater　high voltage battery　high voltage battery service panel　rear drive unit　high voltage cabling

充電口
charge port

圖4-11　特斯拉Model 3傳動系

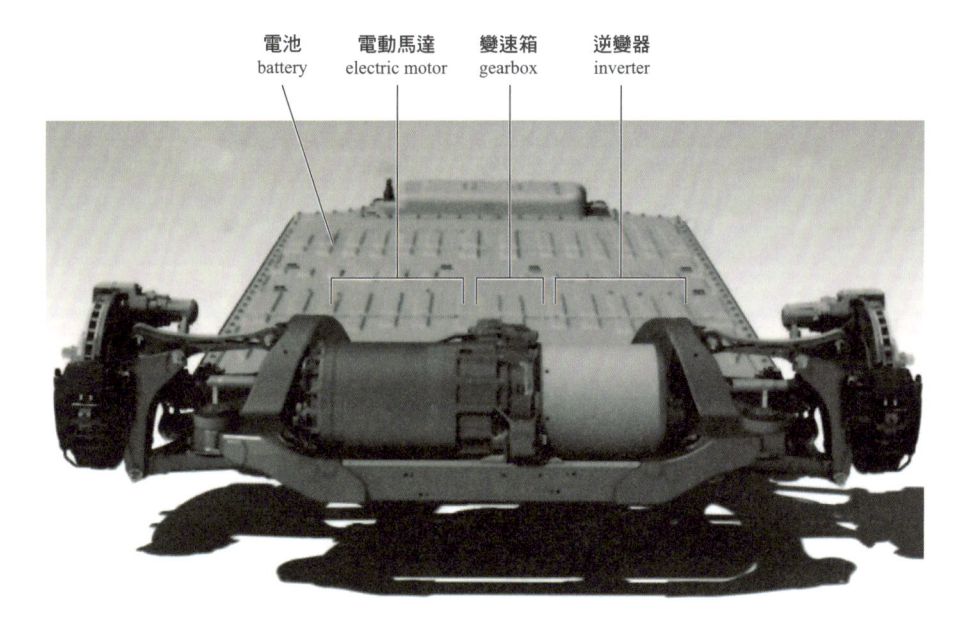

電池　電動馬達　變速箱　逆變器
battery　electric motor　gearbox　inverter

圖4-12　特斯拉Model 3驅動總成

❶ **電動馬達**　特斯拉的Roadster、Model S、Model X都採用感應馬達，但Model 3首次採用嵌入式永磁同步馬達（圖4-13）。永磁同步馬達在體積上更有優勢，低中速領域效率更高，而感應馬達則側重於高速運轉時的效率和大轉矩。Model 3定位為量產型乘用車，更側重於低中速效率，故採用嵌入式永磁同步馬達。

轉子軸承
rotor bearing

馬達解碼器
motor encoder

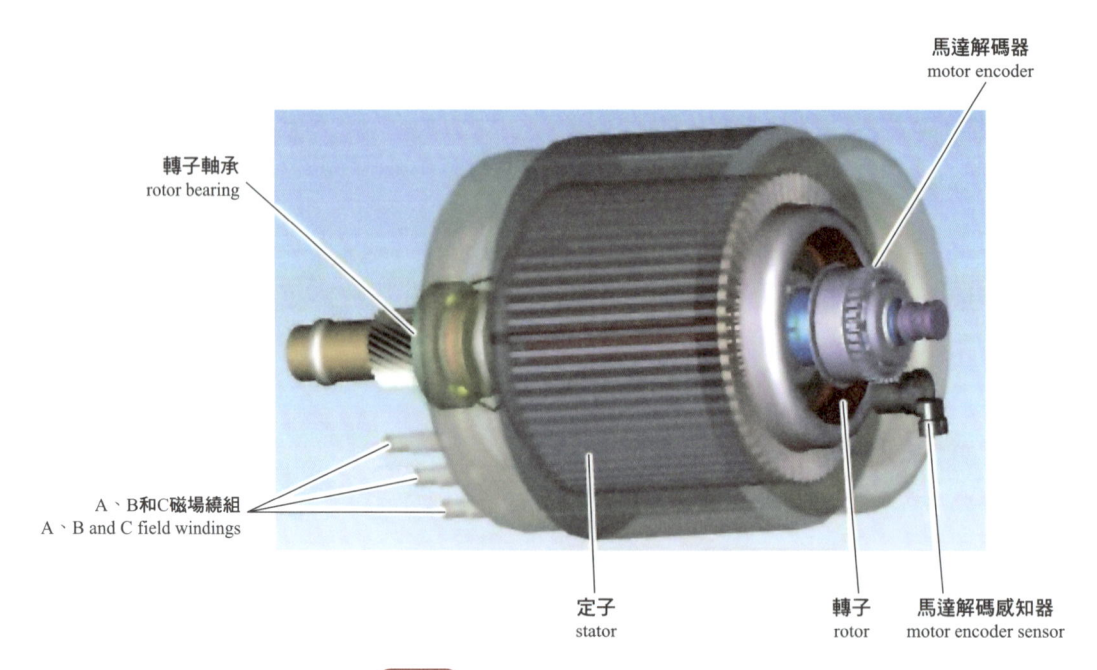

A、B和C磁場繞組
A、B and C field windings

定子
stator

轉子
rotor

馬達解碼感知器
motor encoder sensor

圖4-13 特斯拉Model3電動馬達

❷ **單級變速箱** 特斯拉Model 3的電動馬達轉速範圍很寬,故採用單級變速箱,將電動馬達的轉速降低、轉矩增大(圖4-14)。

差速器齒輪
differential gears

變速箱殼體
gearbox casing

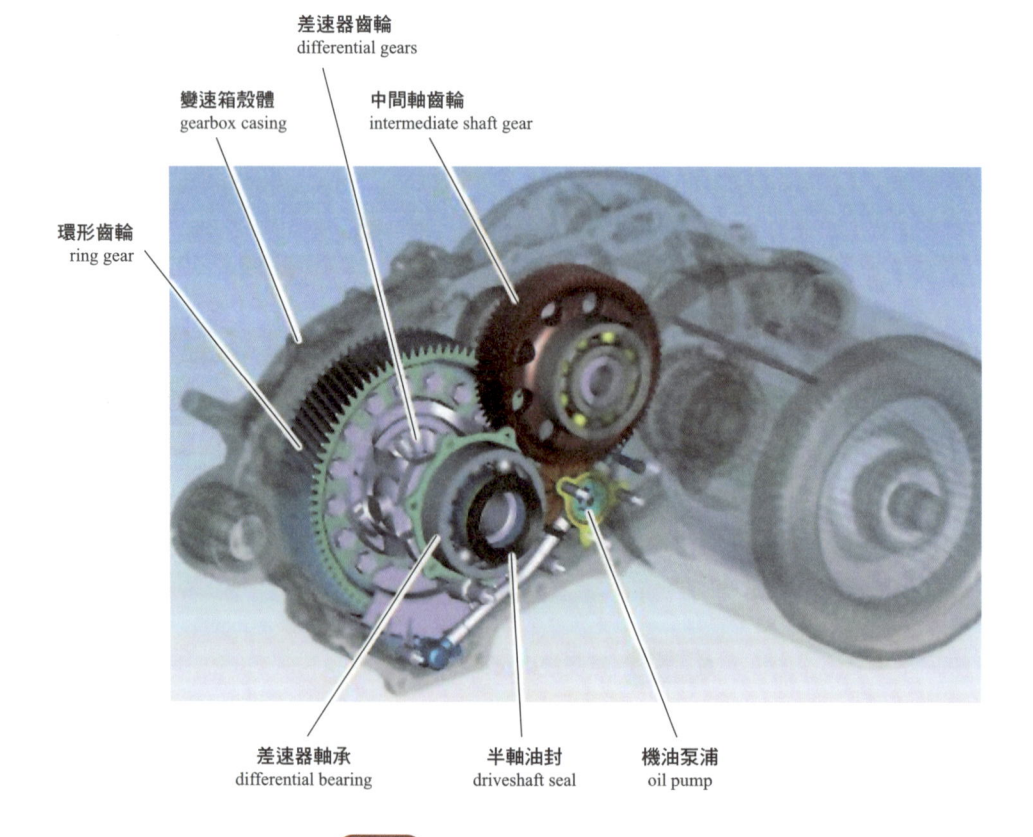

中間軸齒輪
intermediate shaft gear

環形齒輪
ring gear

差速器軸承
differential bearing

半軸油封
driveshaft seal

機油泵浦
oil pump

圖4-14 特斯拉Model 3單級變速箱

❸ **逆變器** 逆變器的作用是將電池的直流電轉換為三相交流電，實現電動馬達的驅動和煞車能量回收控制。Model 3逆變器通過採用SiC（碳化矽）的新電源模組實現小型化（圖4-15）。

驅動逆變器
drive inverter

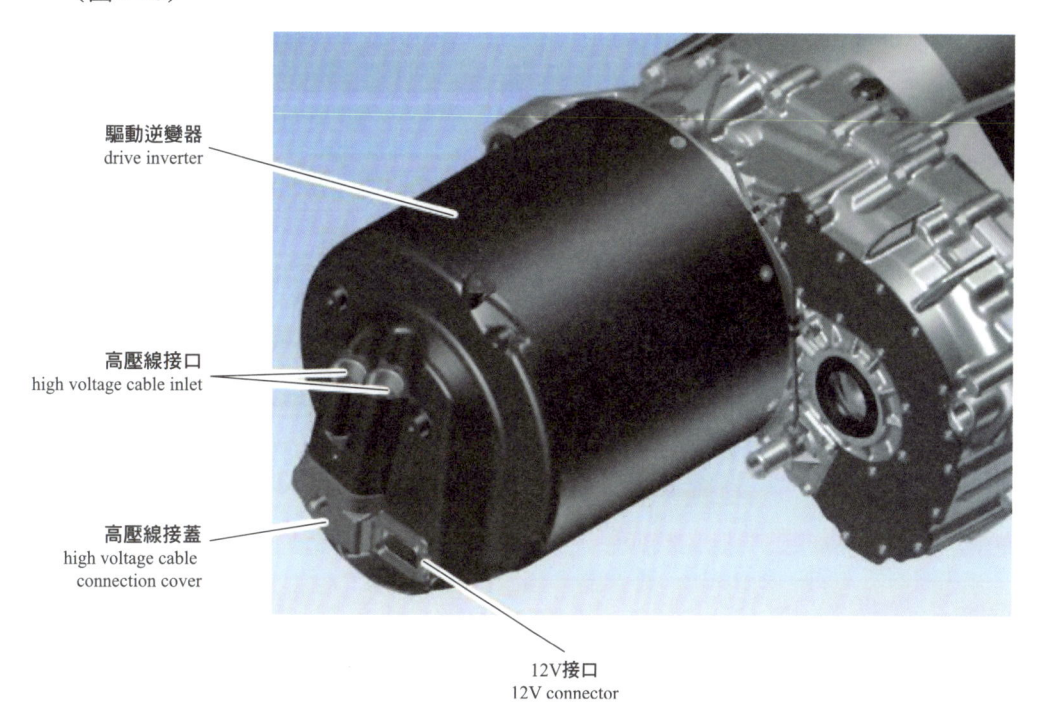

高壓線接口
high voltage cable inlet

高壓線接蓋
high voltage cable connection cover

12V接口
12V connector

圖4-15 特斯拉Model 3逆變器

（2）特斯拉Model 3高壓電池

Model 3電池電壓為350V，容量為230Ah，由四個模組構成（圖4-16）。其中兩個模組各由25個電池模組構成，另外兩個模組各由23個電池模組構成。每個電池模組又由46個電芯組成，整個電池共有4416個電芯。

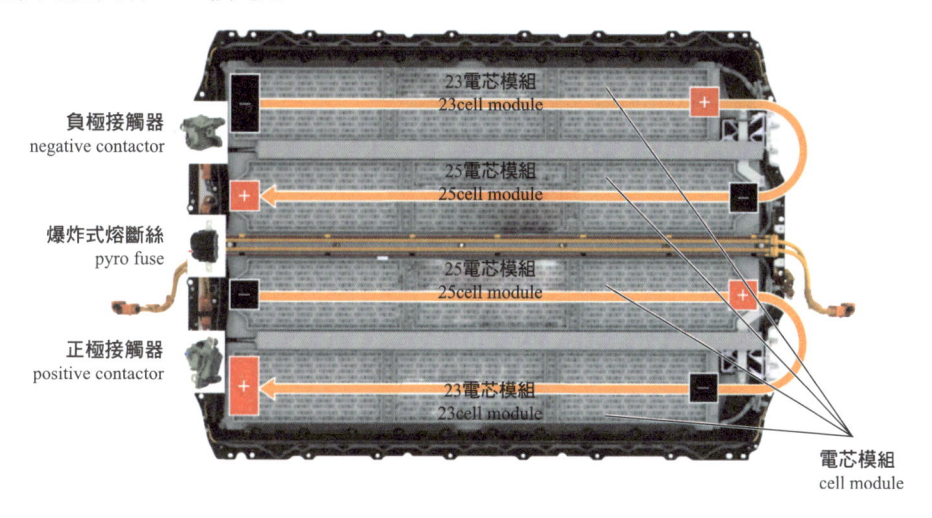

負極接觸器
negative contactor

23電芯模組
23cell module

25電芯模組
25cell module

爆炸式熔斷絲
pyro fuse

25電芯模組
25cell module

正極接觸器
positive contactor

23電芯模組
23cell module

電芯模組
cell module

圖4-16 特斯拉Model3電池組排列

❶ **電池冷卻**　冷卻液沿著電池的4個小模組均勻分布，每個小模組有7個平行通道（一個通道又由28個微通道組成），從而確保電池均勻冷卻（圖4-17）。

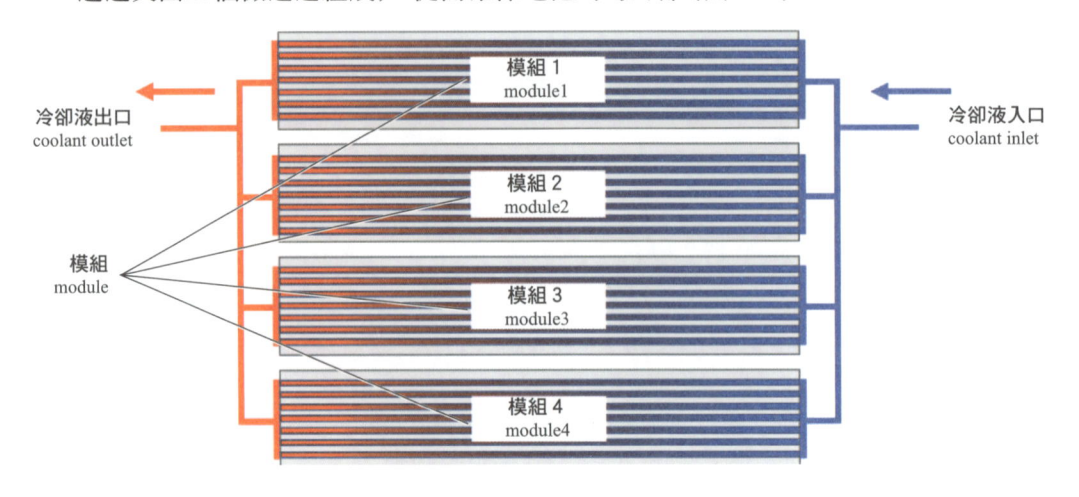

圖4-17　電池組冷卻系統流量分布

❷ **高壓電池配電盒**　特斯拉Model 3電池配電盒內集成了電池管理系統（BMS）、充電系統、控制器、保險絲和DC/DC轉換器等高壓部件（圖4-18）。

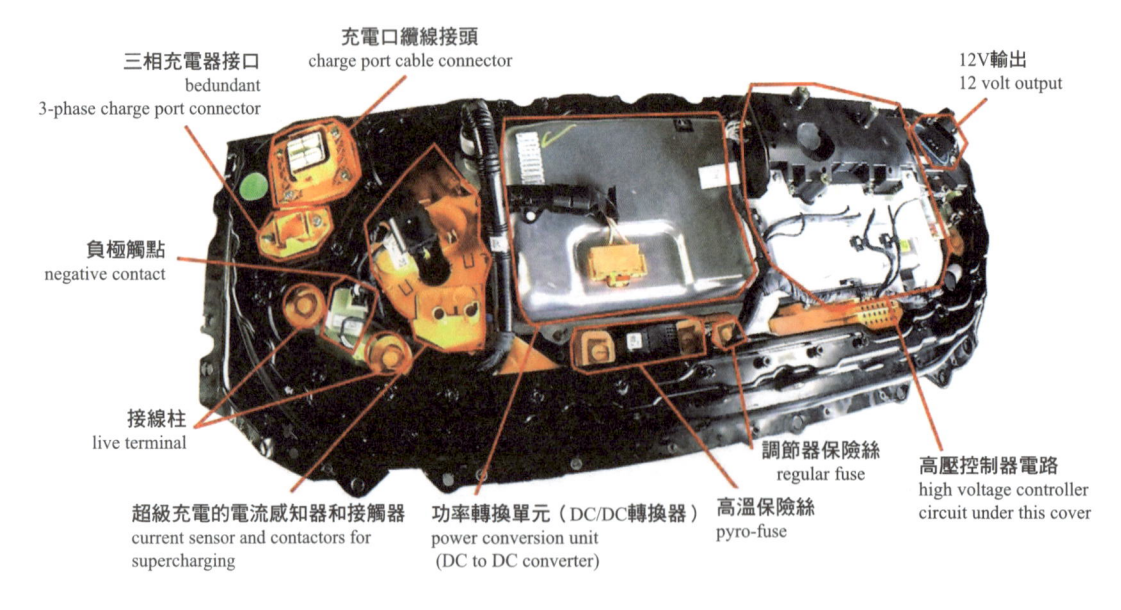

圖4-18　高壓電池配電盒

4.3　福斯ID.4純電動SUV

4.3.1　ID.4簡介

ID代表著智能設計、身份認同和前瞻科技。ID.4是基於模組化電驅動（Modular Electrification Toolkit，MEB）平台的量產車型（圖4-19）。MEB可以根據不同的車型，實現330km到600km不同範圍的純電續航里程，兼容從7模組到12模組不同容量的電池兼容設計。福斯 ID.4在中國正式發

佈，與傳統車型的分配一致，一汽福斯拿到了全球版本的ID.4 Crozz，而上汽福斯則在此基礎上進行了修改，推出了ID.4 X。

圖4-19　福斯 ID.4純電動SUV

4.3.2　ID.4動力系統

福斯 ID.4純電動力總成包括位於前軸的DC/DC轉換器、空調壓縮機、PTC加熱器（電池加熱器）和高壓加熱器（暖風加熱器），位於車身底部的高壓電池及位於後軸的充電插口、車載充電單元、功率和控制電子裝置、驅動馬達等（圖4-20）。

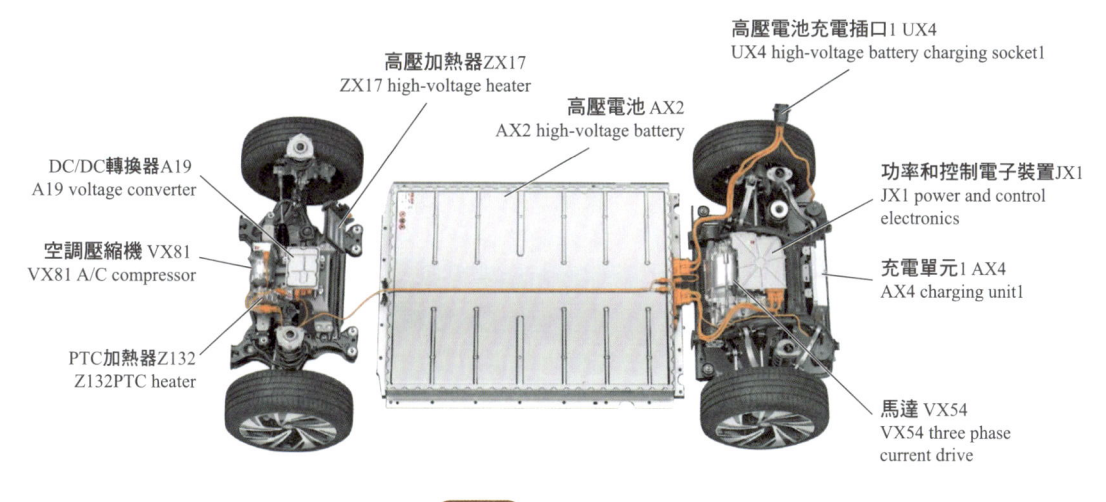

高壓加熱器ZX17　ZX17 high-voltage heater
高壓電池 AX2　AX2 high-voltage battery
高壓電池充電插口1 UX4　UX4 high-voltage battery charging socket1
DC/DC轉換器A19　A19 voltage converter
功率和控制電子裝置JX1　JX1 power and control electronics
空調壓縮機 VX81　VX81 A/C compressor
充電單元1 AX4　AX4 charging unit1
PTC加熱器Z132　Z132PTC heater
馬達 VX54　VX54 three phase current drive

圖4-20　ID.4動力系統

4.3.3　ID.4高壓線路

ID.4的高壓部件之間的電氣連接方式如圖4-21所示，由於EMC濾波器（電磁兼容性濾波器）的使用，電氣連接沒有採用屏蔽電纜。另外高壓單元之間的連接沒有採用配電板。車輛後部的接線接點將高壓電池充電器1 AX4與高壓電池1 AX2以及車輛前方的高壓元件連接起來。車輛前部的接線接頭將PTC加熱器3 Z132、空調壓縮機VX81、DC/DC轉換器A19和高壓加熱器ZX17連接到車輛後部的部件。

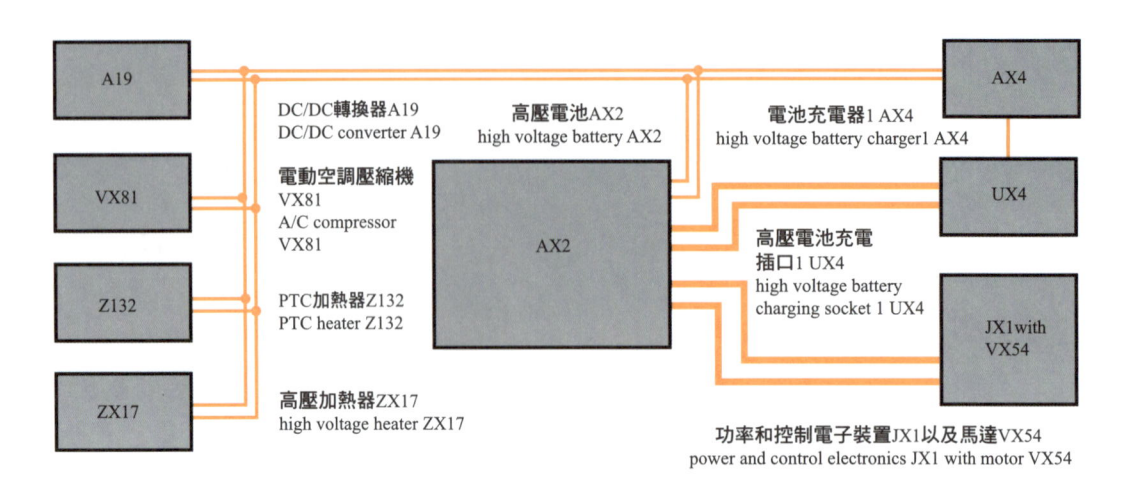

```
┌──────┐      DC/DC轉換器A19        高壓電池AX2           電池充電器1 AX4              ┌──────┐
│ A19  │──    DC/DC converter A19   high voltage battery AX2  high voltage battery charger1 AX4 │ AX4  │
└──────┘                            ┌─────────────┐                                   └──────┘
                                    │             │
┌──────┐      電動空調壓縮機        │             │                                   ┌──────┐
│ VX81 │──    VX81                  │             │                                   │ UX4  │
└──────┘      A/C compressor        │    AX2      │    高壓電池充電                   └──────┘
              VX81                  │             │    插口1 UX4
                                    │             │    high voltage battery
┌──────┐      PTC加熱器Z132         │             │    charging socket 1 UX4          ┌──────┐
│ Z132 │──    PTC heater Z132       │             │                                   │JX1with│
└──────┘                            └─────────────┘                                   │ VX54 │
                                                                                      └──────┘
┌──────┐      高壓加熱器ZX17                        功率和控制電子裝置JX1以及馬達VX54
│ ZX17 │──    high voltage heater ZX17              power and control electronics JX1 with motor VX54
└──────┘
```

圖4-21　高壓線路

4.3.4　ID.4驅動馬達

驅動馬達VX54位於汽車的後部，為三相永磁同步馬達。馬達主要參數為：最大輸出轉矩310Nm、最大輸出功率150kW、最大轉速16000r/min、最大電流450A、電壓範圍150～475V；單速變速箱減速比12.976：1（圖4-22）。

驅動馬達總成包括定子、轉子、帶溫度感知器的旋轉變壓器（即轉速感知器）、馬達控制器、單速變速箱、差速器、殼體（馬達殼體、馬達後端蓋、變速箱前殼、變速箱後殼）等主要部件。定子和轉子安裝在一個鑄造外殼內，定子靠液體冷卻。兩個深溝球軸承安裝在轉子軸兩端。在馬達軸後端安裝有旋轉變壓器轉子，低壓接線端子包括繞組溫度的感知器和旋轉變壓器信號，通過馬達蓋板封閉。變速箱減速增扭，變速箱的前殼體與馬達前端蓋集成化設計，降低重量和尺寸（圖4-23）。

馬達定子主要由疊片和三相髮夾線繞組組成。疊片組由單個焊接且分層的金屬板疊片組成。疊片具有較高的磁導率，在兩面塗有一層電絕緣層。繞組插入到定子槽，焊接三相端部。定子浸漬樹脂，以增加絕緣，改善熱傳導和加強繞組（圖4-24）。

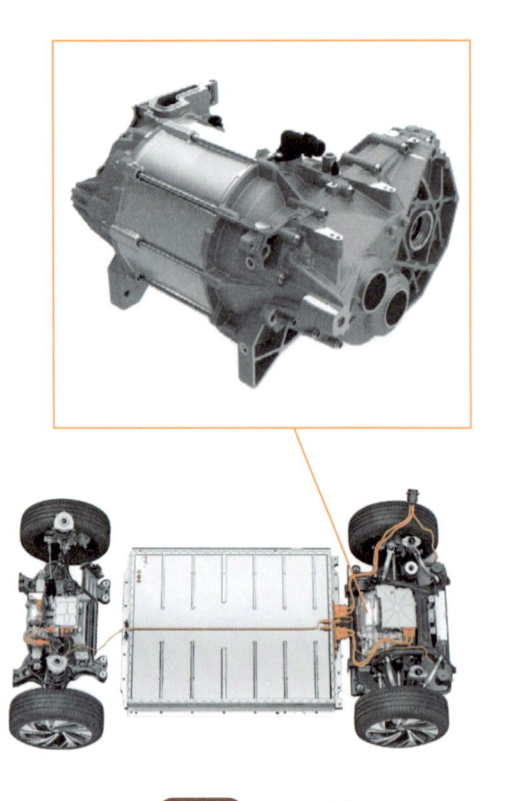

圖4-22　馬達位置

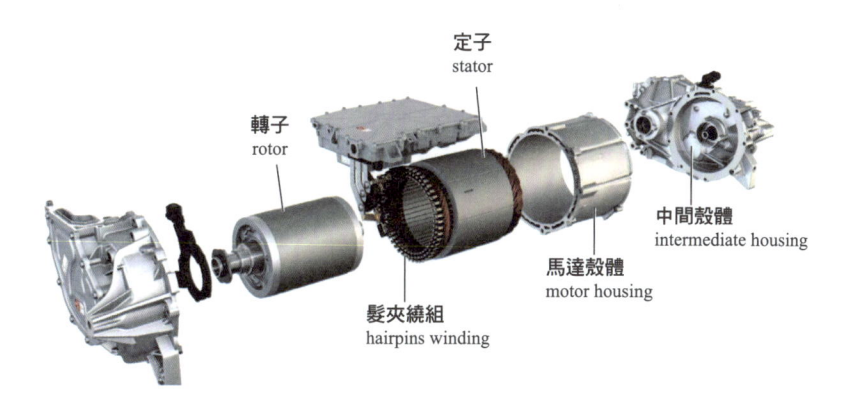

圖4-23 馬達總成分解圖

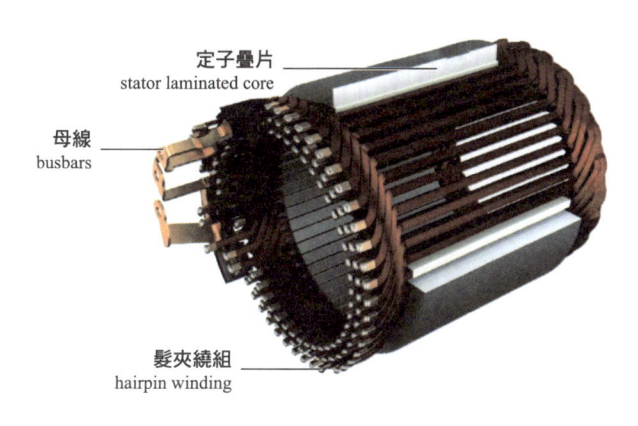

圖4-24 定子結構

馬達轉子由轉子軸、嵌入V形永磁體的疊片、壓板和旋轉變壓器轉子組成。轉子端面用壓板壓緊。轉子永磁體被磁性塗層保護著，目的是提升馬達NVH性能。疊片是由相同材料的金屬片衝切而成。轉子軸設計為空心軸，由兩部分焊接而成，它通過縱向內花鍵連接到變速箱的輸入軸上。整個馬達軸和變速箱輸入軸三軸承支承，軸承為低摩擦深溝球軸承，降低機械損失（圖4-25）。

圖4-25 轉子分解圖

旋轉變壓器（轉速感知器）安裝於馬達殼體側面，由轉子軸上的轉子和固定在馬達後軸承蓋的定子組成。溫度感知器安裝在定子繞組上的兩個髮夾繞組中間位置，是一種負熱系數（NTC）感知器，可將溫度信號傳給功率和控制電子裝置JX1，用來防止馬達過熱（圖4-26）。

母線
busbars

溫度感知器
temperature sensor

旋轉變壓器轉子
resolver rotor

旋轉變壓器定子
resolver stator

防護架
crash element

圖4-26 轉速和溫度感知器的安裝位置

4.3.5　ID.4功率和控制電子裝置

功率和控制電子裝置（即馬達控制器）JX1位於馬達上側，向馬達提供三相交流電（圖4-27）。

功率和控制電子裝置主要部件如圖4-28所示。功率和控制電子裝置驅動板直接插到電源模組的接線腳上，驅動板和控制板之間加裝有屏蔽罩。

功率和控制電子裝置JX1的所有部件均由電驅控制模組J841控制，馬達逆變器A37用於DC/AC、AC/DC轉換。DC/DC轉換器A19將高壓直流轉變為低壓直流，中間電路電容1C25的任務是保持電壓恆定並平整電壓峰值（圖4-29）。

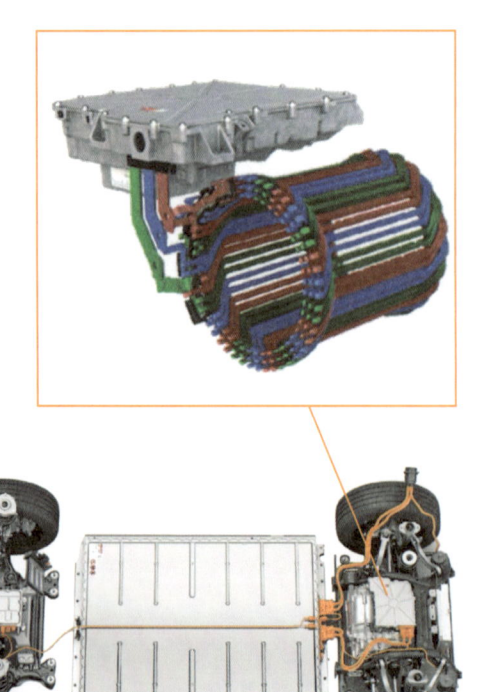

圖4-27 電驅動力與控制裝置JX1

第 4 章　純電動汽車

電驅控制模組J841
electric drive control module J841

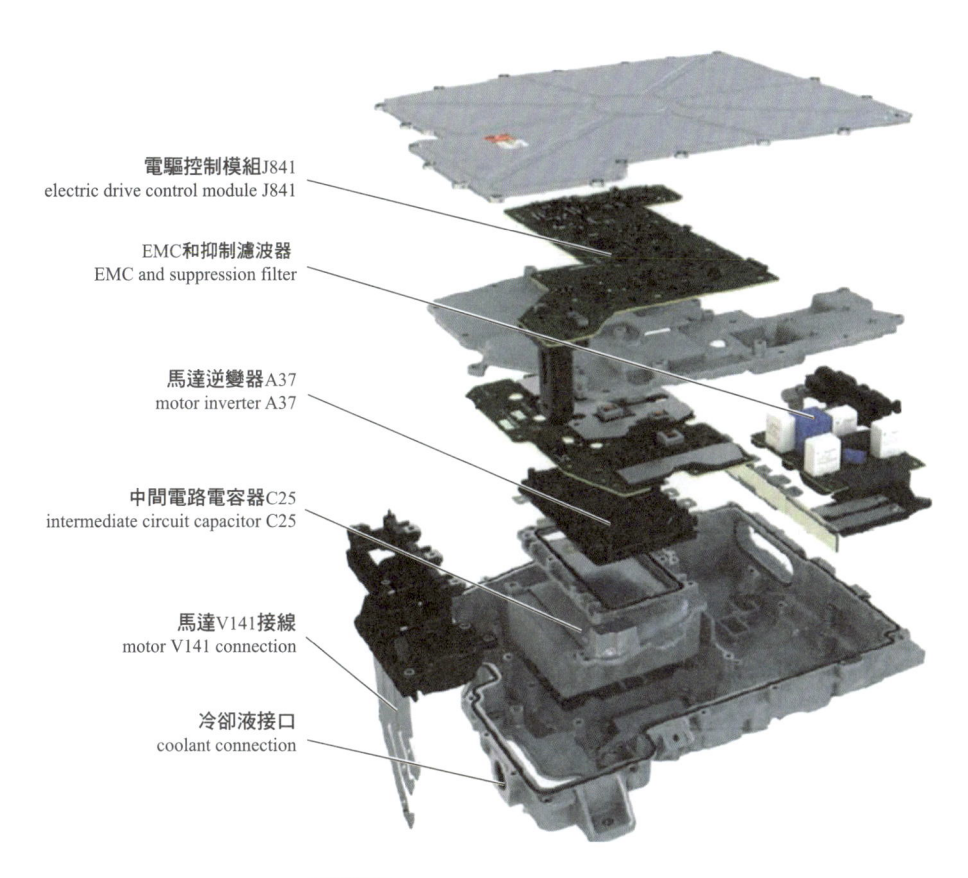

EMC和抑制濾波器
EMC and suppression filter

馬達逆變器A37
motor inverter A37

中間電路電容器C25
intermediate circuit capacitor C25

馬達V141接線
motor V141 connection

冷卻液接口
coolant connection

圖4-28 功率和控制電子裝置結構

DC/DC轉換器A19
DC/DC converterA19

電驅控制模組J841
electric drive control module J841

車載電網電壓 +(NV+)
車載電網電壓 -(NV-)

12V電壓+
12V voltage+

12V電壓-
12V voltage-

高壓 +(HV+)
high voltage+

馬達逆變器A37
motor inverterA37

中間電路電容1 C25
intermediate circuit capacitance1 C25

V141

馬達
motor

高壓 - (HV-)
high voltage-

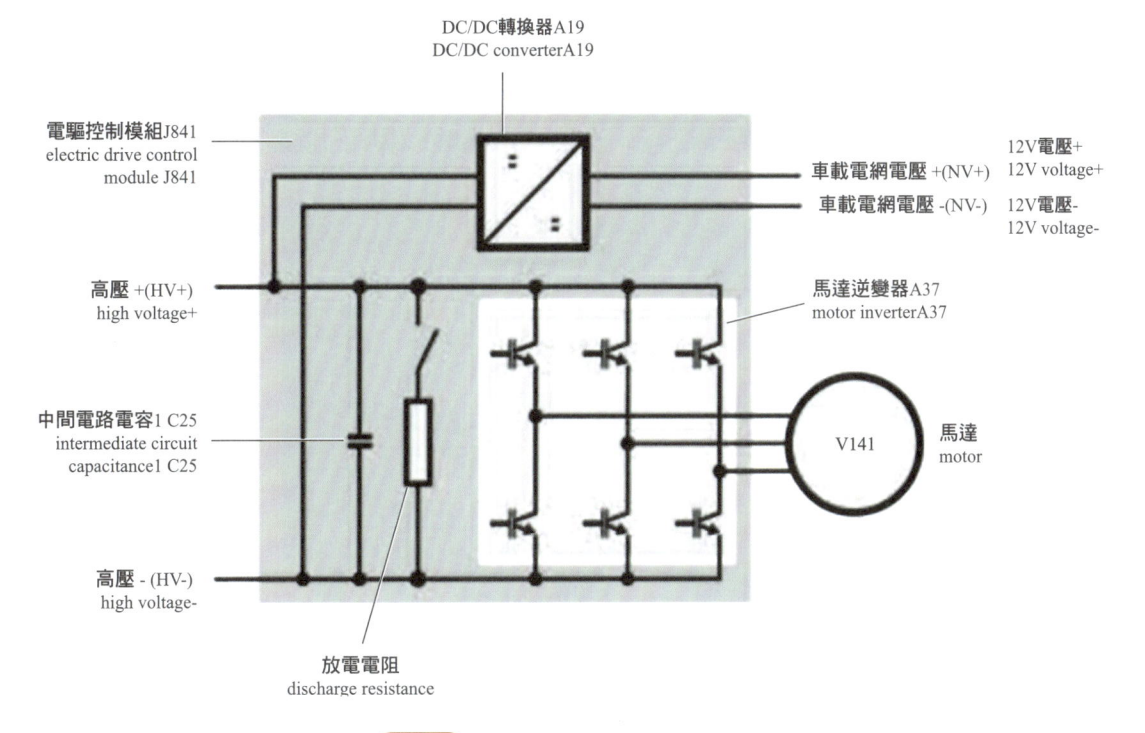

放電電阻
discharge resistance

圖4-29 功率和控制電子裝置電路圖

· 057 ·

❶ **電驅控制模組J841**　電驅控制模組J841位於功率和控制電子裝置JX1內，調節和監控馬達逆變器A37，獲得三相交流電（圖4-30）。電驅控制模組J841使用馬達轉子位置感知器1 G713來確定馬達轉子的速度和位置，用於準確控制馬達。

電驅控制模組 J841
electric drive control module J 841

圖4-30　電驅控制模組J841

❷ **馬達逆變器**　馬達逆變器A37將直流電轉換為交流電，通過由脈衝寬度調制（Pulse Width Modulation，PWM）控制的高效晶體管實現（圖4-31）。電驅控制模組J841發送PWM信號，通過晶體管的調制形成一個正弦交流電。這個正弦交流電促使三相電流驅動馬達形成電動馬達或發電機的轉矩。

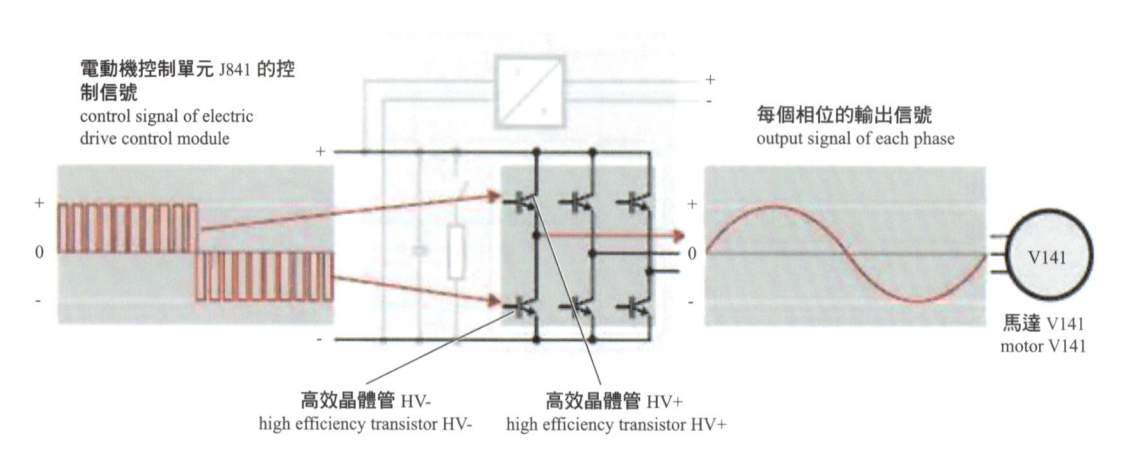

電動機控制單元 J841 的控制信號
control signal of electric drive control module

每個相位的輸出信號
output signal of each phase

高效晶體管 HV-
high efficiency transistor HV-

高效晶體管 HV+
high efficiency transistor HV+

馬達 V141
motor V141

圖4-31　逆變器工作原理

❸ **電動馬達及功率和控制電子裝置的冷卻**　電動馬達及功率和控制電子裝置採用液體冷卻，冷卻液流入功率和控制電子裝置後，進入電動馬達外殼的冷卻水套。熱量主要是由定子銅繞組的電阻損耗產生的。冷卻液通過周圍冷卻通道進入定子，並在冷卻通道的末端通過冷卻連接軟管進入車輛的外部冷卻迴路（圖4-32）。

圖4-32　電動馬達及功率和控制器的冷卻裝置

4.3.6　ID.4單速變速箱

單速變速箱OMH為二級齒輪減速機構，用於降低電動馬達轉速，提升轉矩輸出（圖4-33）。電動馬達軸和變速箱輸入軸採用3軸承支承，減少摩擦。總傳動比為11.5：1，最高速度為160km/h。變速箱中沒有駐車鎖，該功能由機電駐車煞車器（EMPB）實現。

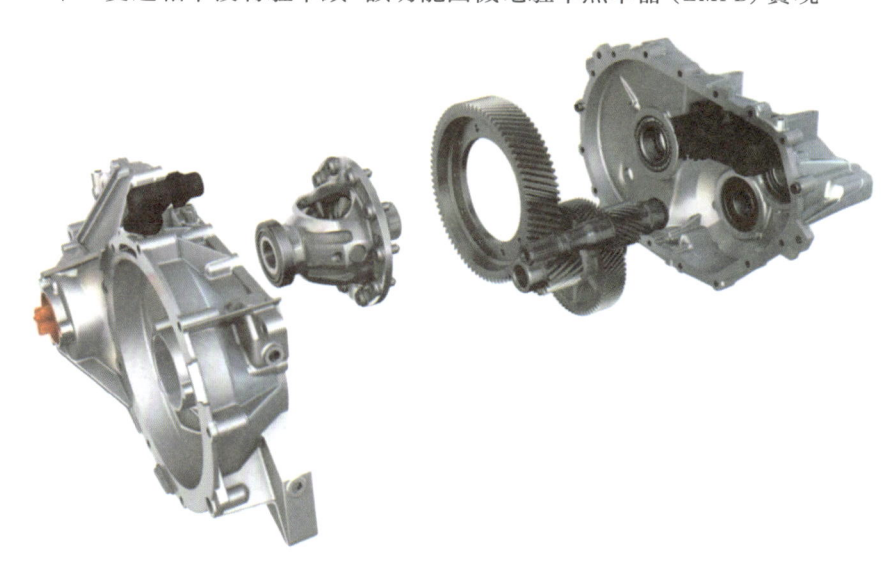

圖4-33　後驅動橋單速變速箱

單速變速箱OMH連接到後軸驅動馬達VX54。變速箱內有輸入軸、輸出軸、差速器等（圖4-34）。

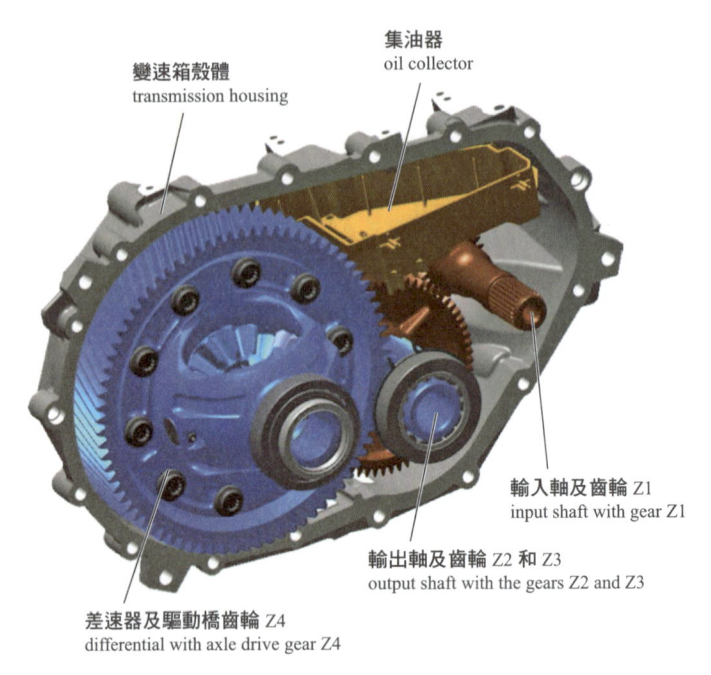

變速箱殼體 transmission housing
集油器 oil collector
輸入軸及齒輪 Z1 input shaft with gear Z1
輸出軸及齒輪 Z2 和 Z3 output shaft with the gears Z2 and Z3
差速器及驅動橋齒輪 Z4 differential with axle drive gear Z4

圖4-34 單速變速箱

4.3.7 ID.4高壓電池

ID.4電池包中主要器件的佈置如圖4-35所示。電池調節控制模組J840和安全切斷開關都集成在電池組內。

電池控制模組 J1208-J1210
J1208-J1210 battery module control modules
電池模組 battery module
高壓電池控制模組負極 SX7
SX7 high-voltage battery control module, negative terminal
高壓電池控制模組負極 SX8
SX8 high-voltage battery control module, positive terminal
電池調壓控制模組 J840
J840 battery regulation control module

圖4-35 電池包總體圖

第4章　純電動汽車

電池外殼由鋁製成，外殼內部安裝加強件，以便在發生事故時在縱向和橫向上為電池模組提供最佳保護。外殼下方有額外的橫向加強件。電池組下殼體使用鋁合金型材焊接。下殼體底部護板也使用了高強度鋁衝壓件，來減少底部磕碰帶來的影響。電池組配備液冷系統，循環系統位於電池底板內，採用流道並聯的設計，在底板與電池之間有高熱導率導熱膠，可以讓電芯溫度差異小於3℃，工作更加穩定（圖4-36）。

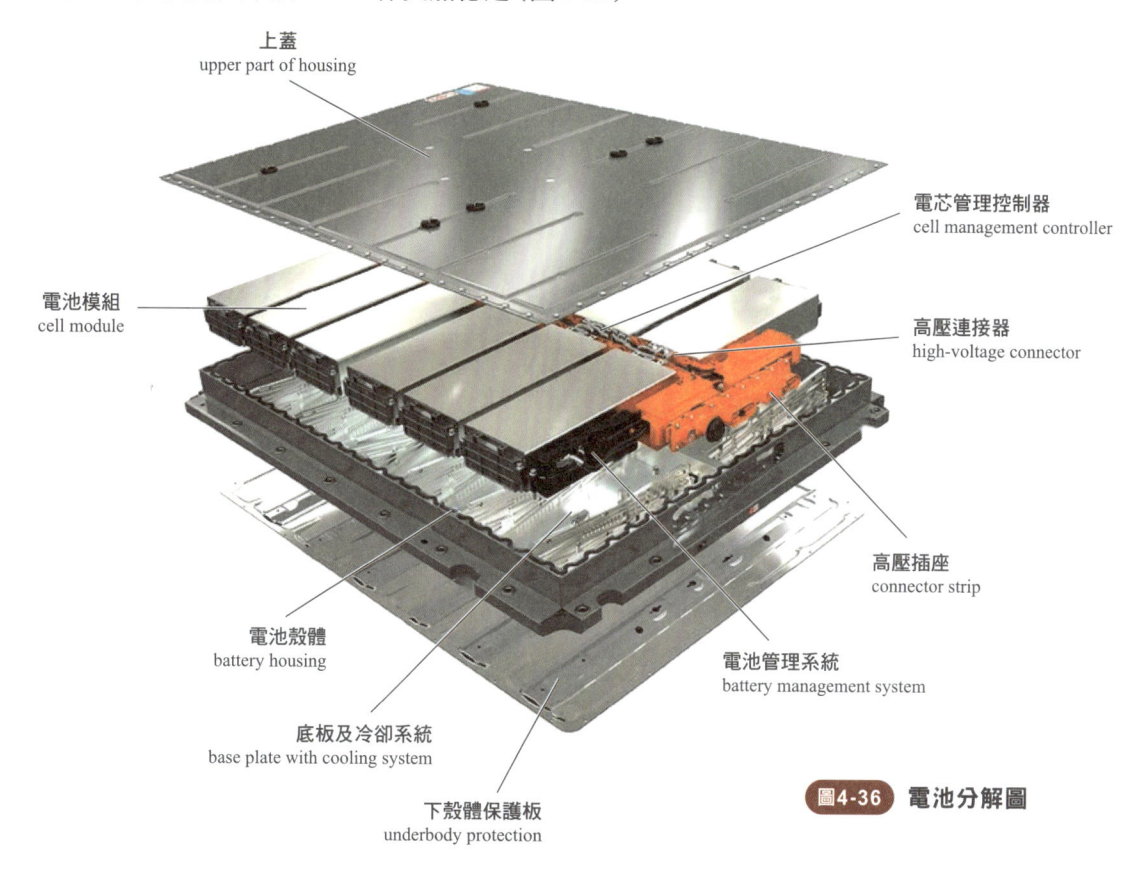

上蓋
upper part of housing

電芯管理控制器
cell management controller

電池模組
cell module

高壓連接器
high-voltage connector

高壓插座
connector strip

電池殼體
battery housing

電池管理系統
battery management system

底板及冷卻系統
base plate with cooling system

下殼體保護板
underbody protection

圖4-36　電池分解圖

電池包的接口佈置如圖4-37所示，包括電動馬達控制器接口、高壓電池插座、低壓接口、線束接口等。電池包上還有防爆卸壓平衡閥等被動安全系統，以保證極端情況下電池組的安全。

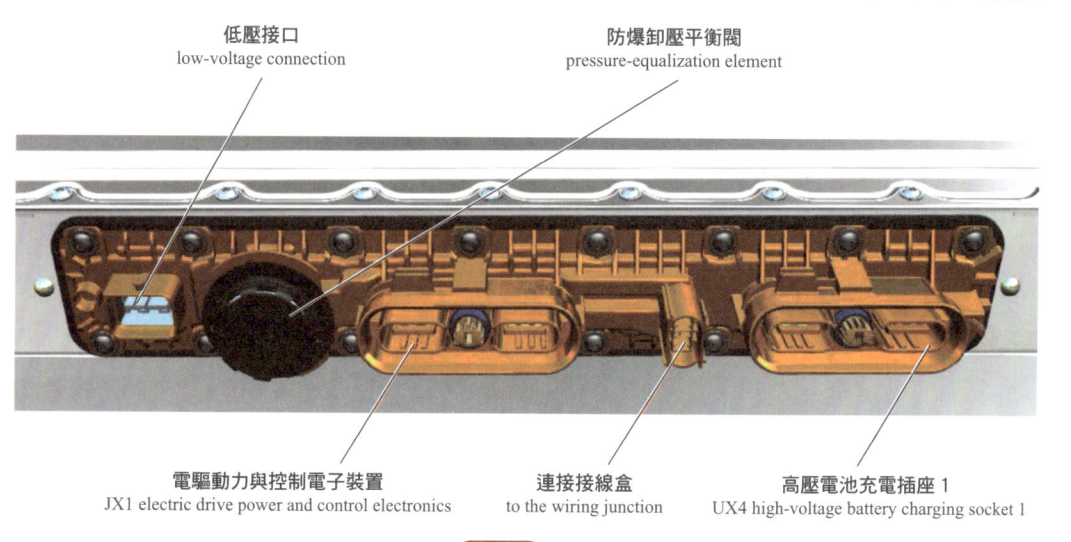

低壓接口
low-voltage connection

防爆卸壓平衡閥
pressure-equalization element

電驅動力與控制電子裝置
JX1 electric drive power and control electronics

連接接線盒
to the wiring junction

高壓電池充電插座1
UX4 high-voltage battery charging socket 1

圖4-37　電池接口

(1) 電池模組

ID.4的電池模組為方形電池或軟包電池（圖4-38）。

高壓正極 HV-positive
高壓負極 HV-negative
電池模組控制單元接口 connection to the battery modules control unit

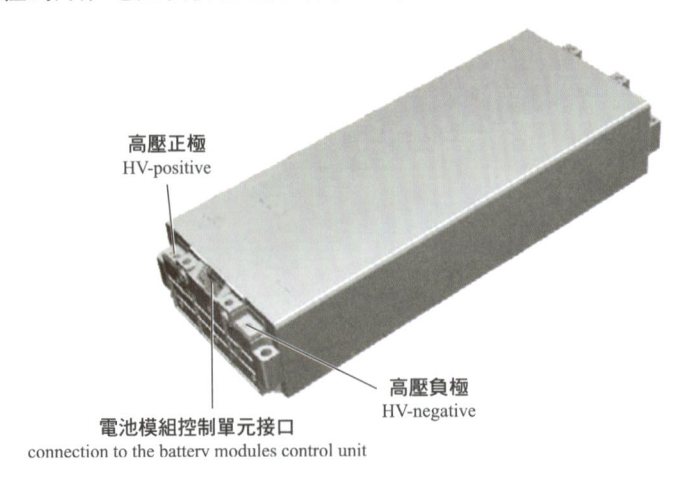

圖4-38 電池模組

電池模組內的電芯排布方式如圖4-39所示。

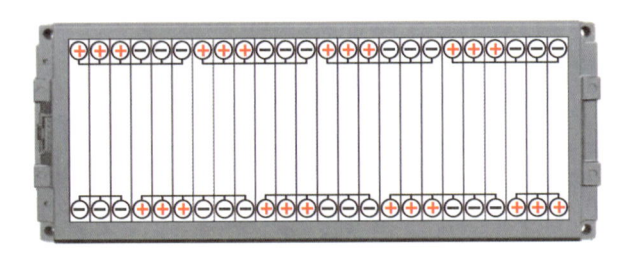

圖4-39 電芯排布方式

(2) 高壓電池開關盒

高壓電池開關盒名字有很多，如接線盒、分線盒、高壓保險盒、高壓控制盒、高壓分配盒、高壓配電盒、高壓配電單元（Power Distribution Unit，PDU）等，一般包括繼電器、電流感知器、保險、預充電電阻等。高壓開關盒的主要作用是負責將高壓電池內的能量轉移或傳遞到其他高壓系統。這裡的繼電器可以看作是大電流開關，可以切斷流經母線的電流、將高壓電池與其他高壓部分進行電隔離。電流感知器用於檢測流經迴路的電流。預充電電阻用於保護系統免受浪湧電源的破壞。

ID.4的高壓電池開關盒由正極和負極開關盒組成，方便適配不同的電池組，通過母線（Bus-Bar）跨接。兩個開關盒都有熔斷器，用於故障狀態下快速切斷電源，並通過高壓保護器和接線端子連接高壓DC/DC轉換器、高壓空調、PTC加熱器、高壓車載充電單元和馬達控制器等（圖4-40）。

❶ **負極開關盒** 負極開關盒SX7內的熔斷器S415，是一種煙火式保險絲（也稱爆炸熔斷絲 PyroFuse，Pyrotechnic Fuse），在發生故障時，它可以比高壓繼電器更快地跳閘。負極開關盒上的接口由電池調節控制模組J840監控（圖4-41）。

❷ **正極開關盒** 正極開關盒SX8上的S352高壓系統保險絲2用於保護以下高壓組件：電池充電器1 AX4、加熱元件3Z132、高壓加熱器ZX17、空調壓縮機VX81、DC/DC轉換器A19等（圖4-42）。

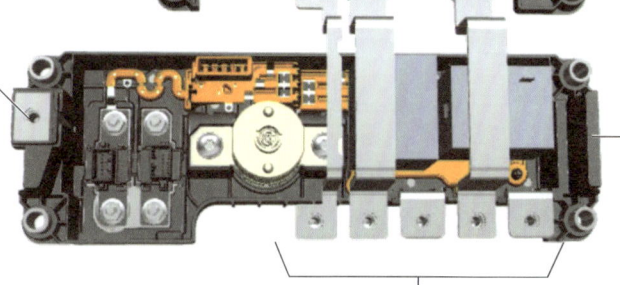

第4章　純電動汽車

高壓電池控制模組正極
SX8 high-voltage battery control module, positive terminal

電池模組高壓正極接口
HV-positive connection, battery modules

電池模組高壓負極接口
HV-negative connection, battery modules

高壓電池控制模組負極
SX7 high-voltage battery control module, negative terminal

電池殼體上的高壓接口
to the high-voltage connections on the battery housing

圖4-40 正極和負極高壓電池控制模組的連接

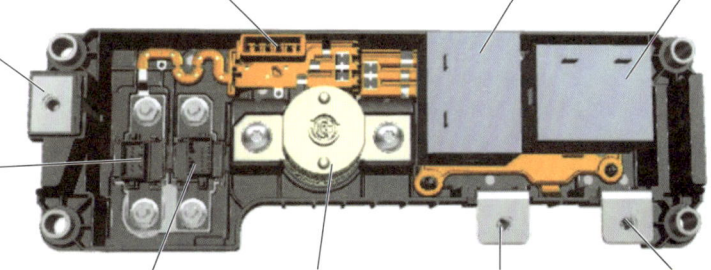

高壓電池高壓加熱器溫度感知器 1
G1132 temperature sensor 1 for high-voltage battery high-voltage heater

高壓電池動力輸出保護 2
J1058 high-voltage battery power output protection 2

直流充電保護 2
J1053 DC current charge protection 2

電池模組高壓負極接口
HV-negative connection, battery modules

高壓電池電壓感知器
G848 high-voltage battery voltage sensor

高壓電池電壓感知器 2
G1131 high-voltage battery voltage sensor 2

高壓電池中斷保險絲
S415 fuse for high-voltage battery interruption

電驅動力與控制電子裝置
JX1 electric drive power and control electronics

高壓負極直流充電接口
HV-negative DC charging connection

圖4-41 負極開關盒SX7

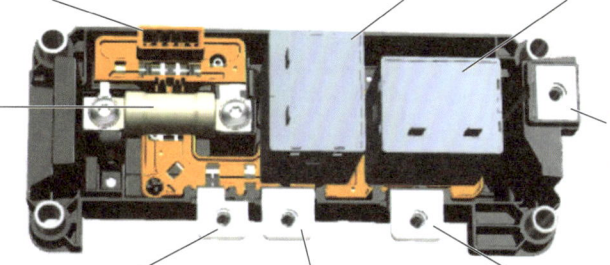

高壓電池高壓加熱器的溫度感知器 2 G1133
G1133 temperature sensor 2 for high-voltage battery high-voltage heater

直流充電保護器 1 J1052
J1052 DC current charge protection 1

高壓電池動力輸出保護 1 J1057
J1057 high-voltage battery power output protection 1

高壓系統保險絲 2 S352
S352 high-voltage system fuse 2

電池模組高壓正極接口
HV-positive connection, battery modules

接線盒的高壓正極接口
HV-positive connection to the wiring junction

高壓正極直流充電接口
HV-positive DC charging connection

電驅動力與控制電子裝置JX1
JX1 electric drive power and control electronics

圖4-42 正極開關盒SX8

· 063 ·

(3) 電池調節控制模組

電池調節控制模組（即電池管理系統）J840的功能包括：確定並分析高壓電池電壓，確定並分析每個電芯的電壓，檢測高壓電池的溫度等。電池調節控制模組的端子分配：32針連接到電池外殼上的低壓連接器、J1208～J1210模組控制單元（CAN總線和LIN總線）、電池外殼的附加接地；12針連接高壓電池開關單元中高壓連接器前後的電壓信號；40針連接到高壓電池中斷的S415保險絲（圖4-43）。

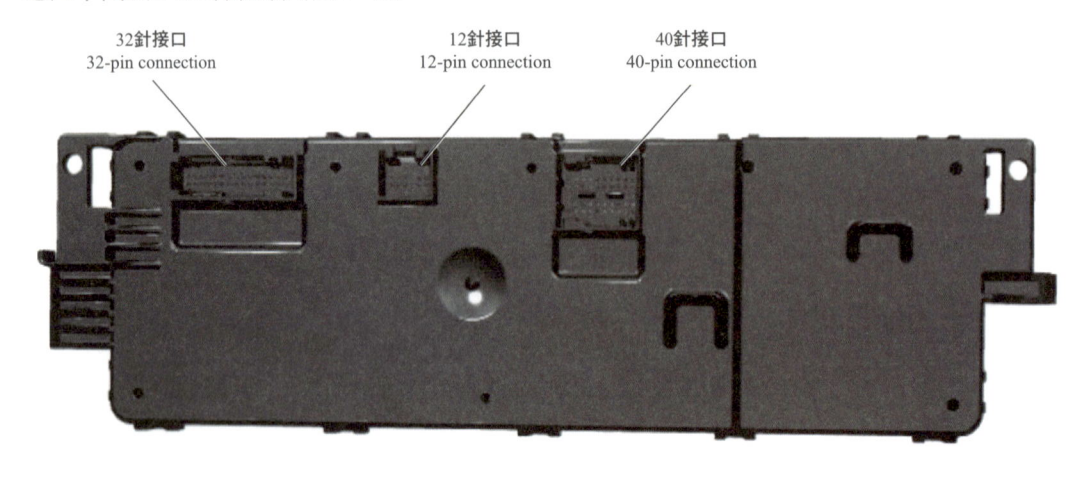

圖4-43　電池管理系統J840

(4) 電池模組控制單元

電池模組控制單元J1208～J1210用於測量單個模組的電壓和溫度，並將這些數據發送給電池管理系統J840。每個模組控制單元最多連接四個電池模組。根據電池的大小，使用兩個或三個模組控制單元。22針連接將模組控制單元連接到各個電池模組。12針連接用於連接其他模組控制單元或J840（圖4-44）。

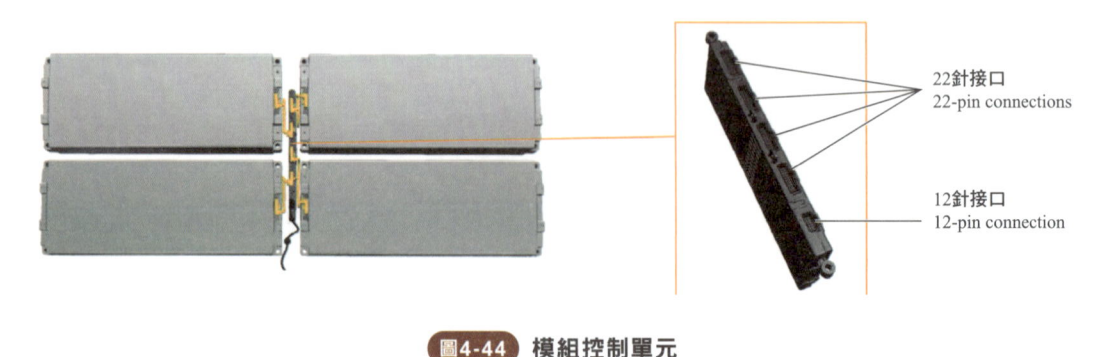

圖4-44　模組控制單元

(5) 電池熱管理系統

ID.4中的所有高壓電池都有主動式熱管理系統。鋁制散熱器位於電池外殼外部，可以防止冷卻液與電池外殼內的高壓部件接觸。高壓電池模組通過導熱膏連接到電池外殼的底部。鋁制散熱器也通過導熱膏連接到外殼底座，堅固的鋁制底部防護罩可保護散熱器免受機械損壞（圖4-45）。

第 4 章　純電動汽車

電池殼體上部
upper part of battery housing

電池殼體
battery housing

冷卻液接口
coolant connections

高壓電池散熱筋
heat sink for the high-voltage battery

高壓電池下體護板
underbody guard for the high-voltage battery

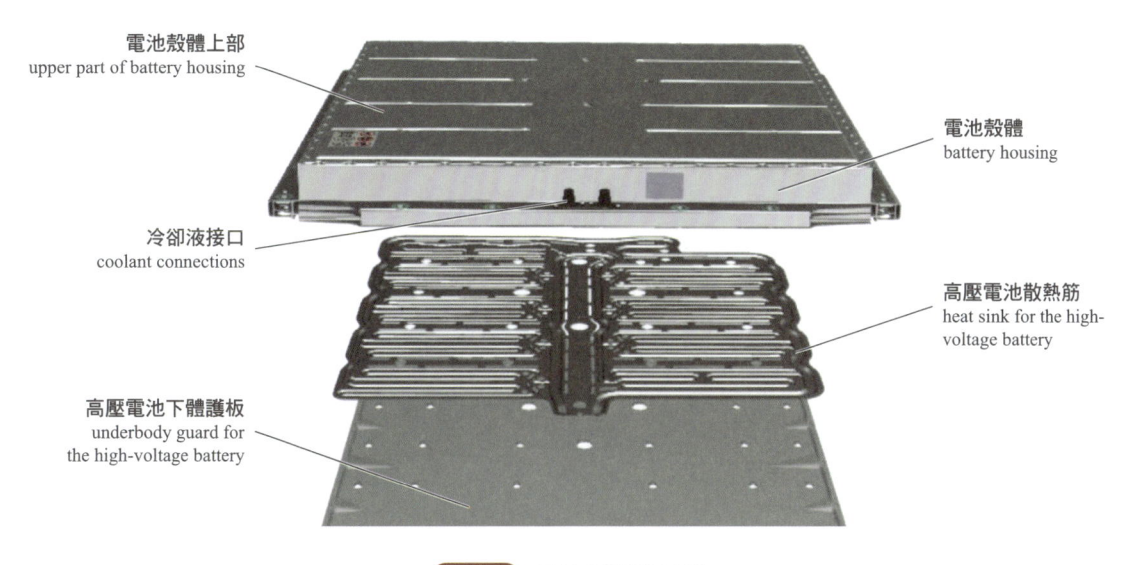

圖4-45　電池鋁制散熱器

　　電池調節控制模組J840根據冷卻液溫度感知器信息調節高壓電池冷卻液泵浦。電池冷卻不僅發生在車輛行駛時，也可以在充電過程中啟動，可顯著降低電池溫度，尤其是在使用直流充電時。這允許更快的充電速率，即使對重復充電過程也是如此。高壓電池可以主動冷卻和加熱（圖4-46）。

高壓電池冷卻液感知器 1
G898 high-voltage battery coolant temperature sensor 1

高壓電池冷卻液感知器 2
G899 high-voltage battery coolant temperature sensor2

高壓電池冷卻液入口
high-voltage battery coolant inlet

高壓電池冷卻液出口
high-voltage battery coolant outlet

圖4-46　電池冷卻液進出口

· 065 ·

4.3.8　ID.4高壓充電器

高壓充電器AX4位於車輛後部，將交流電（AC）轉換為高壓電池的直流電（DC）（圖4-47）。高壓電池充電器控制模組J1050監控和調節充電過程。

冷卻液接口
coolant connections

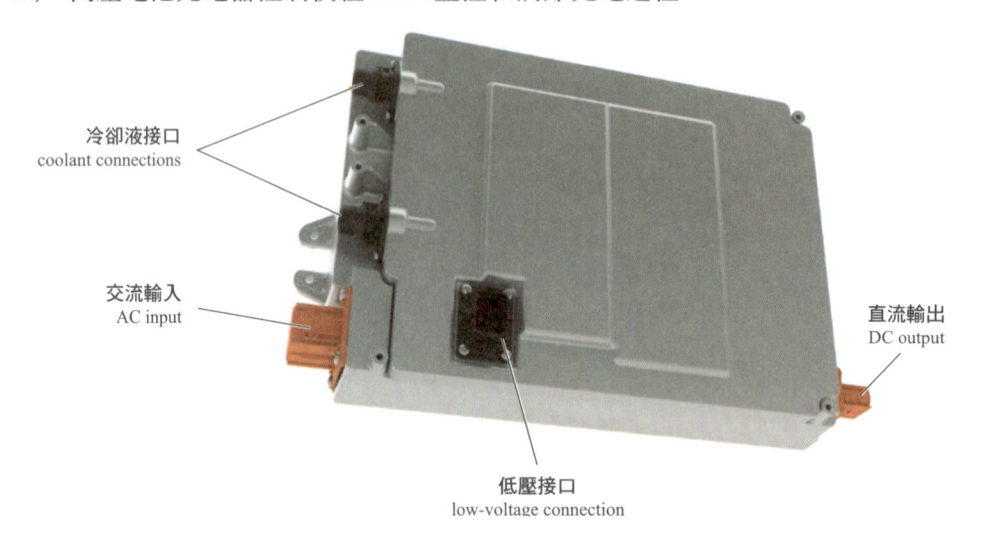

交流輸入
AC input

直流輸出
DC output

低壓接口
low-voltage connection

圖4-47 高電壓充電器

4.3.9　ID.4 DC/DC轉換器

DC/DC轉換器A19位於汽車前部，用於將266V的直流電壓轉換成較低的車載電器用直流電壓（12V），也能將較低的12V電壓轉換成266V的高電壓，該功能用於跨接啟動（給高壓電池充電）（圖4-48）。

冷卻液接口
coolant connection

高壓接口
high-voltage connection

12V充電接口
12V charging connections

低壓接口
low-voltage connection

圖4-48 DC/DC轉換器

4.3.10　ID.4電動空調壓縮機

電動空調壓縮機VX81位於汽車的前部，為渦旋式壓縮機（圖4-49）。

4.3.11　ID.4 PTC加熱器

PTC加熱器（冷卻液加熱器）Z132位於汽車的前端，用於加熱高壓電池的冷卻液，使用脈寬調制（PWM）方式無級調節。溫度感知器位於冷卻液入口和出口處。PTC加熱器Z132通過LIN-Bus總線連接到電池調節控制模組J840（圖4-50）。

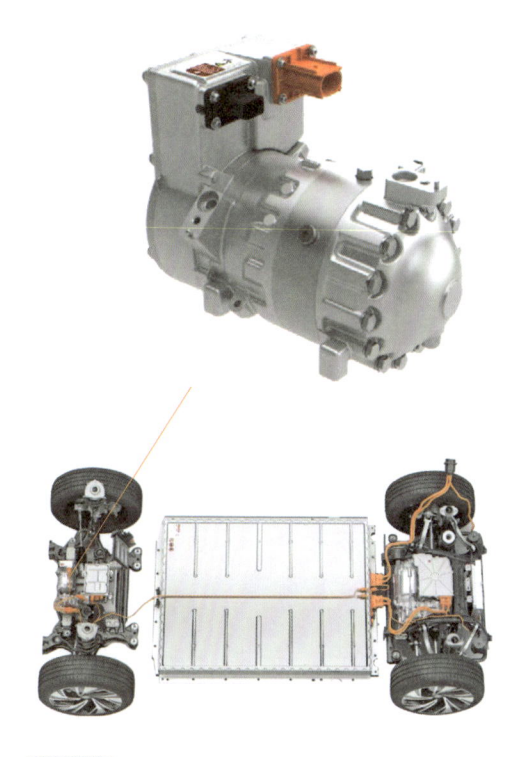

圖4-49　電動空調壓縮機

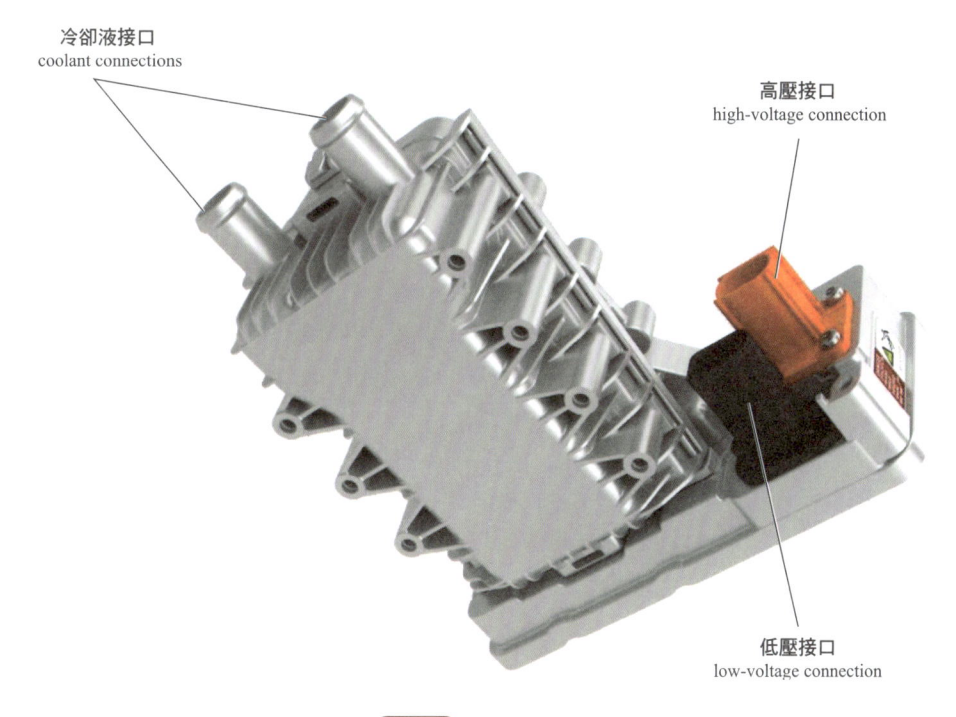

冷卻液接口 coolant connections
高壓接口 high-voltage connection
低壓接口 low-voltage connection

圖4-50　PTC加熱器

4.3.12　ID.4高壓加熱器

高壓加熱器（暖風加熱器）ZX17安裝在汽車空調內，加熱車內空氣，並使用脈寬調制（PWM）方式無級調節。高壓加熱器ZX17同PTC加熱器Z132一樣，也通過LIN-Bus總線連接到電池調節控制模組J840（圖4-51）。

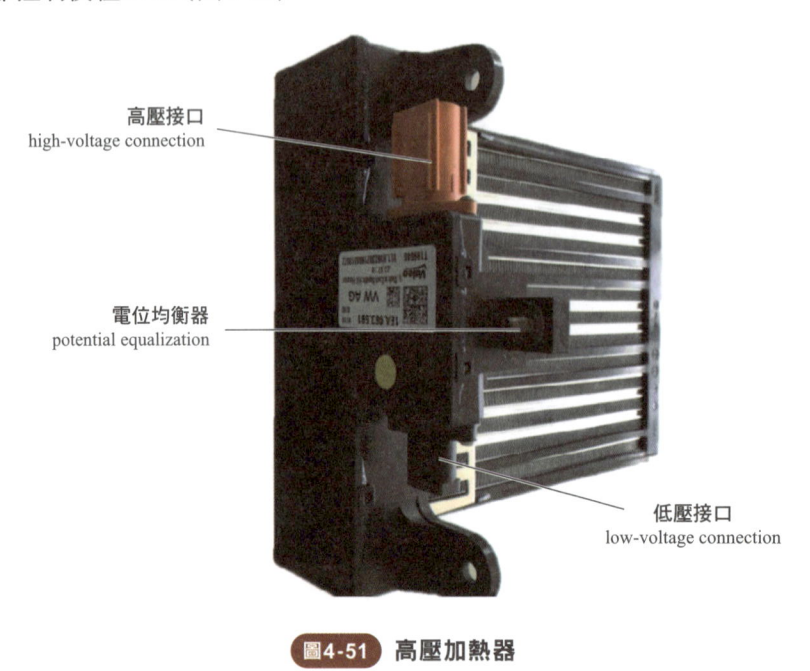

- 高壓接口 high-voltage connection
- 電位均衡器 potential equalization
- 低壓接口 low-voltage connection

圖4-51　高壓加熱器

4.3.13　ID.4底盤

採用電動助力轉向機和五連桿懸吊，並可選裝動態底盤控制系統（DCC）（圖4-52）。

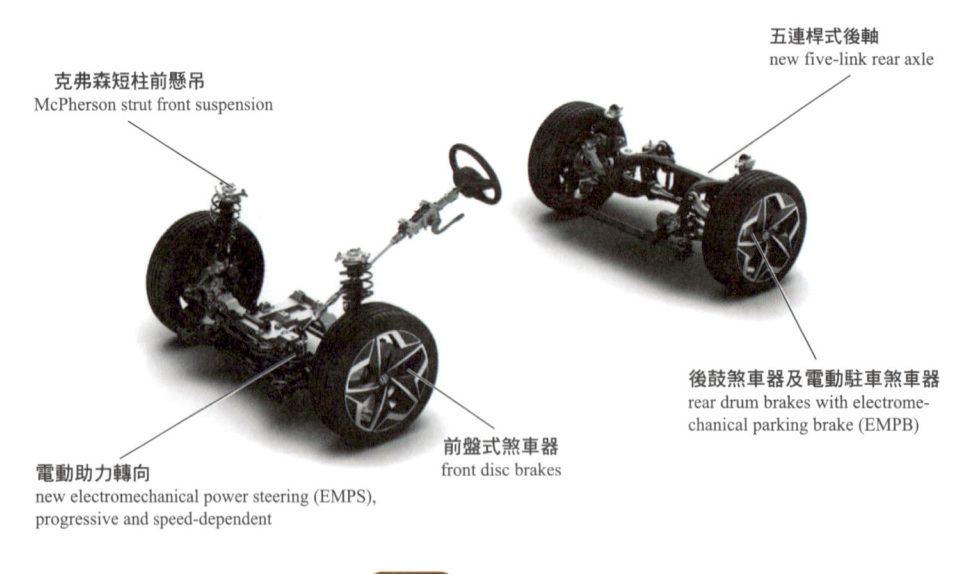

- 五連桿式後軸 new five-link rear axle
- 克弗森短柱前懸吊 McPherson strut front suspension
- 後鼓煞車器及電動駐車煞車器 rear drum brakes with electromechanical parking brake (EMPB)
- 前盤式煞車器 front disc brakes
- 電動助力轉向 new electromechanical power steering (EMPS), progressive and speed-dependent

圖4-52　ID.4底盤組成

4.3.14　ID.4煞車系統

(1) 煞車助力類型

傳統燃油汽車採用真空泵浦助力式的煞車系統，真空系統的真空源來自引擎的進氣歧管處（圖4-53）。

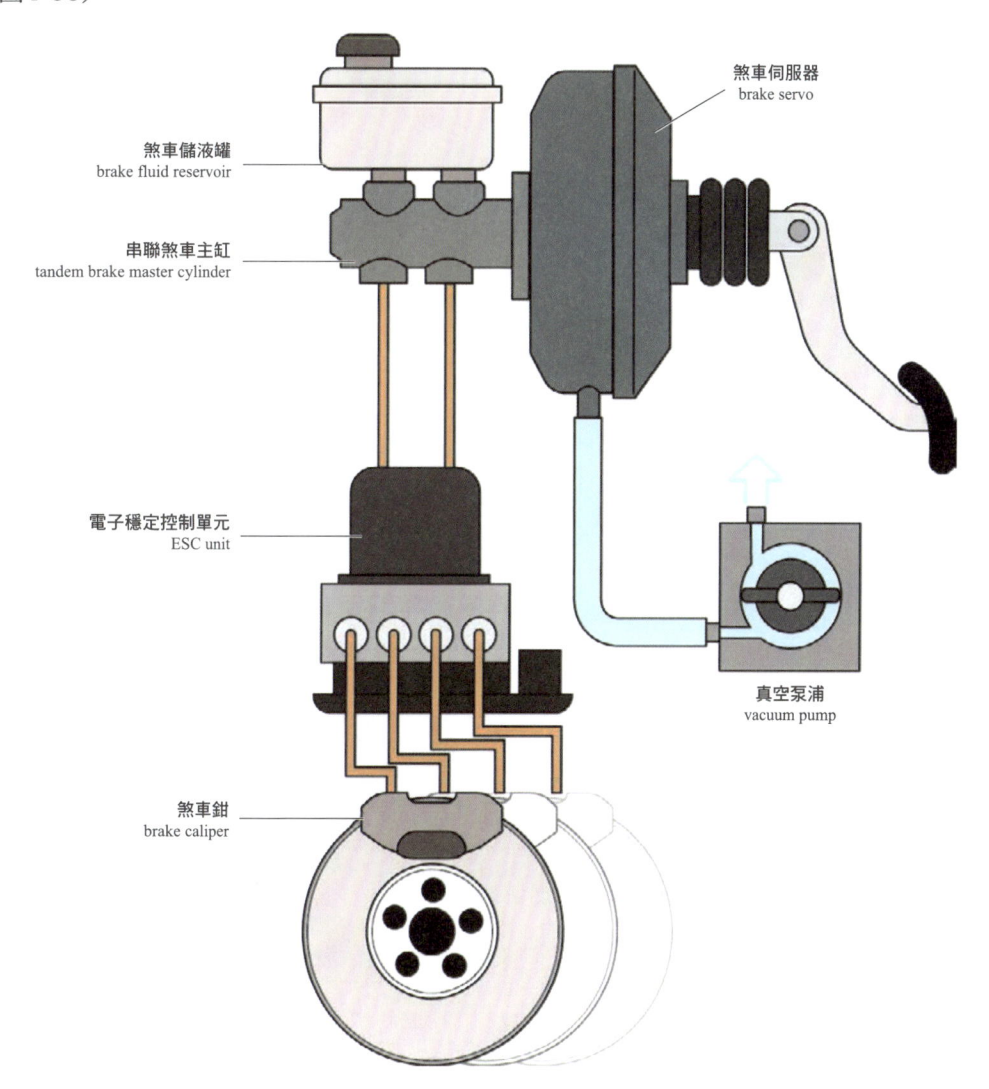

圖4-53　傳統燃油車真空助力煞車系統

純電動汽車由於沒有引擎，傳統的真空泵浦無法工作，故採用電動助力煞車系統。福斯第一代電動助力煞車系統設有分立的蓄壓器，與煞車主缸通過管路相連。蓄壓器作為煞車過程的直接動力源為煞車提供高壓煞車油液（圖4-54）。

福斯第二代電動助力煞車系統將蓄能器與ESC單元集成為一體。壓力損失更小，響應更快，整個煞車系統的集成度、重量、成本都有相應的降低（圖4-55）。

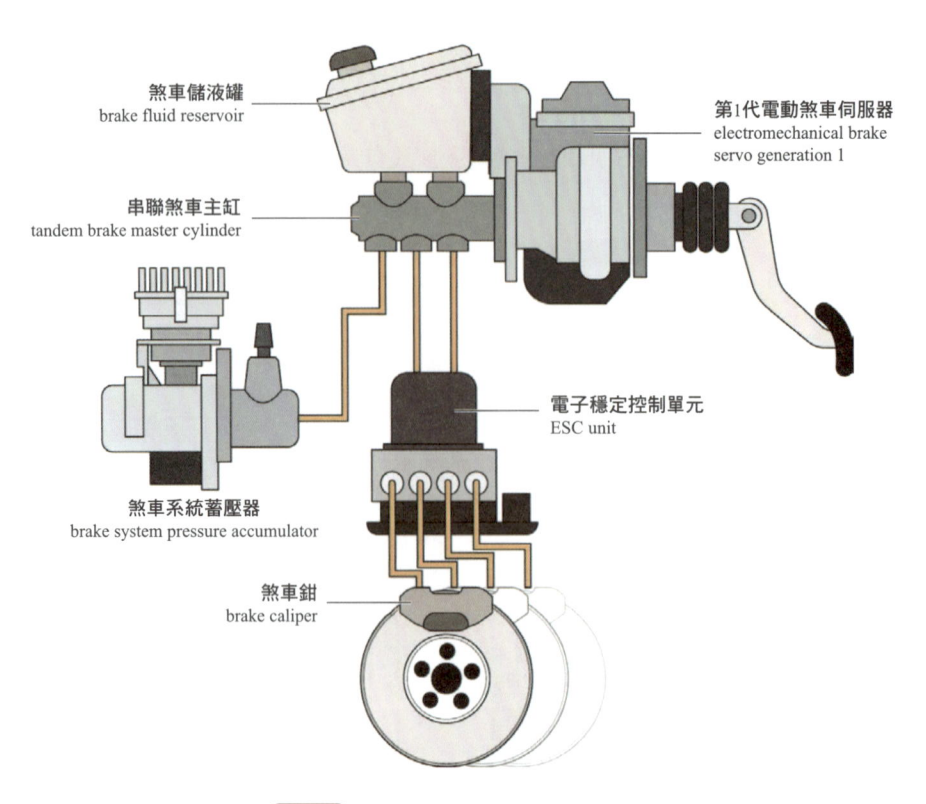

煞車儲液罐
brake fluid reservoir

第1代電動煞車伺服器
electromechanical brake servo generation 1

串聯煞車主缸
tandem brake master cylinder

電子穩定控制單元
ESC unit

煞車系統蓄壓器
brake system pressure accumulator

煞車鉗
brake caliper

圖4-54 福斯第一代電動助力煞車系統

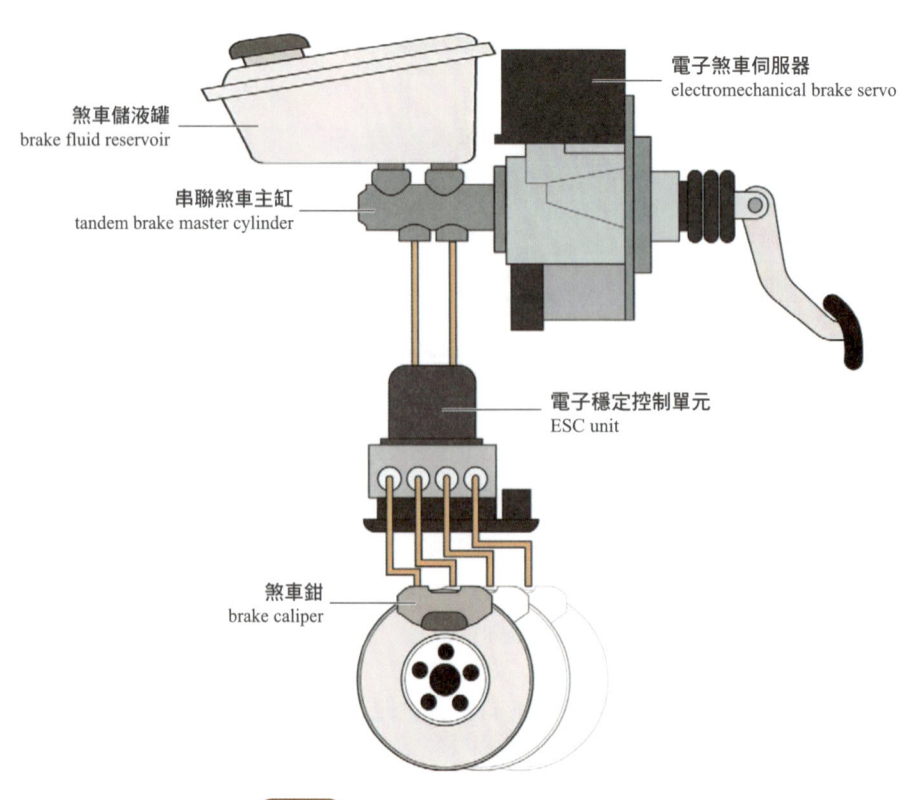

電子煞車伺服器
electromechanical brake servo

煞車儲液罐
brake fluid reservoir

串聯煞車主缸
tandem brake master cylinder

電子穩定控制單元
ESC unit

煞車鉗
brake caliper

圖4-55 福斯第二代電動助力煞車系統

（2）ID.4煞車系統主要部件

❶ **ID.4電動煞車助力器（eBKV）** ID.4採用福斯第二代電動煞車助力器，由博世（Bosch）公司生產，亦稱為iBooster，可在短時間內產生所需煞車力。eBKV包括煞車助力器控制單元J539、電動馬達/齒輪單元、串聯式煞車主缸、推桿、殼體等（圖4-56）。

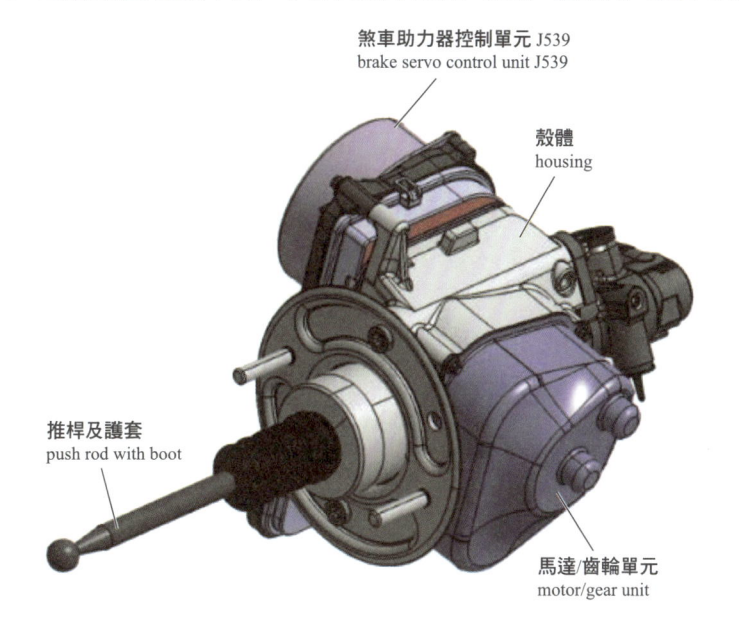

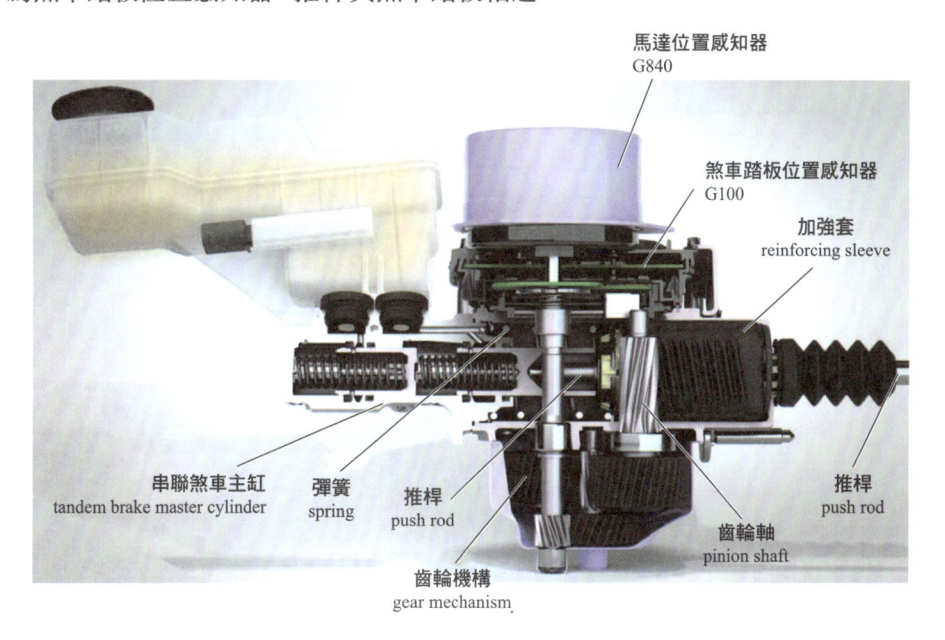

圖4-56 電動煞車助力器總成

電動煞車助力器結構如圖4-57所示，G840為馬達位置感知器，與煞車助力馬達連在一起。G100為煞車踏板位置感知器。推桿與煞車踏板相連。

圖4-57 電動煞車助力器結構

電動煞車助力器工作原理如圖4-58所示。

電動馬達
electric motor

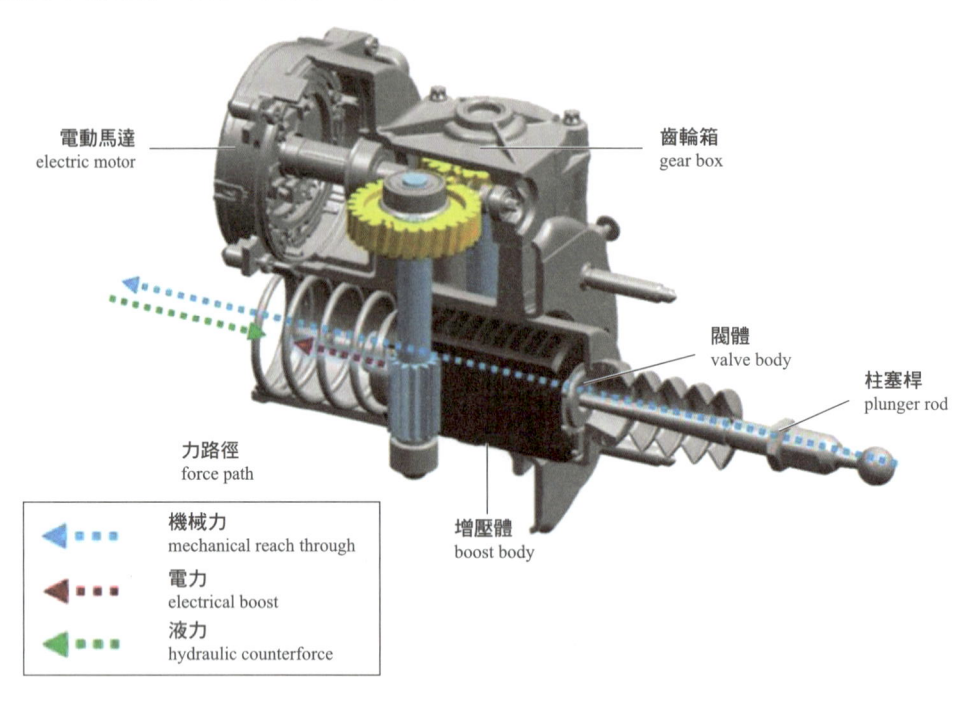

齒輪箱
gear box

閥體
valve body

柱塞桿
plunger rod

力路徑
force path

機械力
mechanical reach through

電力
electrical boost

液力
hydraulic counterforce

增壓體
boost body

圖4-58　電動煞車助力器示意圖

煞車踏板位置感知器G100位於電動煞車助力器內，由兩個霍爾感知器元件和一個帶有四個霍爾磁鐵的滑塊組成，霍爾磁鐵連接到輸入推桿。當駕駛員踩下煞車踏板時，霍爾磁鐵在霍爾感知器上方移動。該運動表明煞車需求的大小（圖4-59）。

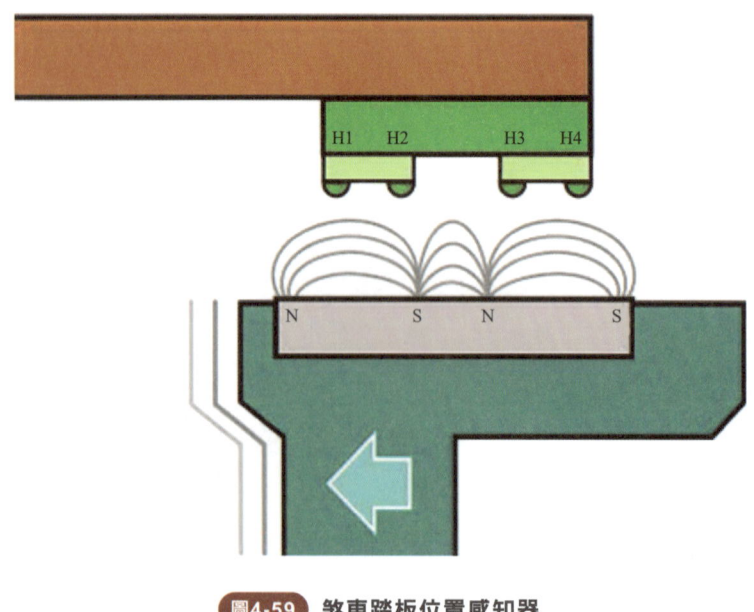

圖4-59　煞車踏板位置感知器

❷ **ESC單元與蓄壓器** ID.4的蓄壓器集成到電子穩定性控制（Electronic Stability Control，ESC）單元中，如圖4-60所示。

電子穩定控制單元
ESC unit

ABS控制模組
J104 ABS control module

蓄壓器
accumulator

圖4-60 集成蓄能器的ESC單元

（3）電動煞車助力器工作過程

❶ **未施加煞車** 駕駛員未踩下煞車踏板時，加強套在彈簧的作用下，處於初始平衡位置。煞車主缸內的兩個活塞也在各自的彈簧力作用下，處於關閉位置，此時煞車系統不工作（圖4-61）。

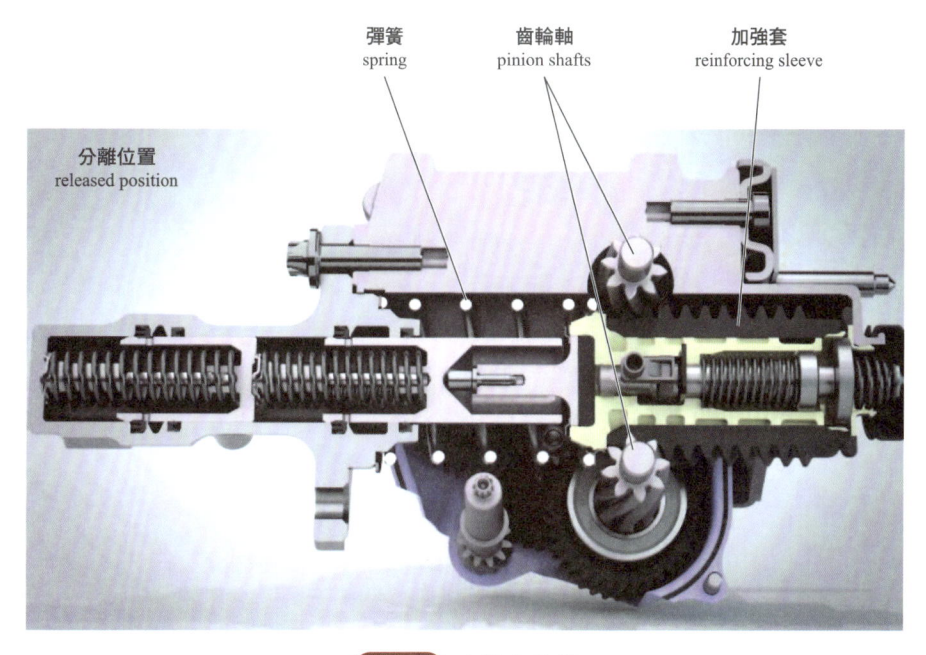

彈簧 spring
齒輪軸 pinion shafts
加強套 reinforcing sleeve

分離位置
released position

圖4-61 未煞車狀態

❷ **施加煞車**　駕駛員踩下煞車踏板，推桿向左移動。推桿的移動量經煞車踏板位置感知器G100傳送至煞車助力控制單元J539（圖4-56），同時馬達位置感知器也將位置信息送至煞車助力控制單元J539，煞車助力控制單元J539根據駕駛員的煞車請求和馬達位置信息計算所需增加的煞車力，並控制馬達。馬達通過減速齒輪驅動與加強套嚙合的兩個小齒輪。加強套向左移動，在壓縮彈簧的同時推動煞車主缸內的兩個活塞左移，可將煞車力放大6倍（圖4-62）。

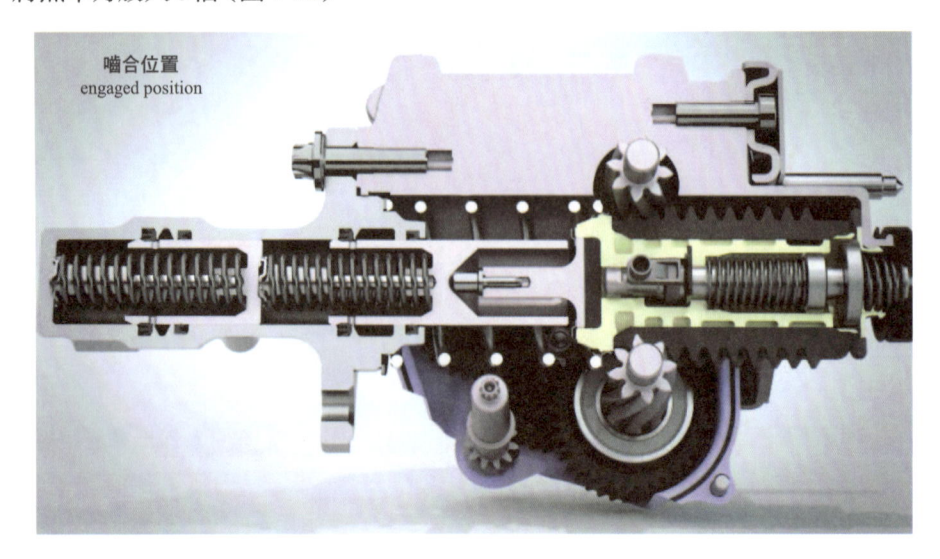

嚙合位置
engaged position

圖4-62　煞車狀態

（4）煞車能量回收

可實現煞車能量回收的煞車系統是專為純電動汽車開發的。回收的能量將提供給高壓蓄電池。

❷ **能量回收煞車**　如果高壓電池的電量和溫度合適，可以採用電動馬達發電的方式回收煞車能量，如圖4-63所示。

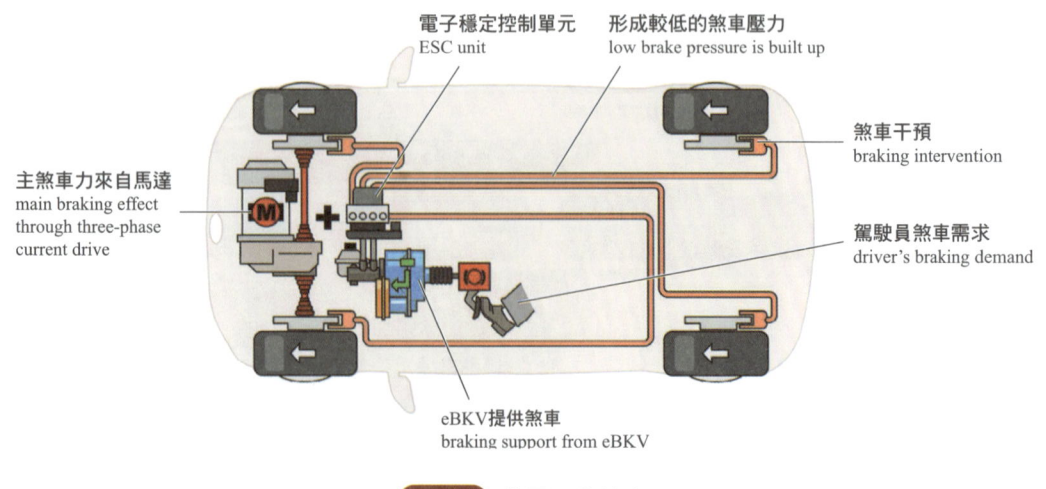

電子穩定控制單元
ESC unit

形成較低的煞車壓力
low brake pressure is built up

煞車干預
braking intervention

主煞車力來自馬達
main braking effect through three-phase current drive

駕駛員煞車需求
driver's braking demand

eBKV 提供煞車
braking support from eBKV

圖4-63　能量回收煞車

❷ **液壓煞車** 如果高壓電池的充電水平和它的溫度不允許使用馬達煞車減速,則須使用液壓煞車來使車輛減速。液壓煞車系統將煞車襯片壓靠在煞車盤上,產生摩擦煞車力。汽車的動能轉化為熱能,並散髮出去,造成能量損失(圖4-64)。

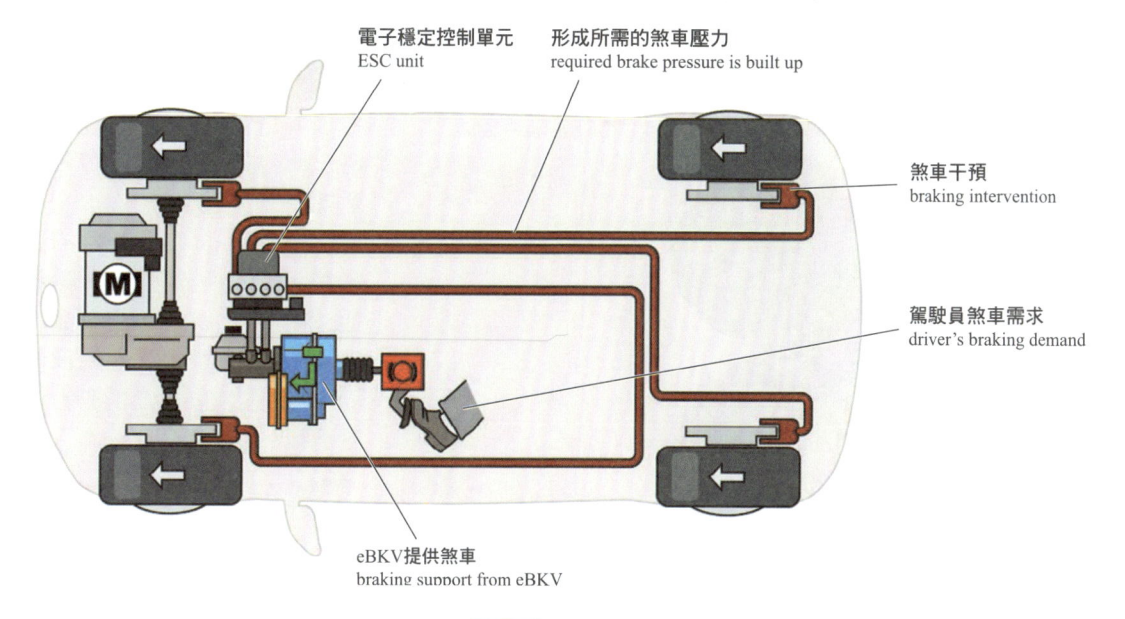

圖4-64 液壓煞車

❸ **聯合煞車** 在發電運行模式下,馬達會根據轉速、高壓蓄電池的溫度及電量產生煞車效果。必要時需要通過液壓煞車進行補充。這種馬達煞車和液壓煞車之間的交替變化被稱為聯合煞車(Brake Blending),目的是使煞車踏板上的力和行程始終相同。電動煞車助力器中的煞車助力器控制單元J539(圖4-56)自動調節電子煞車和車輪煞車器煞車,駕駛員不會注意到這種變化,因為eBKV會自動運行,並且會在沒有駕駛員干預的情況下自動建立煞車壓力(圖4-65)。

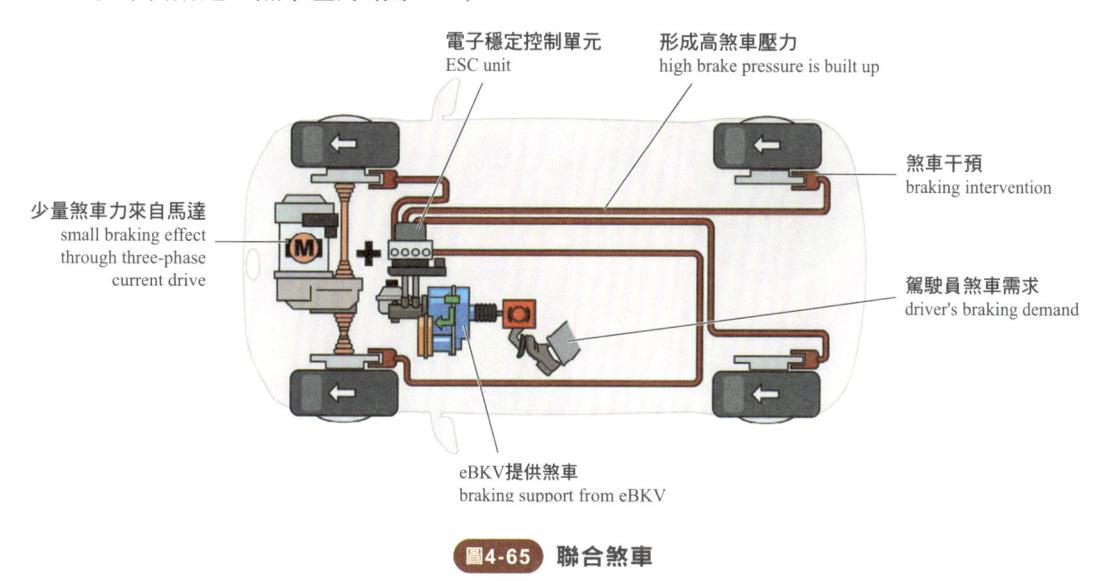

圖4-65 聯合煞車

4.4 奥迪e-tron純電動SUV

4.4.1 e-tron電驅動系統

e-tron是奧迪的第一台純電SUV，基於純電動平台PPE（Premium Platform Electric）開發。PPE平台是福斯純電動平台MEB（Modular Electrification Toolkit）的升級版，在福斯集團內供給奧迪、保時捷、賓利等豪華品牌使用。e-tron採用電池底部佈局，配備容量95kWh的動力鋰電池組。前後軸各配一台大功率驅動馬達，組成雙馬達純電動力總成（圖4-66）。

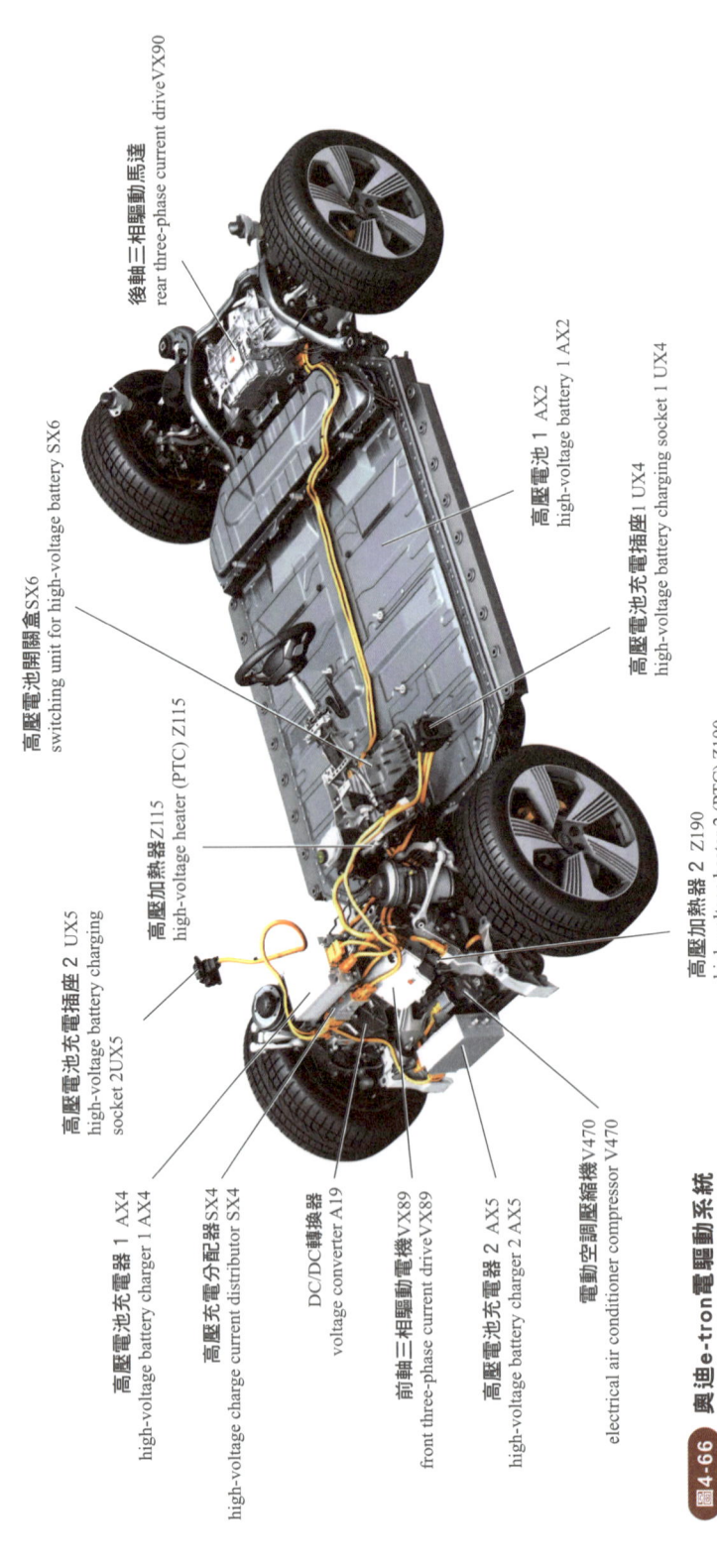

圖4-66 奧迪e-tron電驅動系統

- 後軸三相驅動馬達 rear three-phase current drive VX90
- 高壓電池 1 AX2 high-voltage battery 1 AX2
- 高壓電池充電插座 1 UX4 high-voltage battery charging socket 1 UX4
- 高壓加熱器 2 (PTC) Z190 high-voltage heater 2 (PTC) Z190
- 高壓電池開關盒 SX6 switching unit for high-voltage battery SX6
- 高壓加熱器 Z115 high-voltage heater (PTC) Z115
- 高壓電池充電插座 2 UX5 high-voltage battery charging socket 2 UX5
- 高壓電池充電器 1 AX4 high-voltage battery charger 1 AX4
- 高壓充電分配器 SX4 high-voltage charge current distributor SX4
- DC/DC轉換器 A19 voltage converter A19
- 前軸三相驅動電機 VX89 front three-phase current drive VX89
- 高壓電池充電器 2 AX5 high-voltage battery charger 2 AX5
- 電動空調壓縮機 V470 electrical air conditioner compressor V470

4.4.2 e-tron驅動馬達

e-tron採用高度集成的三相驅動馬達（圖4-67），能夠隨行駛狀況的變化連續調節前後軸分配的動力。在日常行駛中，車輛由後軸驅動馬達提供動力；當車輛在爬坡、全力加速或者感知器檢測到後輪打滑時，車輛的ECU將在0.03s內讓前軸馬達完全介入，變成四驅系統。奧迪e-tron在馬達方面也是採用前後雙感應馬達的佈局，也就是電動quattro四驅。前後雙感應馬達的優勢就是長期使用一直性較好，同時也不存在高溫退磁的問題。

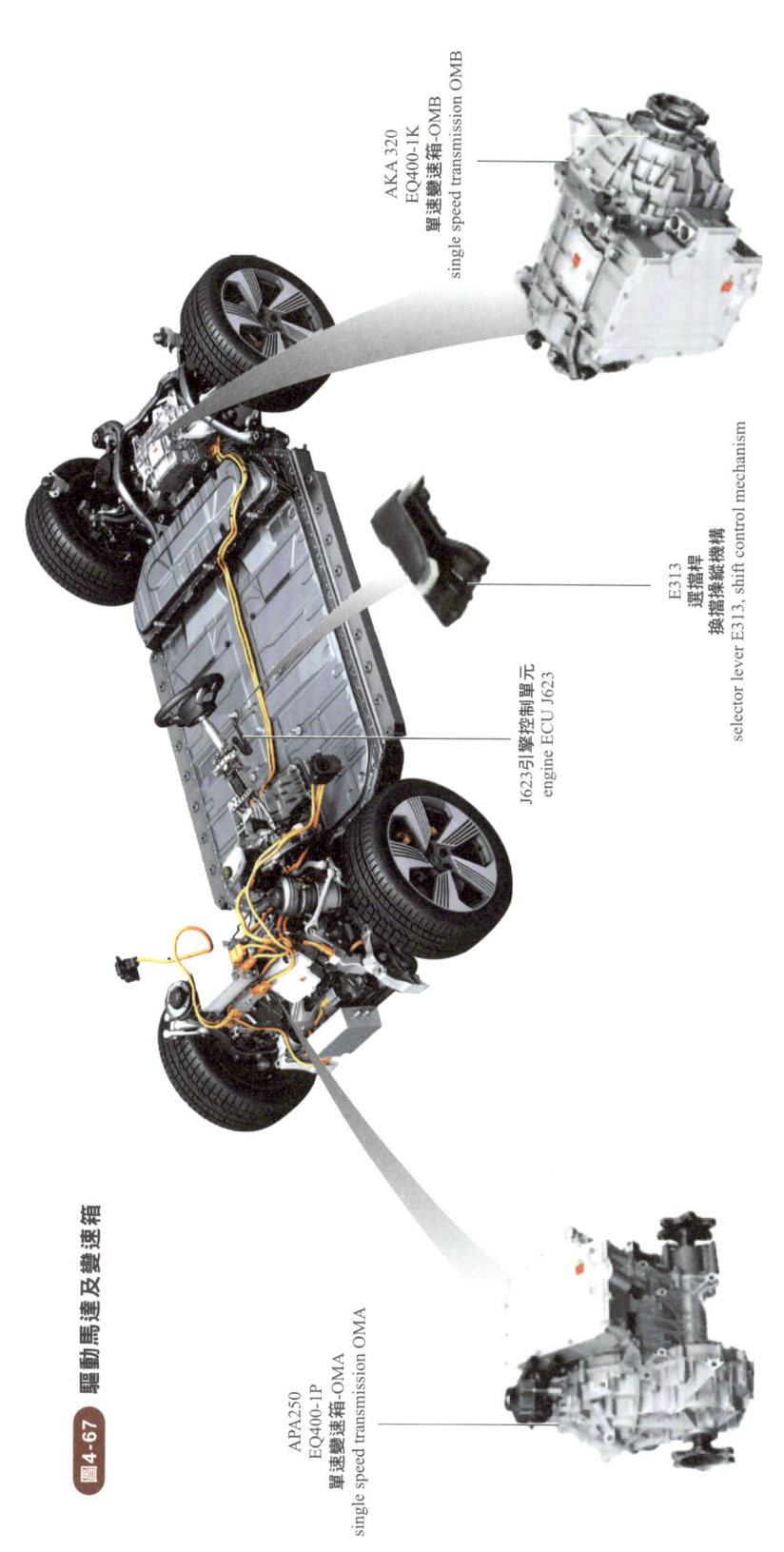

AKA 320
EQ400-1K
單速變速箱-OMB
single speed transmission OMB

E313
選擋桿
換擋操縱機構
selector lever E313, shift control mechanism

J623引擎控制單元
engine ECU J623

APA250
EQ400-1P
單速變速箱-OMA
single speed transmission OMA

圖4-67 驅動馬達及變速箱

針對雙馬達佈局如何做到不過多侵佔車內空間的問題，e-tron採用前平行軸和輕量化差速器結構，將前驅動馬達和減速器共用同一殼體（圖4-68）；後驅動馬達則採用同軸結構設計，加上輕量化差速器結構，e-tron馬達結構更緊湊，佔用空間更小（圖4-69）。

馬達的封裝
encapsulation of electric motor
- 開孔聚氨酯泡沫
  open-pore PU foam
- 吸收馬達的噪聲
  absorption of motor noise

馬達支架（橡膠支架）
motor mount/rubber mount

鋁製馬達支架
motor support made from aluminum

圖4-68 前軸驅動馬達總成的佈置

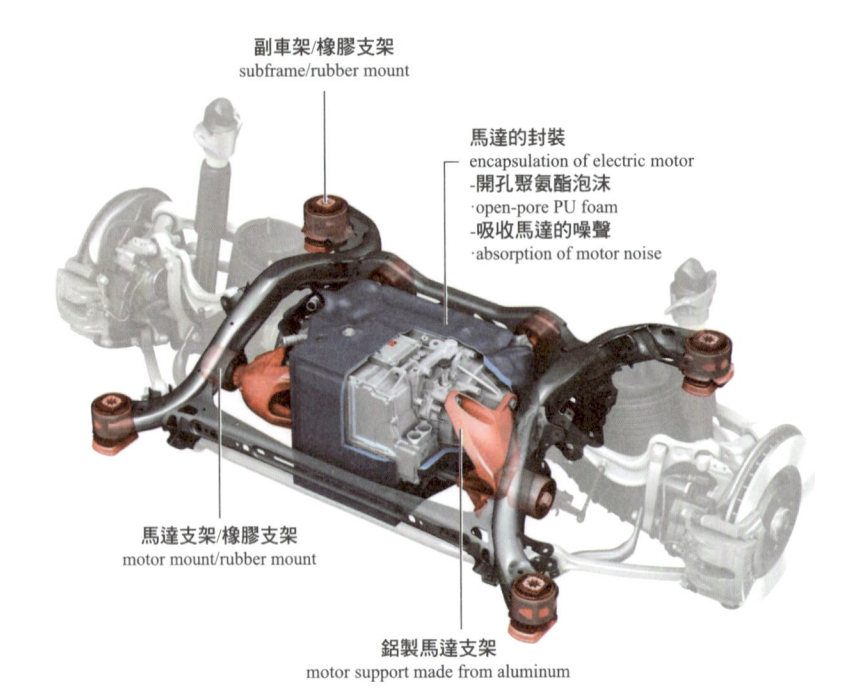

副車架/橡膠支架
subframe/rubber mount

馬達的封裝
encapsulation of electric motor
- 開孔聚氨酯泡沫
  open-pore PU foam
- 吸收馬達的噪聲
  absorption of motor noise

馬達支架/橡膠支架
motor mount/rubber mount

鋁製馬達支架
motor support made from aluminum

圖4-69 後軸驅動馬達總成的佈置

（1）前軸驅動馬達

前軸驅動馬達總成VX89包括馬達、變速箱和功率電子裝置，這三個裝置集成在一起（圖4-70）。功率電子裝置外部加裝金屬防護罩，防止碰撞後高壓短路起火。

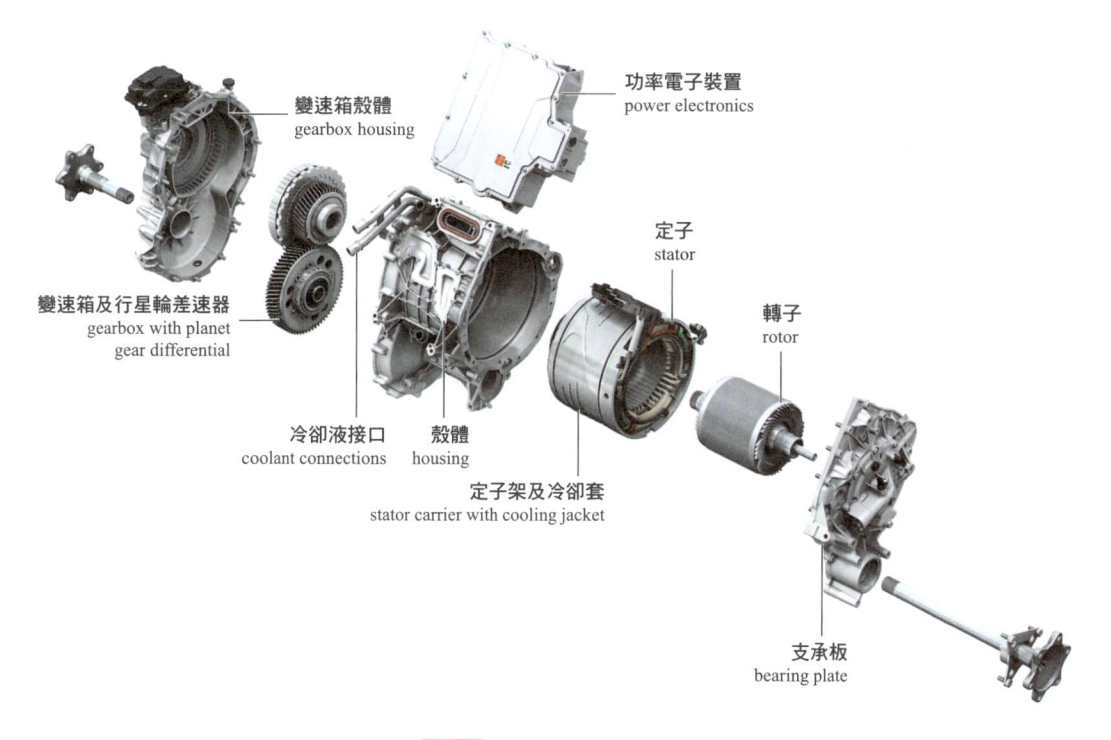

圖4-70 前驅動馬達分解圖

前軸驅動馬達最大輸出功率可達135kW，最大轉矩為309Nm。驅動馬達與變速箱連成一體（圖4-71）。

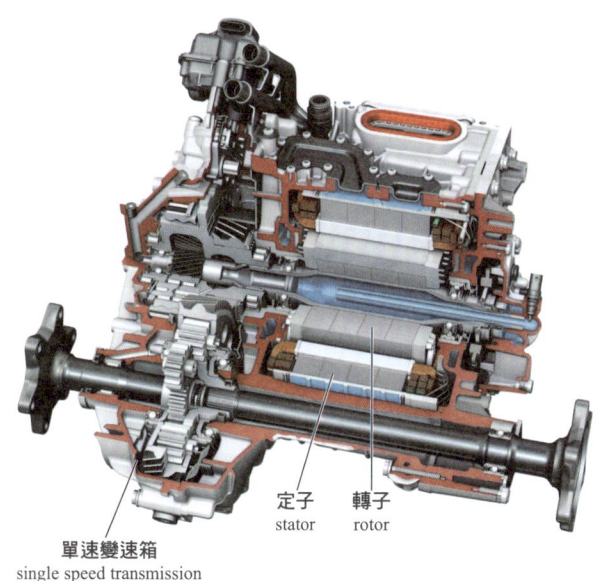

圖4-71 前軸驅動馬達和變速箱剖面圖

e-tron驅動馬達轉子軸為空心軸，冷卻液可進入馬達軸，以便冷卻。由於採用交流異步驅動方式，轉子採用鋁合金籠型結構（圖4-72）。

圖4-72 前軸驅動馬達定子和轉子結構

❶ **轉速感知器** 馬達轉速感知器（亦稱旋轉變壓器）是根據坐標轉換原理工作的，可以檢測到轉子軸最小的角度變化。該感知器由兩部分構成：坐標轉換器蓋上的不動的感知器和安裝在轉子軸上的靶輪（圖4-73）。功率電子裝置根據轉子位置信號，計算出控制感應馬達所需的轉速信號。

轉速感知器蓋
resolver cover

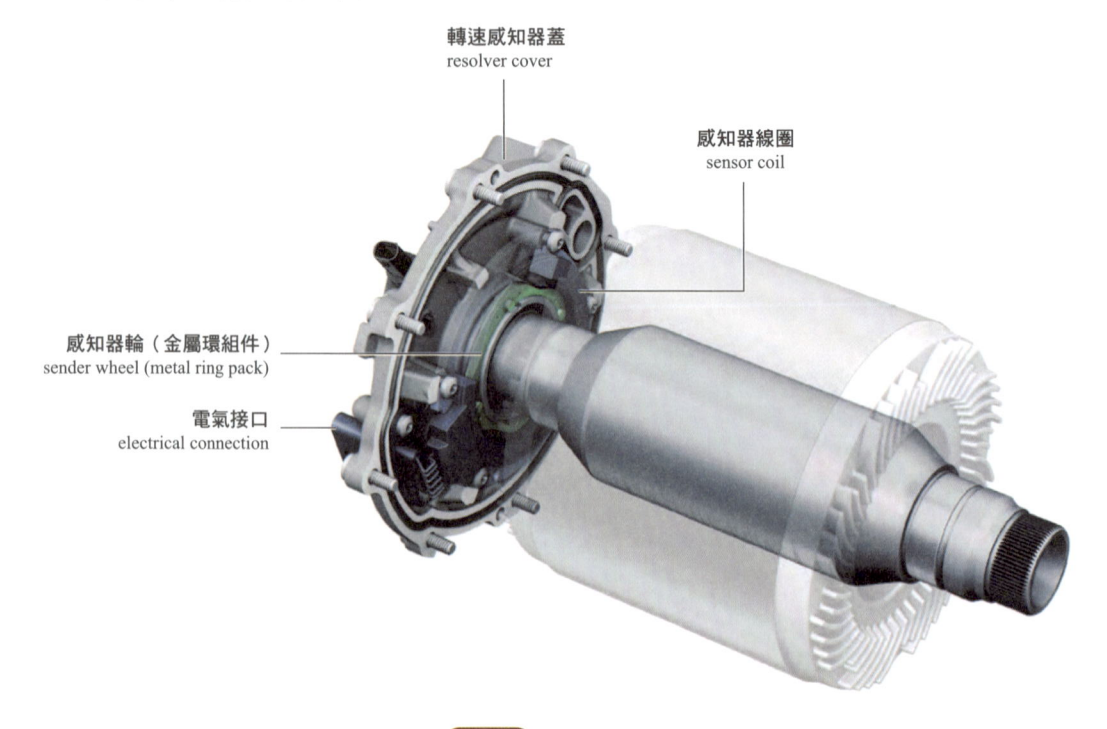

感知器線圈
sensor coil

感知器輪（金屬環組件）
sender wheel (metal ring pack)

電氣接口
electrical connection

圖4-73 轉速感知器

❷ **馬達溫度感知器** 如圖4-74所示,每個驅動馬達上有兩個不同的溫度感知器。在前軸驅動馬達上有馬達冷卻液溫度感知器G1110和馬達溫度感知器G1093。馬達冷卻液溫度感知器G1110用於監控流入的冷卻液的溫度。馬達溫度感知器G1093用於測量定子溫度,為了測量精確,G1093是集成在定子繞組上的且採用冗餘設計。就是說,儘管只需要一個感知器,但是在定子繞組上集成2個感知器。一旦一個定子溫度感知器損壞了,那麼另一個感知器仍可執行溫度監控。

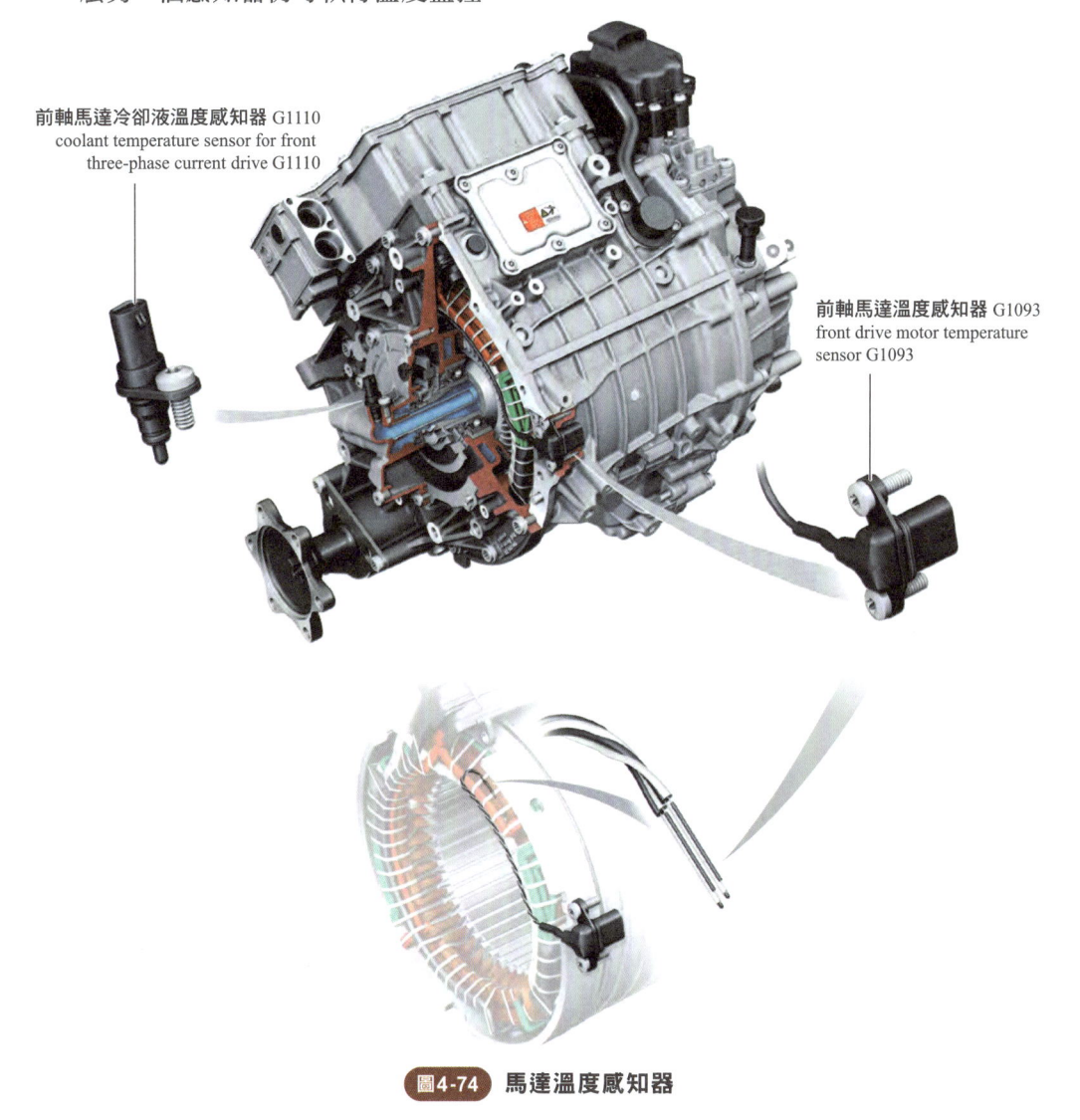

前軸馬達冷卻液溫度感知器 G1110
coolant temperature sensor for front three-phase current drive G1110

前軸馬達溫度感知器 G1093
front drive motor temperature sensor G1093

圖4-74 馬達溫度感知器

後軸上的結構與此相同,定子內有馬達溫度感知器G1096,冷卻液溫度由馬達冷卻液溫度感知器G1111來測量。

❸ **感應馬達工作原理** 驅動馬達定子是通過功率電子裝置來獲得交流電供給的。銅繞組內的電流會在定子內產生旋轉的磁通量(旋轉的磁場),這個旋轉磁場會穿過定子。如圖4-75所示,感應馬達轉子的轉動要稍慢於定子的轉動磁場(這就是異步的意思),這個差值我們稱之為轉差率(轉差率表示的是轉子和定子內磁場之間的轉速差,也叫滑差率),於是就在轉子的鋁制籠內感應出一個電流,轉子內產生的磁場會形成一個切向

力，使得轉子轉動，疊加的磁場就產生轉矩。感應馬達具有更高的轉速極限，最高可達15000r/min，並且有更強的過載能力，最大可達額定值的5倍。

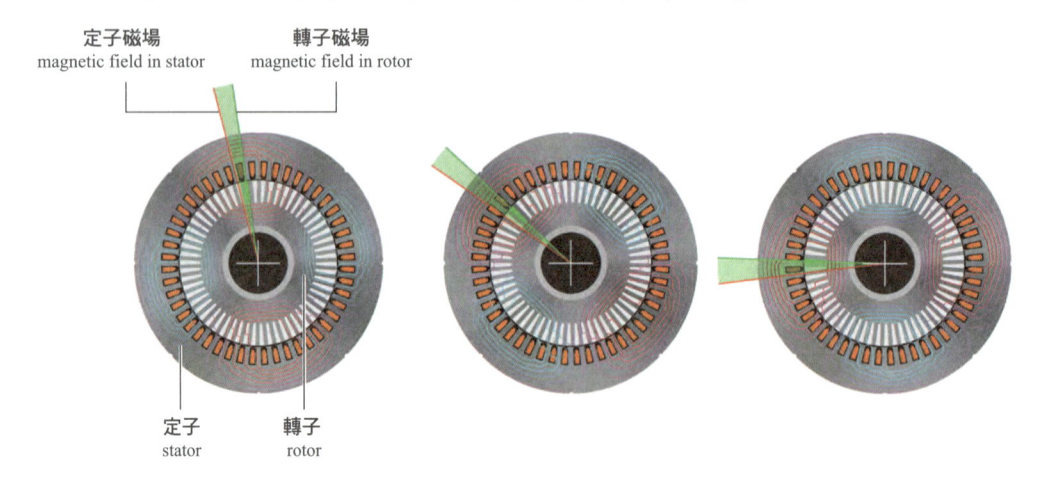

圖4-75 感應馬達的定子與轉子磁場

（2）後軸驅動馬達

與前軸驅動馬達總成一樣，後軸驅動馬達總成VX90（圖4-108）也將馬達、變速箱和功率電子裝置集成在一起，簡化高壓布線，結構更加緊湊。後軸傳動採用同軸行星排佈置和輕量化差速器結構，馬達殼體與變速箱前殼體整體壓鑄，共用同一殼體（圖4-76）。

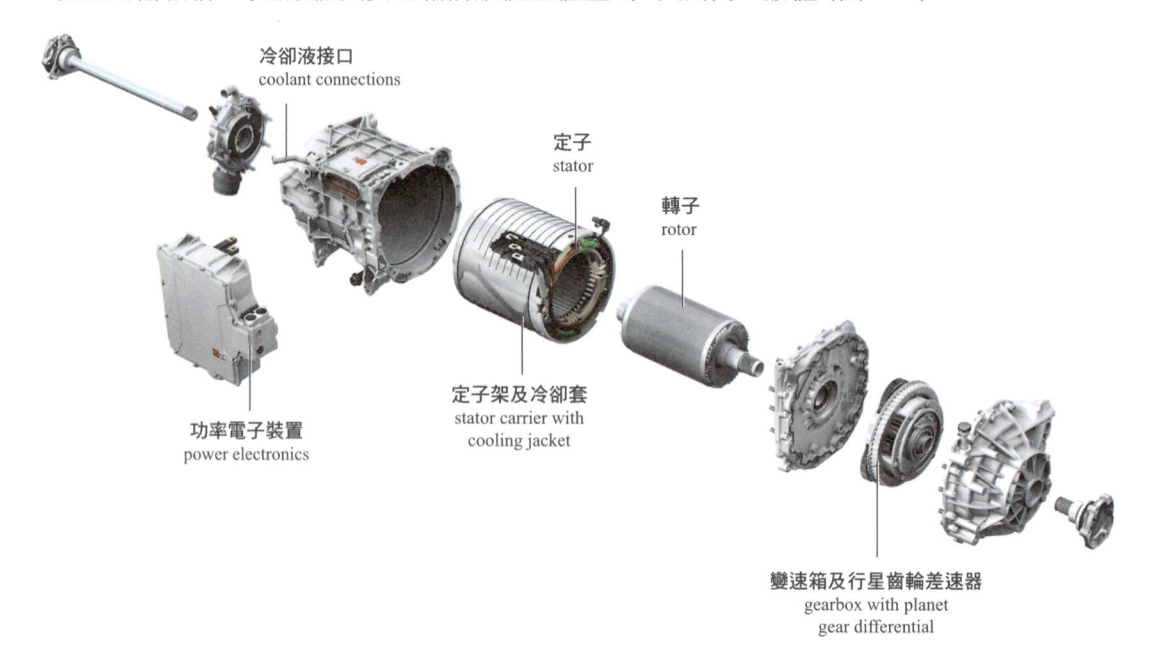

圖4-76 後軸驅動馬達分解圖

後軸馬達通過同軸式結構來傳遞力矩，最大輸出功率可達165kW，最大轉矩為335Nm。馬達定子採用三個呈120°佈置的銅繞組，轉子為鋁制籠型的（圖4-77）。

定子 stator
轉子 rotor
單速變速箱 single speed transmission

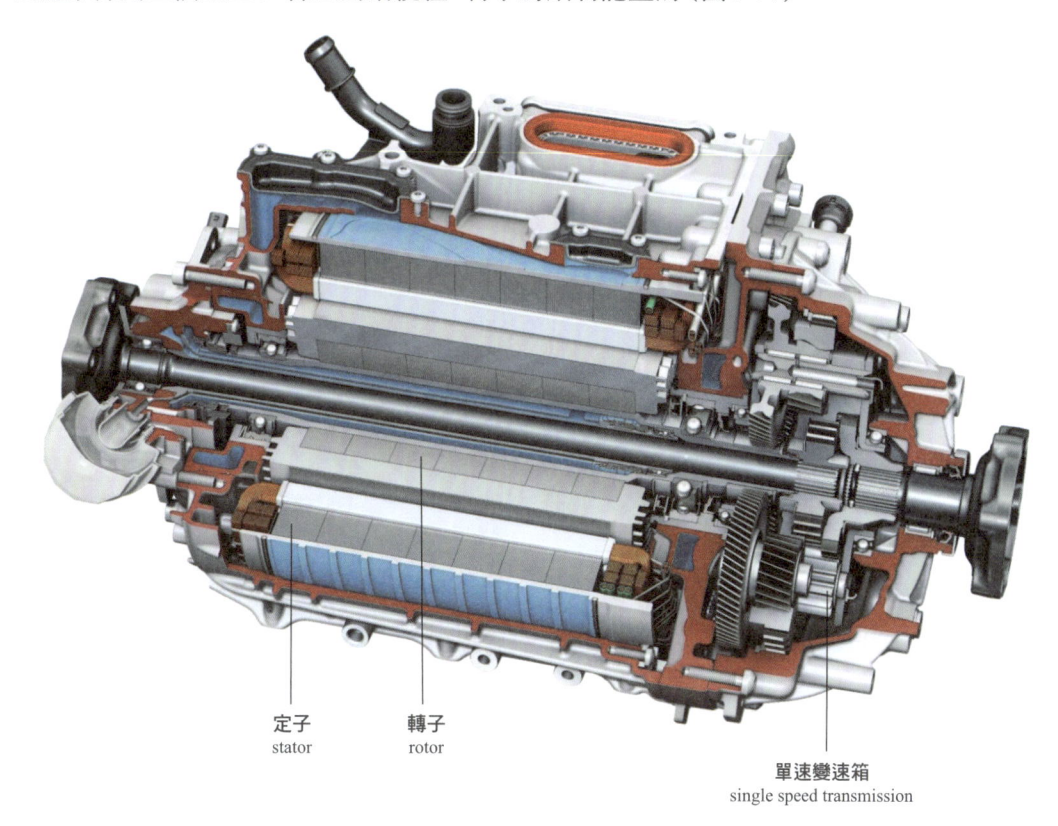

圖4-77 後軸馬達和變速箱剖面圖

（3）馬達的端面油封

由於轉子工作在高速旋轉狀態，因此碳化矽材料的轉軸側面油封環成為其中的關鍵部件。在保證冷卻液油封的同時又能夠承受高轉速的磨損，具有高強度耐磨特性。由於對轉子軸內性能的要求，馬達是通過轉子內部冷卻系統用冷卻液來冷卻的。要想不讓馬達內冷卻液去往定子，就採用端面油封來讓旋轉著的轉子軸與不動的殼體實現油封。這種端面油封屬於軸向油封，與徑向軸油封圈相比，能承受更高的轉速。受結構所限，前軸馬達採用一個端面油封，後軸馬達採用兩個端面油封。

要想實現端面油封的功能，轉動環之間的油封間隙必須要冷卻和潤滑。為了能在所有工作條件下都保證這個狀態，油封轉動環在製造時採用雷射刻蝕工藝（圖4-78）。這種雷射加工的結構能把冷卻液壓回轉子軸，但是無法阻止非

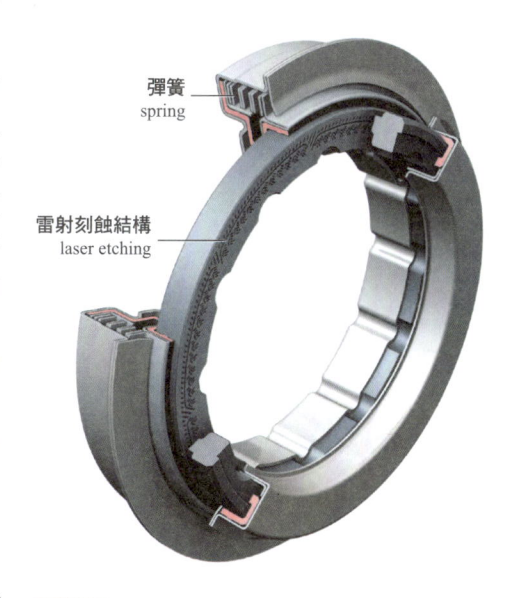

彈簧 spring
雷射刻蝕結構 laser etching

圖4-78 油封轉動環的結構

常小的洩漏。漏出的冷卻液被收集到一個儲液罐內，儲液罐是用螺栓撐在馬達內的。在前軸上，轉速感知器蓋有個隆起，冷卻液被收集到這個隆起內，此處還有一個排放螺栓。

　　馬達的端面油封用於實現旋轉的轉子軸與不動的殼體之間的油封，前軸馬達採用一個端面油封（圖4-79），後軸馬達採用兩個端面油封（圖4-80）。端面油封有技術性洩漏，相關部位設置有排液螺栓和儲液罐（圖4-81），油封轉動環會把大量冷卻液送回馬達，漏出的冷卻液被收集到專門的空間內（前軸）或者儲液罐內（後軸），這些冷卻液在進行保養週期檢查時需要排空。

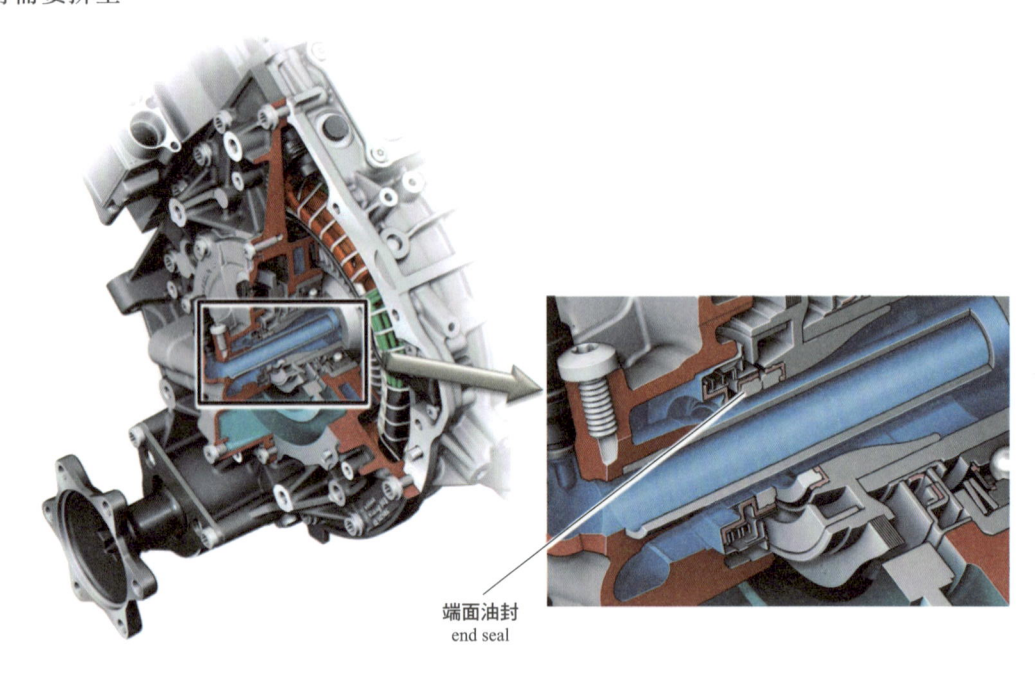

端面油封
end seal

圖4-79　前軸馬達的端面油封

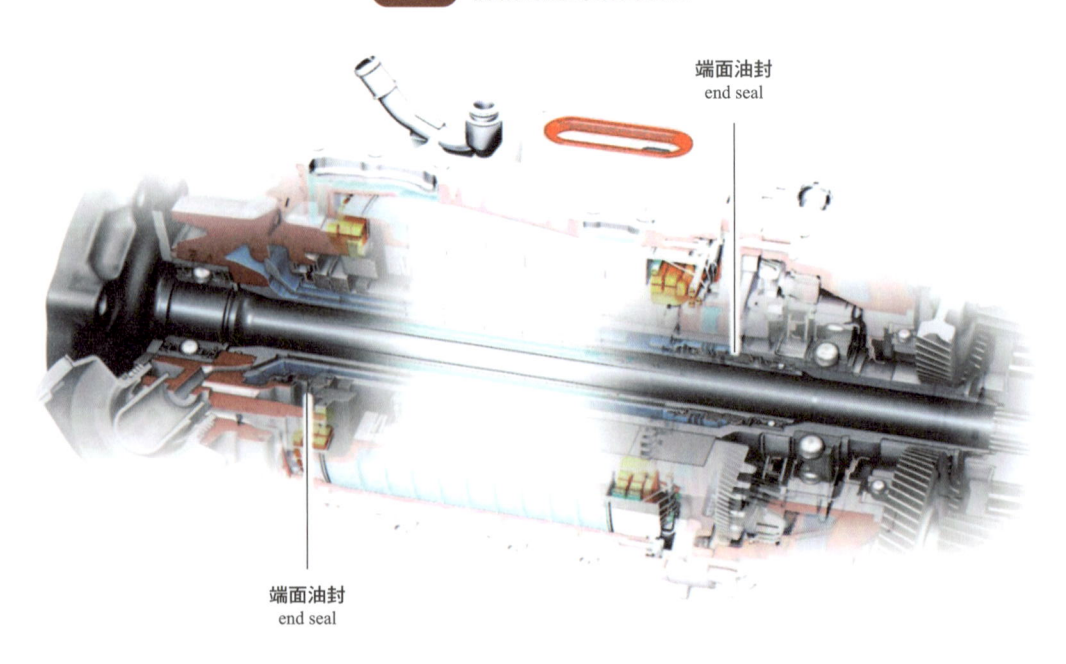

端面油封
end seal

端面油封
end seal

圖4-80　後軸馬達的端面油封

排液螺栓
drain bolt

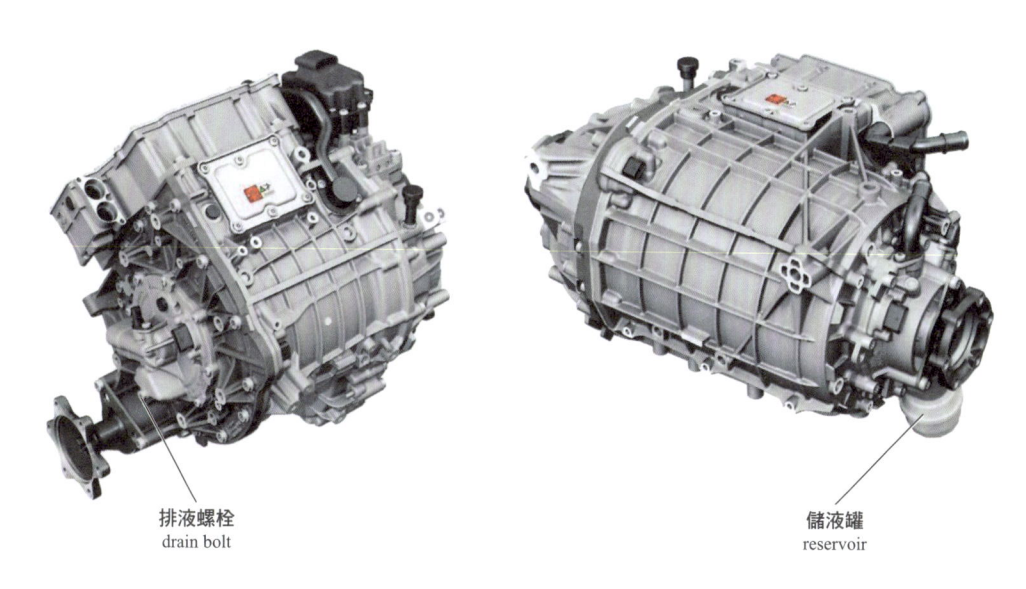

儲液罐
reservoir

圖4-81 排液螺栓和儲液罐的安裝位置

4.4.3　e-tron動力傳動系統

(1)前軸變速箱

　　前軸變速箱OMA由德國捨弗勒公司製造，採用二級減速齒輪機構，輸入輸出平行軸佈置，一級行星排+二級平行圓柱斜齒輪結構。差速器為捨弗勒獨有的輕量化差速器，還配有機械式駐車鎖（圖4-82）。

機油導板
oil guide plate

前軸驅動馬達
front axle electric drive motor

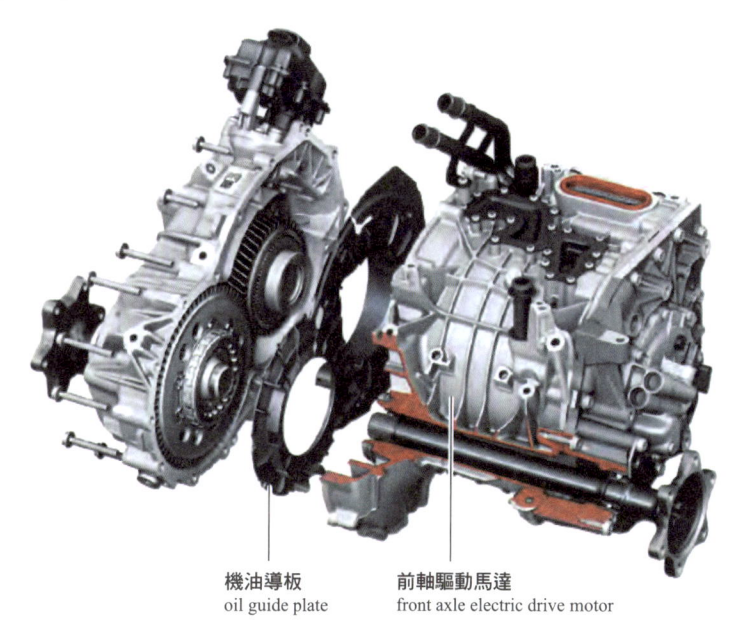

圖4-82 OMA變速箱

轉矩轉換分為兩級：第一個減速級是採用行星齒輪副從太陽輪軸傳至行星齒輪和行星齒輪架，第二個減速級是借助圓柱齒輪機構把轉矩從行星齒輪架傳至差速器（圖4-83）。

簡單行星齒輪副 i_1=5.870
simple planetary gear pair(i_1=5.870)

圓柱齒輪級 i_2=1.568
spur gear stage (i_2=1.568)

輸入 input　輸出 output

單速變速箱 -OMA $i_■$=9.204
single speed transmission OMA ($i_■$=9.204)

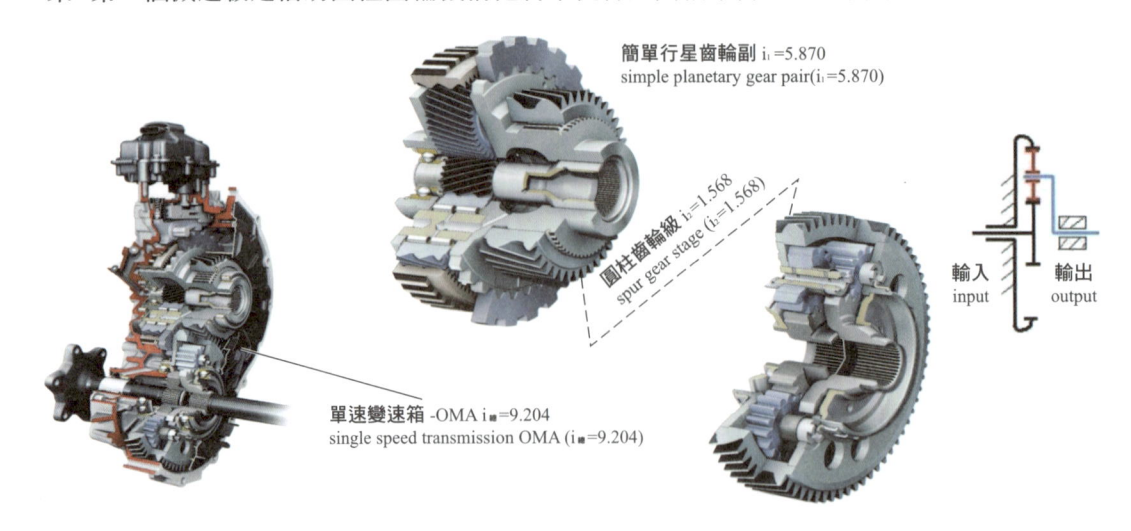

圖4-83 前驅兩級減速機構

輸入軸（太陽輪）與馬達軸花鍵配合，軸系為三軸承支承，其中兩個球軸承支承馬達軸，一個球軸承支承減速器輸入軸。駐車齒輪佈置在輸入軸系行星排的行星架上，且駐車齒輪直徑較大，以減小駐車系統的載荷（圖4-84）。

駐車鎖齒輪
parking lock gear

行星齒輪
planetary gears

行星齒輪架
planet carrier

太陽輪 / 輸入軸
sun gear shaft/input shaft
- 由電動馬達驅動
- drive from electric motor

固定的環形齒輪
fixed annulus

圓柱齒輪
spur gear

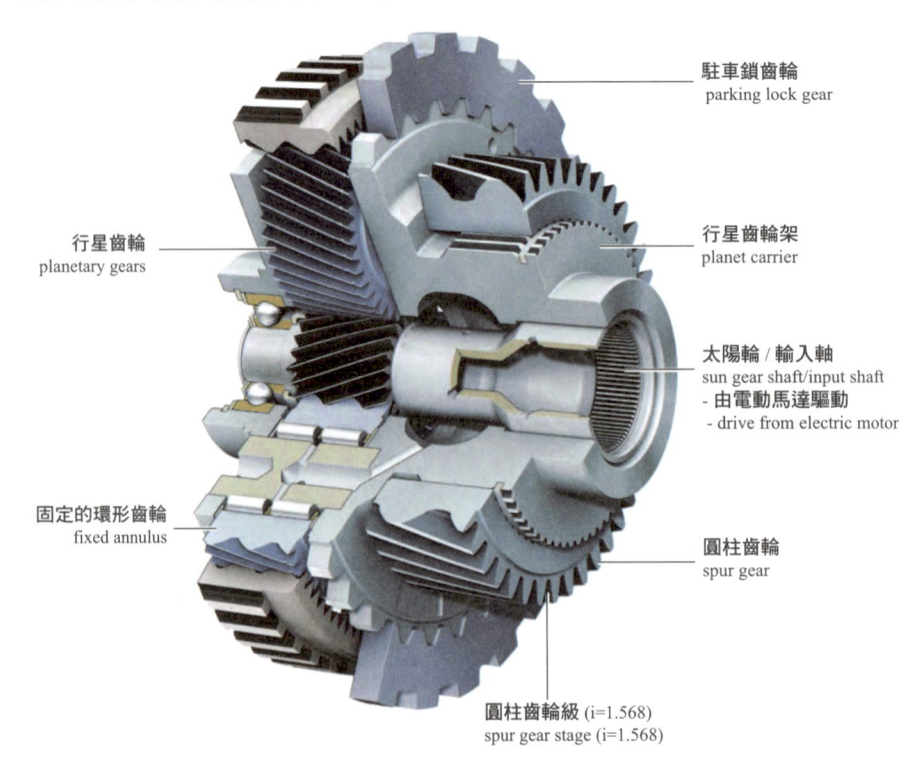

圓柱齒輪級 (i=1.568)
spur gear stage (i=1.568)

圖4-84 行星齒輪副

（2）後軸變速箱

後軸變速箱OMB與馬達的殼體一起構成一個有自己機油系統的封閉的單元。變速箱OMB擁有同軸結構雙級減速比和行星齒輪式輕量化差速器（圖4-85）。

單速變速箱 OMB
single-speed transmission-OMB

變速箱放氣和通風口
transmission breather and ventilation

圖4-85 後軸變速箱OMB

法蘭軸（右側）
flange shaft (right-side)

後軸驅動馬達
rear axle electric drive motor

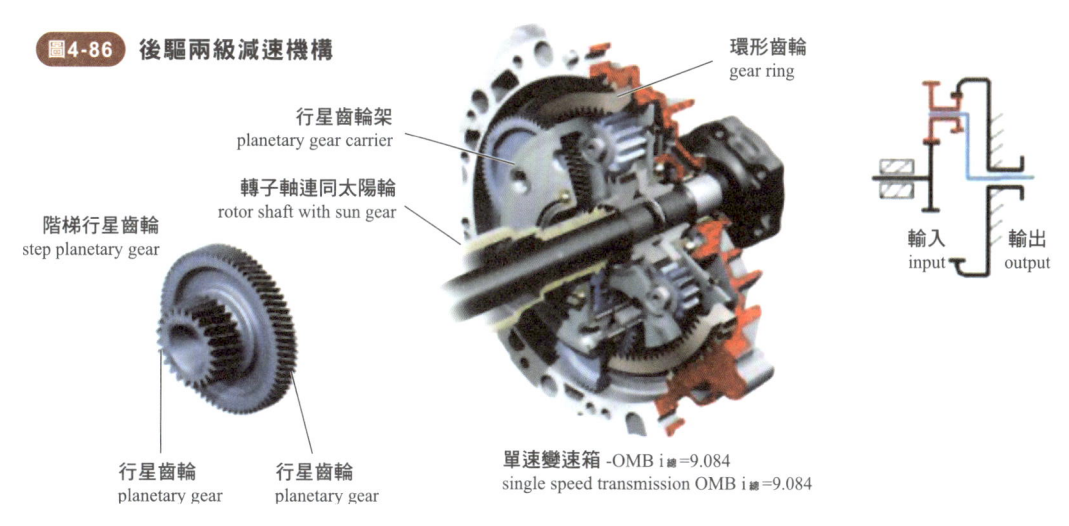

雙級轉矩轉換（減速）是採用階梯式行星齒輪副來實現的。第一個減速級是採用階梯行星齒輪副從太陽輪傳至階梯行星齒輪副的大圓柱齒輪（i=1.917）。第二個減速級是通過階梯行星齒輪的小圓柱齒輪（它支承在固定不動的環形齒輪上並驅動行星齒輪架）來實現的（i=4.217），力矩通過行星齒輪架直接傳至行星齒輪式輕量化差速器。行星齒輪架分為兩個平面：在第一個平面內是與階梯行星齒輪嚙合，在第二個平面內與差速器的行星齒輪（寬和窄）嚙合，並由此構成差速器殼體。OMB變速箱有自己的機油系統，採用浸潤式和飛濺式潤滑，採用同軸式結構，不需要專門的部件（就像OMA變速箱上的機油導板）去分配機油（圖4-86）。

圖4-86 後驅兩級減速機構

環形齒輪
gear ring

行星齒輪架
planetary gear carrier

轉子軸連同太陽輪
rotor shaft with sun gear

階梯行星齒輪
step planetary gear

行星齒輪
planetary gear

行星齒輪
planetary gear

單速變速箱 -OMB i總=9.084
single speed transmission OMB i總=9.084

輸入
input

輸出
output

（3）差速器

　　e-tron前後驅動橋均採用直齒圓柱齒輪輕量化差速器，需要很小的軸向空間，結構寬度非常小，通過使用兩個不同大小的太陽輪來實現。為了能把力矩均等地傳至兩側，齒輪的幾何形狀是這樣設計的：這兩個太陽輪的齒數是相同的，由於小太陽輪的齒根相比較而言要窄，所以就把該齒輪加寬一些，以便能承受負荷。前驅的差速器軸向尺寸僅有83mm，質量不到10kg，很難想象如此緊湊的差速器能承受最大2700Nm的輪端轉矩，這是普通錐齒輪差速器就目前技術水平幾乎達不到的（圖4-87）。

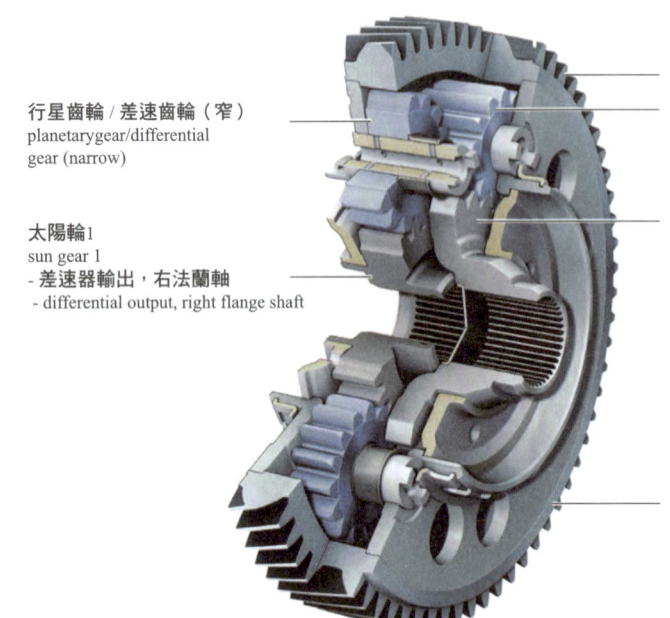

行星齒輪／差速齒輪（窄）
planetarygear/differential gear (narrow)

太陽輪1
sun gear 1
- 差速器輸出，右法蘭軸
- differential output, right flange shaft

圓柱齒輪 spur gear

行星齒輪／差速齒輪（寬）
planetarygear/compensating gear (wide)

太陽輪2
sun gear 2
- 差速器輸出，左法蘭軸
- differential output, left flange shaft

行星齒輪架／差速器殼體
planet carrier/differential case

圖4-87　行星齒輪式輕量化差速器

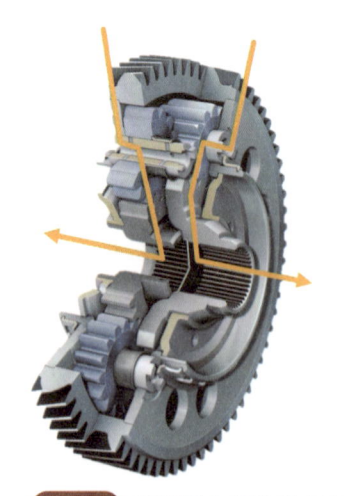

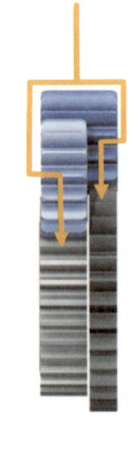

　　圓柱齒輪差速器把輸入力矩均等地分配到兩個輸出端（50∶50）。驅動力矩經圓柱齒輪2被傳至差速器殼體上。差速器殼體被用作行星齒輪架，它又會把力矩等量地傳至行星齒輪。寬行星齒輪和窄行星齒輪彼此嚙合在一起，用作差速器齒輪，會把力矩分配到兩個太陽輪上，並在轉彎時負責所需的車輪轉速補償。窄差速齒輪與太陽輪1嚙合；寬差速齒輪與太陽輪2嚙合（圖4-88）。

圖4-88　差速器內部的動力走向

（4）電動機械式駐車鎖

　　e-tron駐車鎖是電動機械操縱式的。駐車鎖集成在前軸馬達/變速箱內，由電動的駐車鎖執行器V682來操縱。駐車鎖的位置由駐車鎖執行器控制單元根據駐車鎖感知器來監控（圖4-89）。

V682 駐車鎖執行器
park lock actuatorV682

駐車鎖感知器
park lock sensor

單速變速箱 OMA
single speed transmission OMA

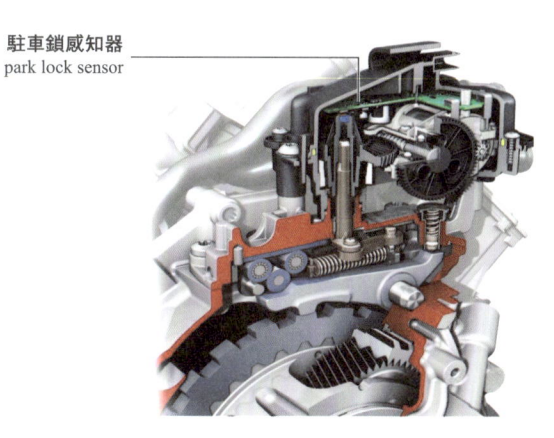

圖4-89　駐車鎖位置

　　駐車鎖執行器操縱一個傳統的駐車鎖機構，使用馬達以電動機械方式來讓止動爪接合。用於操縱止動爪的機構可以自鎖，保證駐車鎖靠自己就能可靠地保留在解鎖位置（P-OFF）和上鎖位置（P-ON）。駐車鎖可細分為三個模組：駐車鎖執行器、駐車鎖的機械操縱機構、駐車鎖鎖體（止動爪和駐車鎖齒輪）（圖4-90）。

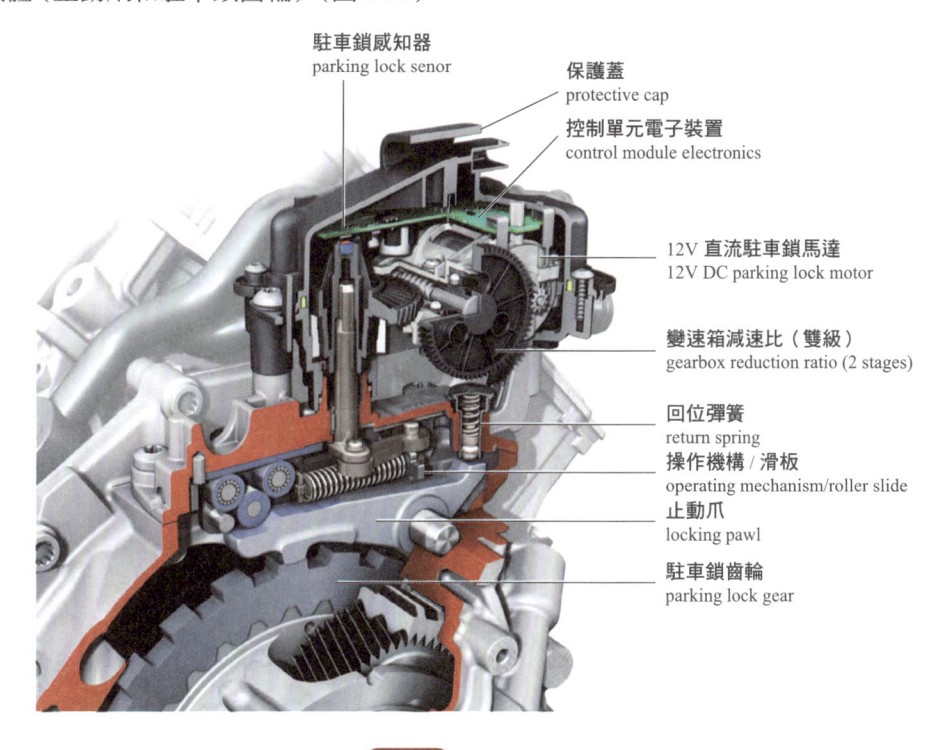

駐車鎖感知器
parking lock senor

保護蓋
protective cap

控制單元電子裝置
control module electronics

12V 直流駐車鎖馬達
12V DC parking lock motor

變速箱減速比（雙級）
gearbox reduction ratio (2 stages)

回位彈簧
return spring

操作機構 / 滑板
operating mechanism/roller slide

止動爪
locking pawl

駐車鎖齒輪
parking lock gear

圖4-90　駐車鎖結構

❶ **上鎖位置**（P-ON）
　a. 駐車鎖馬達把換擋軸轉至位置P-ON。如果駐車鎖齒輪是「齒對齒」，那麼滑板因部件原因不會被一同拉動。滑板在執行彈簧的作用下處於強受力狀態，止動爪也就相應地被用力壓靠在駐車鎖齒輪的齒上了。
　b. 一旦車輛輕微移動，那麼駐車鎖齒輪就會轉動。在遇到下一個齒槽時，由於滑板處於預受力狀態，因此止動爪會迅速卡入齒槽，於是駐車鎖就接合（就是處於阻止車輛移動的工作狀態）。由於駐車鎖機械機構有自鎖的幾何形狀，因此止動爪就長久地卡在滑板的這個位置上並被鎖住（機械式自鎖）。

❷ **解鎖位置**（P-OFF）　駐車鎖馬達把換擋軸轉至位置P-OFF。這時滑板完全靠左，回位彈簧元件會把止動爪壓靠到位置P-OFF並保持在該位置上（圖4-91）。

(a)位置P-ON（上鎖）

圖4-91　駐車鎖工作狀態

(b)位置 P-OFF（解鎖）

4.4.4　e-tron馬達冷卻系統

前軸和後軸的驅動馬達是通過低溫循環管路液體冷卻的，定子和轉子上都有冷卻液流過。

（1）前軸驅動馬達冷卻

前軸驅動馬達由冷卻液接口、帶有油封件的交流電接口、定子冷卻套、帶有兩個極對的定子、前軸驅動馬達溫度感知器、轉子、搭鐵環的銀套、轉子位置感知器和前軸驅動馬達冷卻液溫度感知器等組成。前軸功率電子裝置和驅動馬達彼此串聯在冷卻環路中，冷卻液首先流

經功率電子裝置，然後對轉子內部進行冷卻。最後冷卻液流經定子冷卻套並返回到循環管路中（圖4-92）。

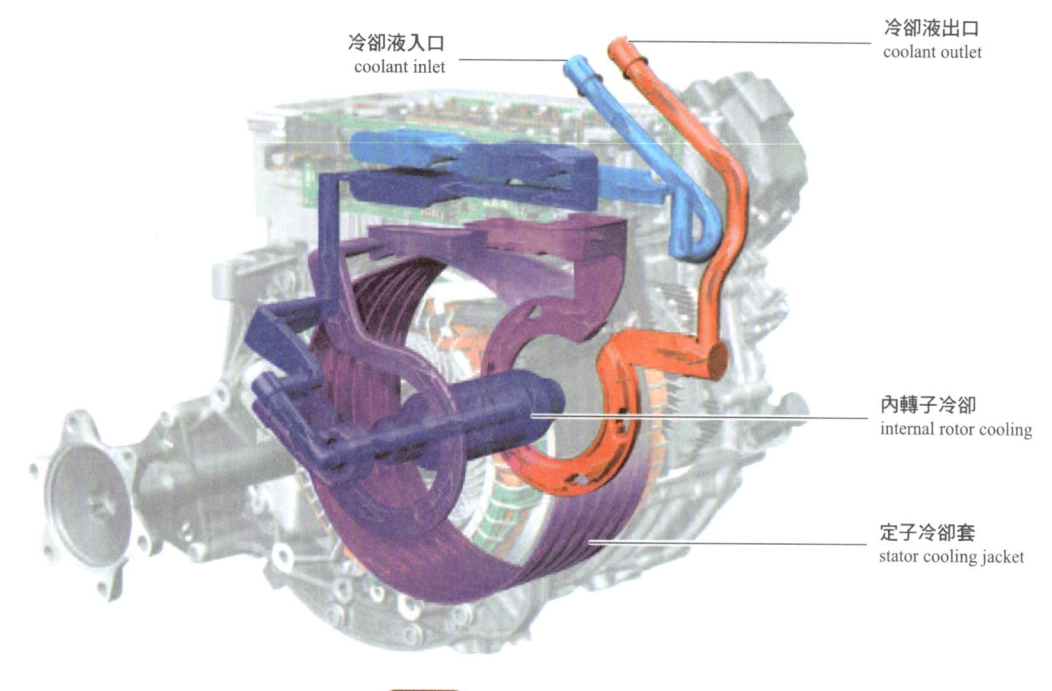

圖4-92 前軸馬達冷卻系統

（2）後軸驅動馬達冷卻

在後軸驅動馬達中，冷卻液先流經功率電子裝置，然後流經定子冷卻套、轉子內水槽，最後再返回冷卻液循環管路（圖4-93）。

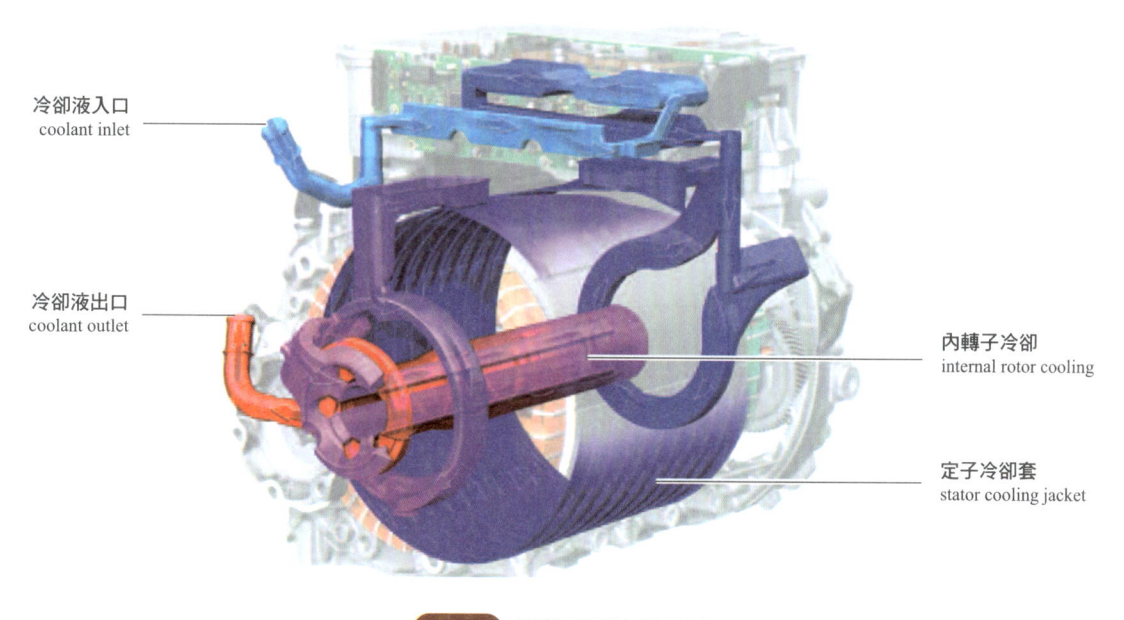

圖4-93 後軸馬達冷卻系統

4.4.5　e-tron功率電子裝置

功率電子裝置（即馬達控制器）的作用是為驅動馬達提供所需的交流電（DC/AC），以及在進行煞車能量回收時將交流電轉換為直流電進行存儲（AC/DC）。功率電子裝置由上蓋、控制電子裝置、12V接口、高壓電池直流電接口、通向定子繞組的三相交流電接口、殼體和油封件組成（圖4-94）。功率電子裝置通過油封件和交流接口與驅動馬達連接。

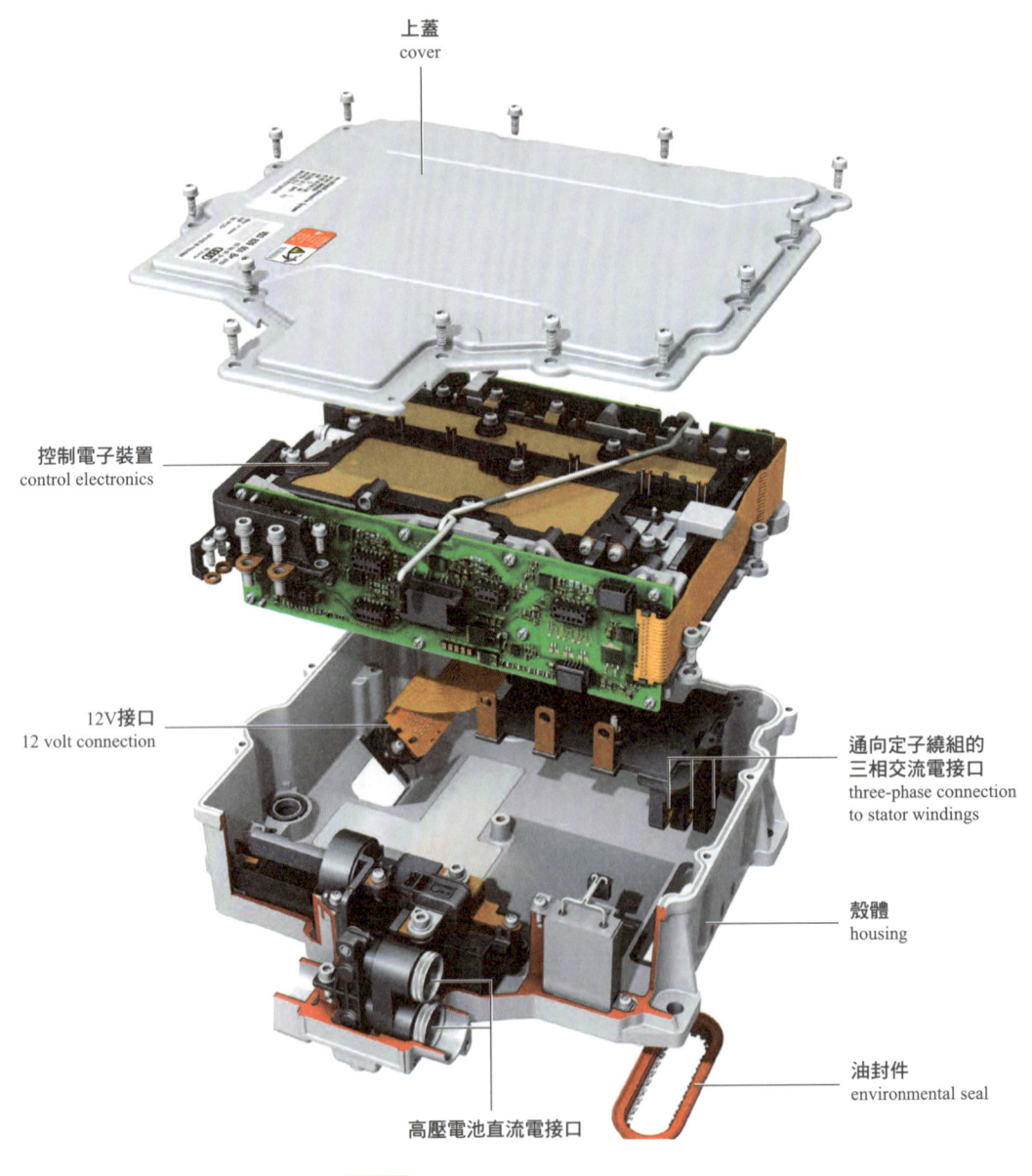

上蓋 cover
控制電子裝置 control electronics
12V接口 12 volt connection
通向定子繞組的三相交流電接口 three-phase connection to stator windings
殼體 housing
油封件 environmental seal
高壓電池直流電接口

圖4-94 e-tron功率電子裝置分解圖

功率電子裝置功率部件包括柵極驅動板、功率模組、模組支架、直流電容、控制板、相電流感知器和相電接口等組成（圖4-95）。

第4章　純電動汽車

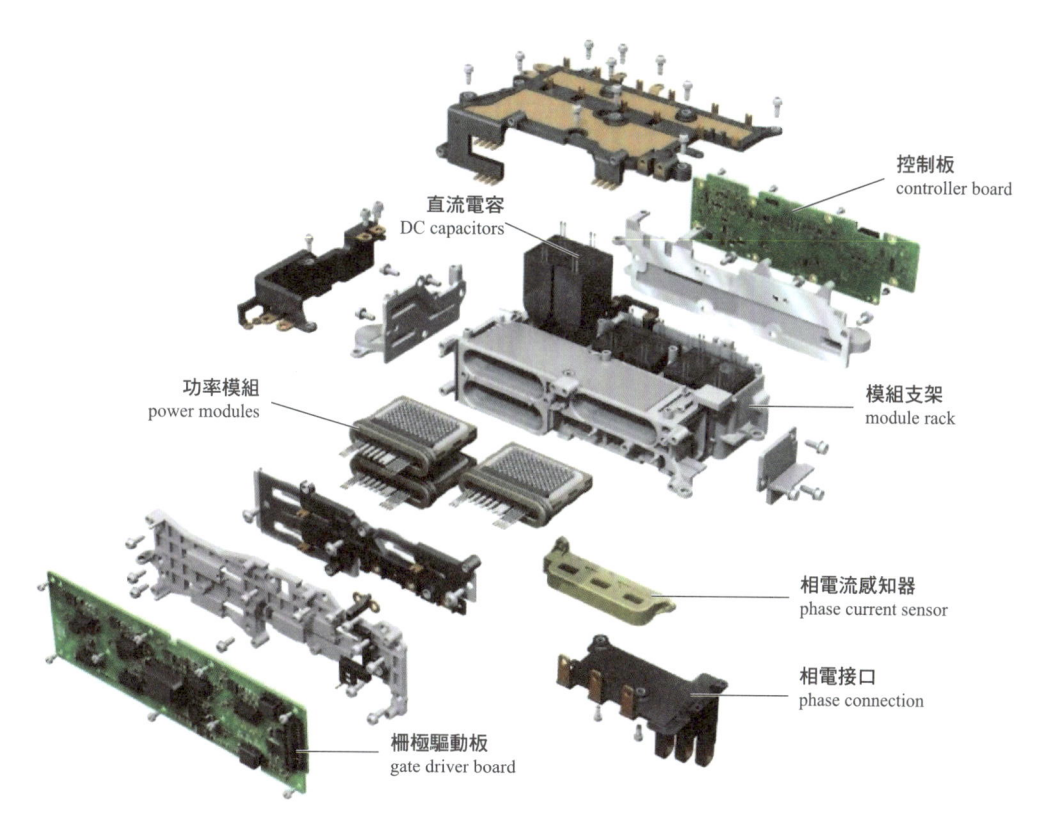

圖4-95 功率電子裝置功率部件分解圖

（圖中標注：控制板 controller board、直流電容 DC capacitors、功率模組 power modules、模組支架 module rack、相電流感知器 phase current sensor、相電接口 phase connection、柵極驅動板 gate driver board）

功率電子裝置的主要作用是為驅動馬達提供所需的交流電，前後軸各有一個功率電子裝置。在功率電子裝置內部由6個IGBT半導體開關模組組成的三相開關電路將來自高壓電池的直流電轉化為交流電（圖4-96）。

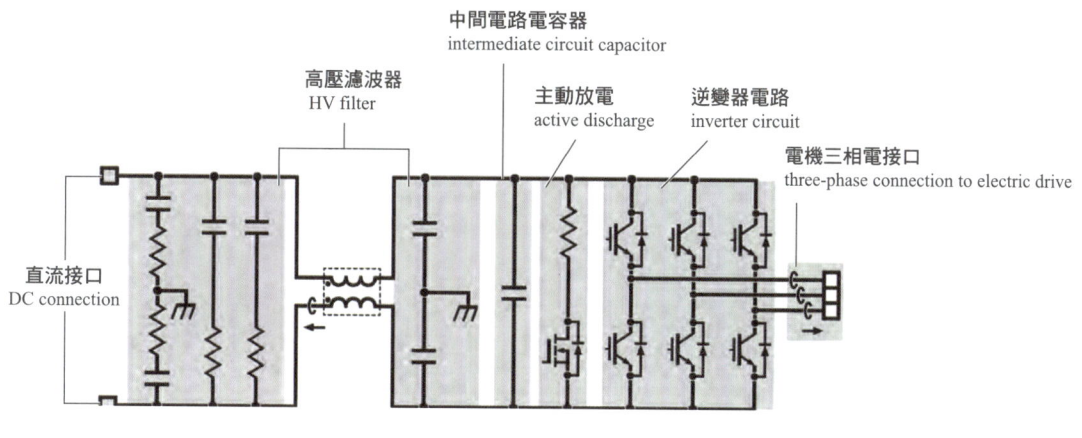

圖4-96 功率電子裝置的DC/AC轉換

（圖中標注：高壓濾波器 HV filter、中間電路電容器 intermediate circuit capacitor、主動放電 active discharge、逆變器電路 inverter circuit、電機三相電接口 three-phase connection to electric drive、直流接口 DC connection）

這個轉換是通過脈衝寬度調制來進行的。驅動馬達的轉矩和轉速分別通過改變脈衝寬度和頻率來進行調節。PWM信號的脈衝寬度導通時間越長則轉矩越大，頻率越高則轉速越高（圖4-97）。

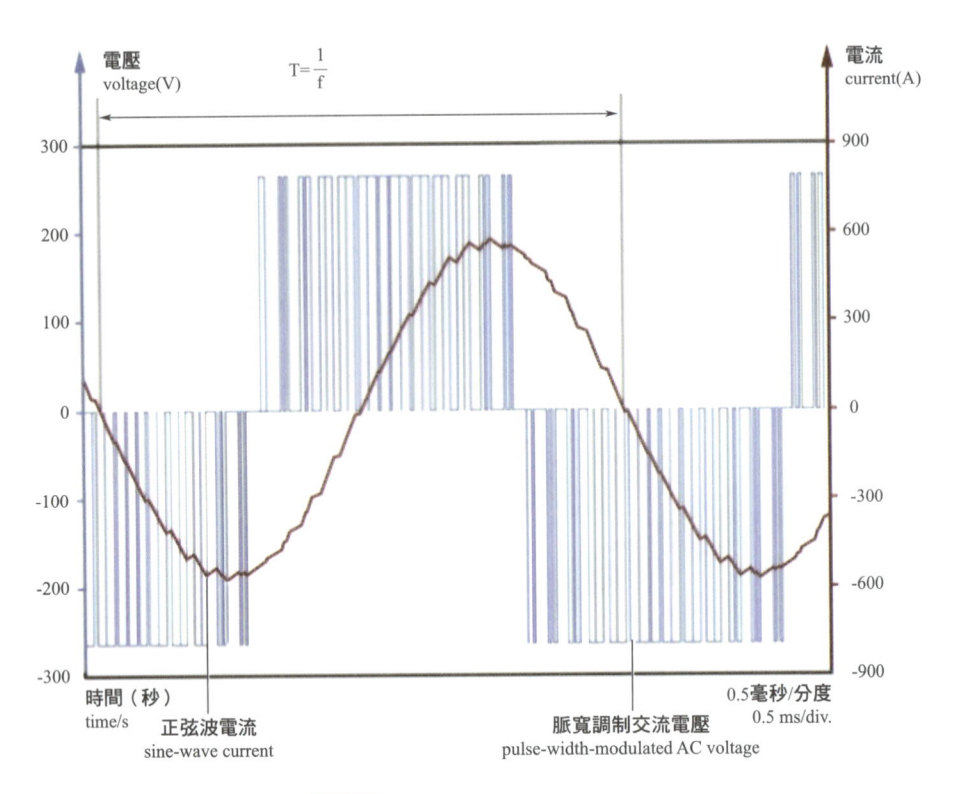

图4-97 动力马达逆变器工作原理

4.4.6 e-tron高压电池

高压电池1 AX2的结构如图4-98所示，高压电池用螺栓撑在车辆中间，用于支承车身。电池开关盒SX6安装在高压电池上。电池模组控制单元J1208安装在高压电池内。电池调节控制单元J840在右侧A柱上。

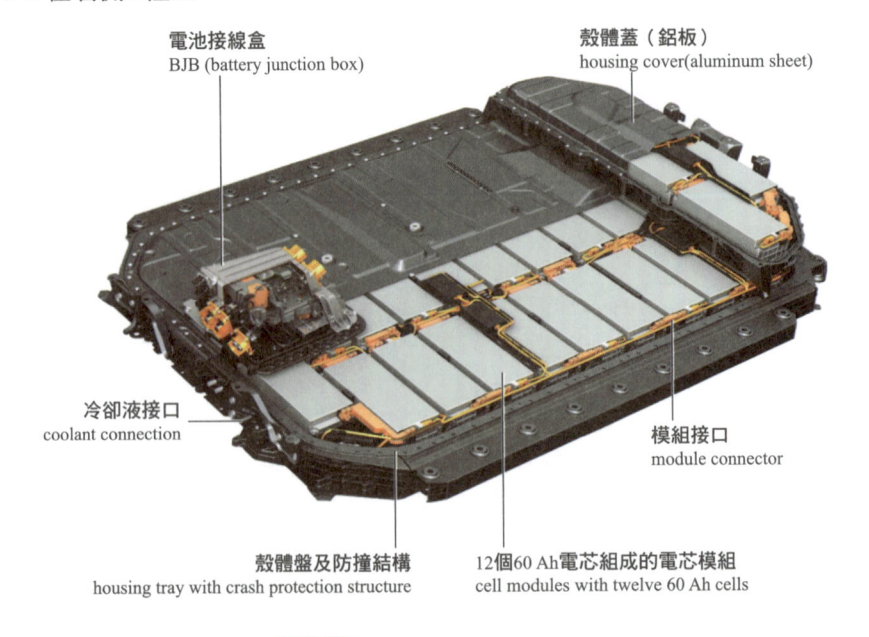

图4-98 高压电池1 AX2结构

第 4 章　純電動汽車

　　e-tron電池系統的分解如圖4-99所示，其由鋁合金防撞結構、網格結構電池殼體、下體護板組成。液冷系統一共有40m長的液冷管路，注入22L冷卻液。最下方的下體護板用於阻隔碎石和尖銳物體對電池組的衝擊。

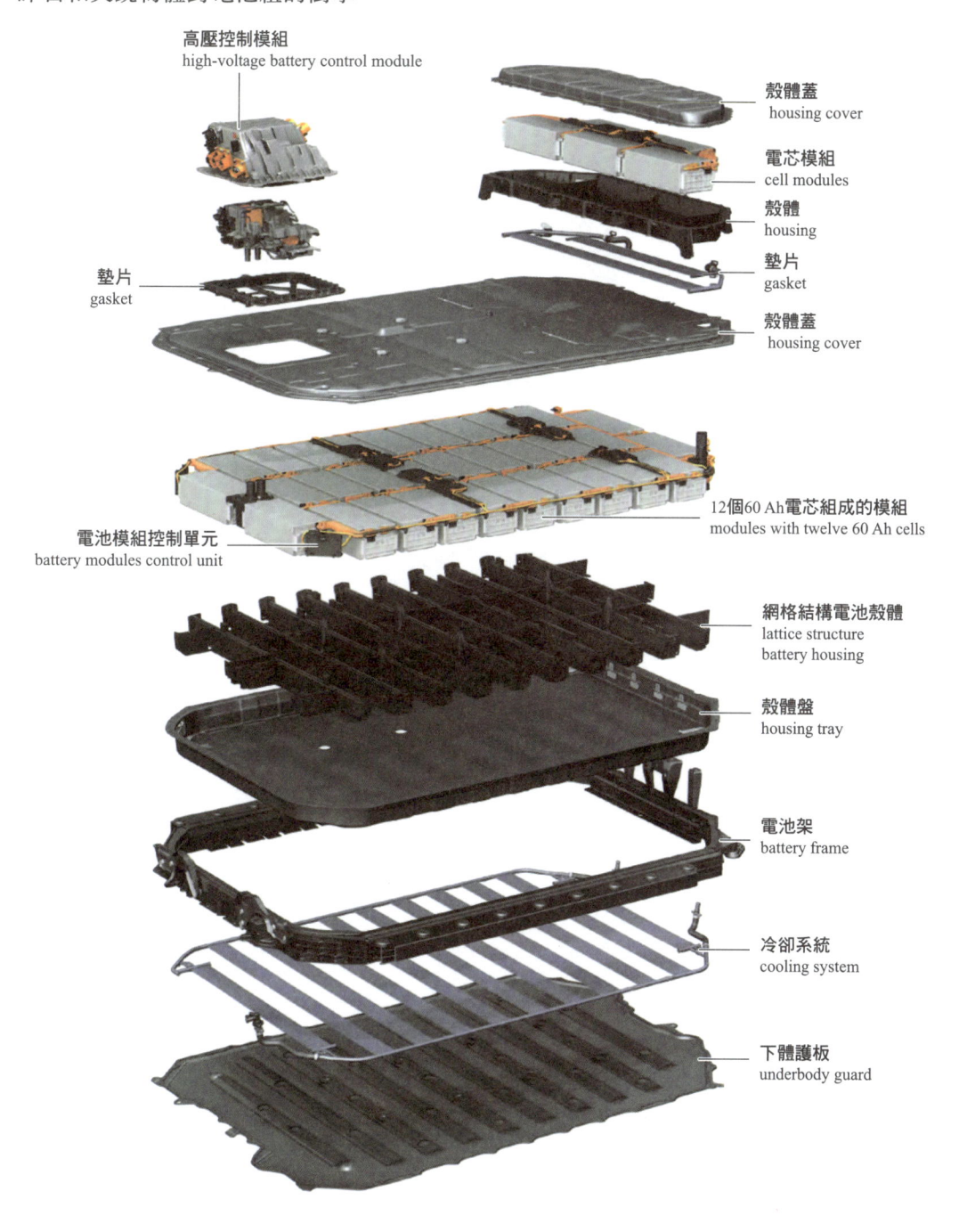

高壓控制模組
high-voltage battery control module

殼體蓋
housing cover

電芯模組
cell modules

殼體
housing

墊片
gasket

墊片
gasket

殼體蓋
housing cover

電池模組控制單元
battery modules control unit

12個60 Ah電芯組成的模組
modules with twelve 60 Ah cells

網格結構電池殼體
lattice structure battery housing

殼體盤
housing tray

電池架
battery frame

冷卻系統
cooling system

下體護板
underbody guard

圖4-99　高壓電池分解圖

　　e-tron電池包的電芯由韓國LG化學提供，為3.5V三元極材料的軟包電芯。在結構上採用鋁塑膜包裝，當電池發生安全問題時，軟包電池一般會鼓氣裂開，內部的液體洩漏，不會出現

氣體排放不出去從而導致爆炸起火的情況（圖4-100）。

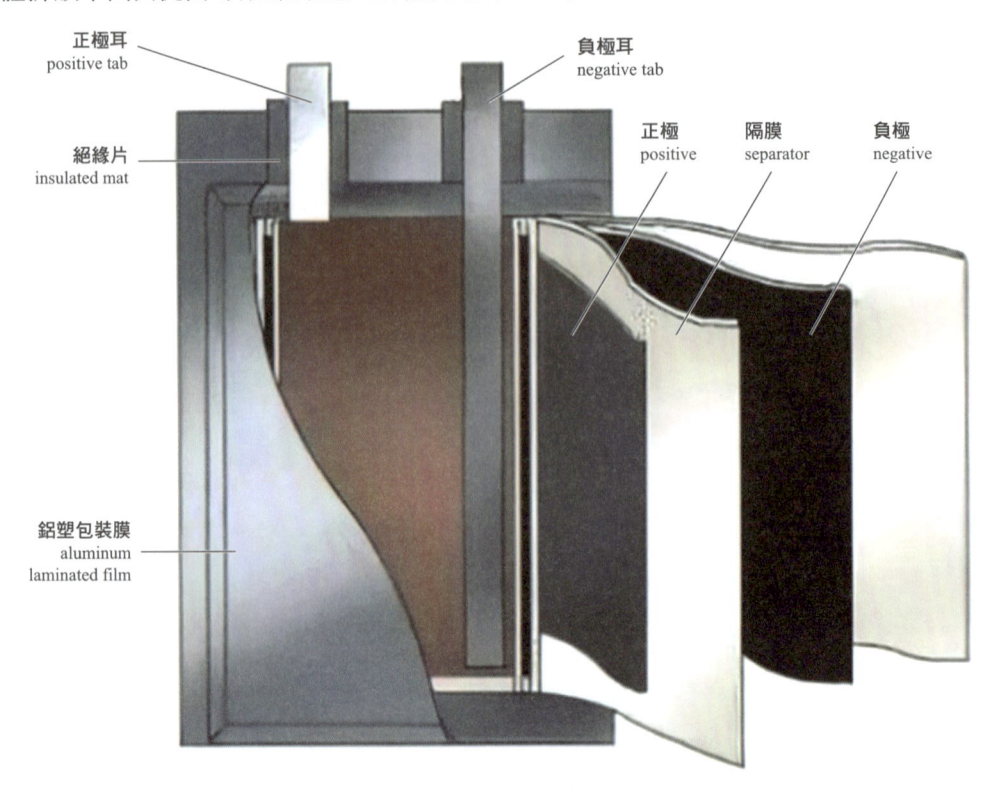

正極耳 positive tab
負極耳 negative tab
絕緣片 insulated mat
正極 positive
隔膜 separator
負極 negative
鋁塑包裝膜 aluminum laminated film

圖4-100 軟包鋰電池

　　整體電池系統的防護做得非常好，鋁合金防撞結構既能將幾十個電池模組有效分開，又能提供足夠的物理防護。冷卻系統的管道放在電池模組的下方，類似於三明治的結構，可以讓電池模組排列更加緊湊（圖4-101）。

擠壓型材結構的載荷路徑分布
load path distribution in the structure of extruded profiles

縱向和橫向防撞結構
longitudinal and transverse crash structure

圖4-101 鋁合金防撞結構

(1) 電池冷卻系統

e-tron的電池液冷系統針對不同的工況可在多個不同的冷卻環路間切換。其支持直流快充系統，直流充電時外部電源直接與電池相連，需要更大的冷卻能力幫助直流快充狀態下的電池組進行良好的散熱。e-tron採用水冷系統為電池底部的鋁合金微管散熱（圖4-102）。

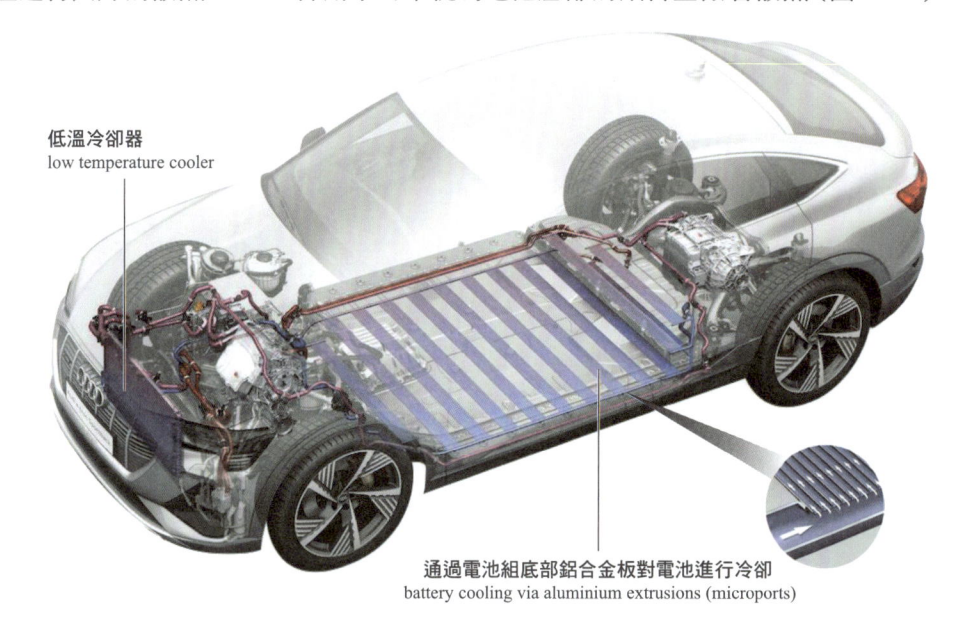

低溫冷卻器
low temperature cooler

通過電池組底部鋁合金板對電池進行冷卻
battery cooling via aluminium extrusions (microports)

圖4-102 直流充電冷卻管路

交流充電時，外部電源通過高壓充電器與電池相連，在這裡高壓充電器是主要熱量來源，通過水冷系統為充電器散熱。e-tron同時支持由兩個水冷高壓充電器組成的22kW車載充電系統，並支持車身左右分別配置充電口方便靈活使用（圖4-103）。

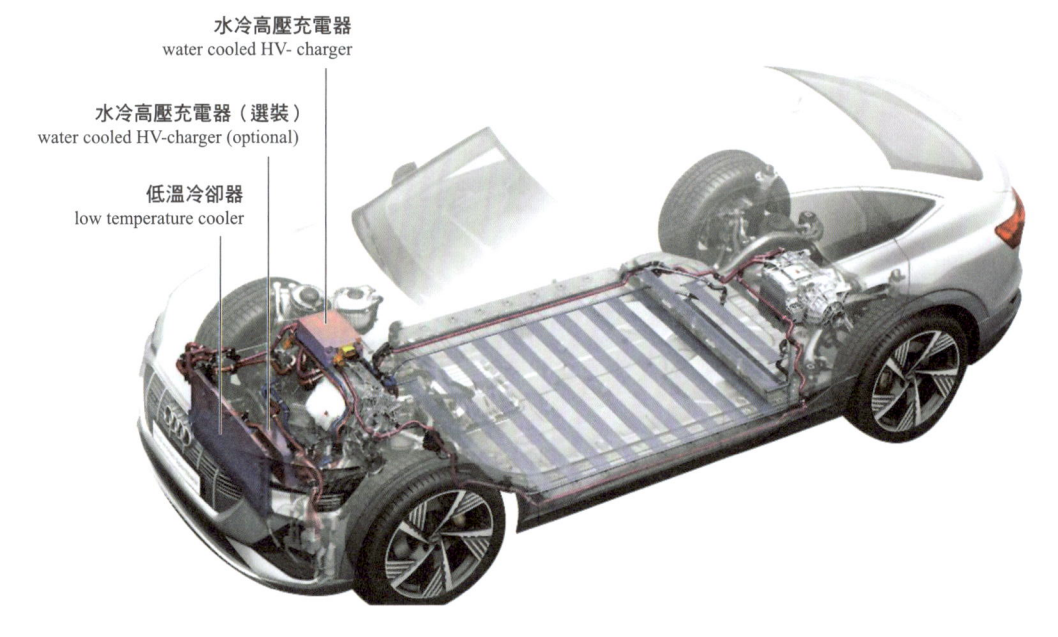

水冷高壓充電器
water cooled HV-charger

水冷高壓充電器（選裝）
water cooled HV-charger (optional)

低溫冷卻器
low temperature cooler

圖4-103 交流充電冷卻管路

電池工作溫度高於35℃時，空調系統的制冷劑通過熱交換器對車載充電器和電池進行散熱（圖4-104）。冬天時熱泵熱管理系統將電驅動系統冷卻循環管路中的餘熱通過熱交換器傳至空調循環管路中的制冷劑。制冷劑在空調壓縮機中被壓縮，從而把先前已吸收的餘熱升到一個更高的溫度。熱的制冷劑將熱泵工作模式的熱交換器中的熱能傳至車內加熱循環管路。

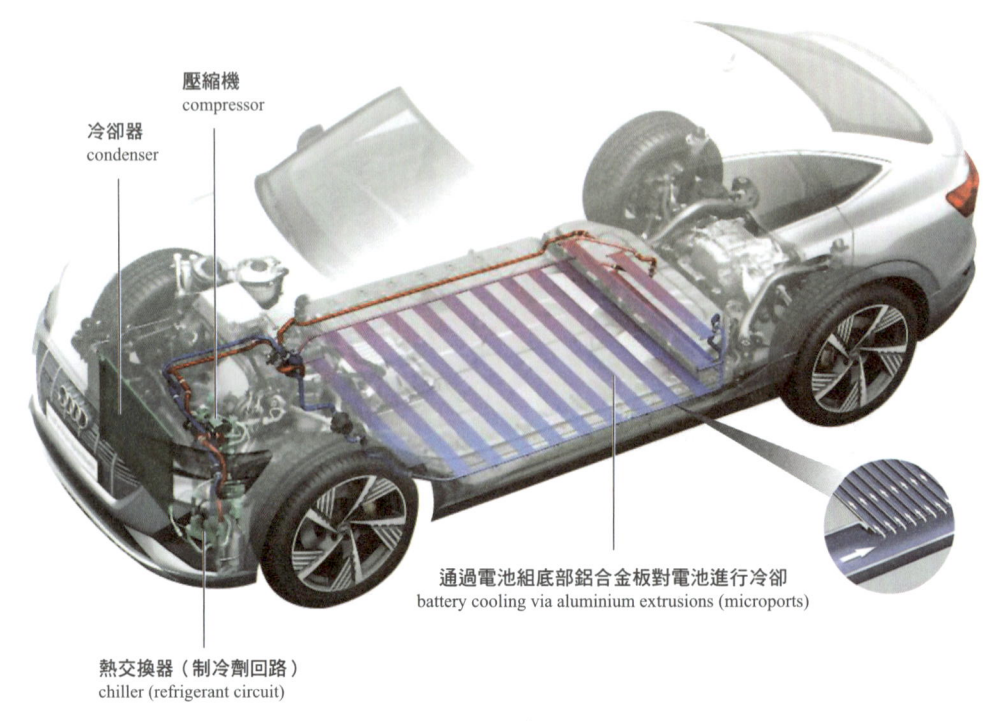

圖4-104 熱交換器

（2）電池模組

電池包由36個鋁殼模組組成，每個模組內有12個軟包電芯，共計432個電芯；36個模組上下兩層，下層31個，上層5個模組位於後排座椅下方；每個模組電芯4並聯3串聯，電壓約397V；滿SOC的情況下，電壓最高可達到450V。功率為95kW，滿足400km續航里程（圖4-105）。

圖4-105 電池模組

（3）電池模組控制單元

電池模組控制單元J1208管理電池模組，通過子CAN總線與電池調節控制單元J840和電池開關盒SX6進行通信。電池模組控制單元主要功能有監控電芯的電壓、電流和溫度等（圖4-106）。

圖4-106　電池模組控制單元

（4）電池調節控制單元

電池調節控制單元（電池管理系統）J840安裝在車內的右側A柱上，其主要功能有：監控電池的充電狀態、確定並監控允許的充電電流和放電電流、估算高壓開關盒SX6測得的絕緣電阻、監控安全線等。把要求電池加熱的指令發給溫度管理控制單元J1024，按溫度管理控制單元J1024提供的參數來啟動高壓電池冷卻液泵浦V590，在發生碰撞時促使電壓接觸器脫開。電池調節控制單元J840通過子CAN總線來與高壓電池開關盒SX6和電池模組J1208進行通信，是連在混合CAN總線上的（圖4-107）。

圖4-107　電池調節控制單元

(5) 高壓電池開關盒

高壓電池開關盒SX6通過螺栓連接到高壓電池上，主要的作用是管理高壓接觸器，並且每隔30s進行一次絕緣檢查（圖4-108）。

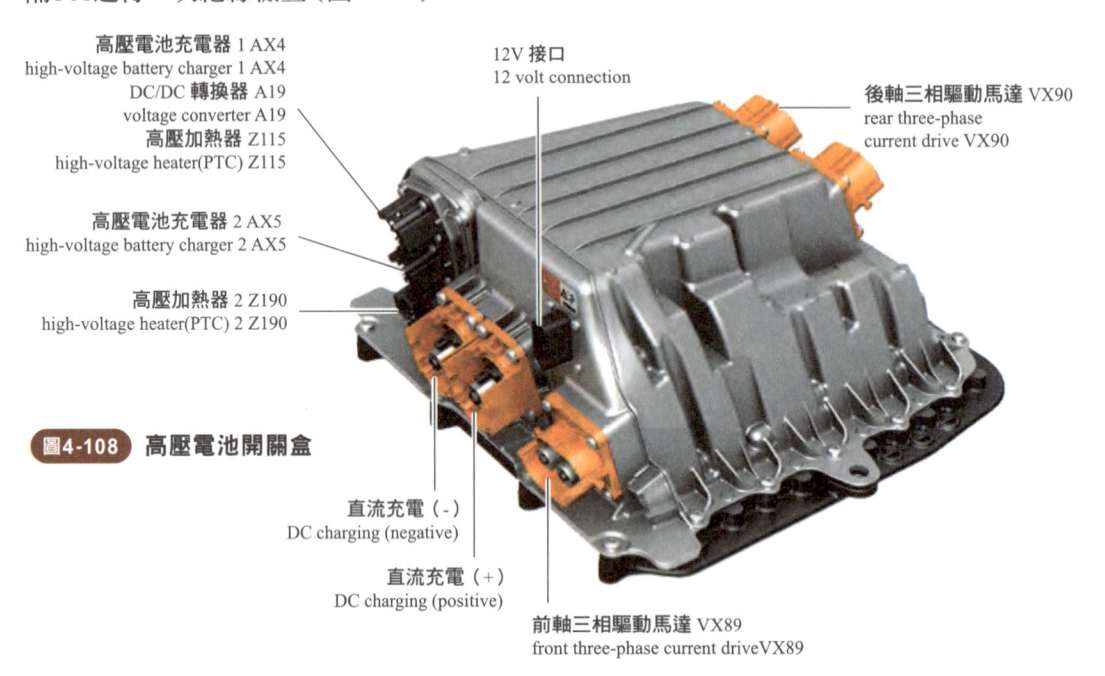

高壓電池充電器 1 AX4
high-voltage battery charger 1 AX4
DC/DC 轉換器 A19
voltage converter A19
高壓加熱器 Z115
high-voltage heater(PTC) Z115
高壓電池充電器 2 AX5
high-voltage battery charger 2 AX5
高壓加熱器 2 Z190
high-voltage heater(PTC) 2 Z190
12V 接口
12 volt connection
後軸三相驅動馬達 VX90
rear three-phase current drive VX90
直流充電 (-)
DC charging (negative)
直流充電 (+)
DC charging (positive)
前軸三相驅動馬達 VX89
front three-phase current drive VX89

圖4-108　高壓電池開關盒

(6) DC/DC轉換器

DC/DC轉換器A19設計為獨立部件，其作用是將397V高壓轉換成12V車載電壓，轉換器的功率高達3kW。DC/DC轉換器A19通過開關盒SX6內的一個熔絲連接在高壓電池上。如果車輛長期停放不用且高壓電池電量足夠，會給12V電池充電。DC/DC轉換器A19安裝在車輛的右前部，採用冷卻液循環冷卻（圖4-109）。

SX6 接口
connection for SX6
12V 接口
12 volt connection

圖4-109　DC/DC轉換器

4.4.7 e-tron充電系統

e-tron充電系統主要有充電器、充電插座等，如圖4-110所示。

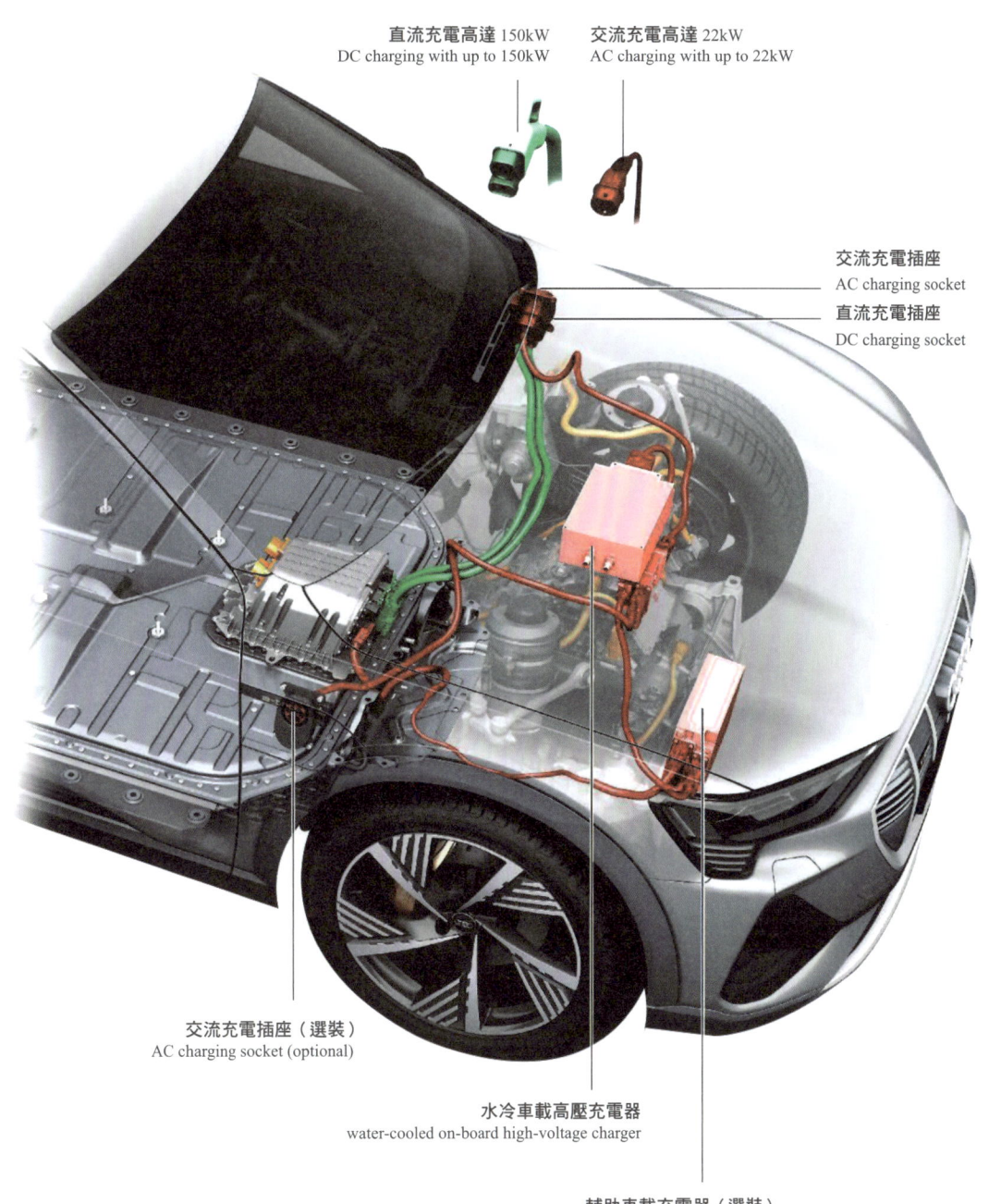

直流充電高達 150kW
DC charging with up to 150kW

交流充電高達 22kW
AC charging with up to 22kW

交流充電插座
AC charging socket

直流充電插座
DC charging socket

交流充電插座（選裝）
AC charging socket (optional)

水冷車載高壓充電器
water-cooled on-board high-voltage charger

輔助車載充電器（選裝）
second on-board charger (optional)

圖4-110 充電部件位置

（1）充電插座及護蓋

如圖4-111所示，可用交流（AC）或者直流（DC）電來給高壓電池充電。充電插座上的直流接口（DC）連接在開關盒上，直流電就直接輸入到高壓電池內。充電插座上的交流接口（AC）連接在高壓電池充電器上。在充電器內，交流電轉換為直流電，並通過開關盒輸入到高壓電池內。

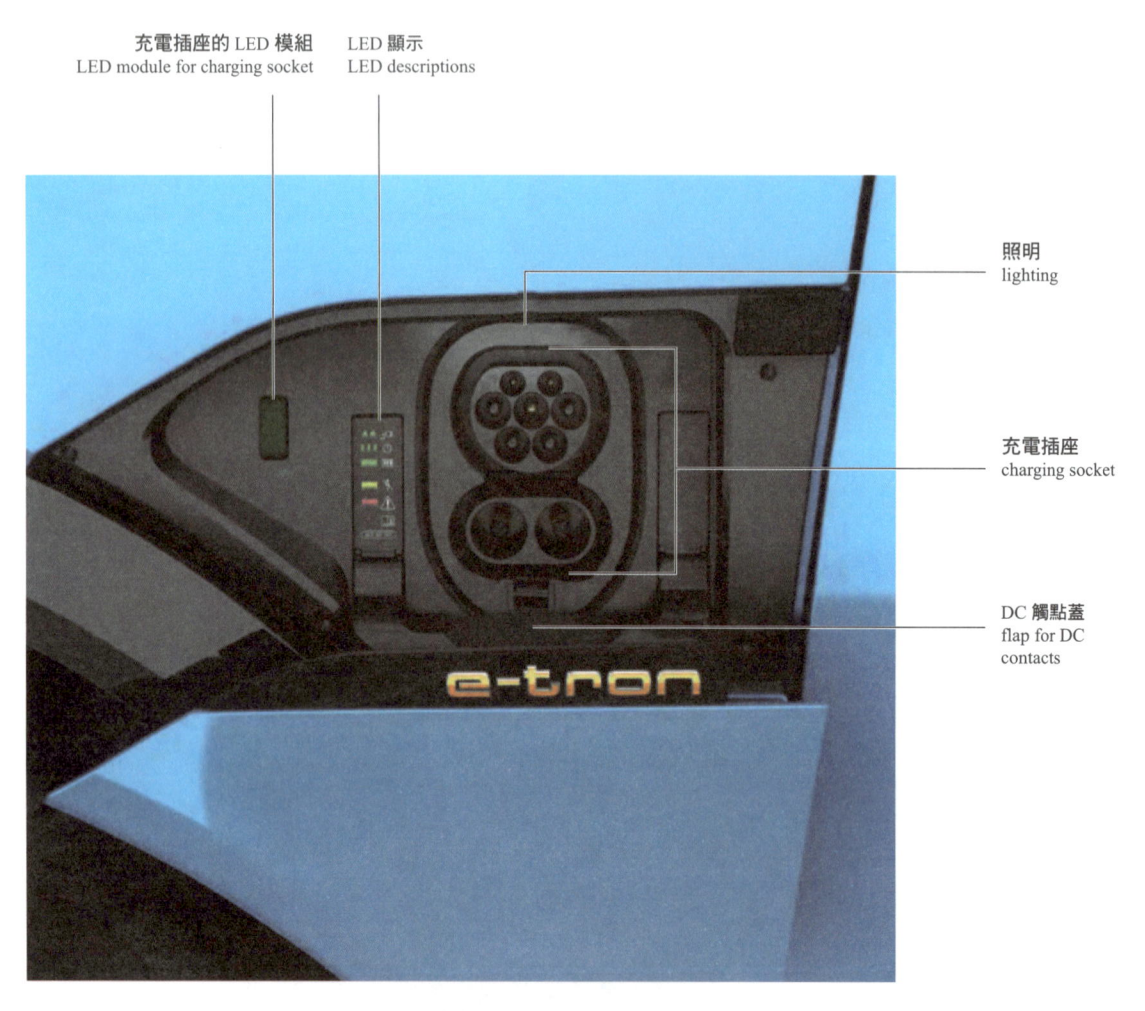

充電插座的LED模組
LED module for charging socket

LED顯示
LED descriptions

照明
lighting

充電插座
charging socket

DC觸點蓋
flap for DC contacts

圖4-111　充電插座及相關部件

DC充電插座1　UX4如圖4-112所示，DC充電插座1UX4用直流給高壓電池充電。充電樁和高壓電池充電器1 AX4之間的通信通過通信觸點來進行。

AC充電插座2　UX5用AC來給高壓電池充電。充電樁和高壓電池充電器1 AX4之間的通信通過觸點CP和PE來進行（圖4-113）。

第4章　純電動汽車

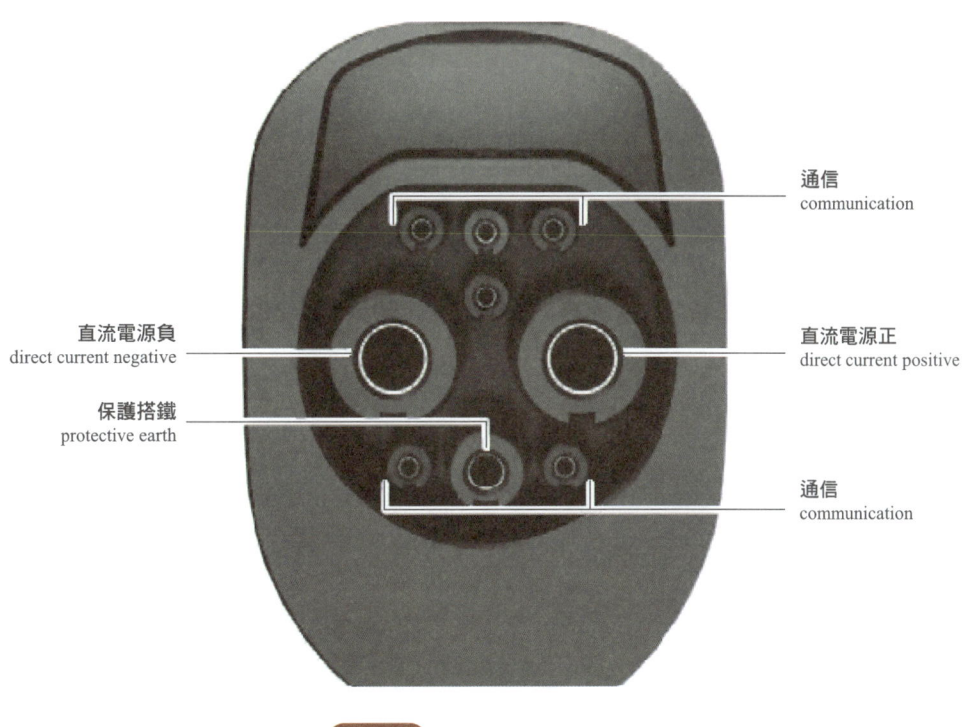

圖4-112　DC充電插座1 UX4

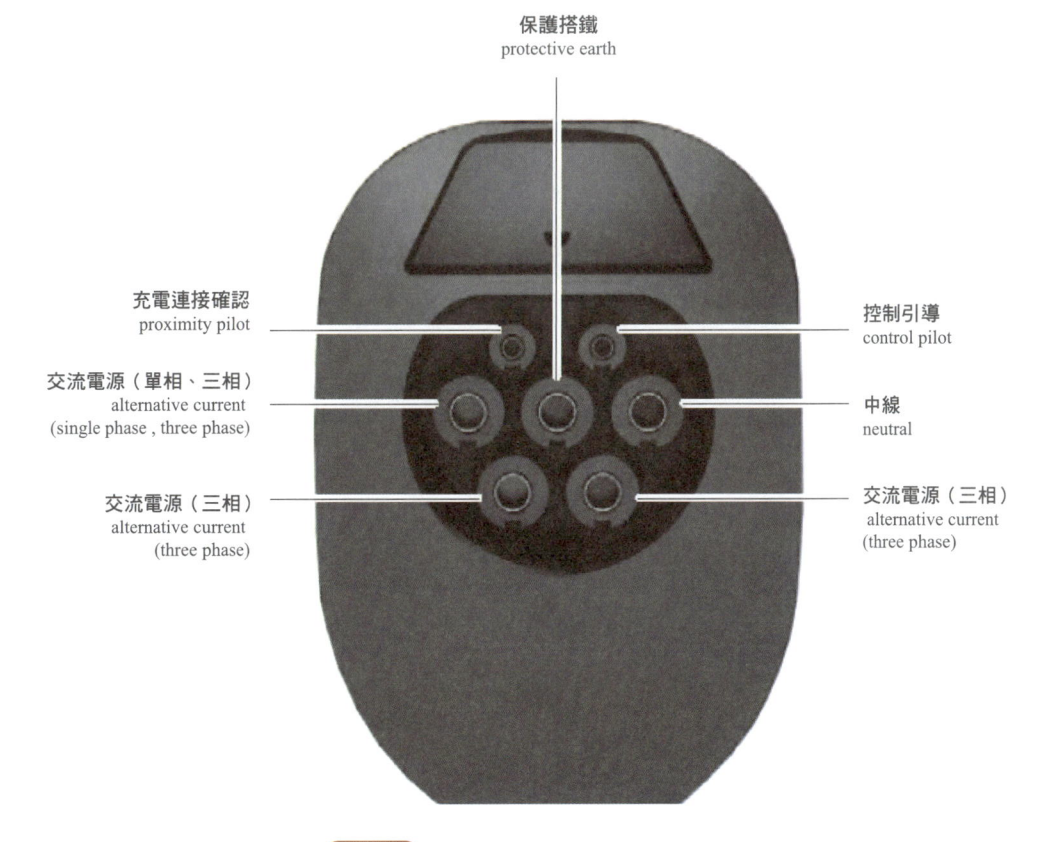

- 通信 communication
- 直流電源負 direct current negative
- 直流電源正 direct current positive
- 保護搭鐵 protective earth
- 通信 communication

圖4-113　AC充電系統充電插座2 UX5

- 保護搭鐵 protective earth
- 充電連接確認 proximity pilot
- 控制引導 control pilot
- 交流電源（單相、三相）alternative current (single phase , three phase)
- 中線 neutral
- 交流電源（三相）alternative current (three phase)
- 交流電源（三相）alternative current (three phase)

· 103 ·

高壓電池充電線路如圖4-114所示。

交流充電電纜
charging cable for alternating current (AC)

高壓電池充電器 1 AX4
high-voltage battery charger 1AX4

高壓電池 1 AX2
high-voltage battery 1 AX2

高壓電池充電插座 1 UX4
high-voltage battery charging socket 1 UX4

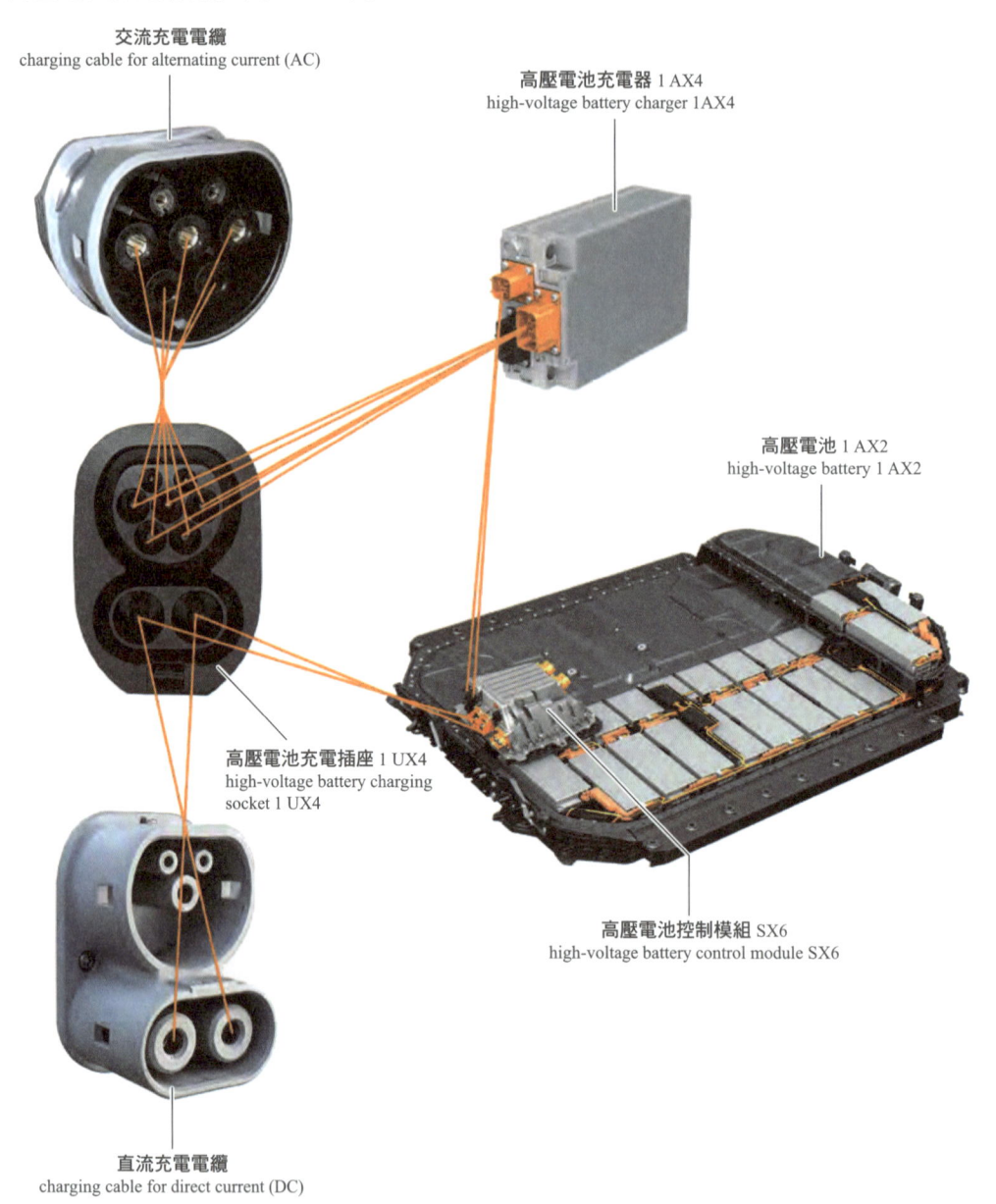

高壓電池控制模組 SX6
high-voltage battery control module SX6

直流充電電纜
charging cable for direct current (DC)

圖4-114　高壓電池充電示意圖

（2）高壓電池充電器

高壓電池充電器1 AX4安裝在車輛前部，充電器將交流電（AC）轉換成直流電（DC），以給高壓電池充電。內部集成有充電器控制單元J1050，連接在混合CAN總線上，在充電過程中與充電樁通信。充電器控制單元J1050負責充電管理，存儲「充電和駐車空調時間設置」。充電功率最大可達11kW。可實現1～3相交流充電，內部有3個整流器，每個整流器的最大工作能力為16A。充電器控制單元J1050控制插頭/充電蓋鎖止功能。充電器控制單元J1050監控插座溫度。在直流充電時，充電器控制單元J1050負責通信，這時整流器不工作（圖4-115）。

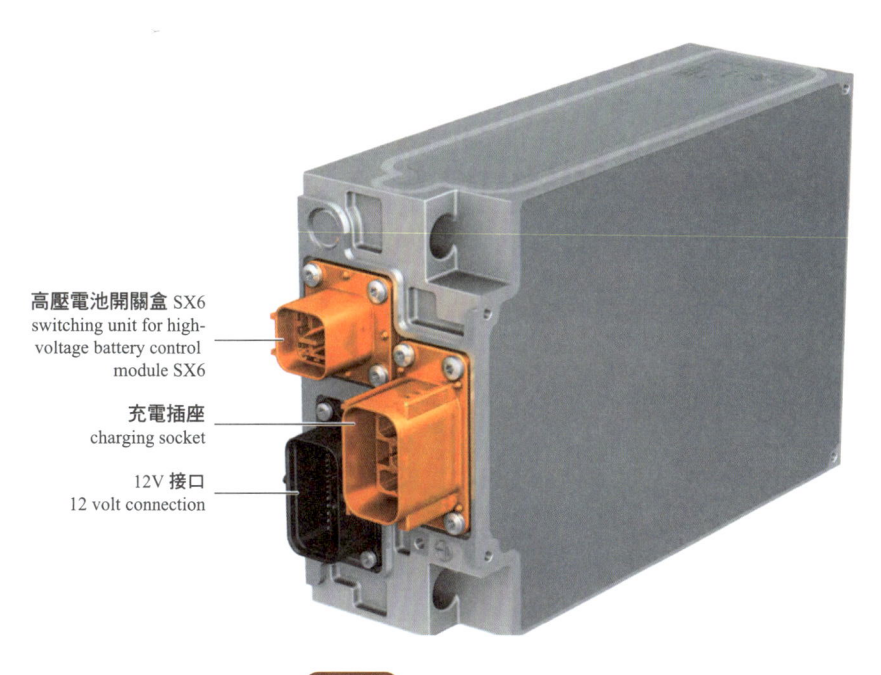

圖4-115 高壓電池充電器

(3) 中間電路電容器

在高壓部件上，高壓正極和高壓負極之間裝有中間電路電容器，用作蓄能器和電壓穩定器。電容器上還並聯有一個電阻，該電阻在點火開關關閉時會讓電容器被動放電；在點火開關關閉時，某些高壓部件上的電容器由一個開關和電阻進行主動放電。有中間電路電容器的部件有：前軸三相驅動馬達VX89、後軸三相驅動馬達VX90、DC/DC轉換器A19，高壓電池充電器、電動空調壓縮機V470（圖4-116）。

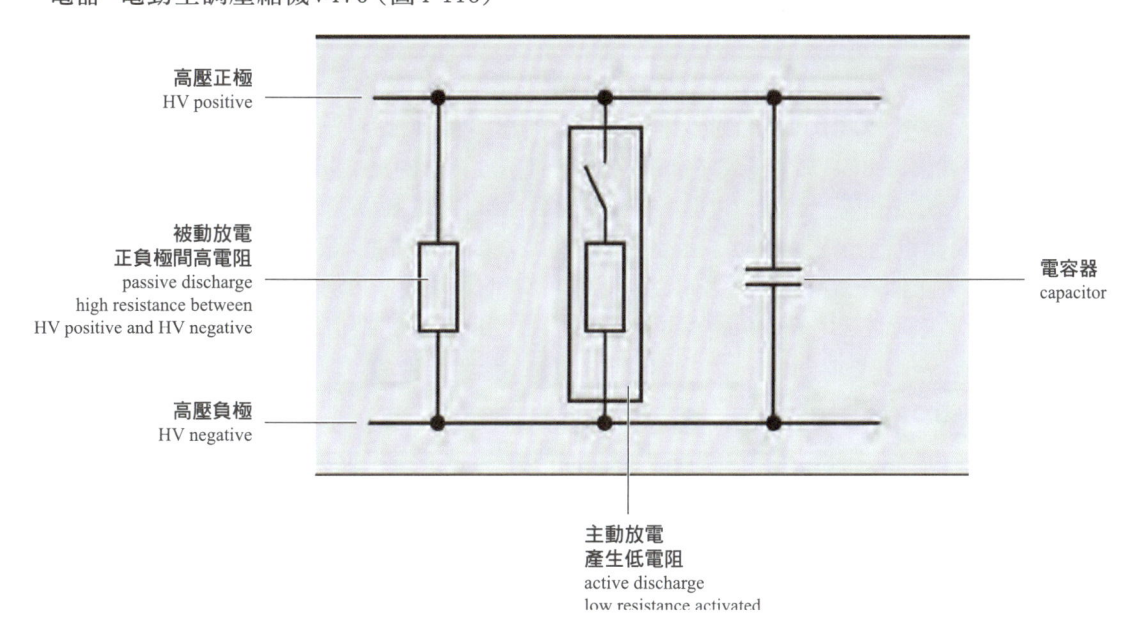

圖4-116 中間電路電容器

(4) 高壓加熱器

高壓加熱器Z115和高壓加熱器2 Z190結構相同，安裝在車輛前部，通過高壓電池開關盒SX6內的一個熔絲來供應高壓電，如圖4-117所示。高壓加熱器用於對車內空間的空氣進行加熱、對高壓電池的冷卻循環管路加熱以及實現駐車加熱功能。高壓加熱器Z115集成有控制單元J848，高壓加熱器2 Z190集成有控制單元J1238。控制單元J848和J1238通過LIN總線連接溫度管理控制單元J1024。

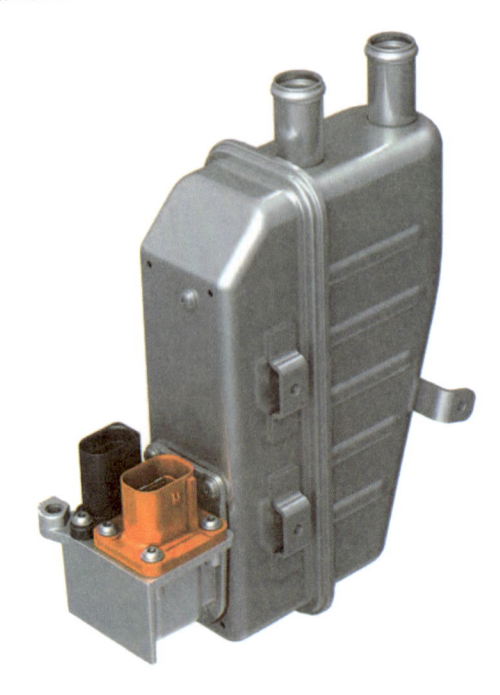

圖4-117 高壓加熱器

(5) 安全線

如圖4-118所示，安全線分為4條：安全線1穿過電池調節控制單元J840、電動空調壓縮機V470、高壓加熱器2 Z190、高壓加熱器Z115、維修塞TW和高壓電池開關盒SX6。安全線2在DC/DC轉換器A19內。安全線3在高壓電池充電器1 AX4內。安全線4在高壓電池充電器2 AX5內。車上的這些安全線是12V環形線，穿過高壓部件。電池調節控制單元J840、DC/DC轉換器A19、高壓電池充電器1 AX4和高壓電池充電器2 AX5會把狀態報告給數據總線診斷接口J533。如果某個安全線中斷，比如拔下插頭，那麼診斷接口J533就會從相應的控制單元處獲得信息，並通過組合儀表CAN總線讓組合儀表控制單元J285把信息顯示給駕駛員。

4.4.8　e-tron煞車系統

(1) MK C1集成煞車系統

e-tron的MK C1採用電控液壓集成煞車系統（Integrated Brake Control System），將駕駛員腳底的煞車踏板動作轉化為電信號，而煞車力的大小由電子控制單元來決定。相比於傳統煞車系統，MK C1將電子真空泵浦、煞車助力器以及傳統的ESC等功能集成在了一起，減重達30%。在混合動力車輛中，實現再生煞車到機械摩擦煞車的平順切換受到了結構限制。作為

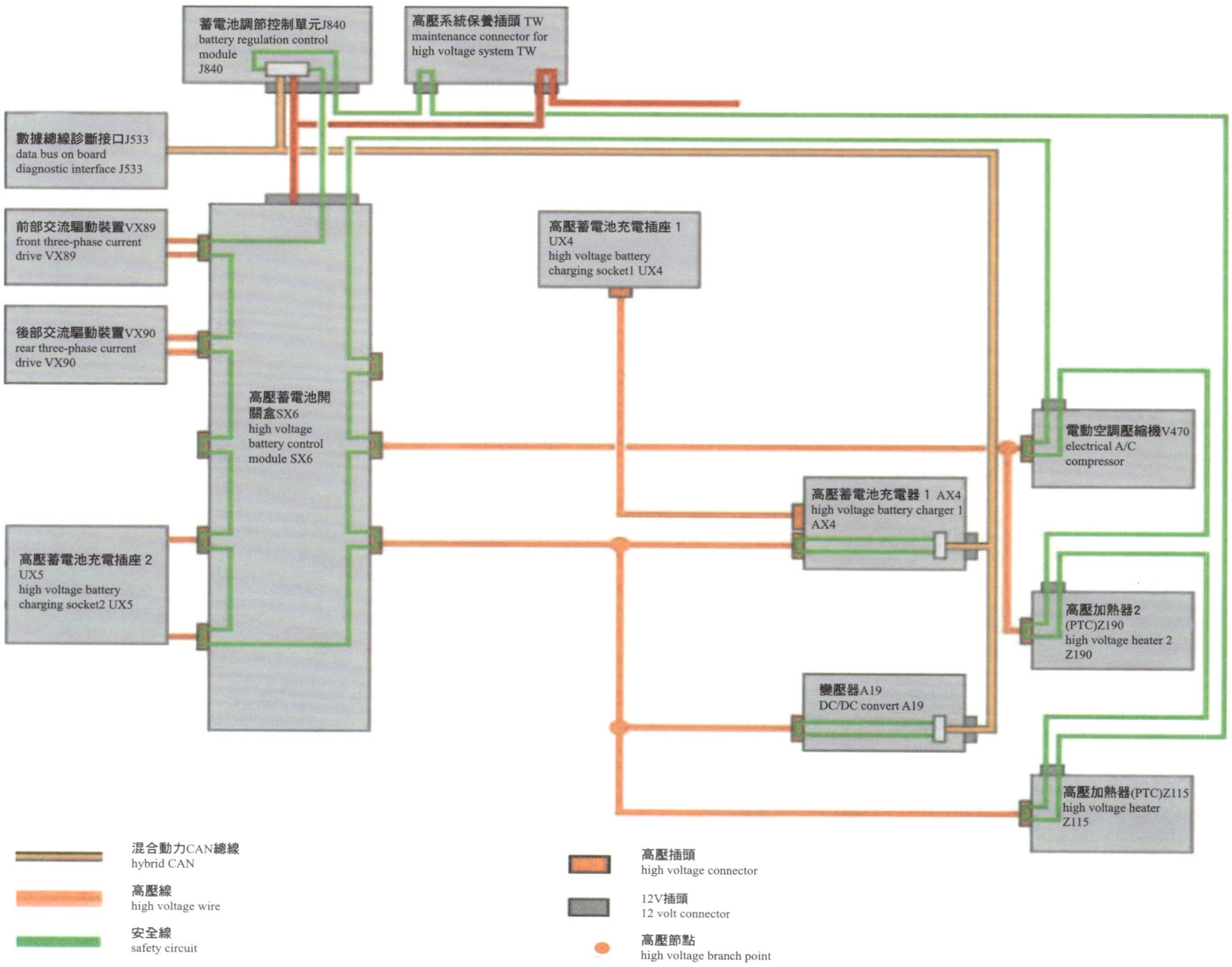

第4章 純電動汽車

圖4-118 安全線的結構

· 107 ·

單獨的主要部件，主缸、助力器和控制系統與煞車踏板是耦合在一起的。相比之下，MK C1中的煞車壓力形成過程與煞車踏板之間沒有直接的聯繫。車輛可以充分回收煞車能量，從而減少二氧化碳的排放和燃料的消耗，如圖4-119所示。MK C1的馬達轉矩非常大，液壓建壓速度非常快。MK C1可以把輪邊的煞車鎖死時間縮短至150ms，這比傳統煞車系統快3倍。

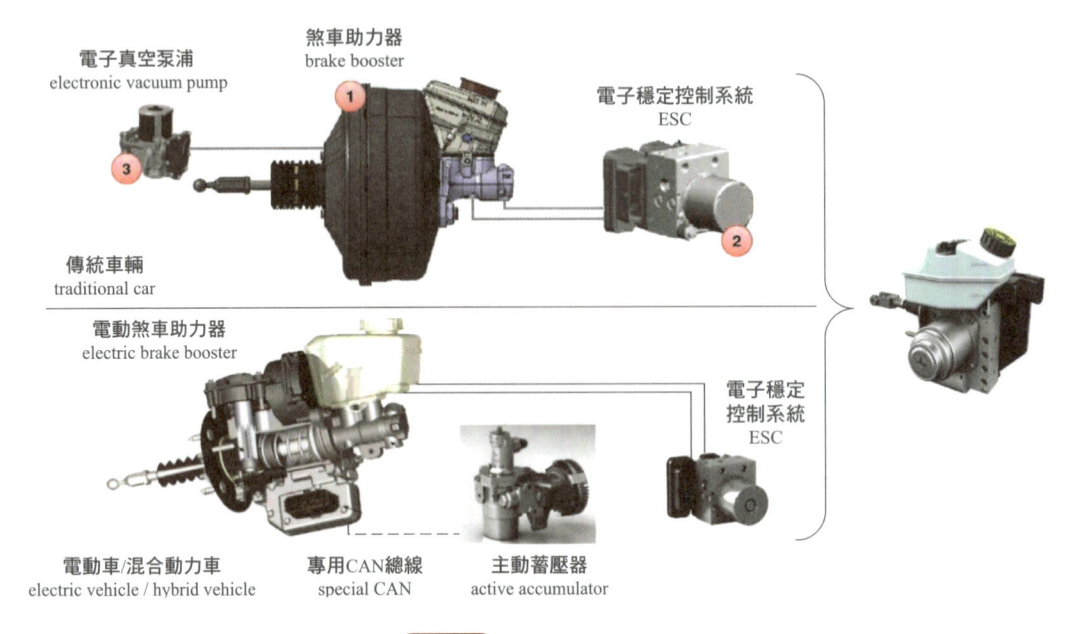

圖4-119 分立元件的集成

（2）液壓單元

e-tron液壓單元用於調節煞車壓力，結構如圖4-120所示。

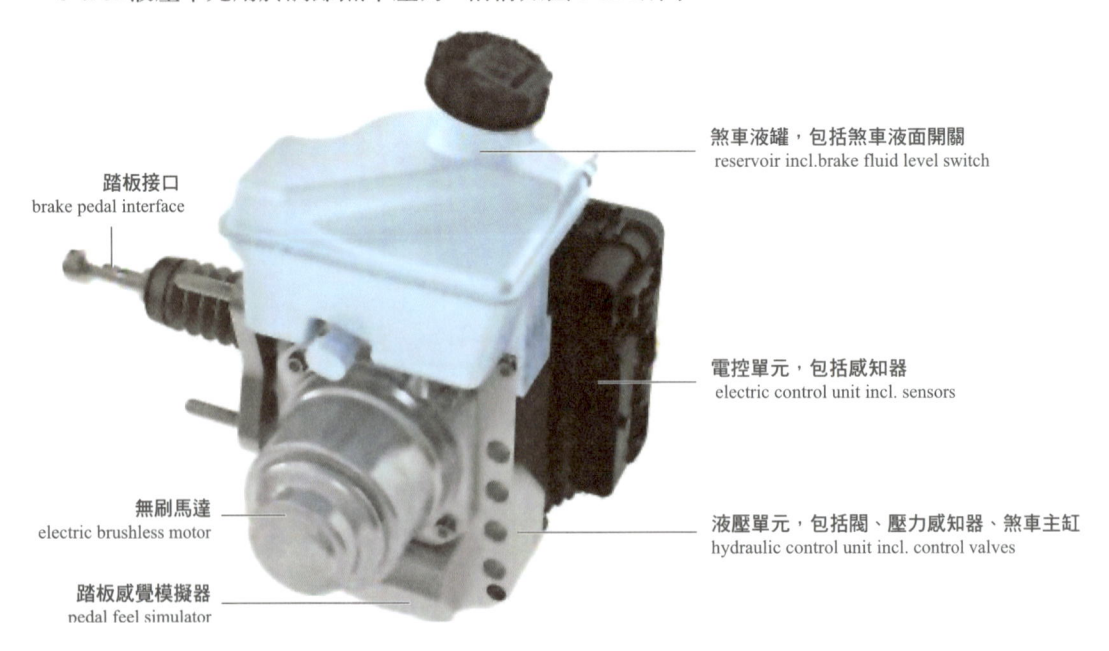

圖4-120 液壓單元組成

e-tron液壓單元原理如圖4-121所示。

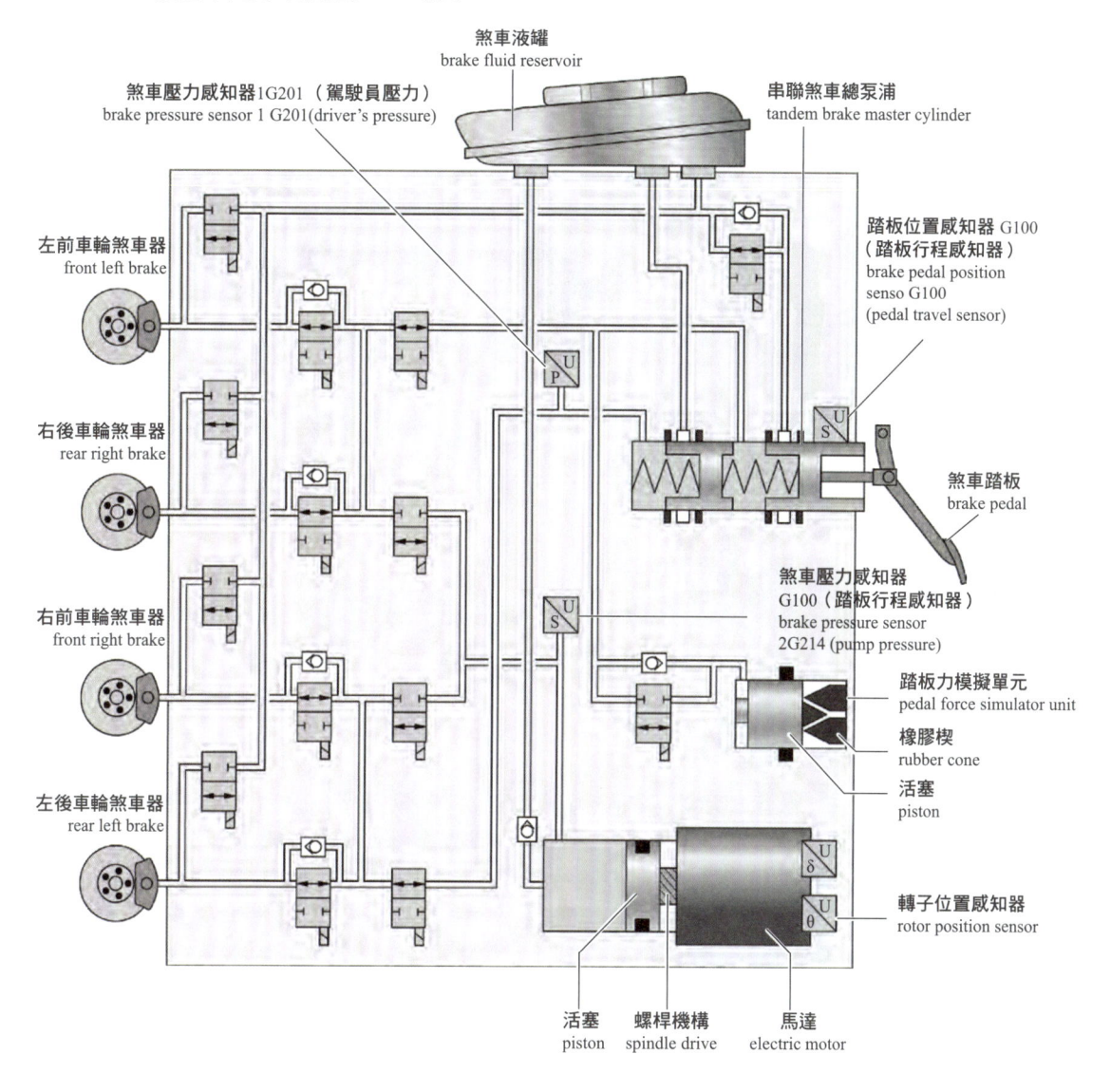

圖4-121 液壓單元原理

（3）能量回收

　　如果在減速工況時將馬達當發電機來使用，就會對車輛實施煞車，由此而產生的煞車功率取決於能量回收等級。如果通過駕駛員實施煞車或者通過自適應駕駛輔助系統實施煞車，那麼這種煞車一般是部分「電動」加部分「液壓」的。馬達ECU持續不斷地將實時可用最大回收功率（煞車功率）信息傳給ABS ECU。如果駕駛員踏動煞車踏板或者自適應駕駛輔助系統要求煞車，ABS ECU會判斷僅通過馬達進行這個煞車是否可能以及足夠用，或者是否還必須要建立起液壓煞車壓力。ABS ECU會把「發電機-規定力矩」發送給馬達ECU。與此同時，ABS控制單元J104還會把兩個車橋上回收的力矩信息發送給底盤ECU。底盤ECU會協調牽引、減速以及能量回收分配並把這些信息也發送給馬達ECU。馬達ECU隨後再在車橋馬達上執

行這些要求。目標就是在任何行駛情況下，都能實現效率與行駛穩定性之間的最佳匹配（圖4-122）。

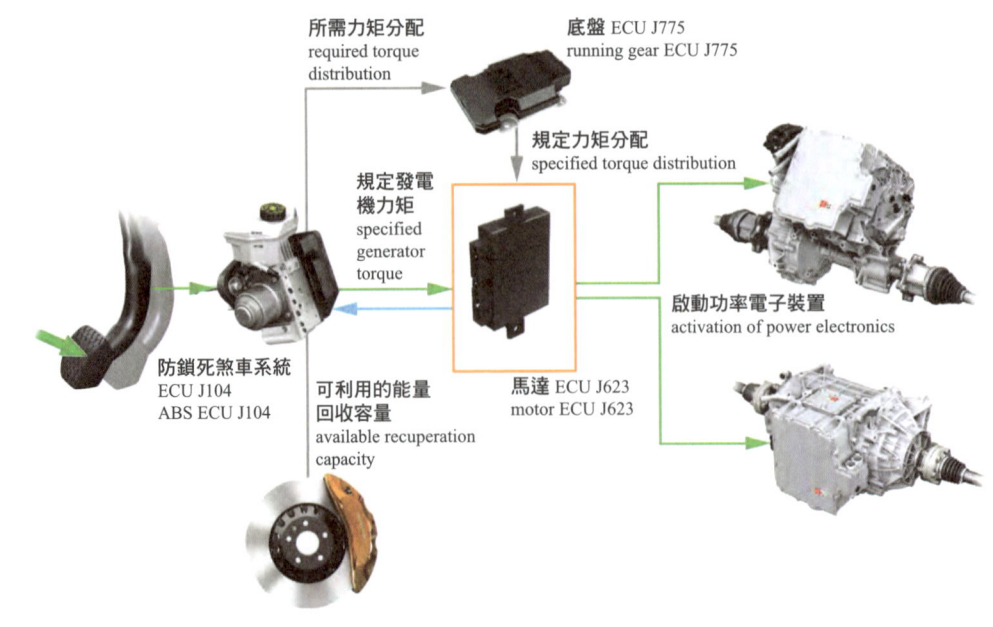

圖4-122 煞車能量回收

4.4.9 e-tron熱能管理系統

e-tron採用熱泵技術，將整車空調與電池熱管理相結合。熱泵系統不僅能在低溫時給電池組加熱，也能夠將電池組工作時的廢熱用作車廂內的熱空調熱源。熱泵不是一個零部件，而是一個系統，與汽車空調制冷系統共用很大一部分零件。熱泵的工作原理與空調系統相反，高溫高壓的制冷劑流過熱泵的熱交換器時，制冷劑釋放的熱量進入乘客艙。e-tron熱泵熱管理系統包含四個子系統，分別是空調壓縮機和熱交換器組成的綠色制冷劑循環管路、高壓加熱器Z115、Z190組成的橘紅色加熱循環管路、藍色電驅動系統冷卻管路、紫色高壓電池冷卻循環管路（圖4-123）。

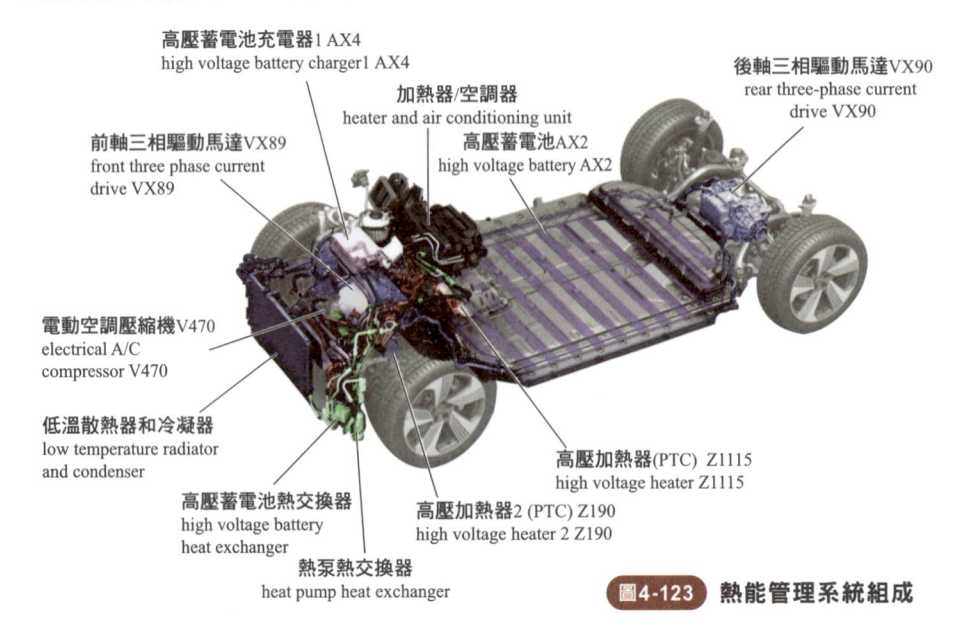

圖4-123 熱能管理系統組成

（1）電動空調壓縮機

電動空調壓縮機V470安裝在車輛前部，用於對車內空間進行制冷、對車輛高壓部件進行冷卻，以及提供熱泵功能。通過高壓電池開關盒SX6內的熔斷絲來提供高壓，集成的空調壓縮機控制單元J842通過LIN總線來與溫度管理控制單元J1024相連。充電和空調時間設置存儲在高壓充電器控制單元J1050（圖4-124）。

（2）溫度管理系統控制單元

溫度管理系統控制單元J1024通過各種感知器來測量溫度管理系統4個循環管路的實際狀態，在分析這些情況後會通過車上制冷劑循環管路和冷卻循環管路上的執行元件來調整規定狀態。感知器有制冷劑壓力和制冷劑溫度感知器以及各種冷卻液溫度感知器。執行元件有電動空調壓縮機、制冷劑關斷閥、冷卻液泵浦、冷卻切換閥以及關斷閥和散熱器風扇。這些讀取的輸入量被轉換成用於操控執行元件的輸出量。溫度管理系統控制單元J1024根據這些輸入參數並使用特定的算法，可以把車上的溫度管理系統調節到一個最佳狀態，並使得車輛處於能量使用最佳狀態（圖4-125）。

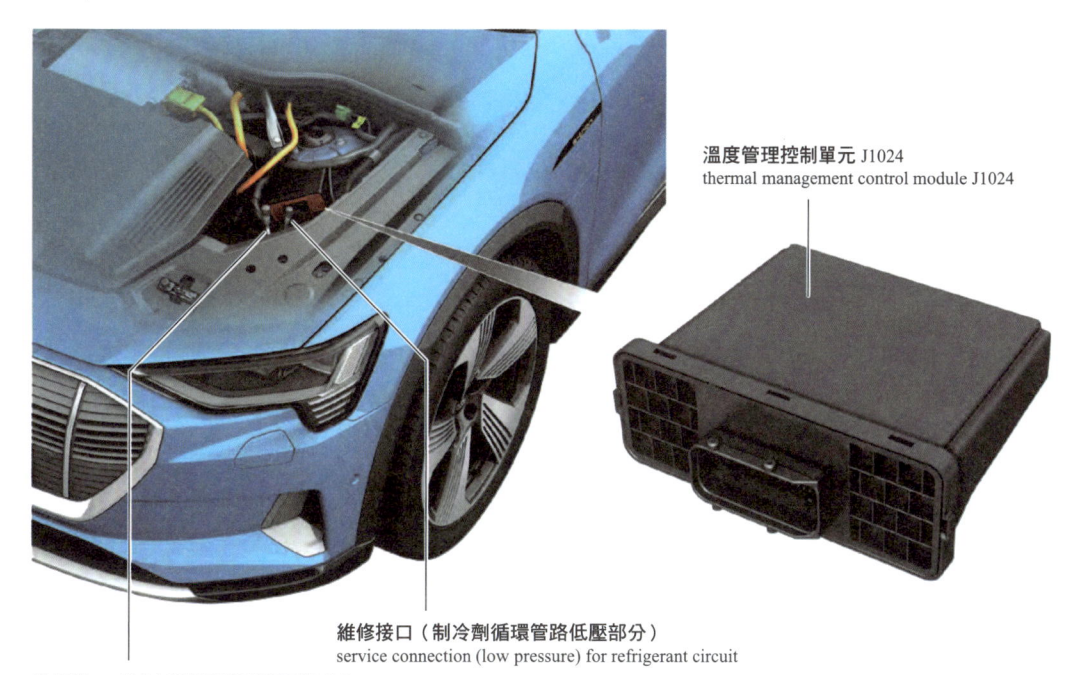

圖4-124 電動空調壓縮機

溫度管理控制單元 J1024
thermal management control module J1024

維修接口（制冷劑循環管路低壓部分）
service connection (low pressure) for refrigerant circuit

維修接口（制冷劑循環管路高壓部分）
service connection (high pressure) for refrigerant circuit

圖4-125 溫度管理系統控制單元位置

（3）冷卻液膨脹罐

e-tron的膨脹罐為三合一，集成空調系統、電池和馬達熱管理系統的冷卻液通氣與補液功能，結構如圖4-126所示。

油封蓋 sealing cap
放氣管 breather line
冷卻液面顯示器接口 connection for coolant indicator
冷卻液接口（壓力過高時） coolant connection (excess pressure)
浮子室 swimmer housing
冷卻液接口 coolant connection

圖4-126 膨脹罐

第 5 章
混合動力汽車

5.1 豐田 Corolla 雙擎轎車
5.2 雅哥混合動力汽車

5.1 豐田Corolla雙擎轎車

5.1.1 Corolla雙擎轎車簡介

Corolla雙擎轎車（以下簡稱Corolla雙擎）搭載豐田混合動力系統（Toyota Hybrid System，THS），採用汽油機和馬達兩種動力，這也是「雙擎」的來歷。Corolla雙擎動力系統採用前置前驅佈置形式；引擎位於整車右側，傳動軸位於左側；動力控制單元（亦稱逆變器總成、變頻器總成）佈置在傳動軸上方；高壓電池位於後排座椅下方，輔助電池位於行李廂里右後方位置（圖5-1）。

Corolla雙擎動力系統組成示意如圖5-2所示。

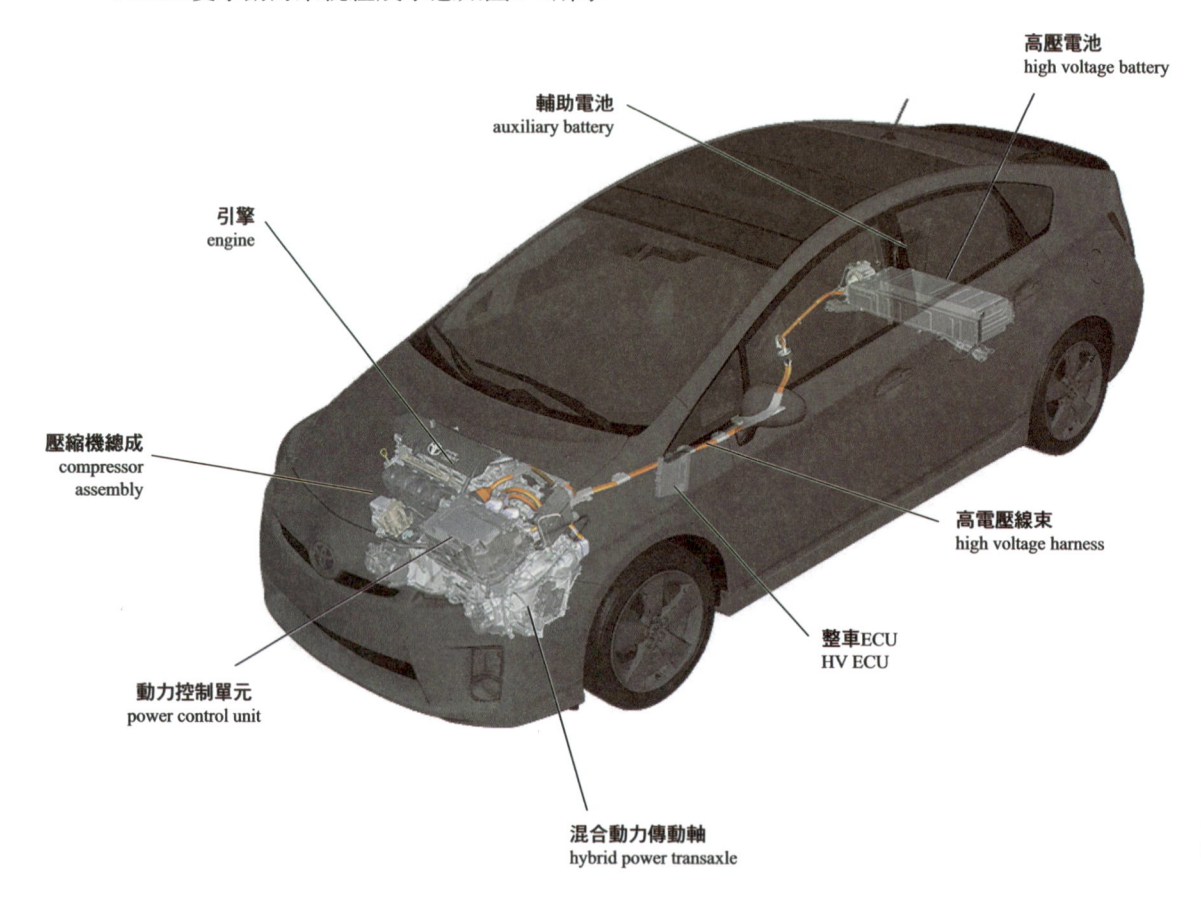

圖5-1 Corolla雙擎動力系統組成

第 5 章　混合動力汽車

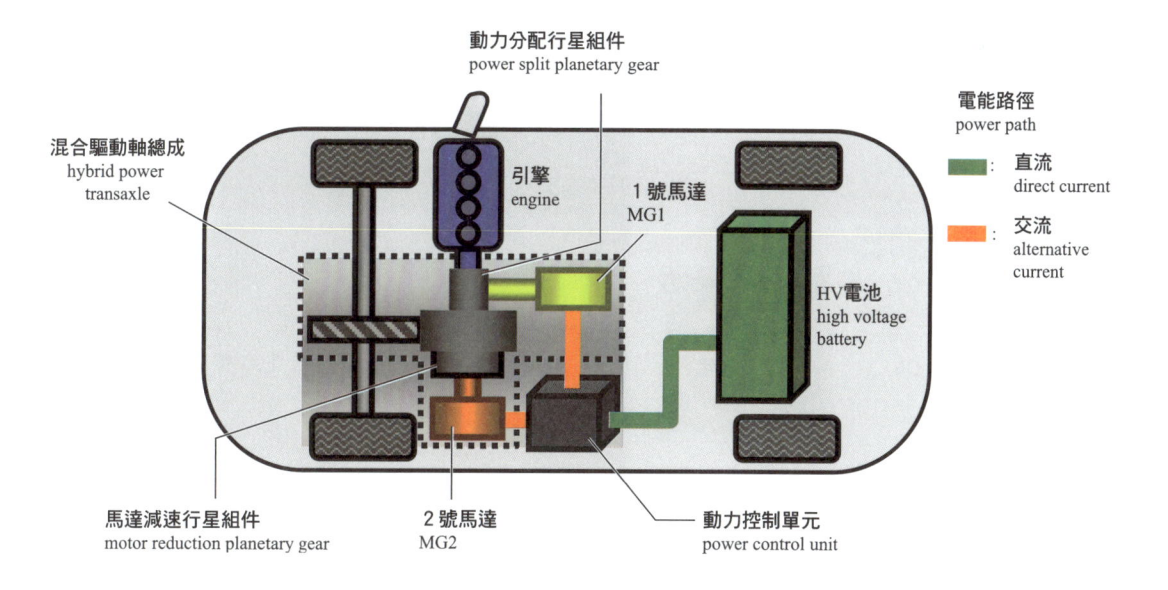

動力分配行星組件 power split planetary gear

電能路徑 power path
- 直流 direct current
- 交流 alternative current

混合驅動軸總成 hybrid power transaxle

引擎 engine

1 號馬達 MG1

HV電池 high voltage battery

馬達減速行星組件 motor reduction planetary gear

2 號馬達 MG2

動力控制單元 power control unit

圖5-2　Corolla雙擎動力系統部件佈置

　　高壓電纜將動力控制單元與高壓電池、1號馬達、2號馬達以及空調壓縮機等部件相連，傳輸高電壓、高電流。電纜線一端接在行李廂中高壓電池的左前連接器上，而另一端從後排座椅下經過，穿過地板沿著地板下加強筋一直連接到引擎室中的逆變器（圖5-3）。

壓縮機總成 compressor assembly

高電壓電纜 high voltage cable

混合動力傳動軸（1號馬達，2號馬達） hybrid power transaxle（MG1、MG2）

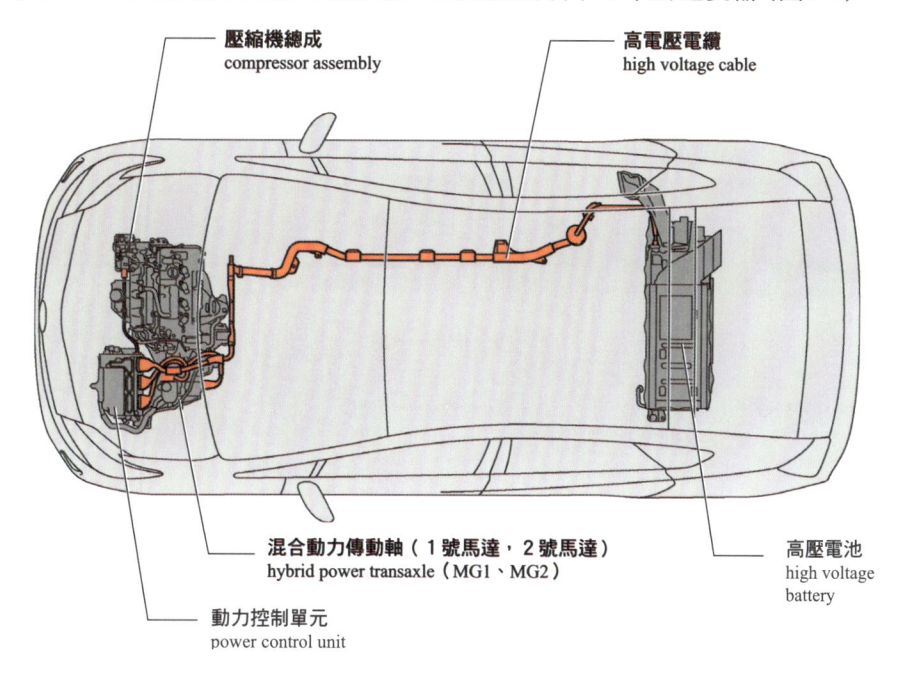

高壓電池 high voltage battery

動力控制單元 power control unit

圖5-3　高壓電纜的佈局

· 115 ·

高壓屏蔽電纜承受高電壓、高電流。為便於識別，高壓電纜和接頭採用橙色，以與普通低壓線區別（圖5-4）。

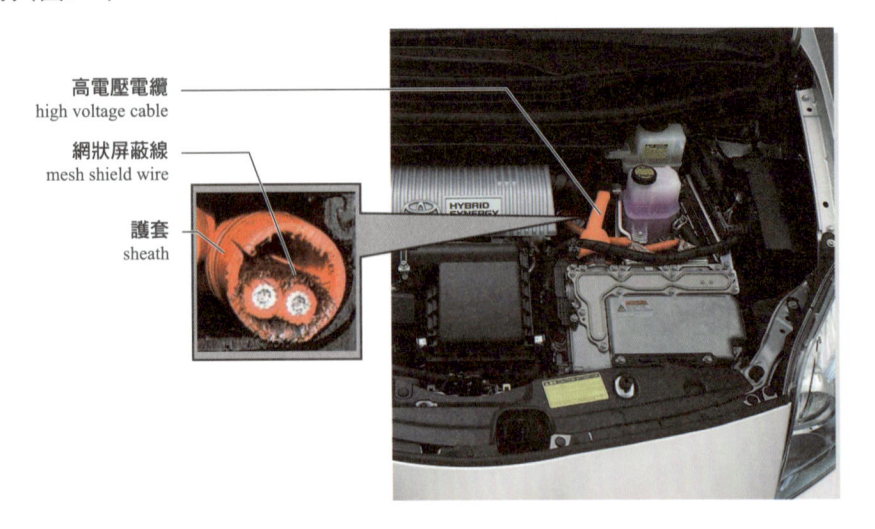

圖5-4　高壓電纜的結構

高壓電纜將動力控制單元與高壓電池、混合動力傳動軸（包括1號馬達、2號馬達等）以及空調壓縮機總成等連接（圖5-5）。

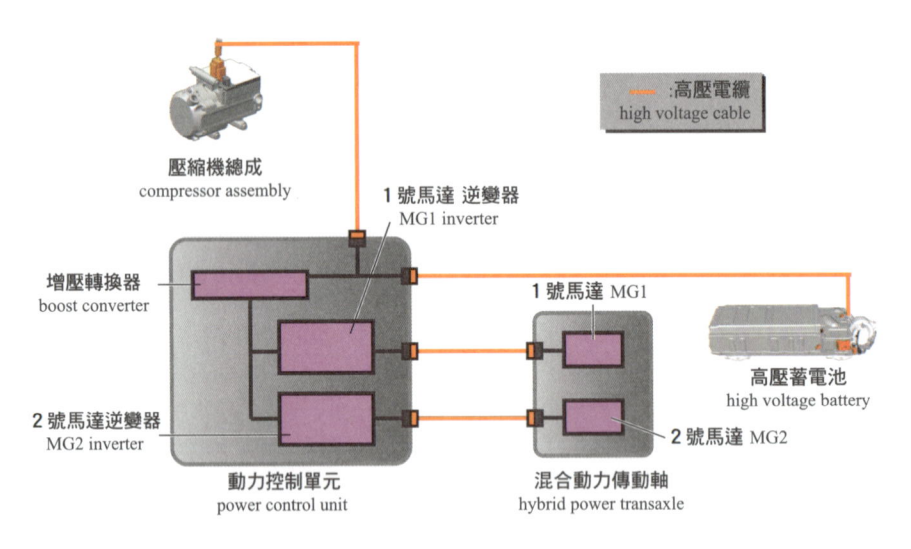

圖5-5　高壓電纜接線

5.1.2　豐田混合動力系統

豐田混合動力系統（THS）從1997年首次在PRIUS上搭載以來，經歷了二十多年的應用考驗，十分成熟。可以說這個世界上只有兩種混動系統：一種是豐田THS；另一種是其它混動系統。THS將馬達與引擎混聯，通過豐田獨創專利技術動力分配（亦稱功率分流）器（Power Split Device，PSD），憑藉行星齒輪組成的E-CVT變速機構，協調引擎和馬達的運動和動力傳遞。THS系統用於豐田混合動力汽車，包括普銳斯、Corolla、凱美瑞等。

(1) 豐田混合動力系統特點

❶ 怠速時間縮短：怠速時引擎自動停止以降低能量損失。
❷ 再生煞車（能量回收）：踩下煞車踏板減速時，回收過去以熱量形式損失的能量作為電能，然後將其重新用於馬達動力等。
❸ 馬達輔助加速時，馬達補充引擎動力。
❹ 在引擎效率低的工作區域（如低速運轉時），可只用馬達來驅動汽車。在引擎效率高的工作區域（如高速大功率運轉時），引擎可用來發電。控制系統可使汽車的總效率最大化。

(2) 豐田混合動力系統工作過程

❶ **純電動模式** 當汽車在啟動、怠速、起步、慢速蠕形、走走停停或低速到中速行駛階段時，引擎在這些情況下效率很低，而馬達恆定轉矩在這些情況下性能優越，可以靈敏、高效、順暢地運行。豐田混合動力系統此時只使用高壓電池為馬達提供電能驅動車輪，此階段引擎處於停機狀態（當高壓電池電量低時，引擎才介入帶動發電機發電），如圖5-6所示。

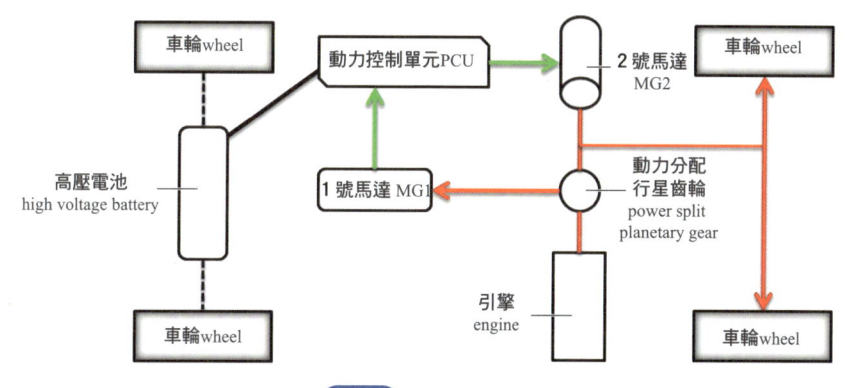

圖5-6 純電動模式

❷ **引擎模式** 當汽車處於傳統引擎高效運轉區間或高速行駛階段時，豐田混動系統使用引擎作為主要動力來源，此時引擎直接驅動車輪，根據行駛狀況可將部分動力分配給發電機。發電機發電產生電能，驅動馬達協同配合引擎一起驅動車輪，如圖5-7所示。若此時高壓電池電量過低或汽車處於高速行駛階段，引擎會產生多餘的能量，這些能量由發電機發電轉換成電能儲存在高壓電池中，如圖5-8所示。

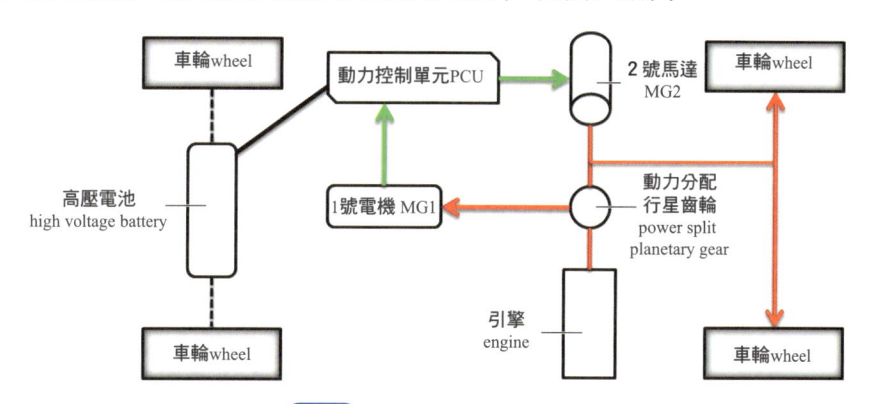

圖5-7 引擎為主要動力來源

圖5-8 充電模式

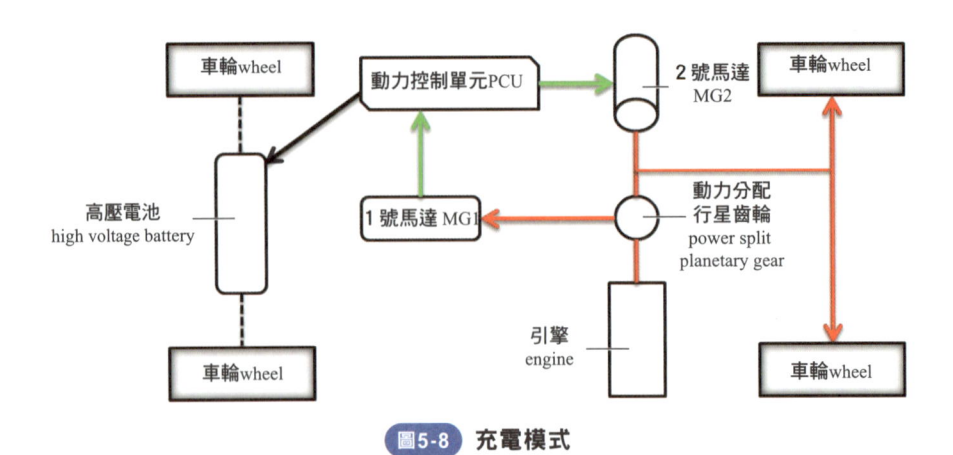

❸ **雙動力全開混合模式** 當汽車需要提高動力響應時，如提速、超車、爬陡坡等階段，豐田混合動力系統採用雙動力全開模式。高壓電池與發電機同時為馬達提供電能，這樣能夠加大馬達的驅動力。引擎與馬達動力的結合可以使得汽車擁有超越同級汽車的動力水平，獲得強勁而順暢的加速體驗，如圖5-9所示。

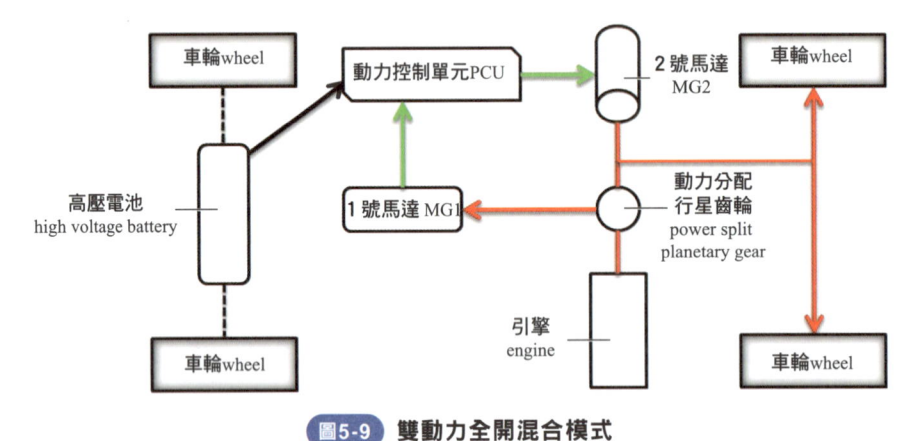

圖5-9 雙動力全開混合模式

❹ **能量回收模式** 當駕駛員正在剎車減速或者減緩油門開度時，豐田混合動力系統進入再生煞車能量回收模式，使車輪的旋轉力帶動馬達運轉，將其作為發電機使用。正常內燃機車減速時作為摩擦熱散失掉的能量，在此時被轉換成電能，回收到高壓電池中進行再利用，如圖5-10所示。

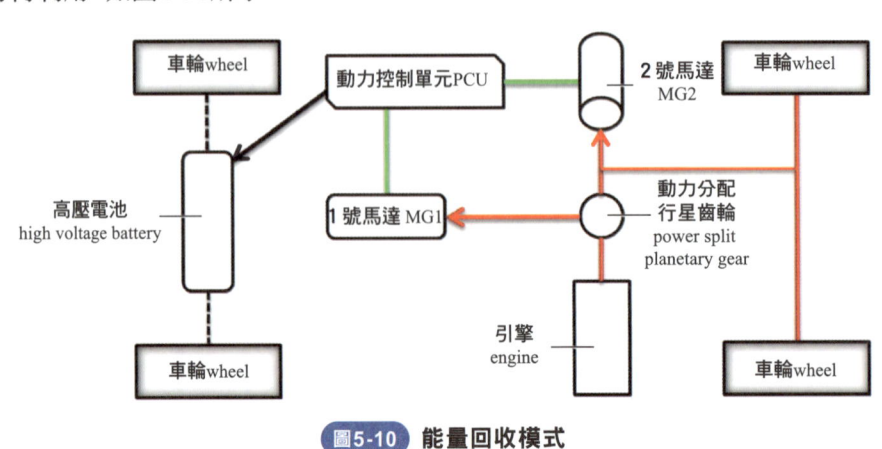

圖5-10 能量回收模式

5.1.3 Corolla雙擎引擎

Corolla雙擎採用阿特金森循環的8ZR-FXE引擎，具有四缸直列、1.8L排量、16氣門、雙頂置凸輪軸。採用各種局部提升技術改善了燃燒特性、減少爆燃、優化熱管理和降低阻力，通過優化，在不改變引擎基本結構的情況下有效提高燃油效率，熱效率達到40%（圖5-11）。

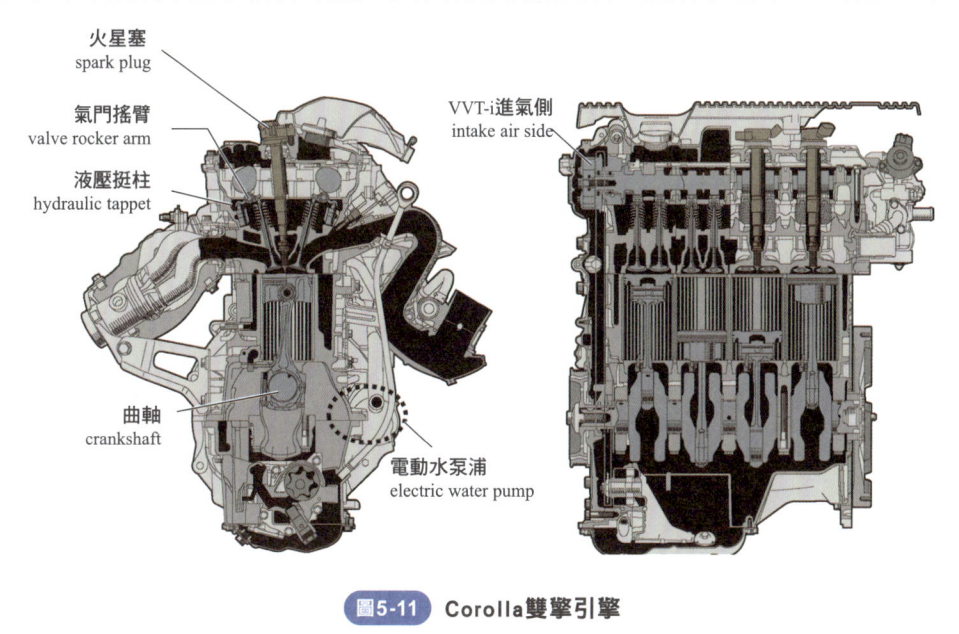

火星塞 spark plug
氣門搖臂 valve rocker arm
液壓挺柱 hydraulic tappet
曲軸 crankshaft
VVT-i進氣側 intake air side
電動水泵浦 electric water pump

圖5-11 Corolla雙擎引擎

(1) 阿特金森循環引擎原理

採取阿特金森循環的汽油機利用延遲進氣門關閉時刻的方法增大膨脹比（圖5-12）。在壓縮行程的起始階段（當活塞開始上行時），部分進入氣缸的空氣回流到進氣歧管，有效地延遲壓縮起始點，故膨脹比增大，而實際的壓縮比並沒有增大。

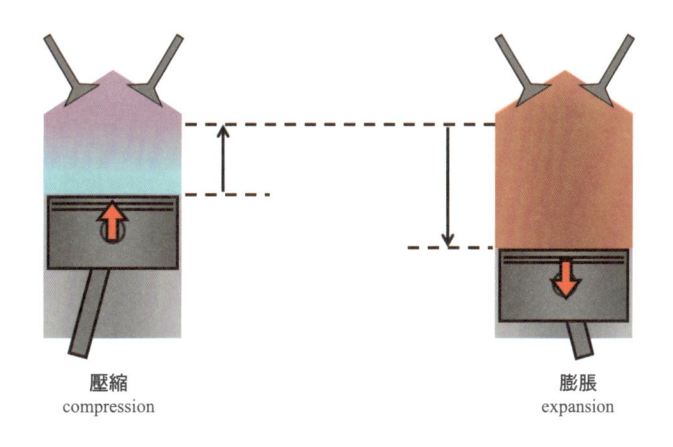

壓縮 compression
膨脹 expansion

圖5-12 循環對比

進氣門的關閉時間被延遲，因而推遲了實際的壓縮行程的開始（圖5-13）。引擎部分負荷時，通過VVT-i控制實現進氣門延遲關閉，使得有效壓縮比變小，同時加大節氣門開度，利用進氣門開閉時刻來調節負荷，減少了進氣過程的泵氣損失（延遲進氣門關閉工作）。另外膨

脹比大於壓縮比，這也使得膨脹壓力下降後開始進行排氣行程，能夠更大程度地將熱能轉化為機械能，提高引擎的熱效率，降低燃油消耗率。

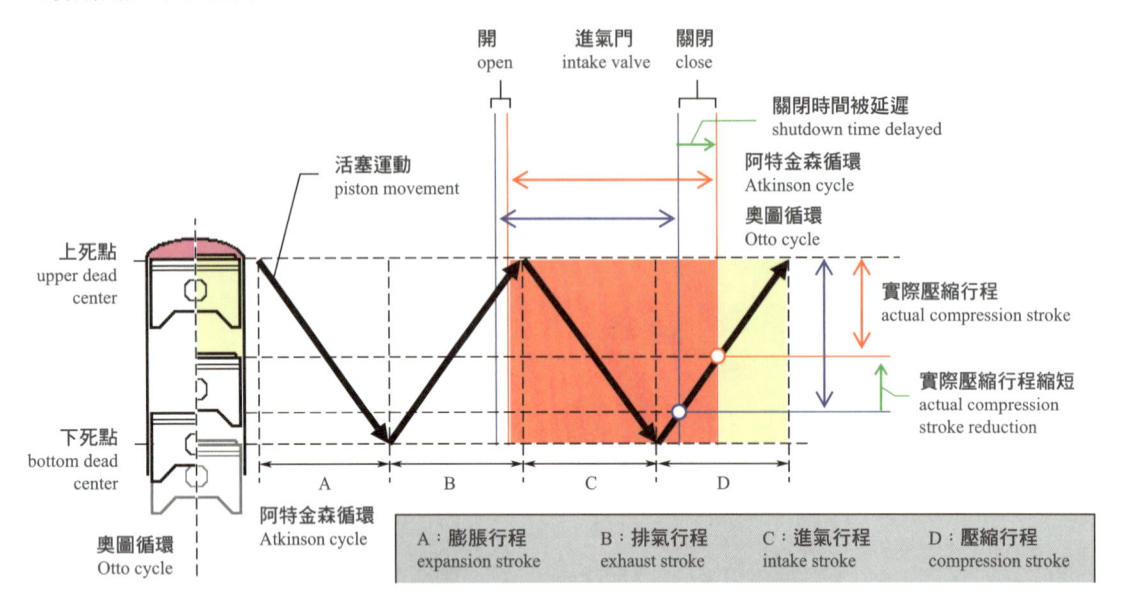

圖5-13 引擎循環過程

阿特金森引擎和傳統引擎工作過程的比較如圖5-14所示。兩者的壓縮起始點不同，阿特金森高膨脹比引擎壓縮起始點較晚，因此泵氣損失小。

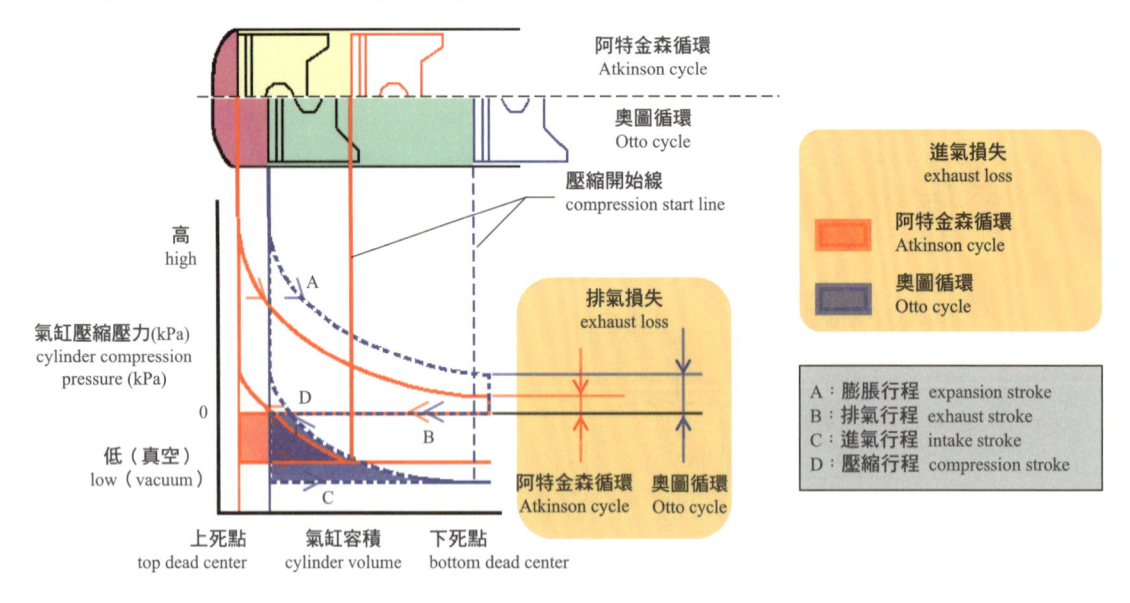

圖5-14 引擎示功圖

實現阿特金森循環的關鍵是對引擎的配氣機構進行合理的設計。利用智能正時可變氣門控制系統（Variable Valve Timing intelligent，VVT-i）控制進氣門關閉時刻，進而控制不同工況下引擎的負荷。Corolla雙擎引擎進氣門關閉相位如圖5-15所示，進氣門關閉角度可在61°～102°範圍內調整，氣缸容積隨之變化。

圖5-15 進氣門關閉相位變化

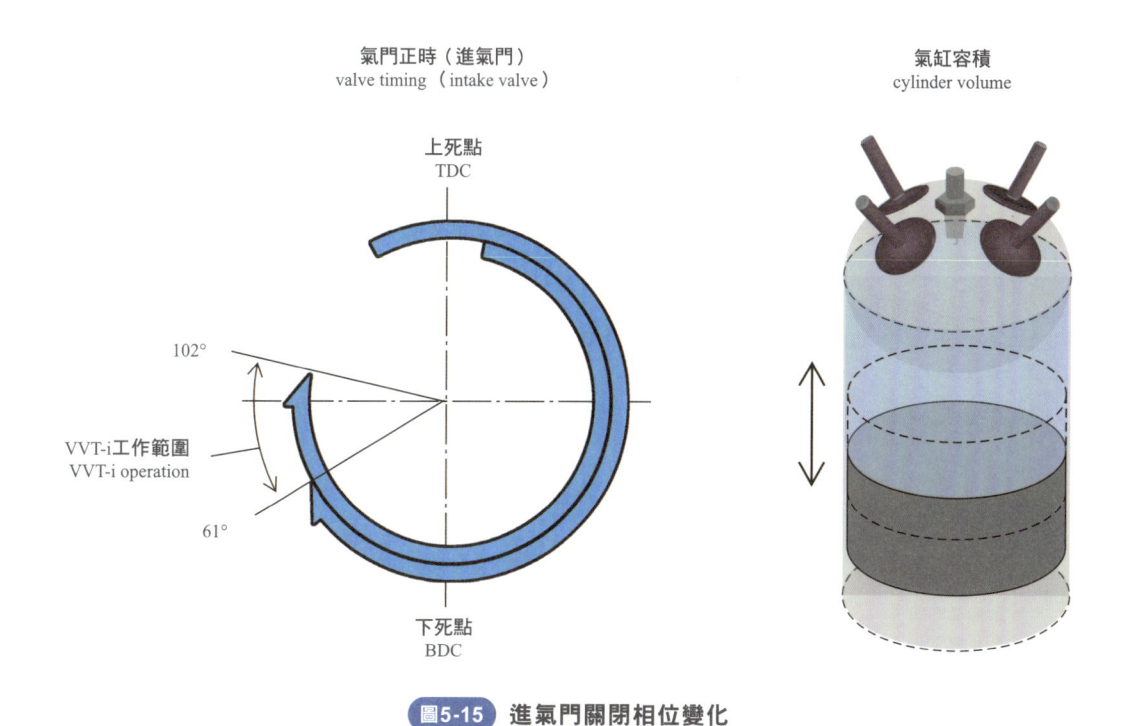

（2）引擎缸蓋

引擎缸蓋採用凸輪軸架來簡化缸蓋結構，使用鋁制氣缸體、屋脊形燃燒室（圖5-16）。

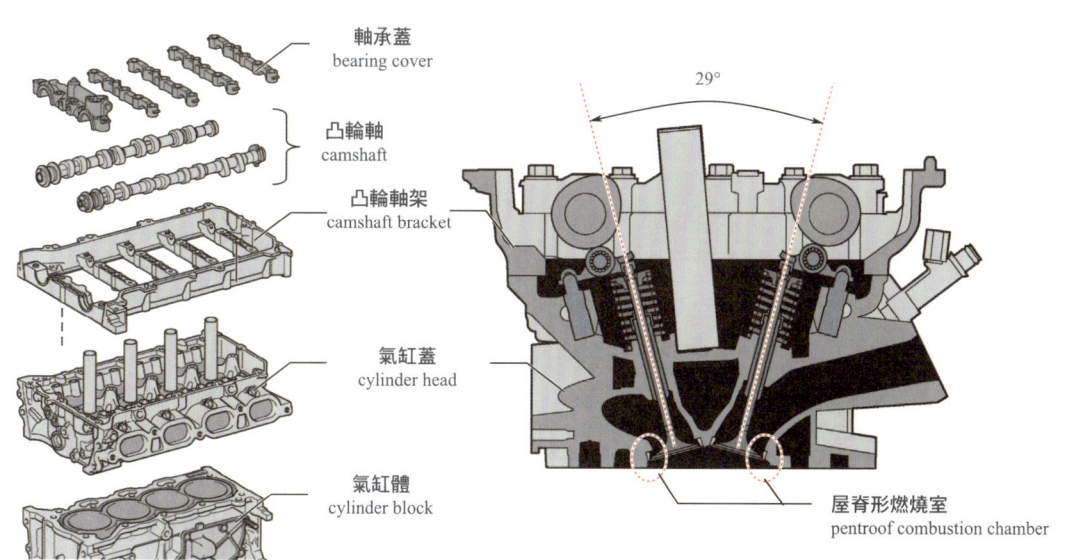

圖5-16 引擎缸蓋結構

（3）氣缸體

採用刺型缸套可以提高冷卻性能（圖5-17）。

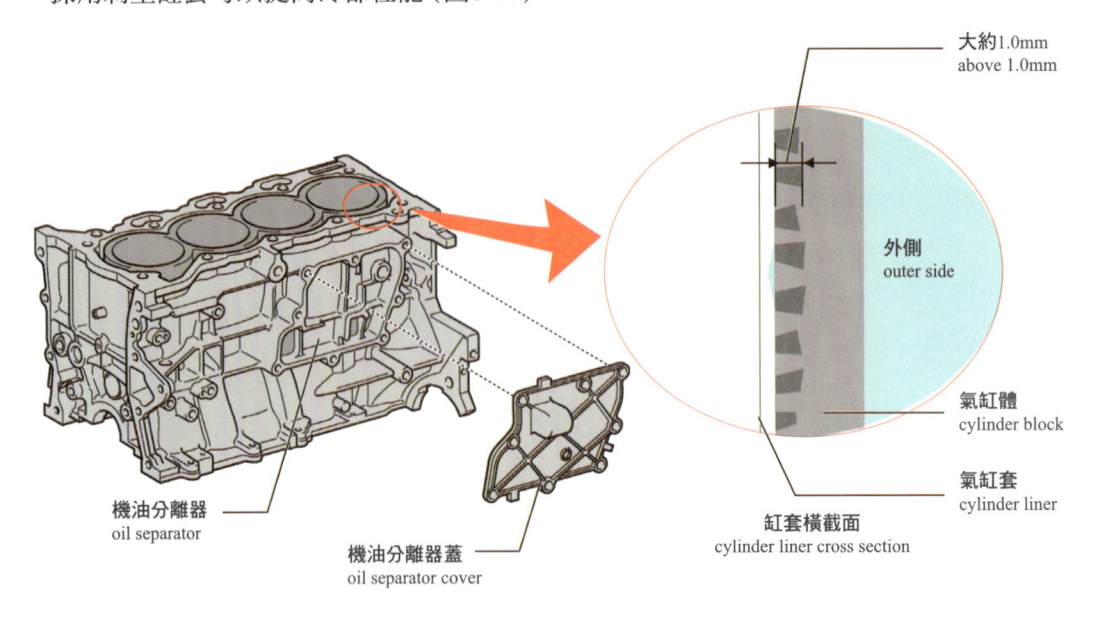

圖5-17 刺型缸套

（4）活塞

利用物理氣相沈積（Physical Vapor Deposition，PVD）工藝在活塞環上形成的數微米厚的硬質薄膜，其耐磨性優於一般的鍍鉻，具有減小摩擦效果。活塞裙部採用樹脂塗層（圖5-18）。

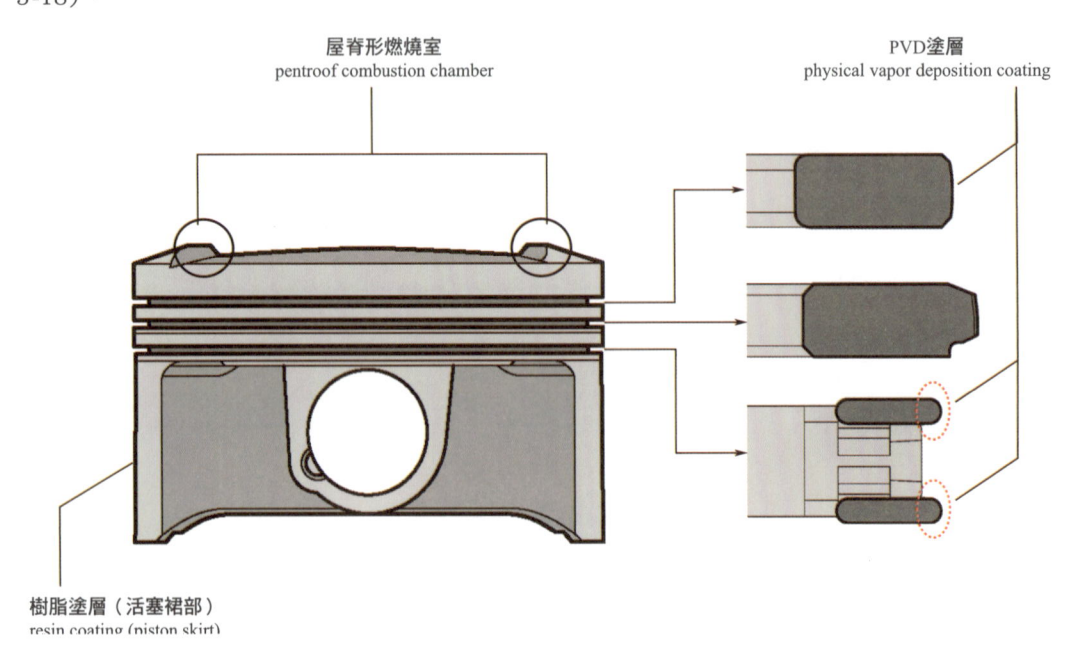

圖5-18 活塞與活塞環

（5）曲軸上軸承

改變傳統引擎機油槽的形狀，使機油洩漏量減少，從而減小機油泵浦容量（圖5-19）。

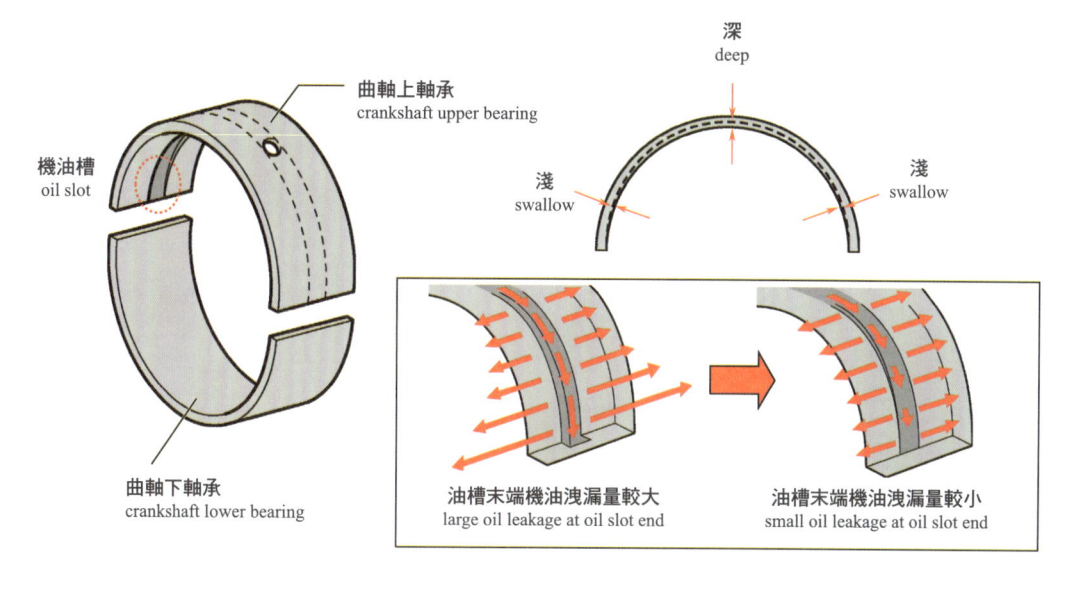

圖5-19 曲軸上軸承

（6）配氣機構

Corolla雙擎配氣機構由凸輪軸、氣門、氣門搖臂、正時鏈條等部件組成。其功能是按照引擎每一氣缸內所進行的工作循環和發火次序的要求，定時開啟和關閉各氣缸的進、排氣門，使新混合氣得以及時進入氣缸，廢氣得以及時從氣缸排出（圖5-20）。

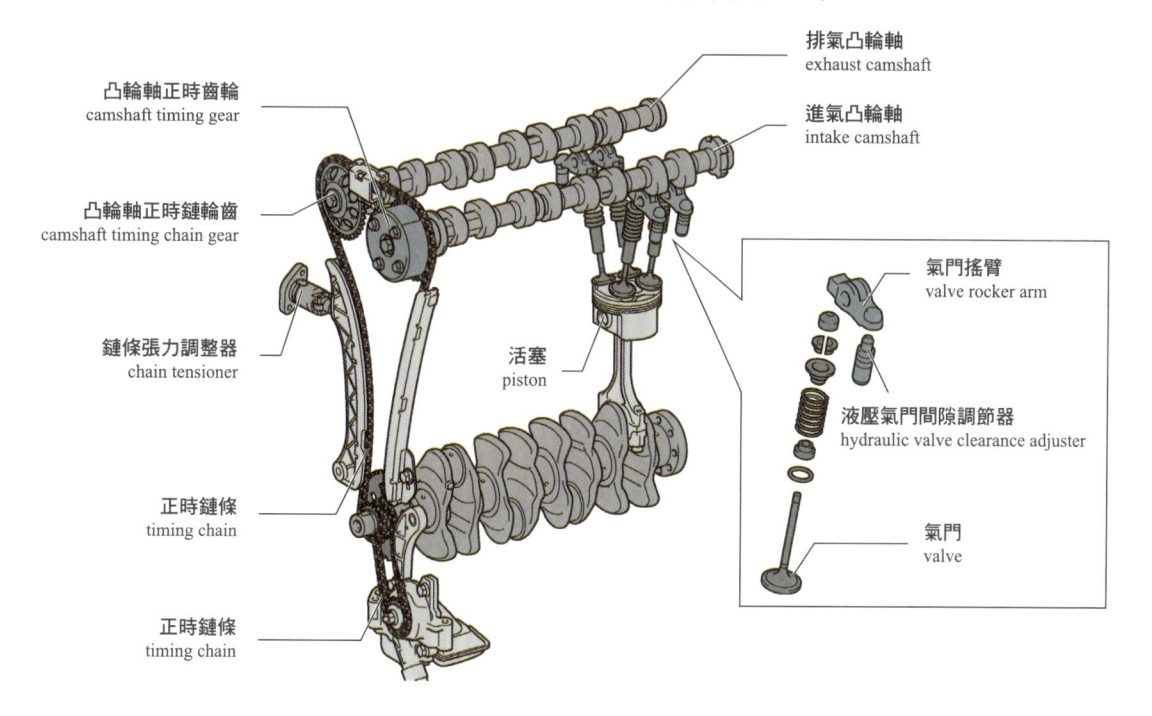

圖5-20 配氣機構

液壓氣門間隙調節器利用機油壓力和彈簧彈力使氣門間隙為零（圖5-21）。

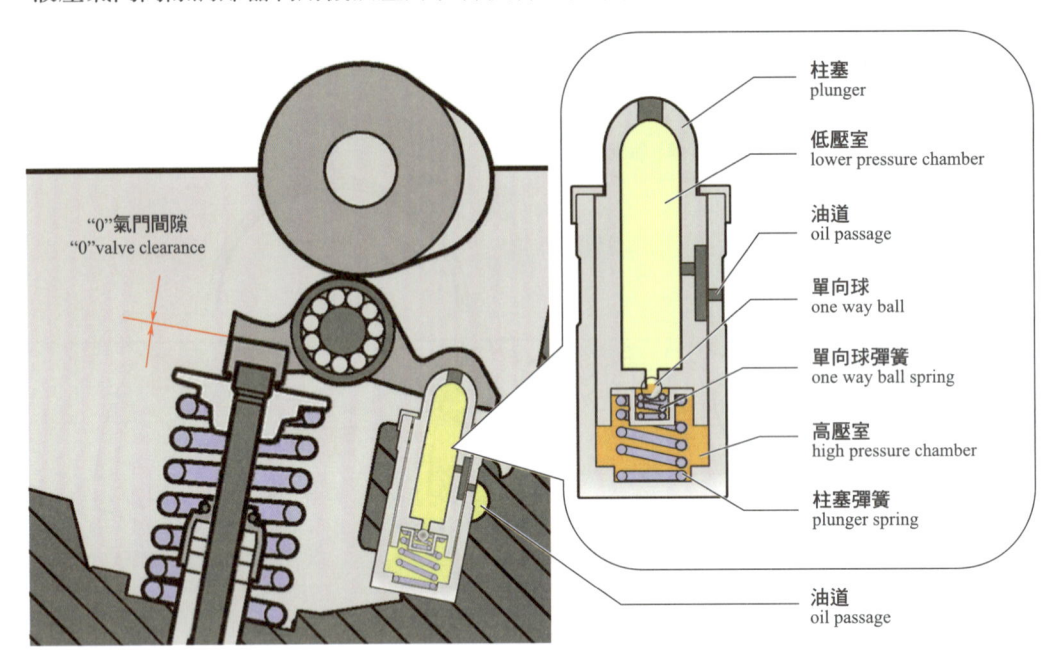

圖5-21 液壓氣門間隙

（7）潤滑系統

潤滑系統油路為全壓式潤滑油路，採用帶可換式濾芯的機油濾清器。機油噴嘴潤滑氣缸壁（圖5-22）。

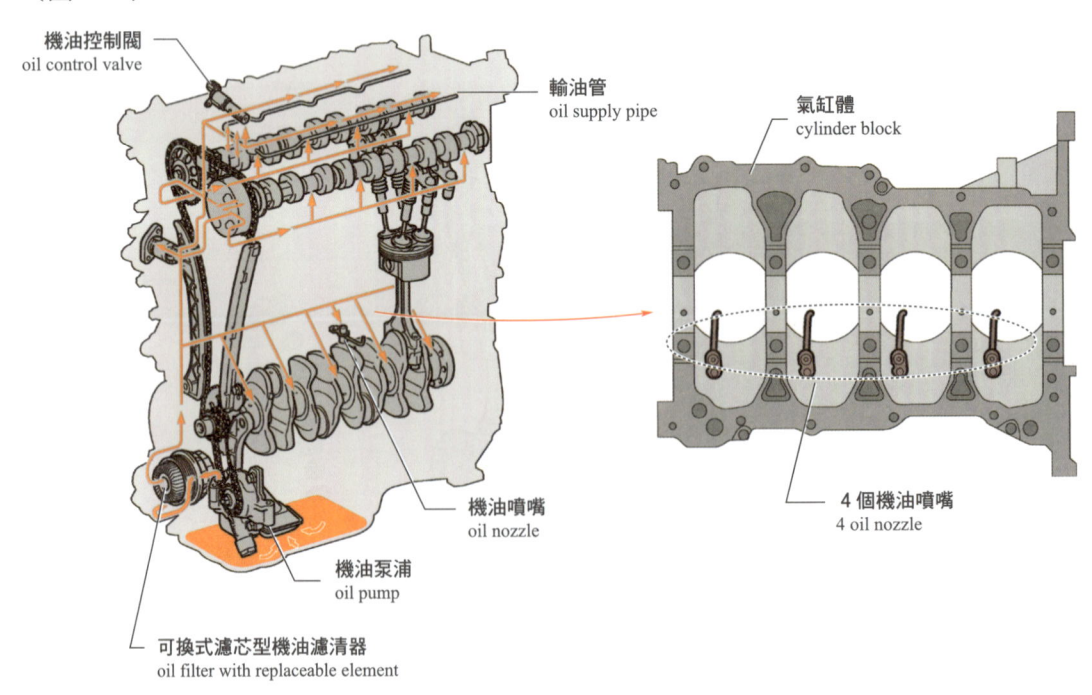

圖5-22 潤滑系統

(8)進氣系統

進氣歧管由塑膠製成,可減輕重量和減少來自氣缸蓋的熱量,降低進氣溫度,提高進氣容積效率(圖5-23)。

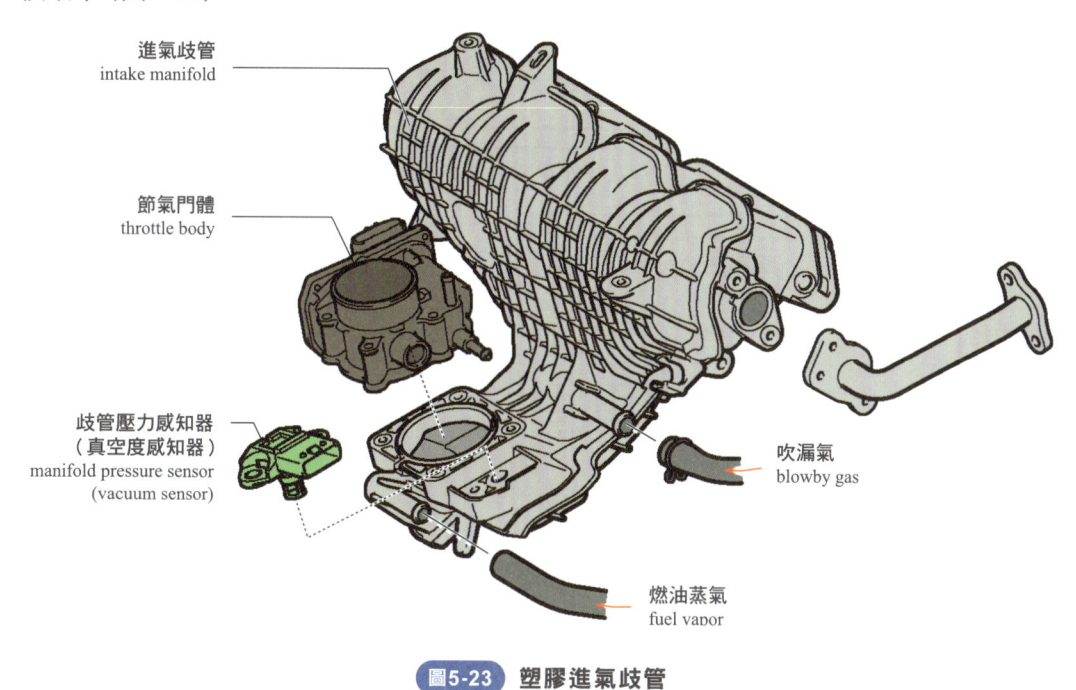

圖5-23 塑膠進氣歧管

(9)廢氣餘熱再循環系統

採用廢氣餘熱再循環系統,縮短髮動機暖機所需的時間(圖5-24)。

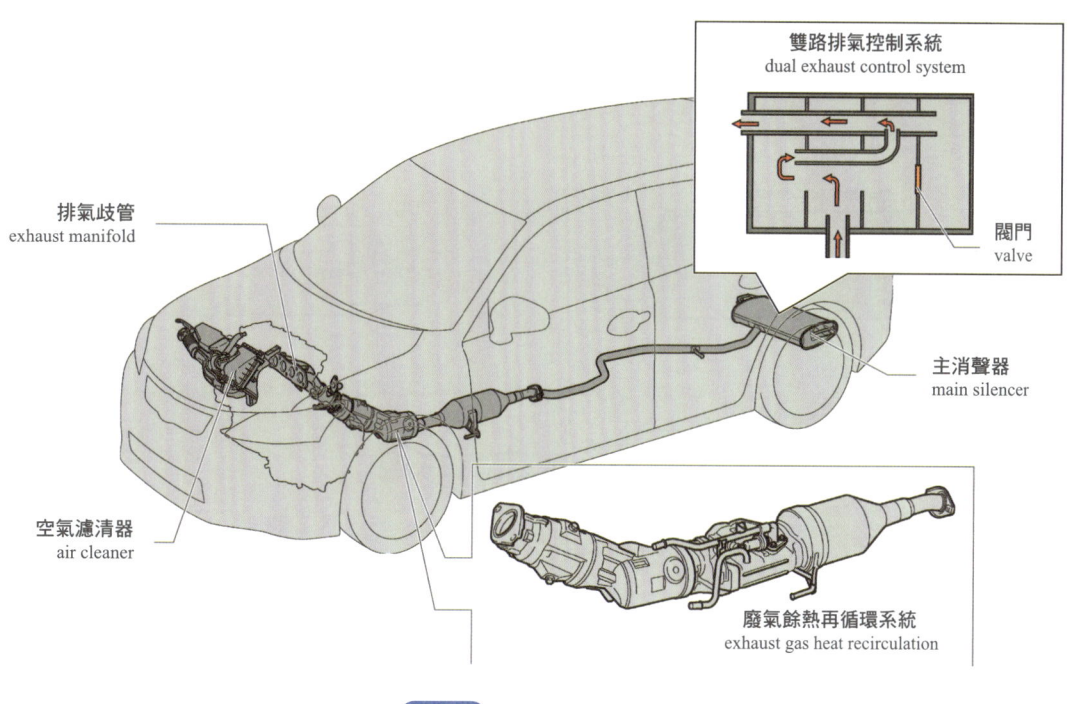

圖5-24 廢氣餘熱再循環

廢氣餘熱再循環系統利用來自廢氣中的熱量加熱引擎冷卻液（圖5-25）。

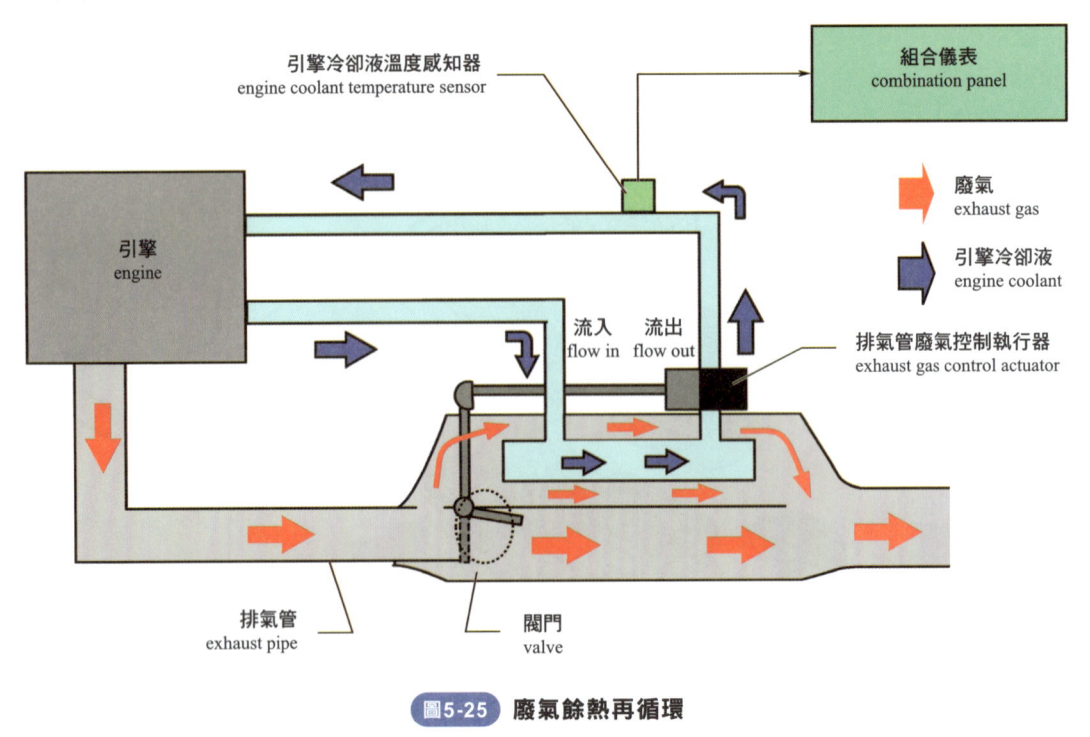

圖5-25 廢氣餘熱再循環

廢氣餘熱再循環系統通過執行器打開和關閉內置於排氣管總成的閥門來改變管內的廢氣流動（圖5-26）。

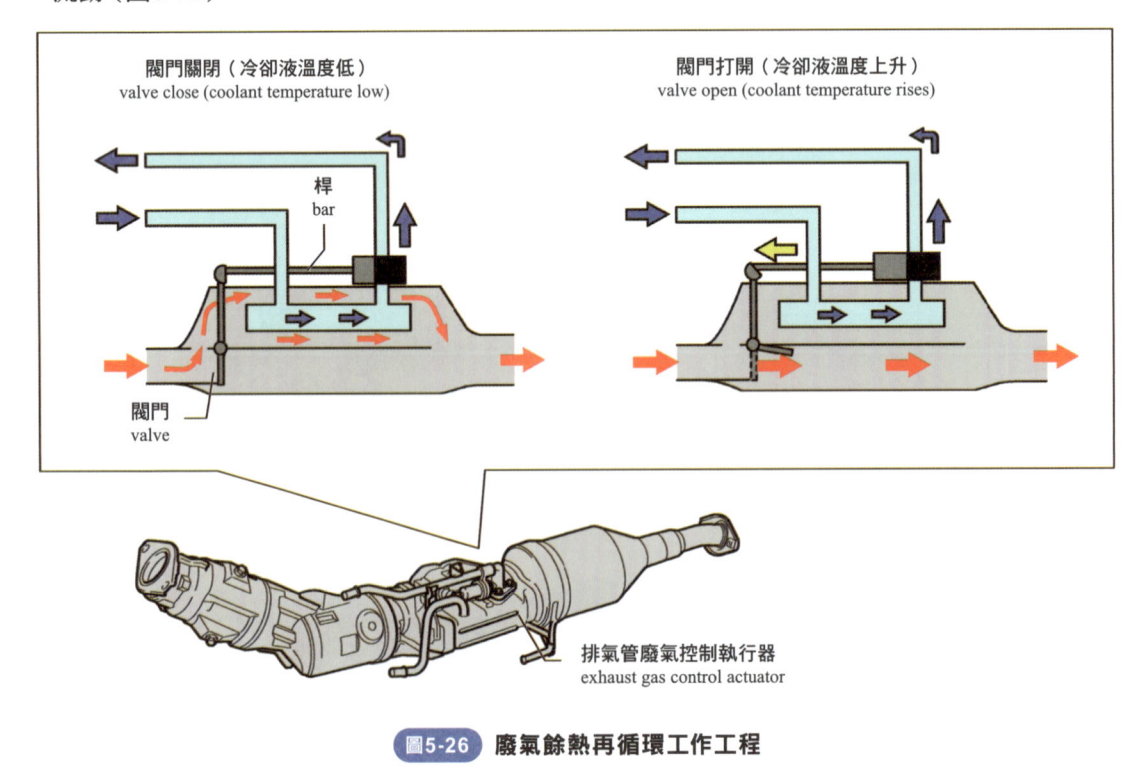

圖5-26 廢氣餘熱再循環工作工程

如果引擎冷卻液溫度過高，水溫警告指示燈將亮起（圖5-27）。

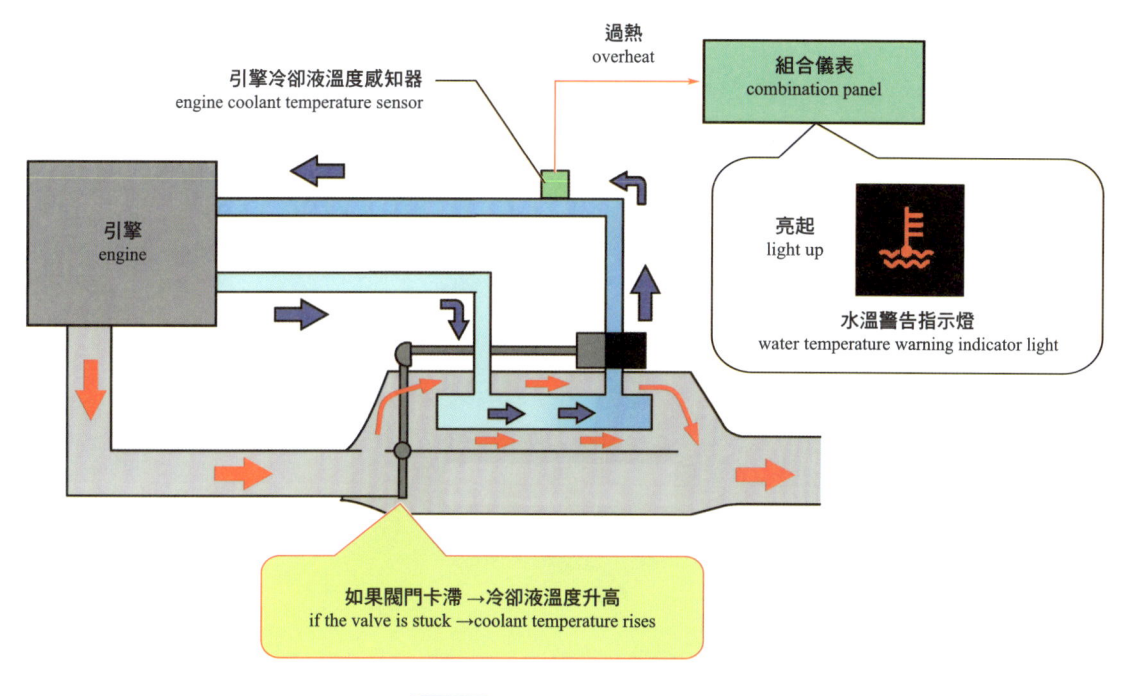

圖5-27 水溫警告指示燈亮起

（10）燃油供給系統

採用無回油管式結構，將燃油濾清器、燃油壓力調節器和燃油泵浦集成一體，可以阻止來自引擎區域的燃油回流，從而可防止燃油箱總成內部溫度上升，減少燃油箱總成內產生的燃油蒸氣排放（圖5-28）。

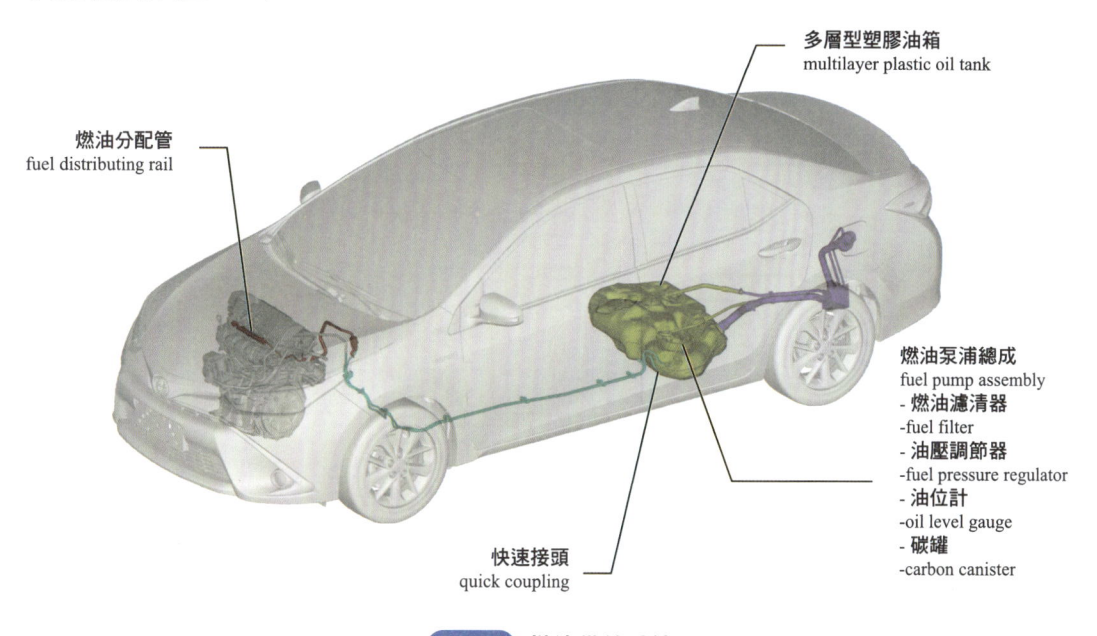

圖5-28 燃油供給系統

(11)冷卻系統

引擎冷卻液在氣缸體內的流動為U形,可確保引擎冷卻液流動順暢。冷卻液管路及部件如圖5-29所示。

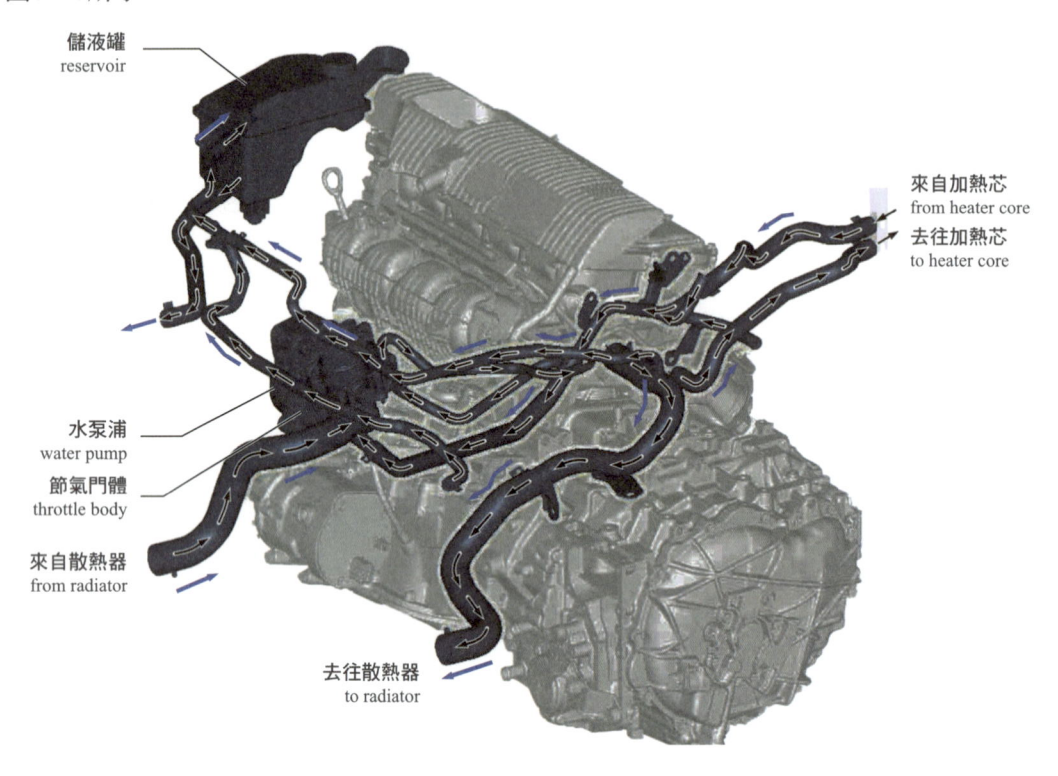

圖5-29 冷卻液管路

節溫器位於進水口殼處,以保持冷卻系統內適宜的溫度分布。水泵浦將來自引擎的熱水送至節氣門體,以防節氣門體凍結。冷卻液循環迴路如圖5-30所示。

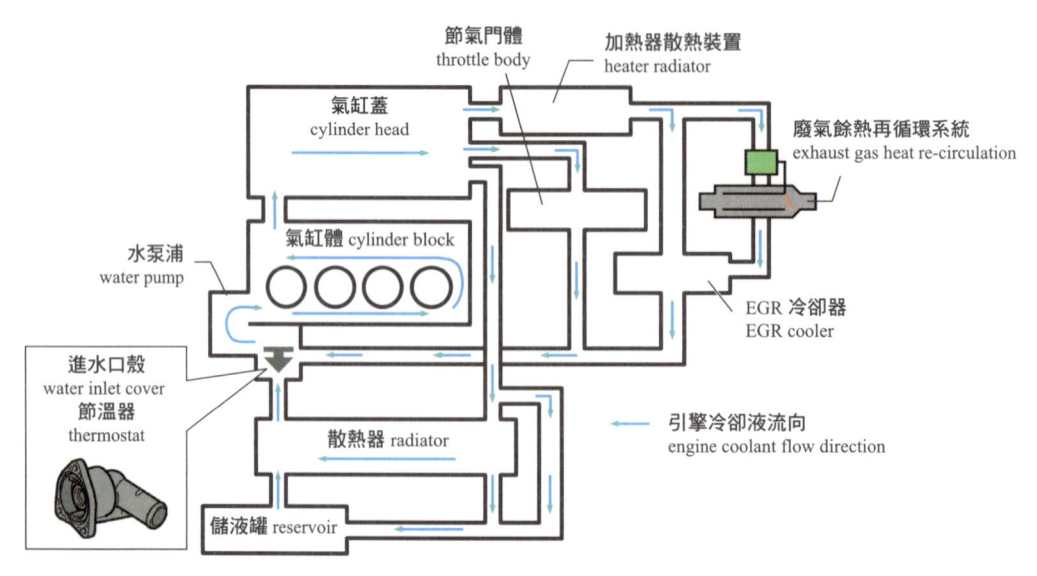

圖5-30 冷卻液循環迴路

電動水泵浦取代傳統的帶和帶輪，提高預熱性能、減少冷卻損失，並降低油耗和排放（圖5-31）。

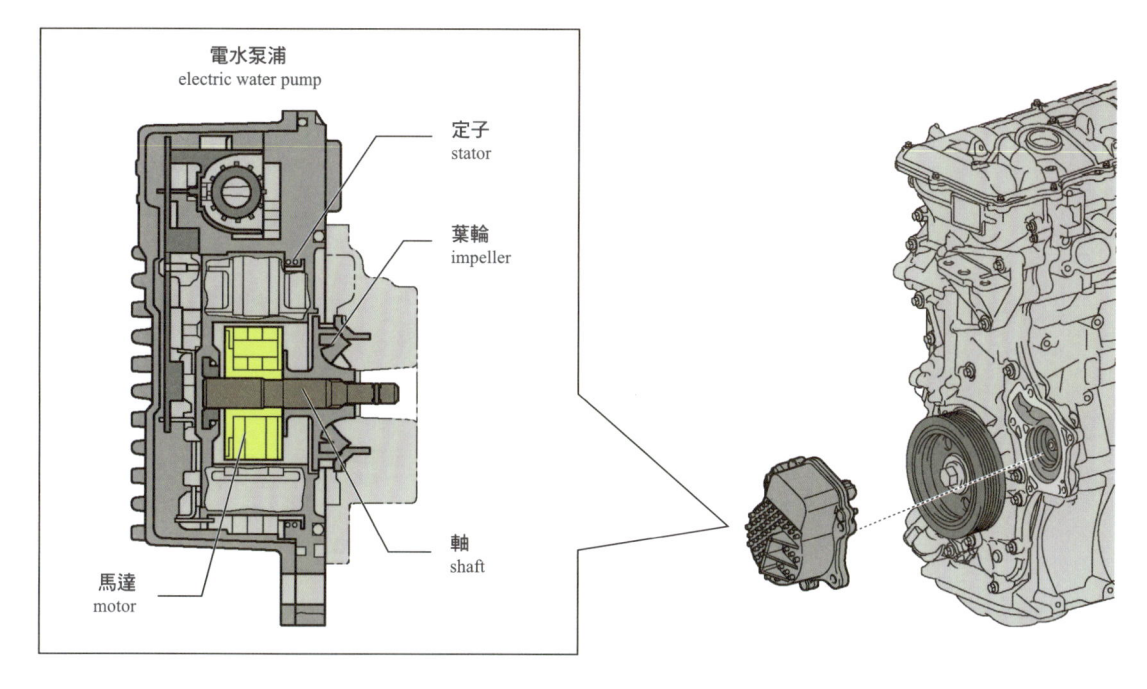

圖5-31 電動水泵浦結構

引擎控制模組（Engine Control Module，ECM）控制電動水泵浦，調整引擎冷卻液的循環量，以符合最佳的引擎工作條件（圖5-32）。

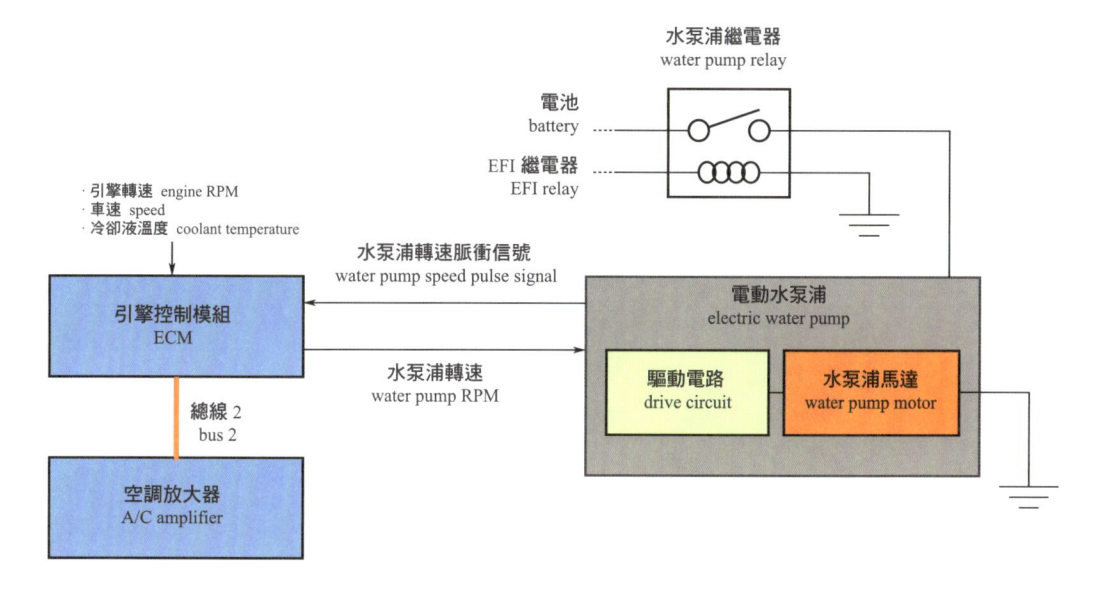

圖5-32 電動水泵浦控制電路

5.1.4　Corolla雙擎傳動軸

　　Corolla雙擎傳動軸（也稱變速驅動橋）採用豐田P410型傳動軸，為行星齒輪式無級變速機構。主要部件有1號馬達、2號馬達、組合齒輪單元、減速裝置（包括主減速器驅動齒輪、主減速器從動齒輪、中間軸齒輪、差速器小齒輪）、減振器（也稱阻尼器）等（圖5-33）。

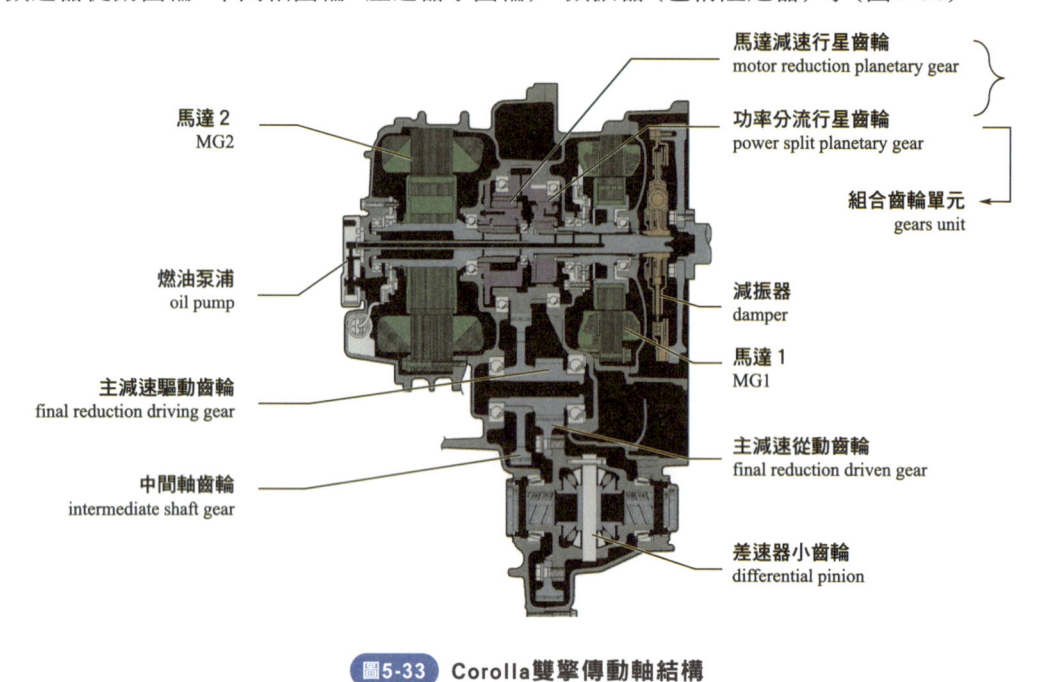

圖5-33　Corolla雙擎傳動軸結構

主要標注：
- 馬達2 MG2
- 燃油泵浦 oil pump
- 主減速驅動齒輪 final reduction driving gear
- 中間軸齒輪 intermediate shaft gear
- 馬達減速行星齒輪 motor reduction planetary gear
- 功率分流行星齒輪 power split planetary gear
- 組合齒輪單元 gears unit
- 減振器 damper
- 馬達1 MG1
- 主減速從動齒輪 final reduction driven gear
- 差速器小齒輪 differential pinion

　　Corolla雙擎傳動軸的分解如圖5-34所示。

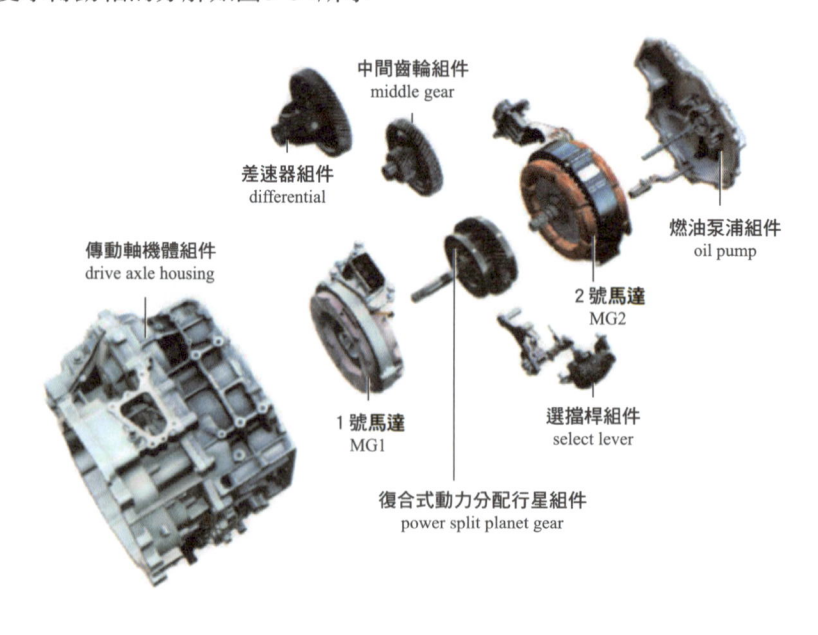

圖5-34　傳動軸分解圖

主要標注：
- 中間齒輪組件 middle gear
- 差速器組件 differential
- 傳動軸機體組件 drive axle housing
- 1號馬達 MG1
- 2號馬達 MG2
- 選擋桿組件 select lever
- 復合式動力分配行星組件 power split planet gear
- 燃油泵浦組件 oil pump

（1）Corolla雙擎傳動軸原理

傳動軸通過組合齒輪單元傳遞動力（圖5-35）。引擎、1號馬達、2號馬達、組合齒輪單元、減振器和油泵浦都安裝在同心軸上。引擎輸出的動力經過組合齒輪單元分為兩路：一路驅動汽車，另一路驅動1號馬達用來發電。

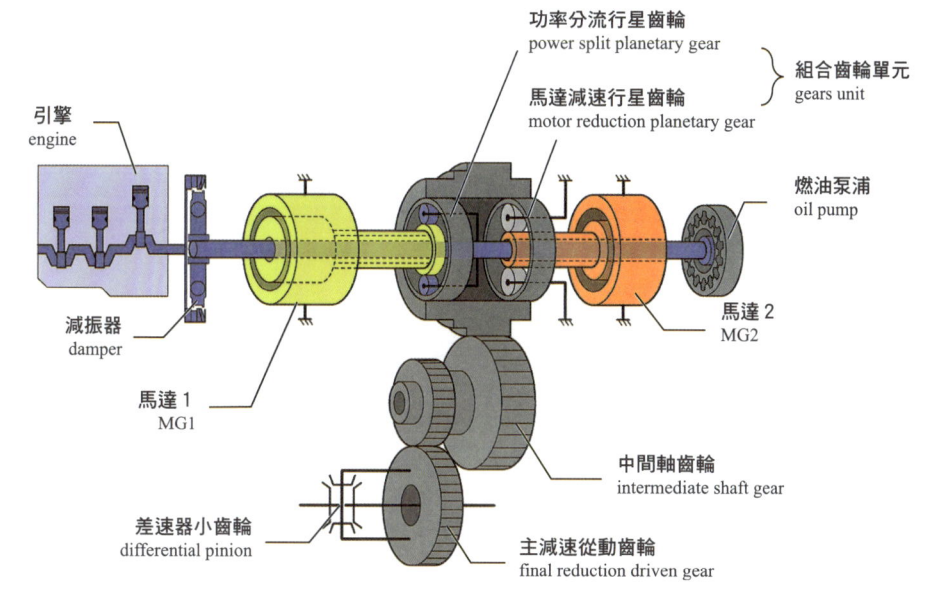

圖5-35 傳動軸齒輪組嚙合關係圖

（2）組合齒輪單元

組合齒輪單元由中間軸齒輪、動力分配行星齒輪單元和馬達減速行星齒輪單元組成。中間軸齒輪也稱組合齒輪，內有兩個環形齒輪，外有駐車鎖止齒輪和中間軸齒輪（圖5-36）。

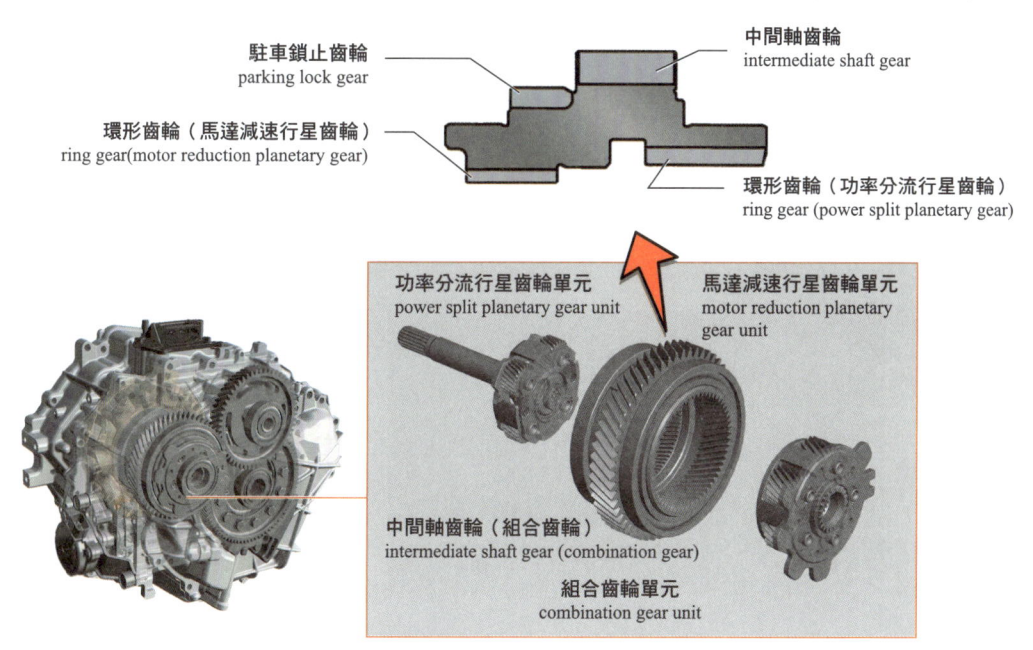

圖5-36 組合齒輪單元結構

組合齒輪單元與引擎、1號馬達和2號馬達的連接關係如圖5-37所示。組合齒輪單元採用雙行星排結構，一個行星排作為動力分配單元，另一個行星排作為2號馬達減速單元。雙馬達同軸佈置。

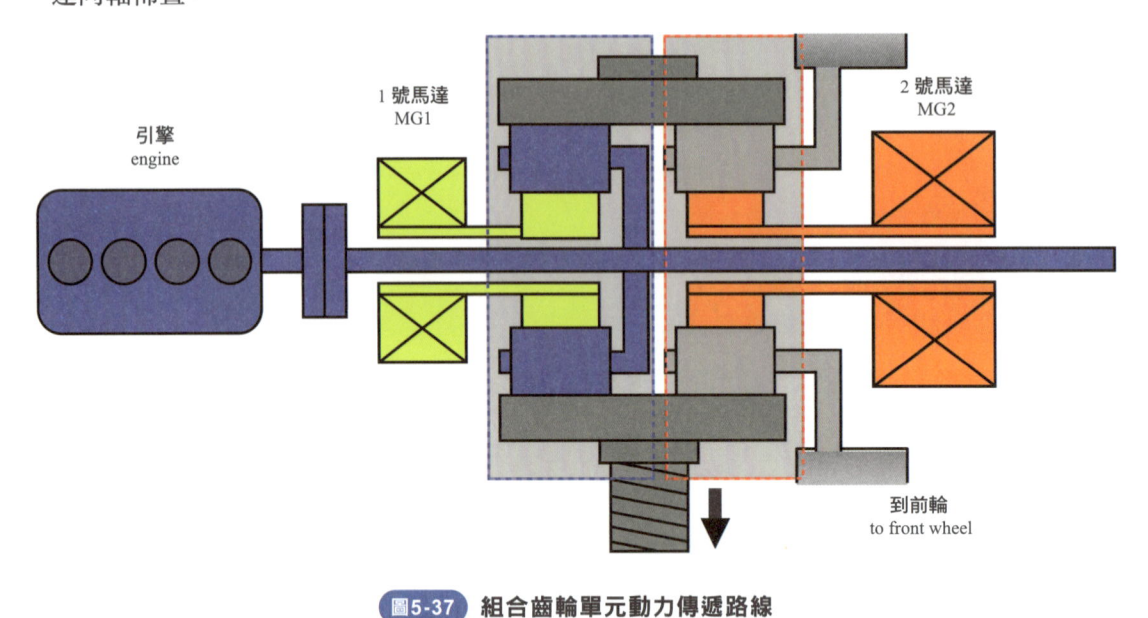

圖5-37 組合齒輪單元動力傳遞路線

（3）傳動軸減振器

採用低扭力螺旋彈簧阻尼器，當傳輸較大動能時可減輕振動（圖5-38）。乾式單盤摩擦材料通過打滑防止引擎轉矩過大造成部件損壞。

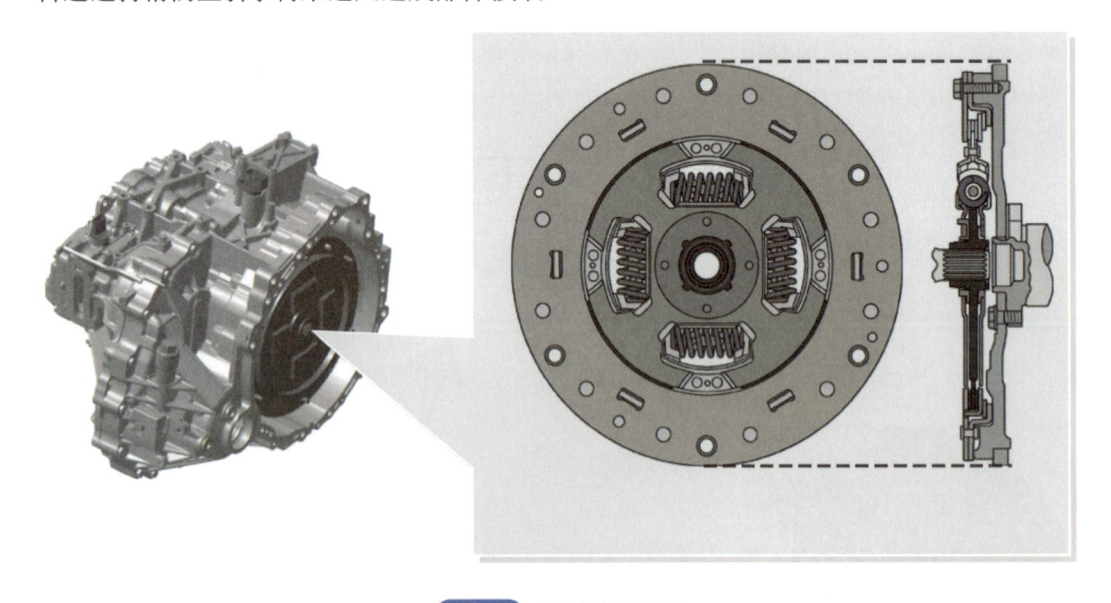

圖5-38 傳動軸減振器

(4) 傳動軸潤滑系統

主減速齒輪採用飛濺式潤滑,存油槽向各個齒輪供油(圖5-39)。

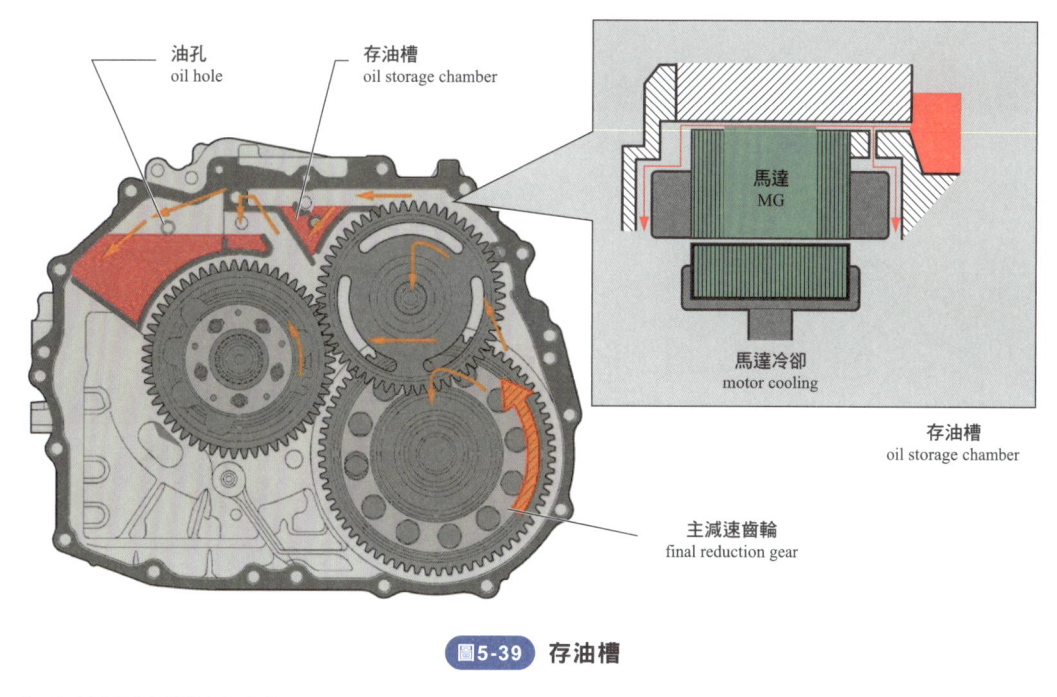

圖5-39 存油槽

(5) 傳動軸機油泵浦

機油泵浦採用餘擺線型油泵浦,內置於傳動軸內,由引擎驅動,壓力潤滑各部齒輪。另外傳動軸還通過減速齒輪旋轉,使油箱內潤滑油甩油潤滑齒輪,減小機油泵浦運轉負載(圖5-40)。

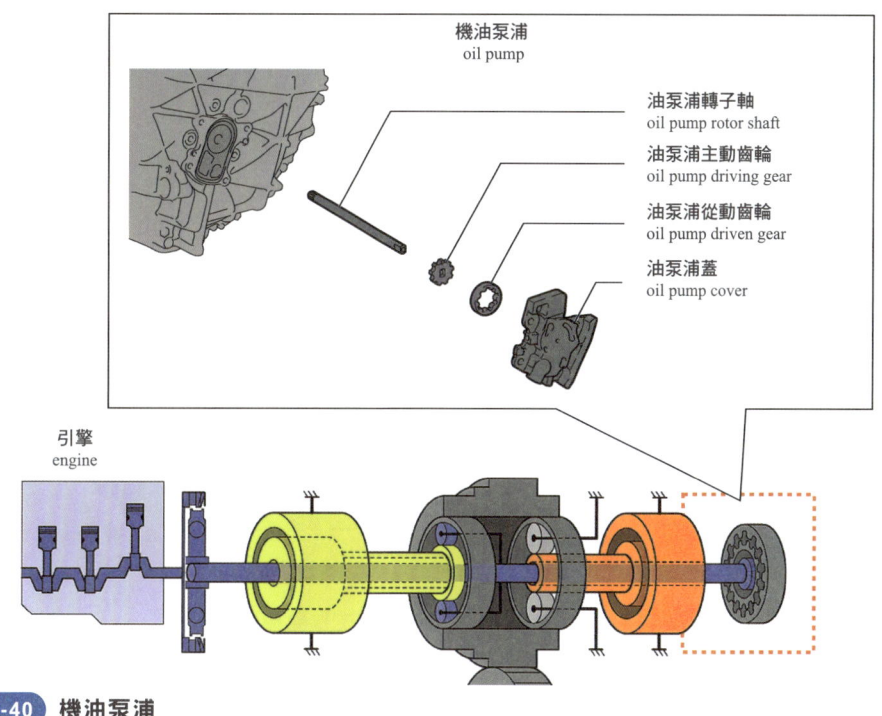

圖5-40 機油泵浦

5.1.5 Corolla雙擎電子換擋系統

　　Corolla雙擎採用線控換擋技術，使用回位型換擋桿，當駕駛員松開換擋桿手柄時，手柄自動回到原位（圖5-41）。

圖5-41　電子換擋系統組成

　　Corolla雙擎採用電子式駐車鎖止執行器，由變速箱控制ECU控制（圖5-42）。

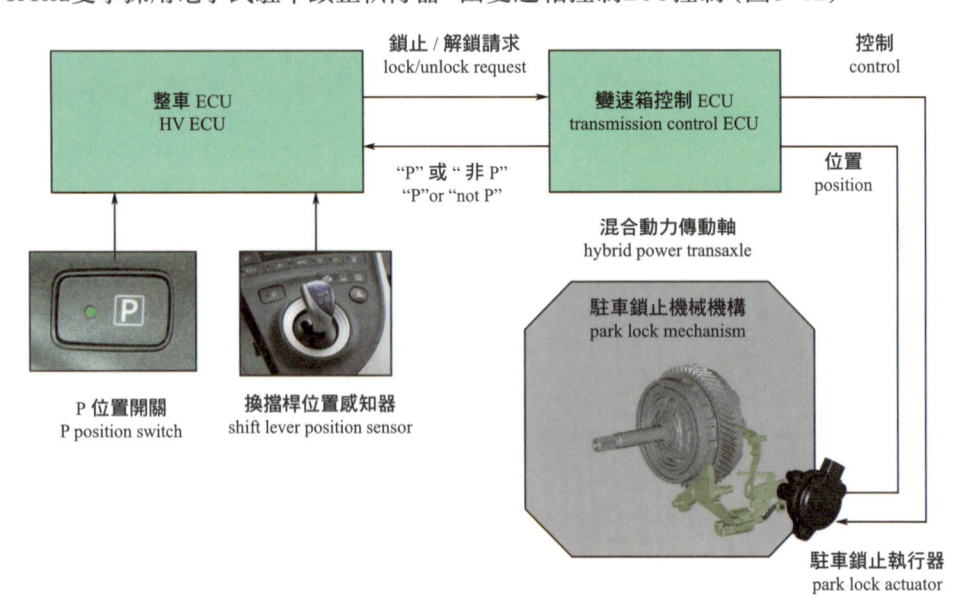

圖5-42　駐車鎖止執行器工作原理

駐車鎖止執行器用於嚙合或分離傳動軸駐車鎖止機械機構。駐車齒輪在環形齒輪外側，駐車鎖止系統通過與箱體連接，實現駐車（圖5-43）。

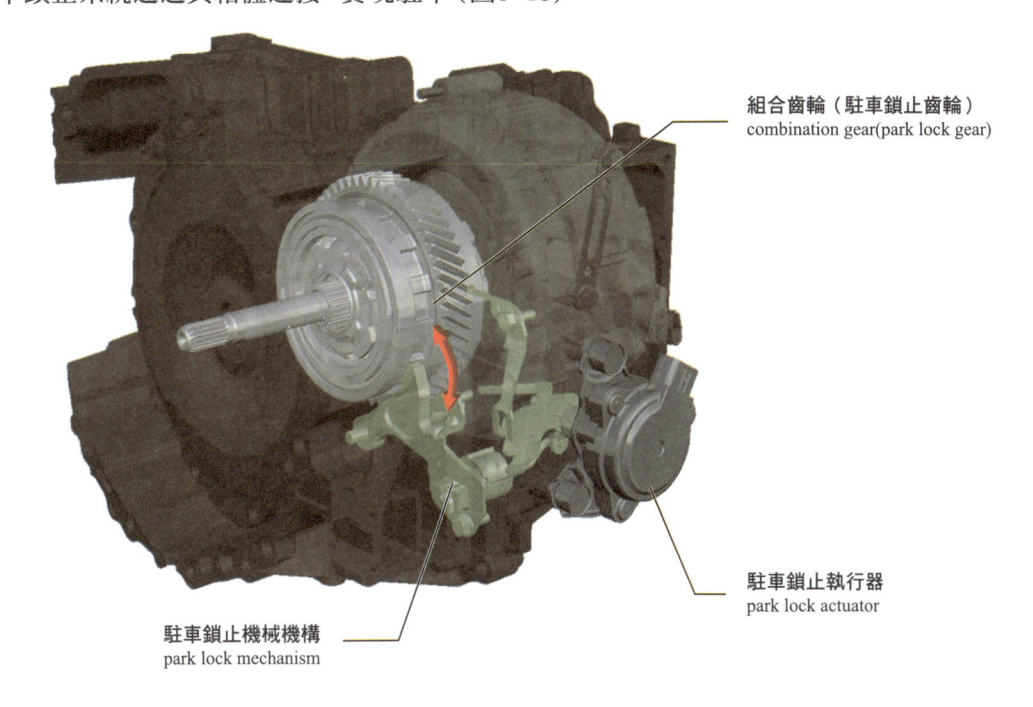

組合齒輪（駐車鎖止齒輪）
combination gear(park lock gear)

駐車鎖止執行器
park lock actuator

駐車鎖止機械機構
park lock mechanism

圖5-43 駐車鎖止機械機構位置

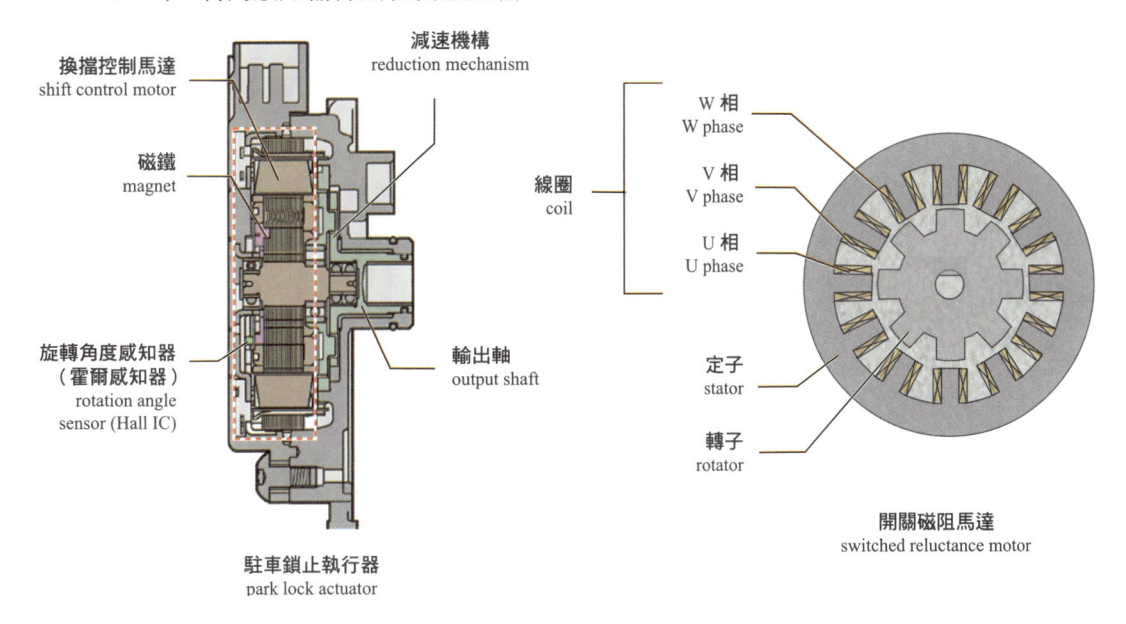

❶ **駐車鎖止執行器**　駐車鎖止執行器包括一個開關磁阻馬達和一個擺線減速機構（圖5-44）。轉角感知器採用霍爾感知器。

換擋控制馬達 shift control motor
減速機構 reduction mechanism
磁鐵 magnet
旋轉角度感知器（霍爾感知器） rotation angle sensor (Hall IC)
輸出軸 output shaft
駐車鎖止執行器 park lock actuator

W 相 W phase
V 相 V phase
U 相 U phase
線圈 coil
定子 stator
轉子 rotator

開關磁阻馬達 switched reluctance motor

圖5-44 駐車鎖止執行器

❷ **駐車鎖止執行器減速機構** 在斜坡上駐車時，駐車轉矩較大，此時擺線減速機構能夠確保駐車鎖的完全釋放（圖5-45）。

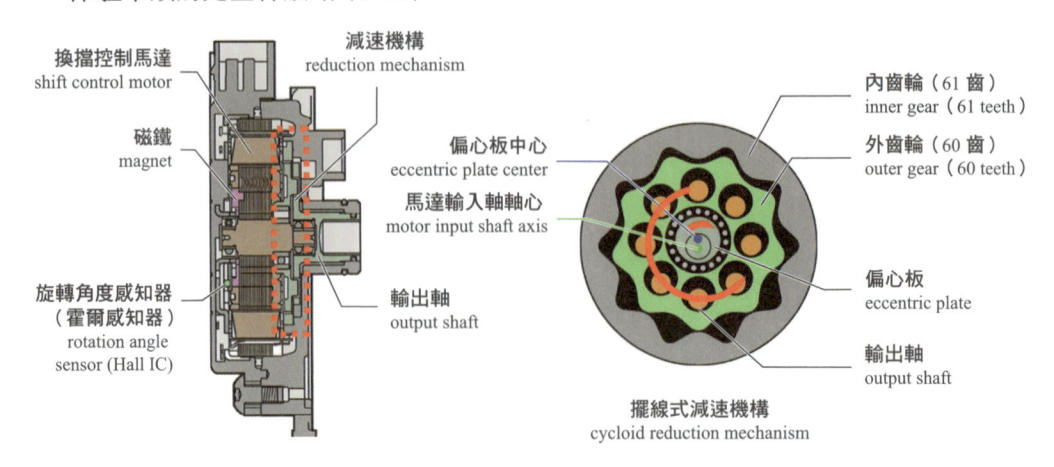

圖5-45 駐車鎖止執行器減速機構

5.1.6　Corolla雙擎馬達

Corolla雙擎的1號馬達和2號馬達亦稱MG（Motor/Generator）1和MG（Motor/Generator）2，為交流永磁同步馬達，既可用作馬達，也可用作發電機（圖5-46）。Corolla雙擎馬達的輸出功率佔整個動力系統輸出功率的53%，屬於強混合動力型。

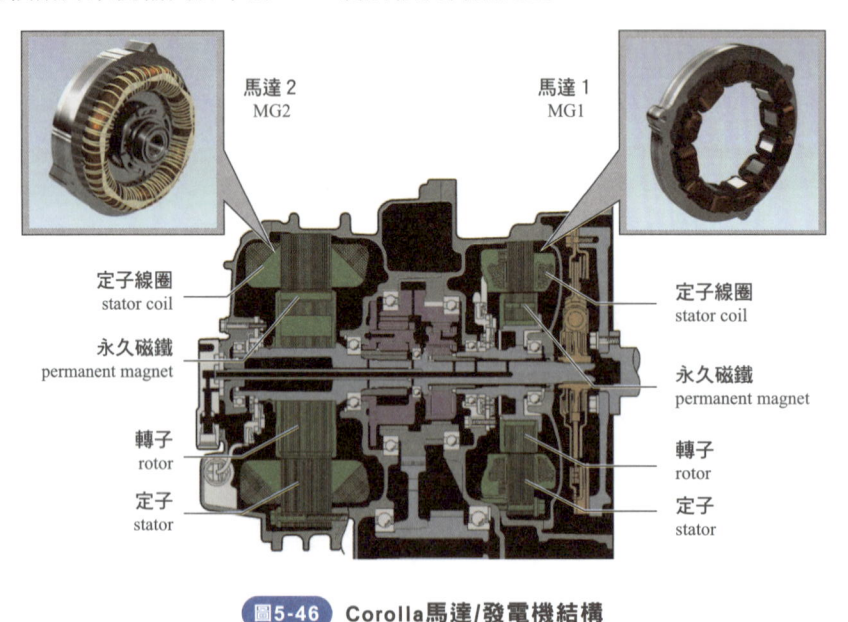

圖5-46 Corolla馬達/發電機結構

（1）1號馬達

1號馬達主要用作發電機，將引擎冗餘能量轉化為電能，給高壓電池充電或給2號馬達供電。此外啟動引擎時，1號馬達用作起動機。作為動力分流裝置的控制元件，1號馬達與太

陽輪相連,動力控制單元按照一定的控制策略改變轉速和轉矩,從而實現無級變速的功能(圖5-47)。

圖5-47　1號馬達分解圖

(2) 2號馬達

2號馬達主要用作馬達來驅動汽車,並利用1號馬達和高壓電池提供的電能工作。此外當汽車煞車、下坡或駕駛員放鬆加速踏板時,引擎關閉,2號馬達作為發電機,在汽車的慣性下,車輪帶動2號馬達發電,將煞車能轉化為電能儲存在高壓電池中(圖5-48)。

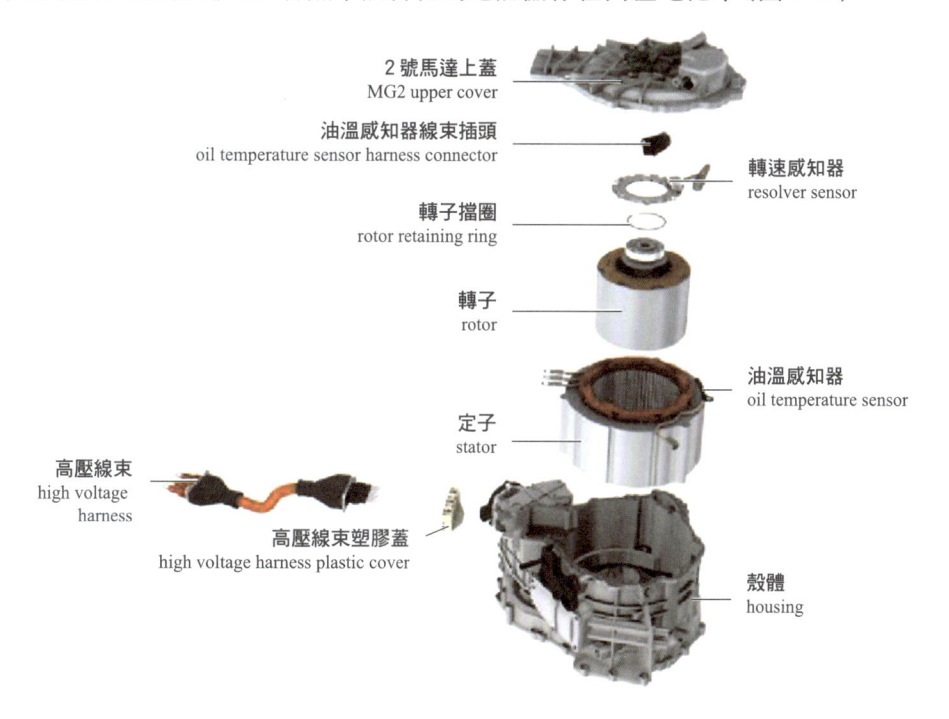

圖5-48　2號馬達分解圖

(3) 轉速感知器

為了使三相交流馬達轉動,需要正確檢測轉子的位置。在1號馬達和2號馬達中分別安裝有一個速度感知器(也稱旋轉變壓器、解角器),它們是可靠性極高且結構緊湊的感知器,可以高精度檢測轉子磁極的位置。馬達轉子磁極的精確位置對確保對馬達有效控制非常重要。轉速感知器與驅動馬達同軸,安裝在馬達轉子的軸端(圖5-49)。

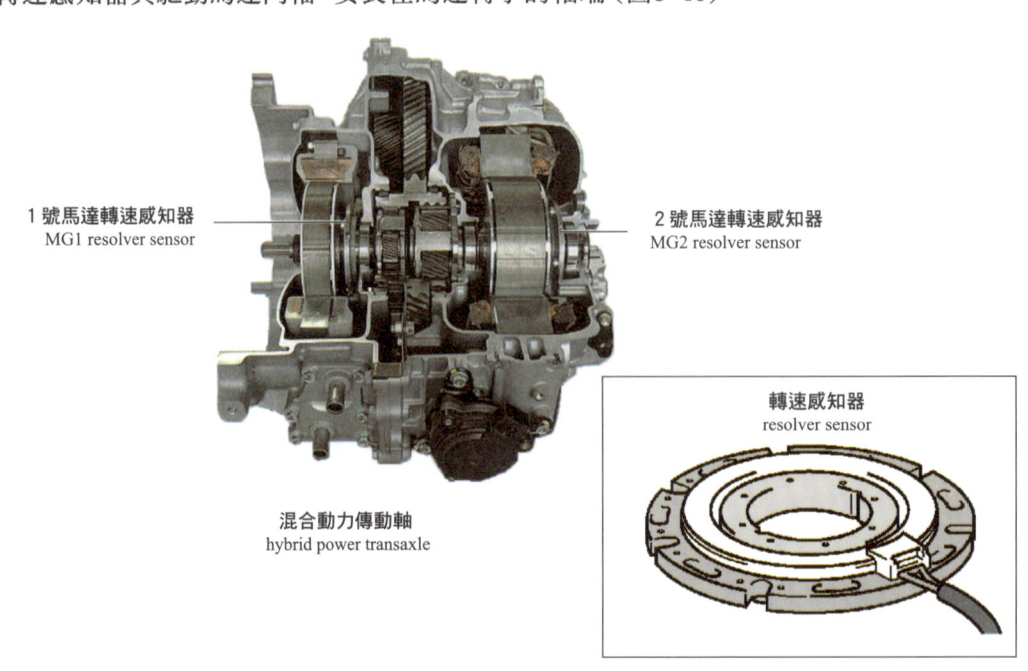

圖5-49 轉速感知器位置

轉速感知器主要由定子及定子繞組、轉子及外殼等組成(圖5-50)。在馬達運轉時,轉速感知器檢測馬達的轉速及轉角,並將信號傳輸給馬達控制器。

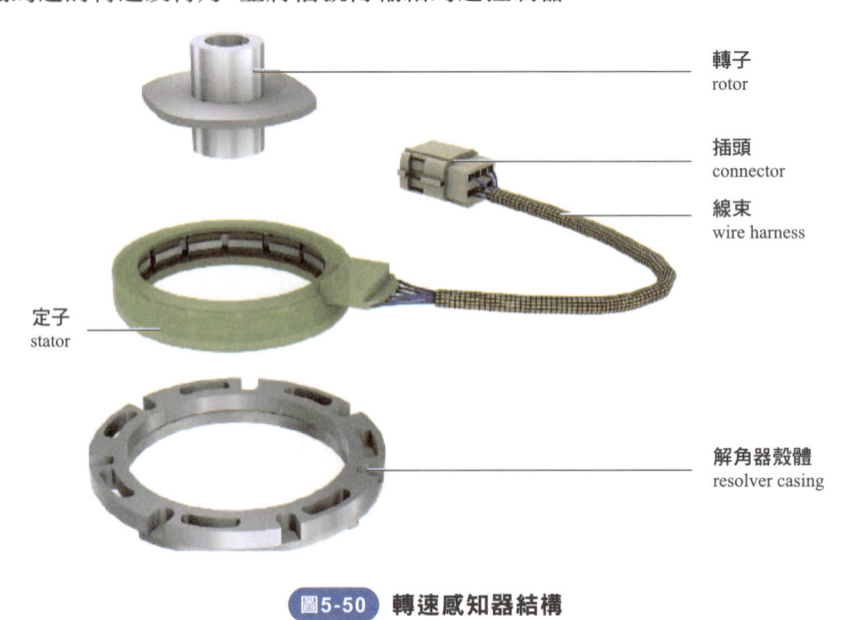

圖5-50 轉速感知器結構

轉速感知器的工作原理：轉速感知器的定子與橢圓形的轉子間的距離隨轉子的旋轉而變化。檢測線圈S的+S和-S相互間隔90°。檢測線圈C的+C和-C也以同樣的方式相互間隔90°。線圈S和C相互間隔45°（圖5-51）。

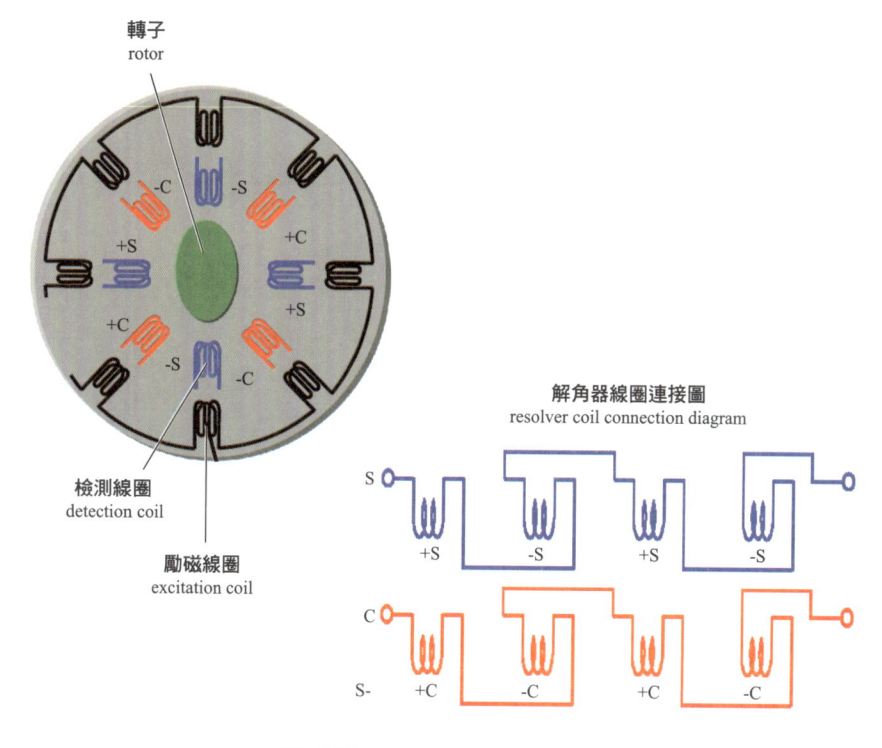

圖5-51 轉速感知器內部電路

勵磁線圈具有恆定頻率的交流電，向線圈S和C輸出恆定頻率的磁場，與轉子轉速無關。勵磁線圈的磁場由轉子送至線圈S和C。由於轉子為橢圓形，因此定子與轉子之間的間隙隨轉子的旋轉而變化。由於間隙的變化，檢測線圈S和C輸出波形的峰值隨轉子位置的變化而變化（圖5-52）。

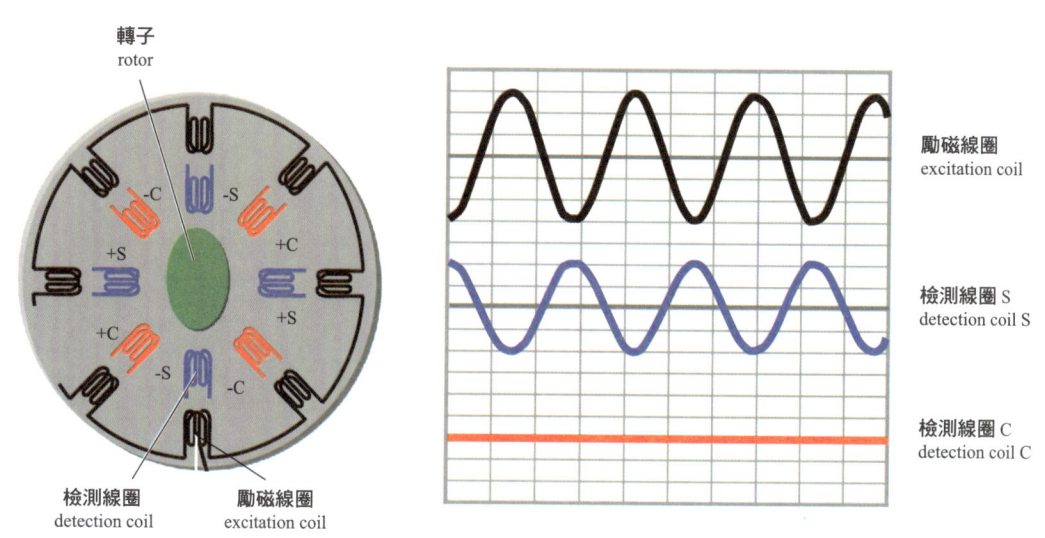

圖5-52 轉子位置的檢測

馬達ECU持續監視這些峰值，將其連接形成虛擬波形並根據線圈S的虛擬波形和線圈C的虛擬波形的相位差判定轉子的旋轉方向。此外，馬達ECU根據指定時間內轉子位置的變化量計算轉速。圖5-53所示為轉子從特定位置順時針旋轉時，勵磁線圈、S線圈和C線圈的輸出波形。

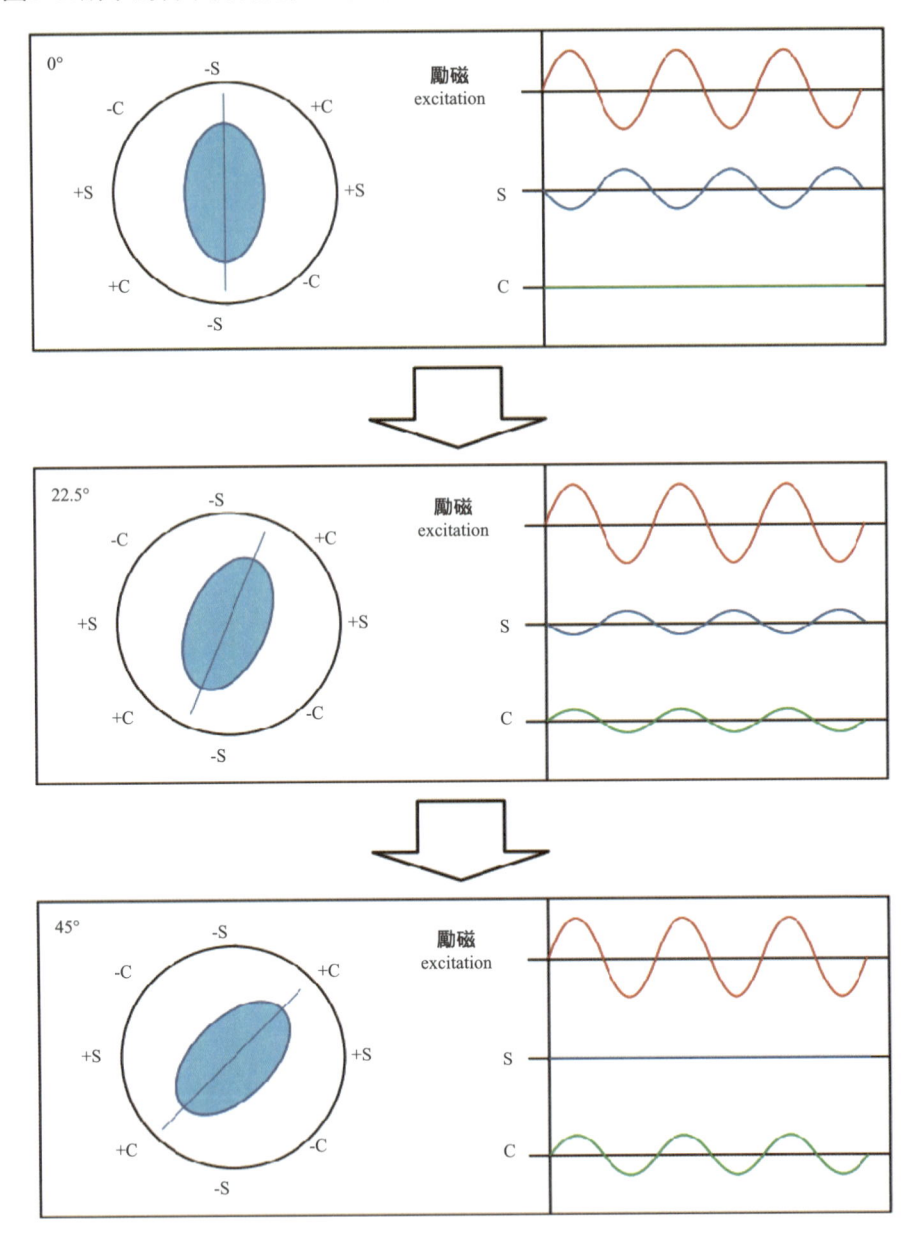

圖5-53 轉子從特定位置順時針旋轉

（4）馬達溫度感知器

　　溫度感知器用於檢測1號馬達和2號馬達的溫度。如果馬達因為冷卻系統故障、在低速的情況下爬坡（坡度或斜度持續上升）等而過熱，則絕緣體可能發生故障或轉子的內部磁鐵可能消磁。因此，如果馬達的溫度升高超過規定值，則整車ECU限制馬達的輸出並防止過熱（圖5-54）。

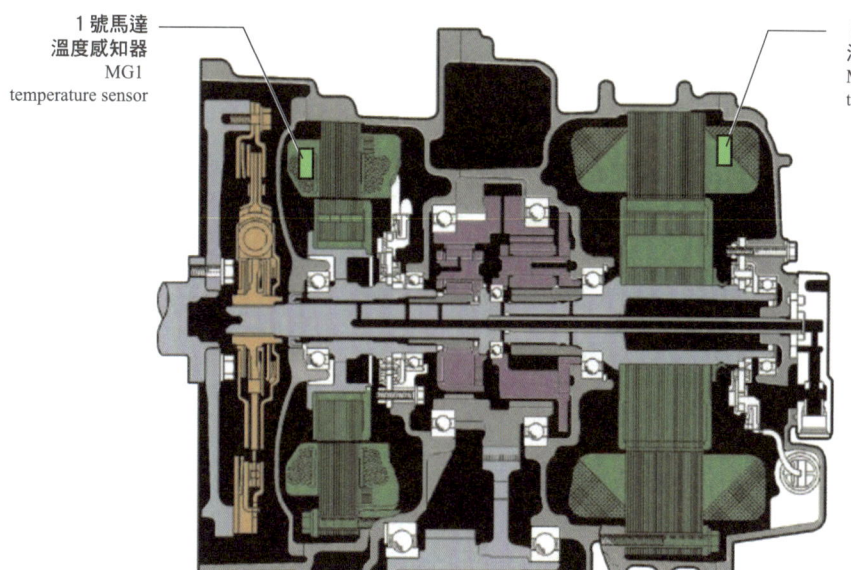

第 5 章 混合動力汽車

圖5-54 馬達溫度感知器

溫度感知器特性：1號馬達和2號馬達溫度感知器內的熱敏電阻的阻值隨馬達溫度的變化而變化。馬達溫度越低，熱敏電阻的阻值越大。馬達溫度越高，熱敏電阻的阻值越小（圖5-55）。

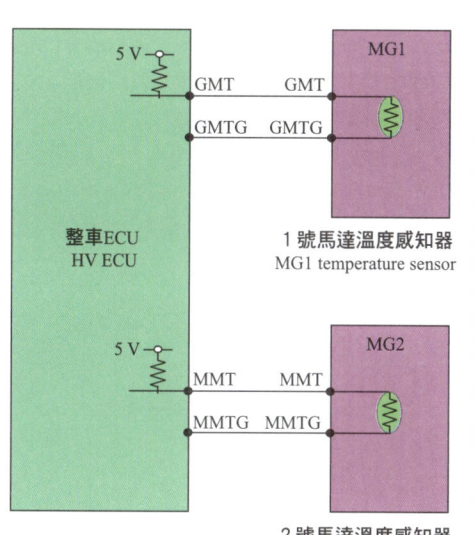

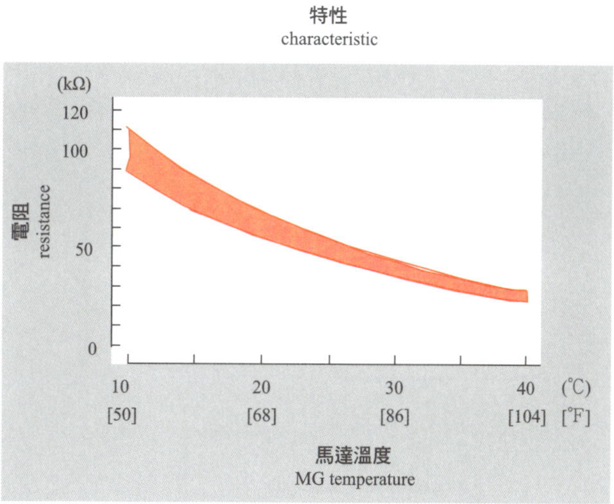

圖5-55 溫度感知器特性

（5）馬達的工作原理

馬達的定子採用三相（U相、V相和W相）線圈結構。施加三相交流電時，在馬達內部產生旋轉磁場。根據轉子方向和轉速控制旋轉磁場，通過旋轉磁場吸引轉子內的永久磁鐵，從而產生轉矩。發電時，轉子（永久磁鐵）旋轉使磁場發生改變，同時由於電磁感應使電流流向定子線圈（圖5-56）。

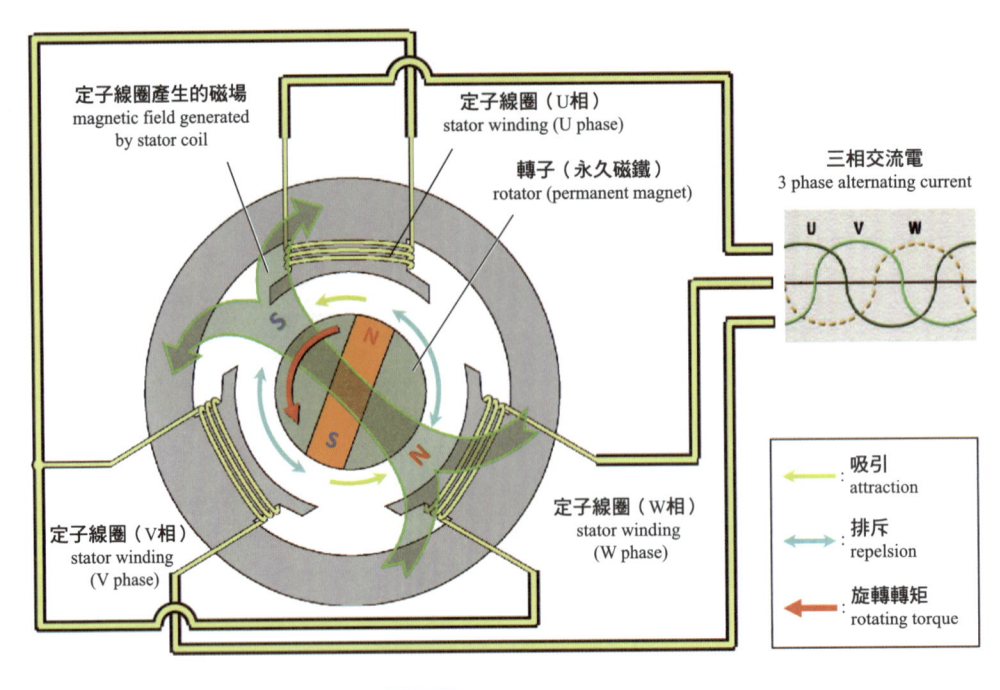

圖5-56 馬達工作示意圖

　　如圖5-57所示，當馬達運行時，IGBT根據轉子的位置（永磁體）接通，產生與轉子位置相適應的三相交流電，當三相交流電通過定子線圈的三相繞組時，在馬達中產生一個旋轉磁場，根據轉子的旋轉位置和轉速控制旋轉磁場，使轉子內的永磁體受到旋轉磁場的吸引，產生轉矩，使轉子轉動。IGBT的控制正時的基礎信號由馬達各自的轉速感知器提供，所產生的轉矩在所有實際用途中都與電流大小成比例，而轉速則由交流電的頻率來控制。

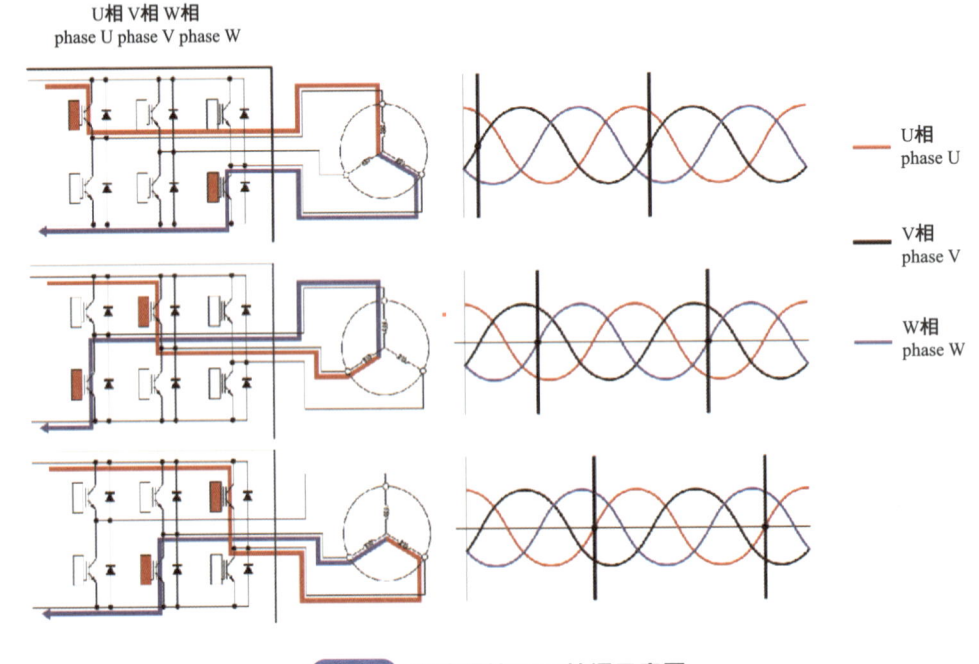

圖5-57 馬達運轉IGBT接通示意圖

如圖5-58所示，當馬達再生煞車時，車輪轉動轉子（永磁體），轉子（永磁體）旋轉產生一個移動的磁場，並且由於電磁感應在定子線圈U相、V相和W相產生三相交流電壓，電流以整流後的直流電形式從二極管流出，用來給高壓電池充電。逆變器實現交流變直流轉換。

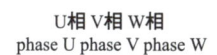

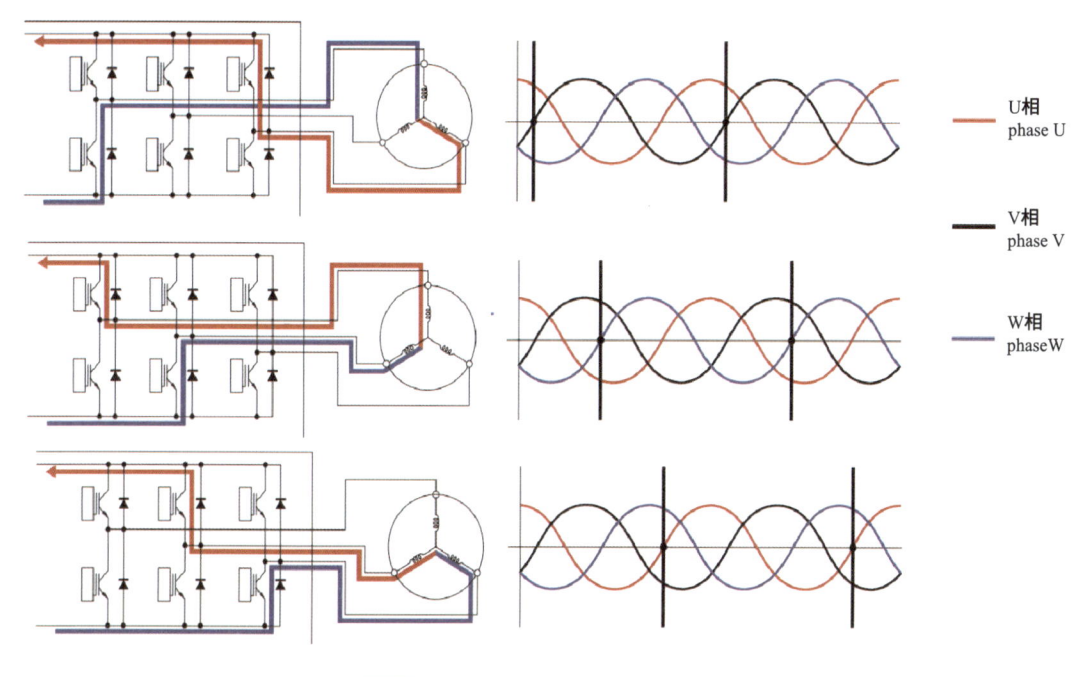

圖5-58　馬達再生煞車產生移動磁場

5.1.7　Corolla雙擎高壓電池

Corolla雙擎高壓電池採用鎳氫電池。與鋰電池組相比，鎳氫電池雖然容量不如鋰電池，但其在使用壽命與安全性方面有優勢。普通的鋰電池使用壽命在一千次左右，而採用「淺放電，多循環」方式的鎳氫電池使用壽命能達到上萬次。如果只使用50%電量就重新充電，鎳氫電池的循環次數將提升至20000次。這樣的使用壽命可保證一台混動車型在壽命週期內都不需要更換電池。

（1）電池位置

高壓電池位於行李廂內後排座位下（圖5-59）。

高壓電池的功能是存儲發電機產生的電能，同時當馬達驅動汽車時，高壓電池向馬達供電。空調工作時，高壓電池通過DC/AC電壓轉換，向壓縮機供電。為保證汽車正常運行，高壓電池和輔助蓄電池都需要正常工作（圖5-60）。

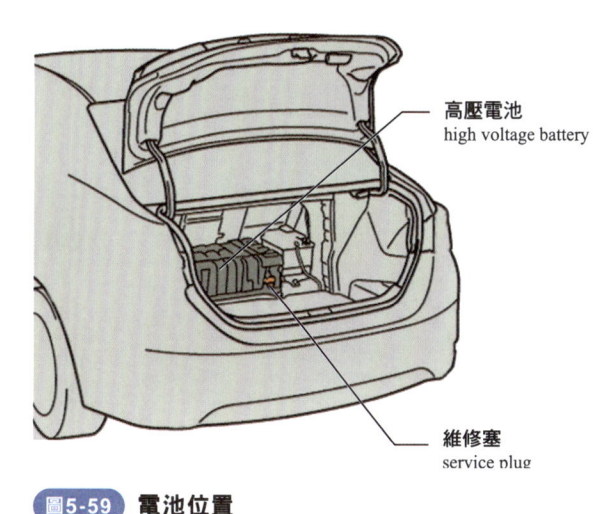

圖5-59　電池位置

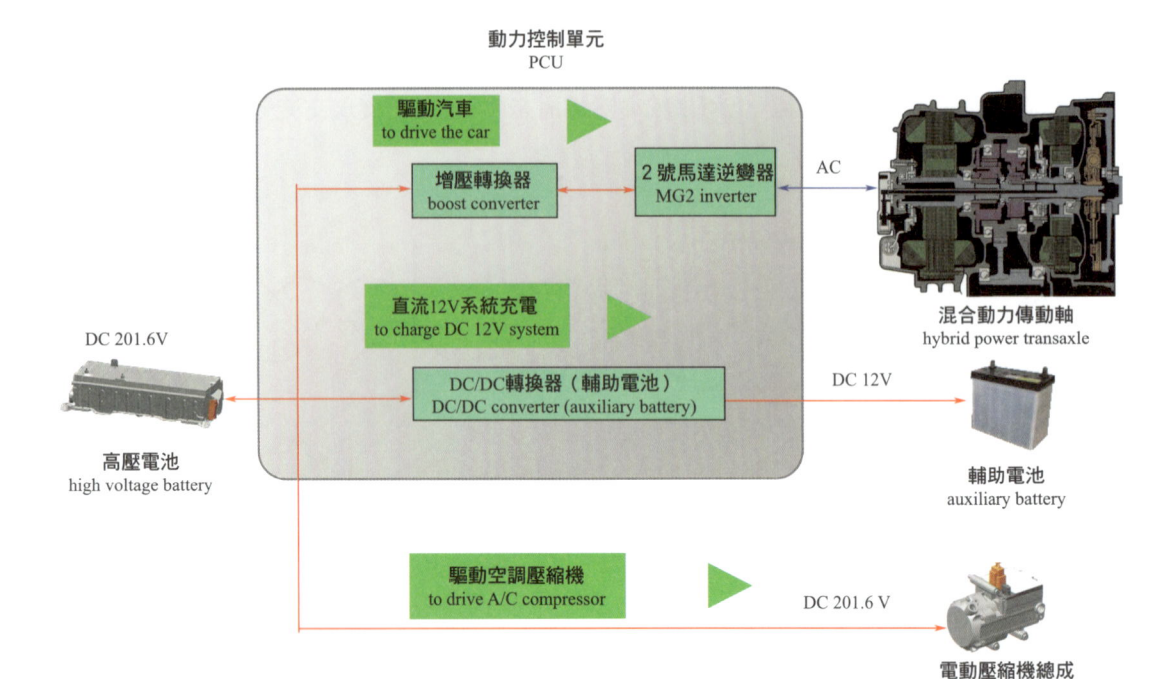

圖5-60 電池連接示意圖

（2）高壓電池的組成

Corolla雙擎高壓電池組成部件如圖5-61所示。

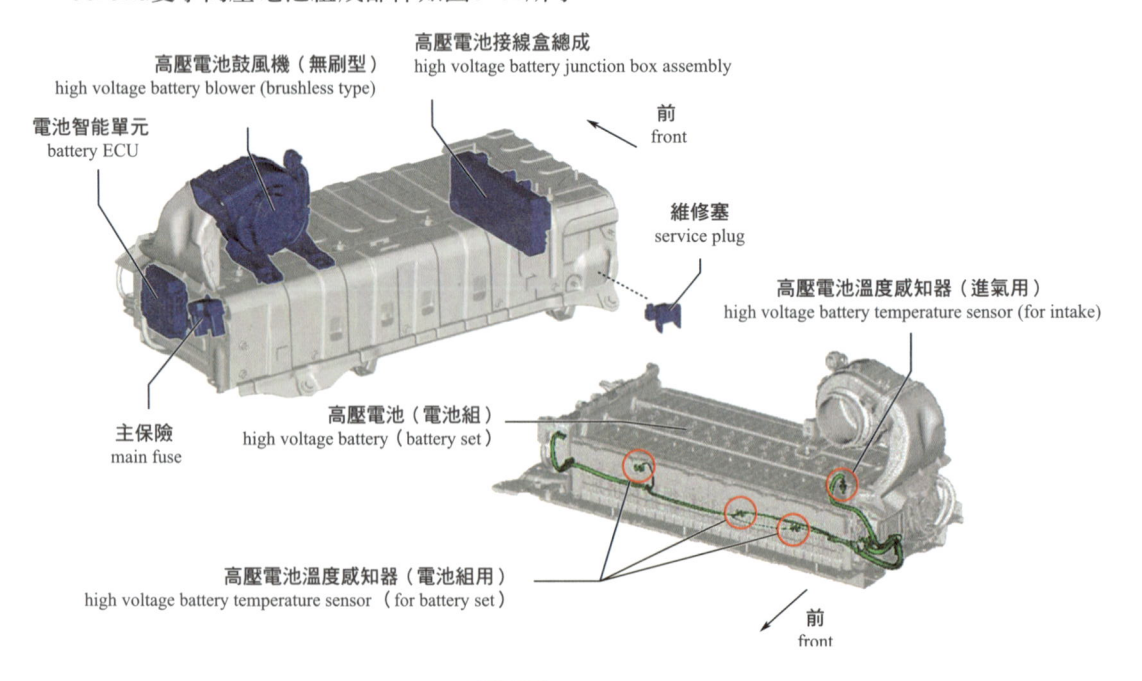

圖5-61 電池組成

（3）高壓電池結構

Corolla採用鎳氫電池，6個1.2V的電芯串聯組成一個7.2V的電池模組，28組模組串聯構成整個高壓電池，總電壓為201.6V。電池、電池ECU和SMR（系統主繼電器）集中在一起，位於後排座後面的行李廂中（圖5-62）。

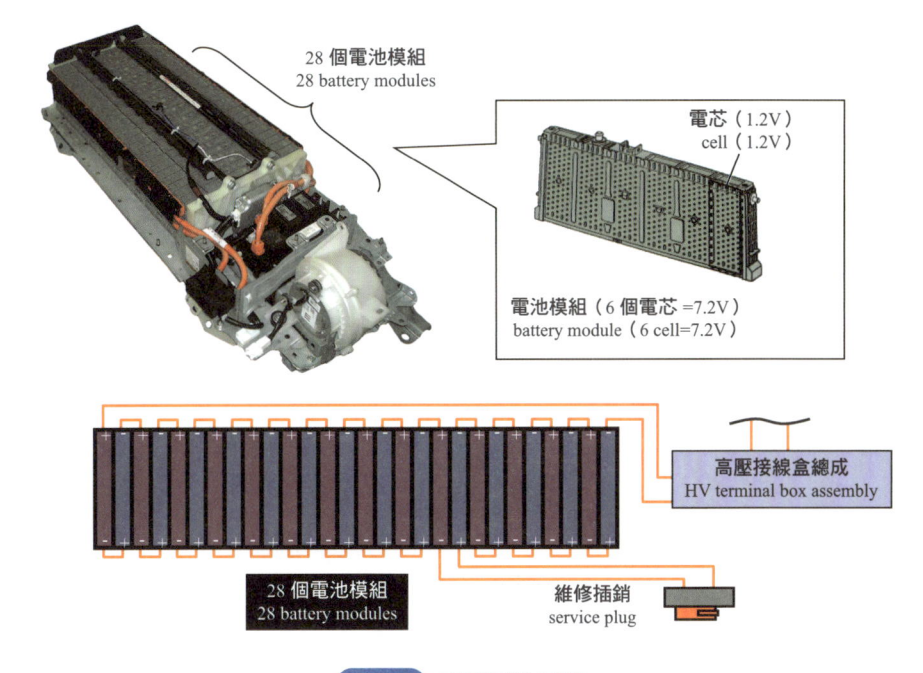

圖5-62 高壓電池模組

（4）高壓電池接線盒總成

3個系統主繼電器（SMR）安裝在高壓電池接線盒中，根據整車ECU的信號，接通或斷開高壓電路。SMRB位於高壓電池正極側；SMRG位於高壓電池負極側；SMRP位於連接至預充電電阻器的蓄電池負極側（圖5-63）。

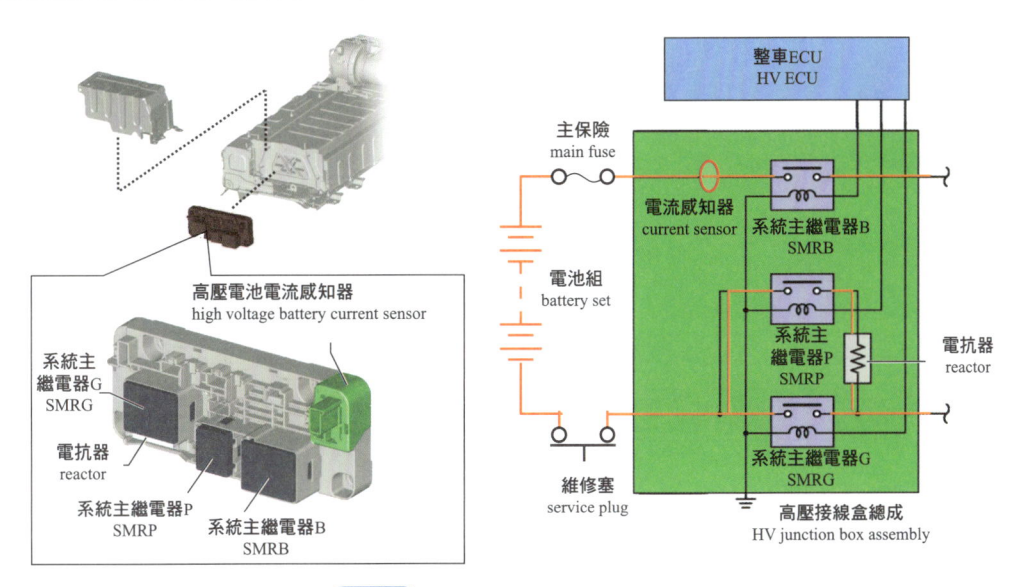

圖5-63 系統主繼電器位置及電路

(5) 高壓電池的冷卻

在重復的充放電過程中,高壓電池會產生熱量。為了保證高壓電池良好的工作性能,專門為高壓電池提供一套冷卻系統(圖5-64)。裝在通風道上的風扇把來自駕駛室的風,通過過濾器、通風管路,送到高壓電池盒。

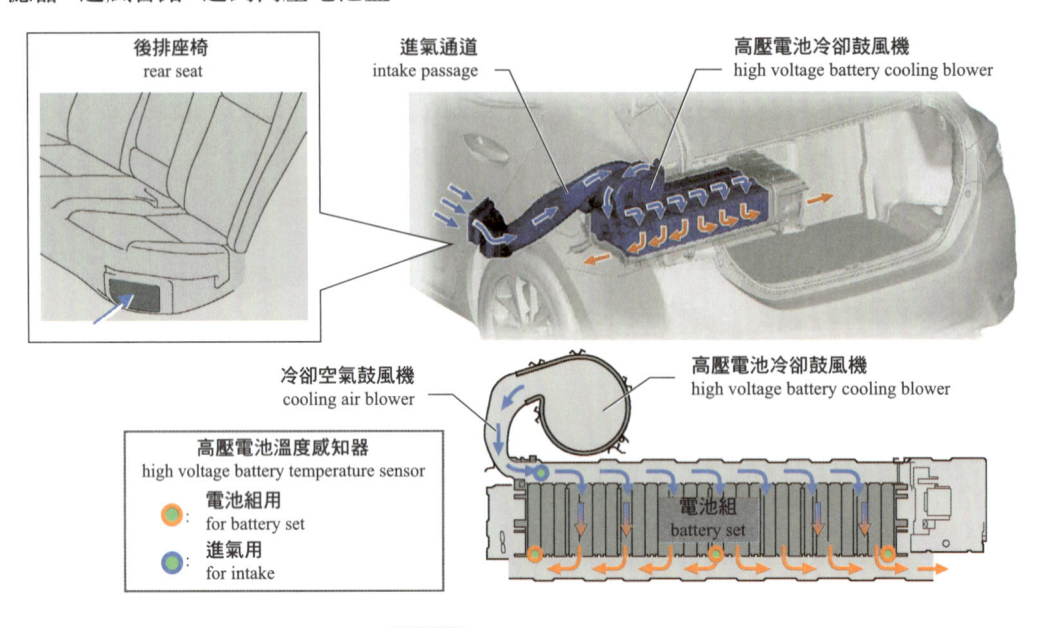

圖5-64　高壓電池通風系統

(6) 荷電狀態

荷電狀態(State Of Charge,SOC)表示電池剩餘電量,為充電量與額定容量的百分比值。電池完全充電至其額定容量時,SOC為100%。電池電量完全耗盡時,SOC為0%。整車ECU根據接收的數據控制高壓電池充電/放電,將SOC始終控制在穩定水平(圖5-65)。

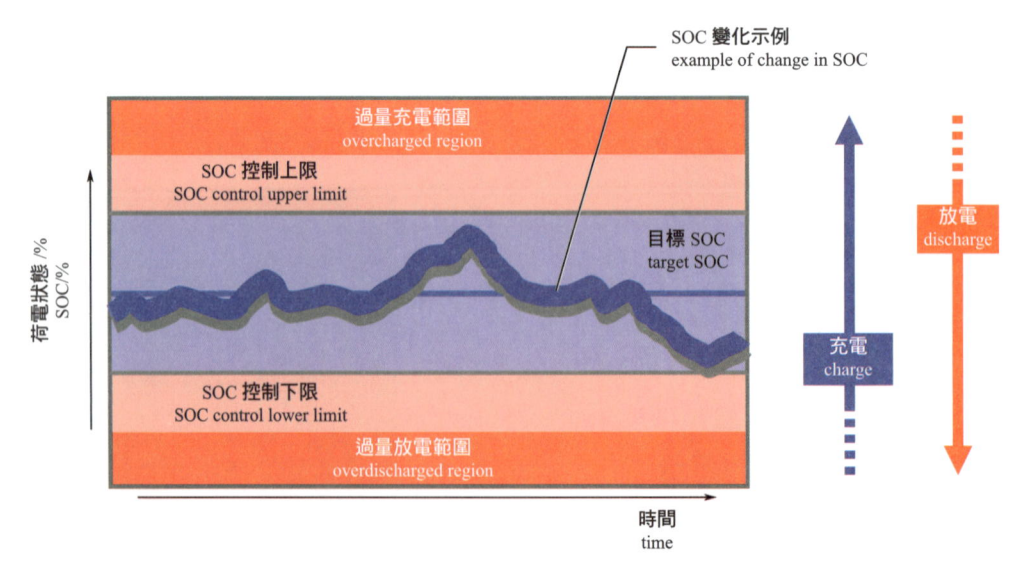

圖5-65　SOC變化示例圖

(7) 電池ECU

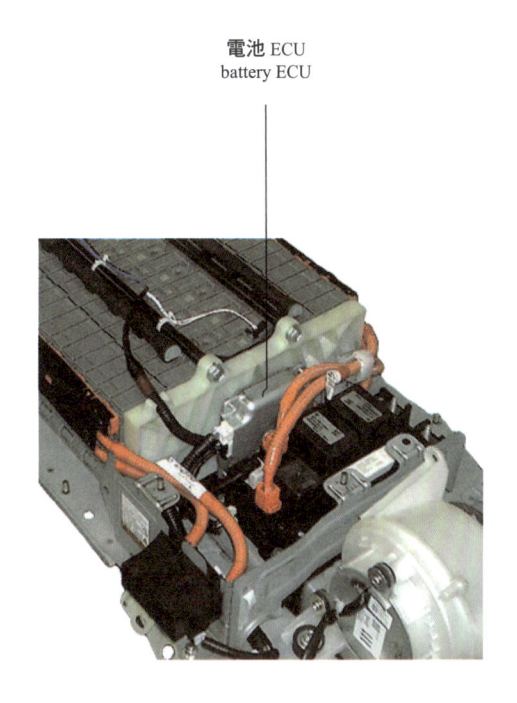

電池ECU接收所需的高壓電池信號（電壓、電流和溫度），並計算高壓電池的SOC。當出現電池過載、偏離SOC閾值或者過熱時，整車ECU發送斷開指令，切斷高壓電池SMR繼電器以保護高壓電池。電池ECU不能直接影響充電電流與荷電狀態，而是通過串行通信接口向整車ECU告知高壓電池的工作狀態，整車ECU根據高壓電池的狀態確定高壓電池充放電電流和功率的臨界值，充電策略和動力系統運行控制策略保證高壓電池的SOC維持在規定的閾值範圍內，並確保其充放電功率不超過整車ECU給定的臨界值（圖5-66）。

圖5-66 高壓電池內部控制電路

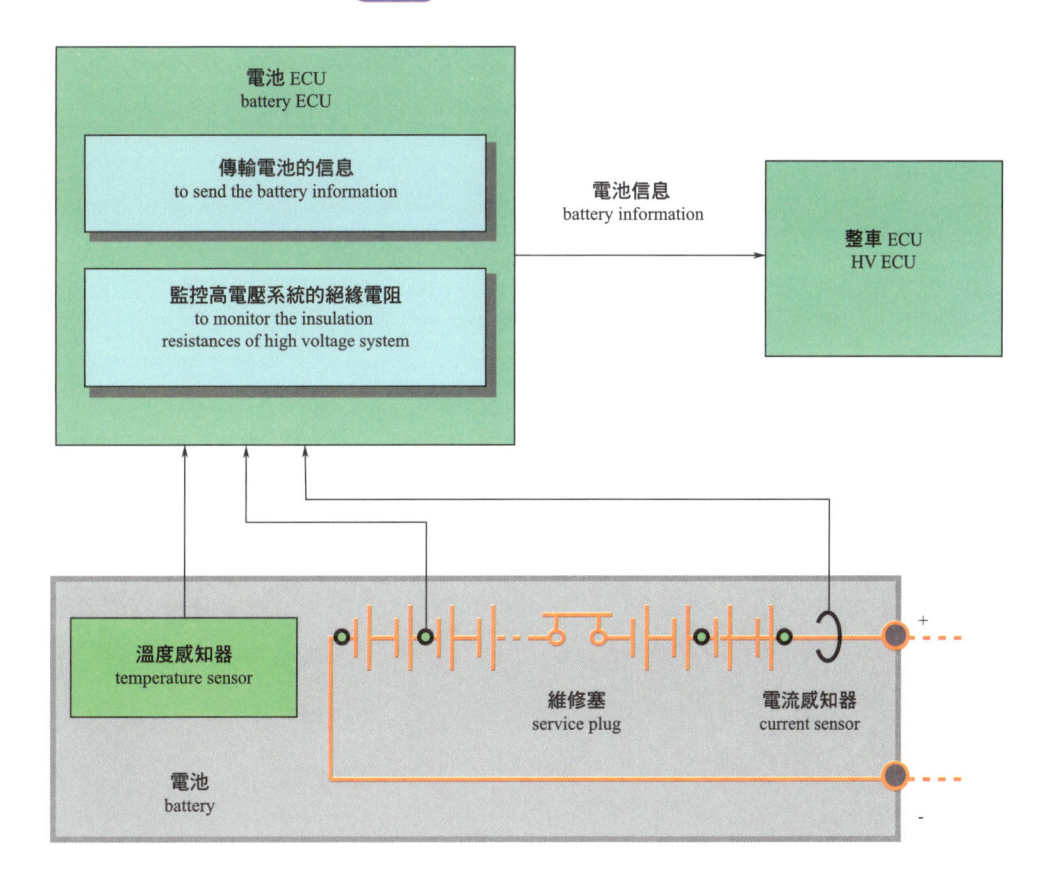

(8) 絕緣異常檢測

為安全起見，混合動力汽車的高壓電路均與車身搭鐵絕緣。修理手冊中規定的標準絕緣電阻值在1～100MΩ之間。洩漏檢測電路內置於電池ECU中，可持續監測高壓電路和車身搭鐵之間的絕緣電阻以確保其恆定。如果絕緣電阻降至低於規定值，則存儲DTC（故障碼）並通過組合儀表顯示屏告知駕駛員出現異常情況（圖5-67）。

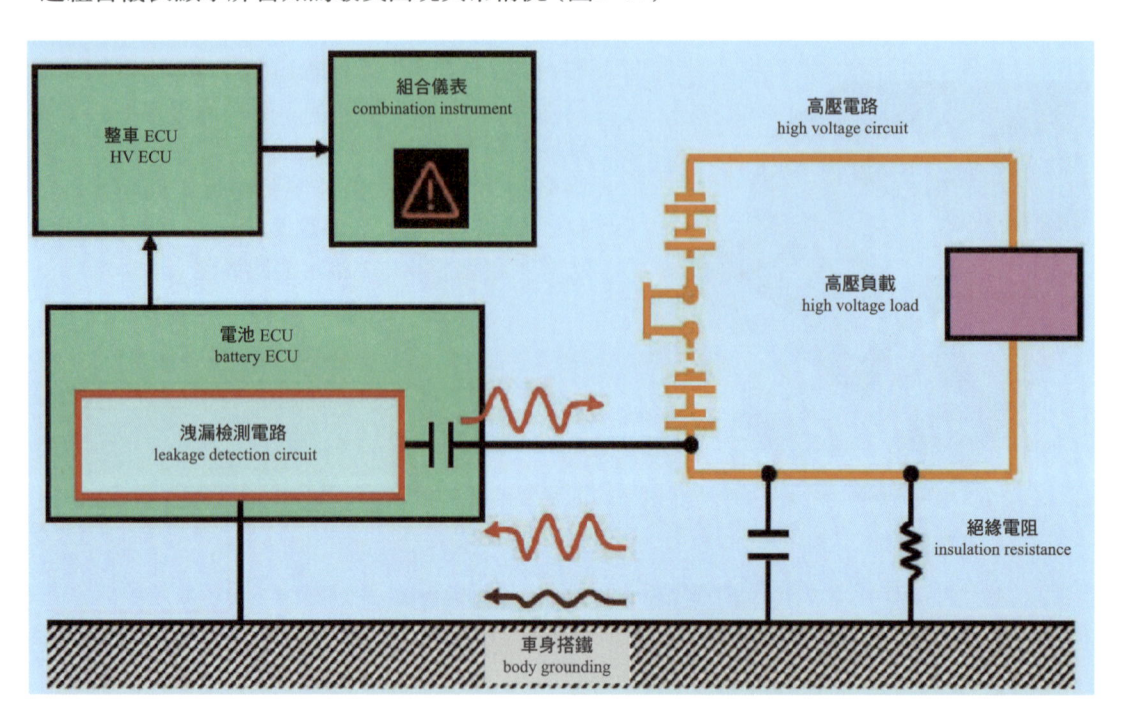

圖5-67 洩漏檢測電路

5.1.8 Corolla雙擎動力控制系統

Corolla雙擎動力控制系統主要部件如圖5-68所示。HV ECU根據加速踏板位置感知器發出的信號檢測加速踏板上所施加力的大小。HV ECU收到1號馬達和2號馬達轉速感知器發出的車速信號，並根據擋位感知器的信號檢測擋位。HV ECU根據這些信息確定汽車的行駛狀態，對1號馬達、2號馬達和引擎的動力進行最優控制。

整車ECU（HV ECU）接收每個感知器及各ECU（引擎ECM、蓄電池ECU和防滑控制ECU）的信息，根據這些信息計算所需的轉矩和輸出功率。整車ECU將計算結果發送給引擎ECM、變頻器總成、蓄電池ECU和防滑控制ECU（圖5-69）。整車ECU監控混合動力組成部分（混合動力系統的引擎、發電機、高壓電池）的運轉狀態；監控通過汽車的控制網絡傳來的煞車信息；監控駕駛者發出的指令（加速踏板開度、變擋位置）；監控輔助駕駛設備（如空調、加熱器、前照燈、導向系統）的能量消耗。

第 5 章　混合動力汽車

高壓電池
high voltage battery

整車 ECU
HV ECU

電控模組
ECM（electronic control module）

引擎
engine

動力控制單元
（power control unit）

增壓轉換器
boost converter

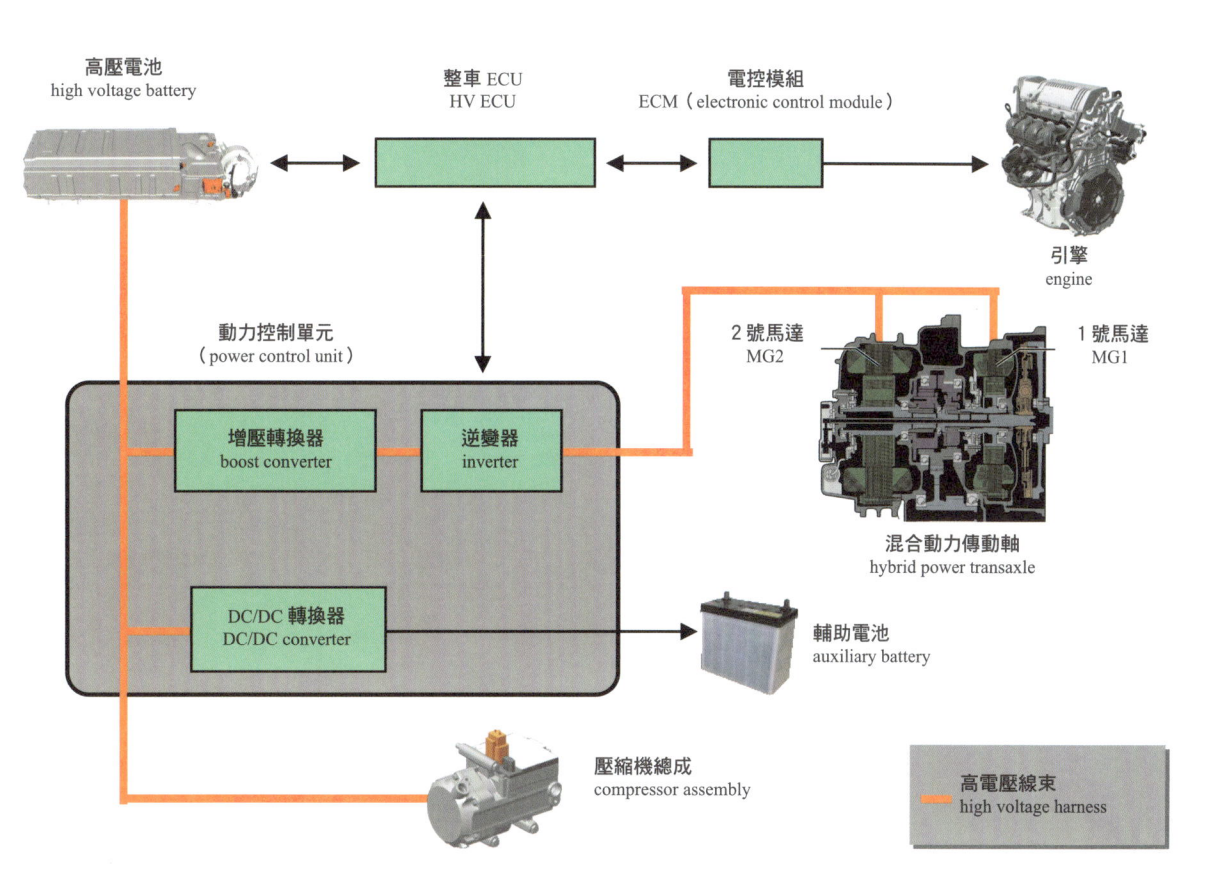

逆變器
inverter

2 號馬達
MG2

1 號馬達
MG1

混合動力傳動軸
hybrid power transaxle

DC/DC 轉換器
DC/DC converter

輔助電池
auxiliary battery

壓縮機總成
compressor assembly

高電壓線束
high voltage harness

圖5-68　Corolla雙擎動力控制系統

· 149 ·

圖解新能源汽車原理與構造

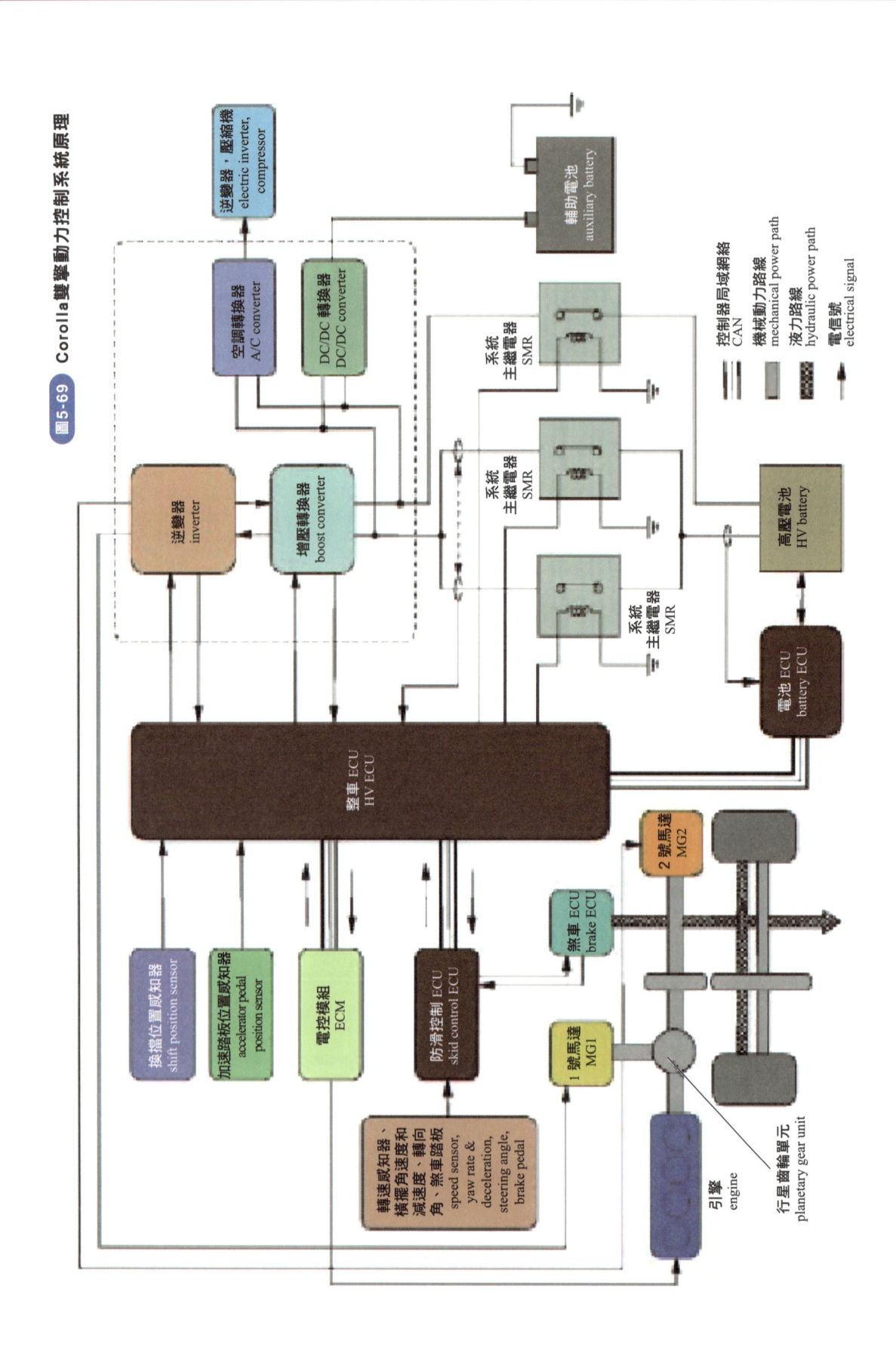

圖 5-69 Corolla 雙擊動力控制系統原理

· 150 ·

5.1.9　Corolla雙擎動力控制單元

Corolla雙擎動力控制單元（PCU）在車上的安裝位置如圖5-70所示。

動力控制單元
power control unit

圖5-70　動力控制單元安裝位置

動力控制單元內部為多層結構，主要由電容、逆變器、電抗器、馬達ECU、DC/DC轉換器組成（圖5-71）。動力控制單元採用了獨立於引擎冷卻系統的水冷型冷卻系統，從而確保了散熱。配備了互鎖開關作為安全防護措施（由於帶有高壓），在拆下逆變器端子蓋或斷開高壓電池電源電纜連接器時，此開關通過整車ECU斷開系統主繼電器。

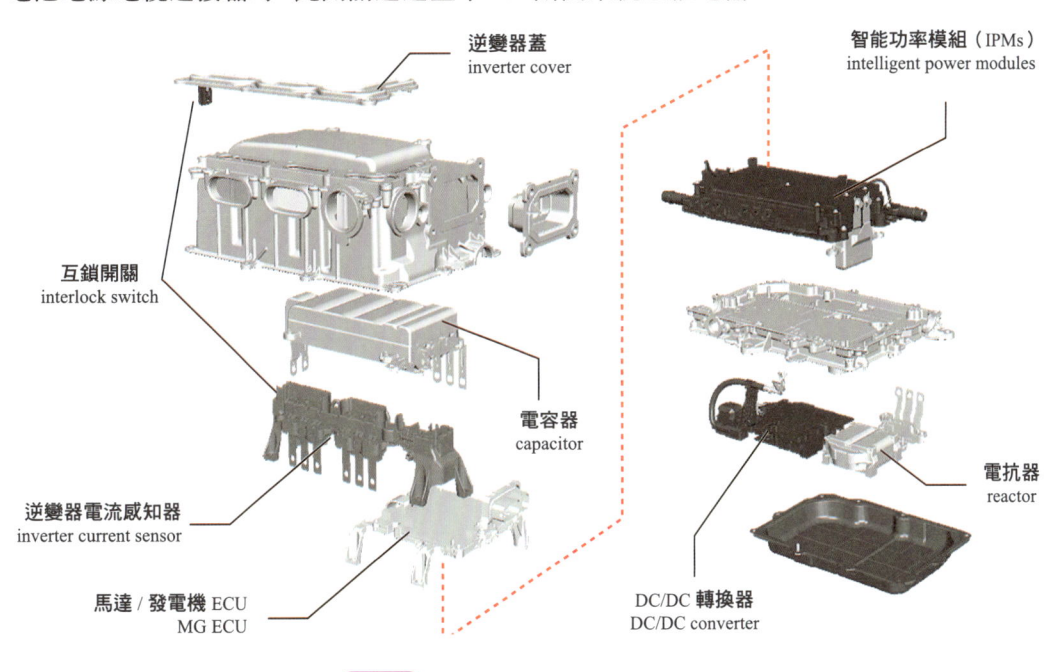

逆變器蓋 inverter cover
智能功率模組（IPMs）intelligent power modules
互鎖開關 interlock switch
電容器 capacitor
逆變器電流感知器 inverter current sensor
電抗器 reactor
馬達/發電機 ECU　MG ECU
DC/DC 轉換器 DC/DC converter

圖5-71　動力控制單元（PCU）（一）

動力控制單元可以分為馬達ECU、逆變器、增壓轉換器和DC/DC轉換器四部分，如圖5-72所示。

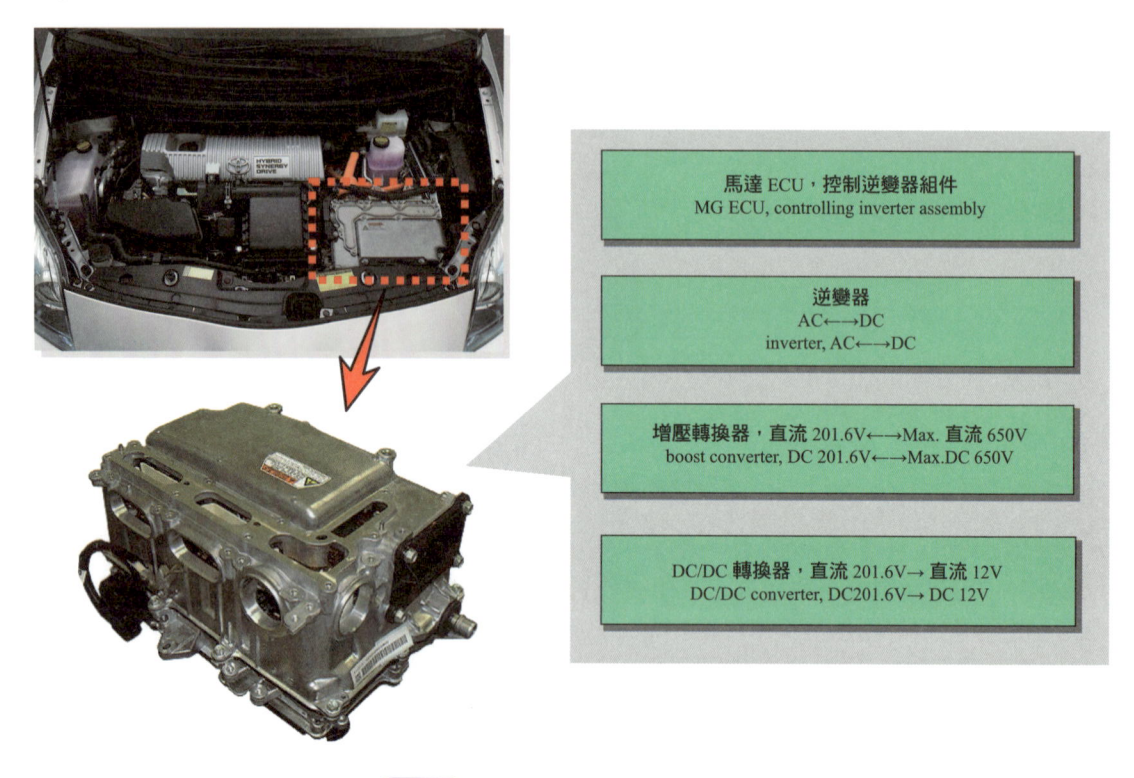

圖5-72 動力控制單元（PCU）（二）

（1）馬達ECU

馬達ECU用於控制逆變器和增壓轉換器；根據接收整車ECU的信號，控制逆變器和增壓轉換器，使1號馬達和2號馬達運行在馬達或發電機模式（圖5-73）；從整車ECU接收控制1號馬達和2號馬達的運行狀態信息（如1號馬達和2號馬達的轉速、轉矩、溫度以及目標升高電壓）；將汽車控制所需的信息，如逆變器輸出電流值、逆變器電壓、逆變器溫度、1號馬達和2號馬達轉速、大氣壓力以及任何故障信息傳輸至整車ECU。

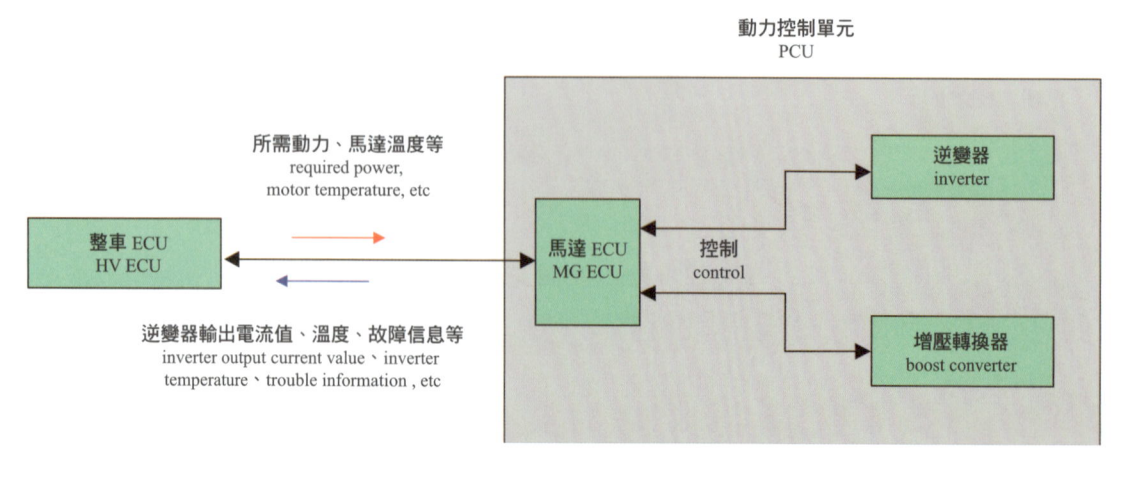

圖5-73 馬達ECU控制原理

（2）逆變器

逆變器和增壓轉換器主要由智能動力模組（Intelligent Power Module，IPM）、電抗器和電容器組成（圖5-74）。2套IPM共有14個IGBT（絕緣柵雙極晶體管），分別構成各自的集成動力模組，包括信號處理器、保護功能處理器等。逆變器將來自高壓電池的直流電轉換為交流電提供給1號馬達和2號馬達，反之亦然。馬達ECU根據接收自整車ECU的等效PWM波形控制信號控制智能動力模組（IPM）內的IGBT。IGBT用於切換馬達的U、V和W相。6個IGBT在ON和OFF間切換，控制馬達的轉矩和轉速。

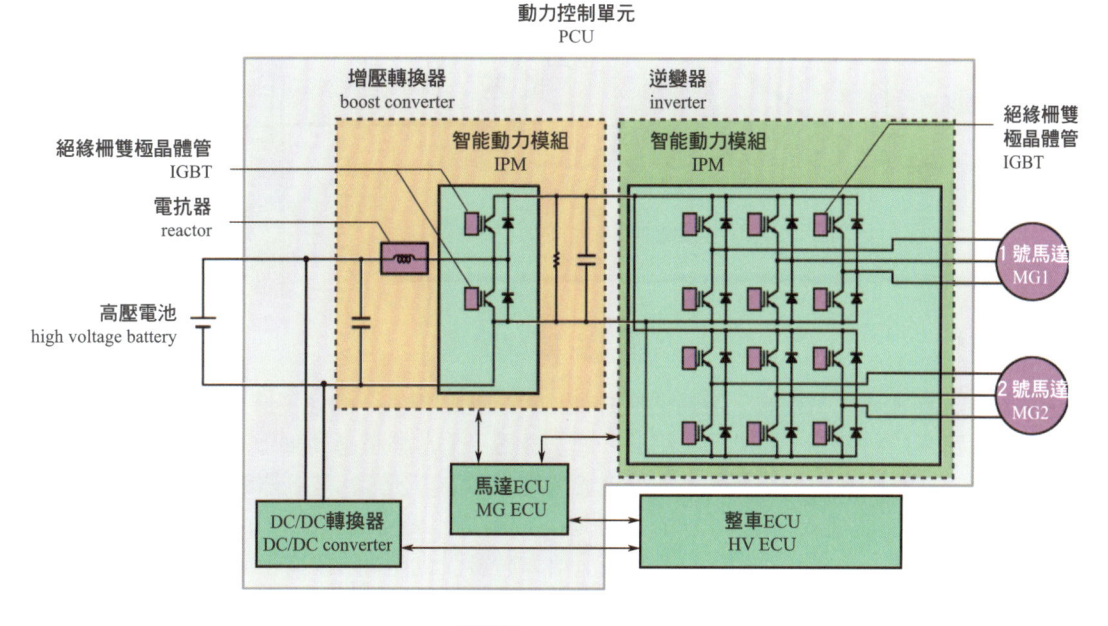

圖5-74 逆變器電路

（3）增壓轉換器

增壓轉換器將高壓電池輸出的額定電壓DC 201.6V增壓到DC 650V的最高電壓（圖5-75）。如果電壓變為2倍並且功率不變，電流將減半，熱能損失將降為原來的1/3，此外可使逆變器更為緊湊。

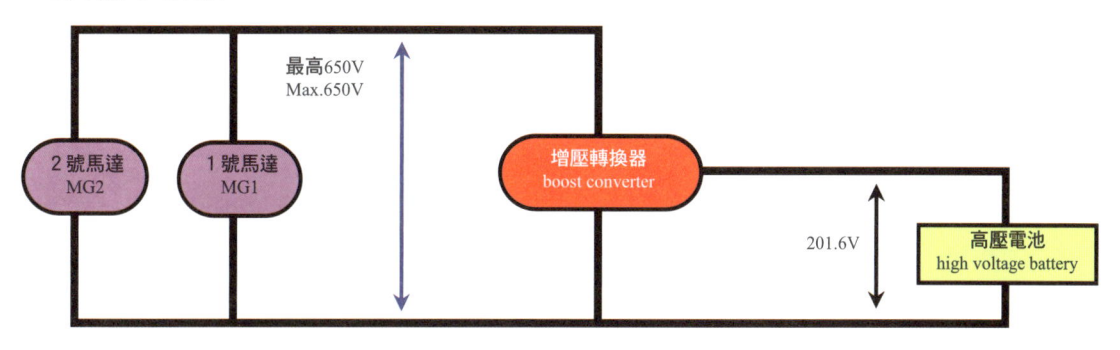

圖5-75 增壓轉換器示意圖

如圖5-76所示,轉換器由帶內置式IGBT的增壓IPM、電抗器和高壓電容器組成。電抗器是抑制電流變化的零部件,電抗器將試圖穩定電流,通過利用這些特徵可升壓和降壓。

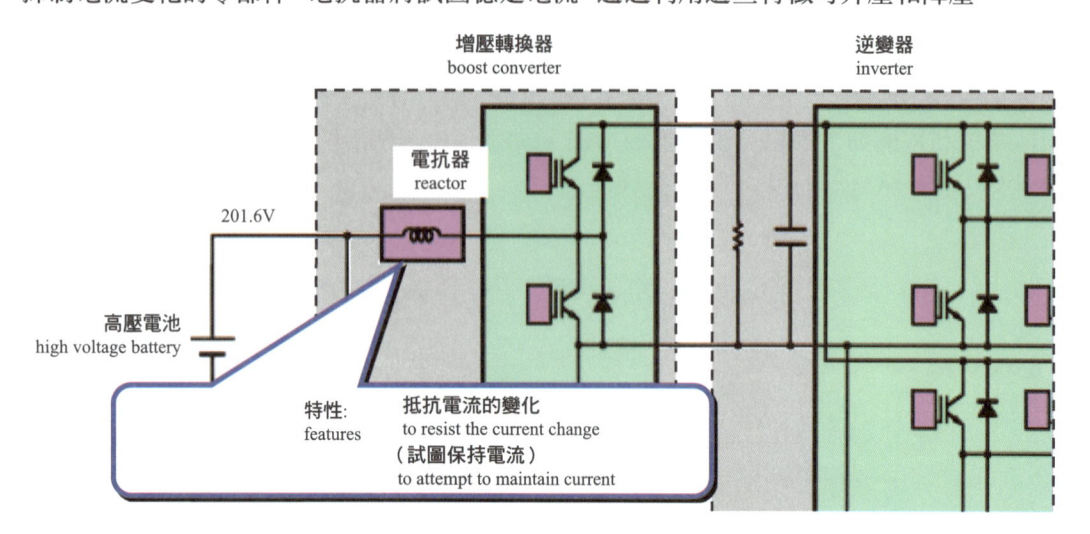

圖5-76 電抗器作用

❶ **升壓工作原理** 升壓時,通過佔空控制IGBT(用於升壓)的通斷時間,可調節升高的電壓。如圖5-77所示,當IGBT(用於升壓)導通,電抗器通過高壓電池構成迴路,使高壓電池(直流201.6V的公稱電壓)電流流向電抗器為其充電,電抗器的感抗會使電抗器的兩端電壓平衡需要一定的時間,從而達到抑制電流變化的效果,由此,電抗器存儲了電能。根據楞次定律,當電抗器內的電流增大時會受到阻礙,感抗和高壓電池電壓是固定的,那麼當IGBT(用於升壓)導通時間滿足了產生最高650V感應電動勢的要求時就會被截止。

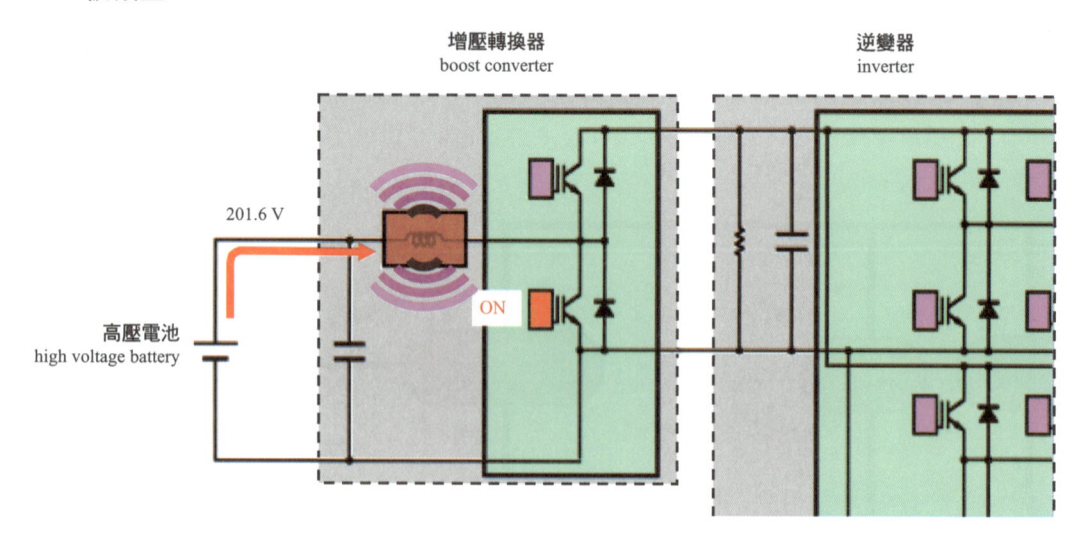

圖5-77 IGBT導通圖

如圖5-78所示，在流過電抗器的電流被截止時，根據楞次定律，電抗器內的電流減小也會受到阻礙，在電抗器內電流消失的過程中，電抗器產生電動勢（電流持續從電抗器流出），該電動勢使電壓升至最高電壓直流650V，在電抗器產生的電動勢的作用下，電抗器中流出的電流將與IGBT（用於降壓）並聯的二極管導通，使增壓後的電壓流入逆變器和電容器。持續執行此操作，可將電壓存儲在高壓電容器內，從而可產生穩定電壓。當IGBT（用於升壓）再次接通，使高壓電池再次為電抗器充電。與此同時，通過釋放電容器中存儲的電能（最高電壓為直流650V），持續向逆變器提供穩定的升高的電壓。

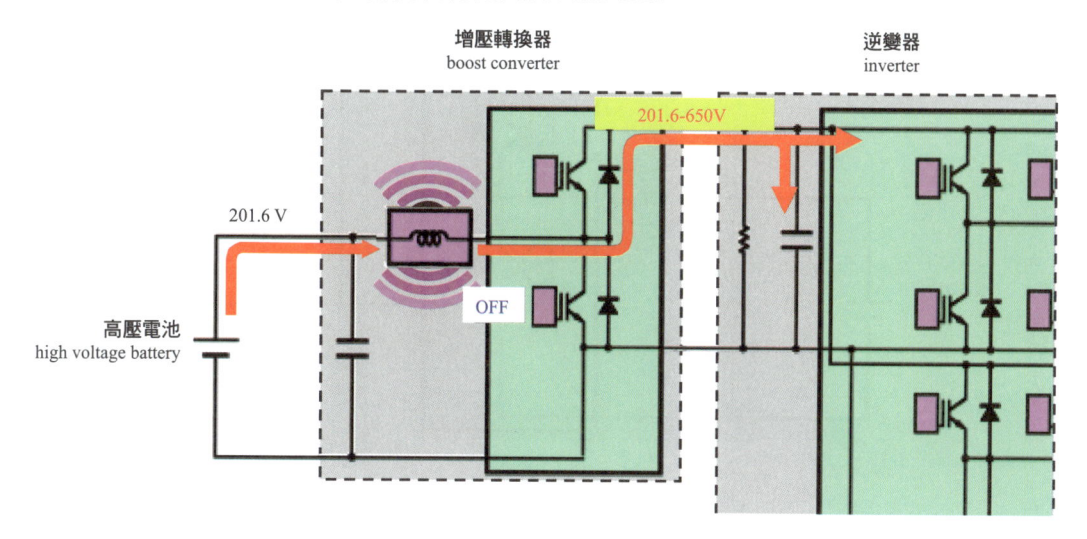

圖5-78　流過電抗器的電流示意圖

❷ **降壓工作原理**　如圖5-79所示，從逆變器過來的最高電壓直流650V經過導通的IGBT（用於降壓），電抗器右端被施加最高電壓直流650V。電抗器的自感作用使其左端的電壓不會與右端的電壓同步升到650V，當IGBT（用於降壓）的導通時間滿足了產生201.6V的感應電動勢的要求時就會被截止。

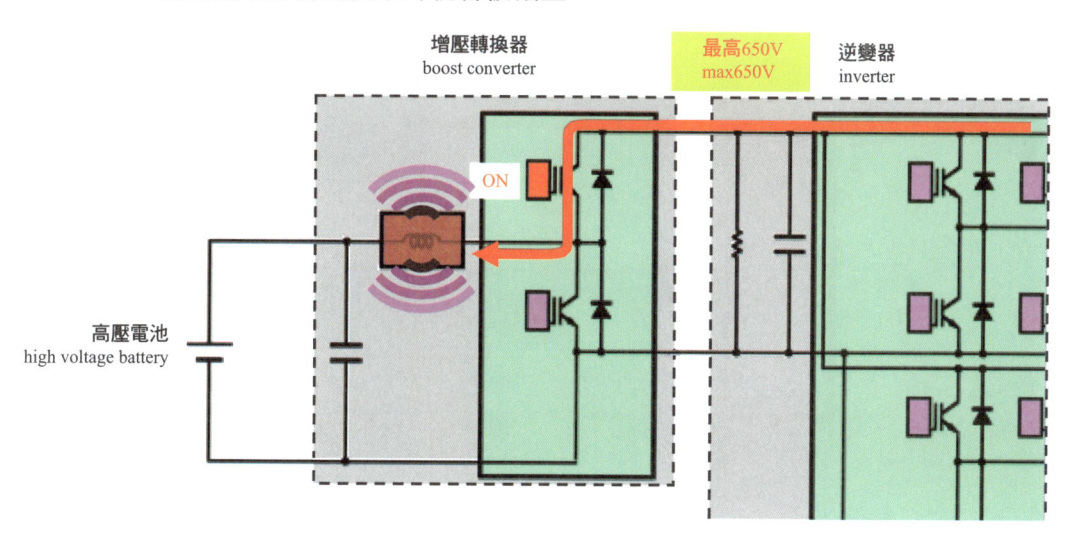

圖5-79　最高電壓直流650V經過導通IGBT

如圖5-80所示,當IGBT(用於降壓)截止時,電抗器左端有201.6V的感應電動勢產生,高壓電池連同並聯的電容器一並被充電,通過與IGBT(用於升壓)並聯的二極管導通構成的迴路,電抗器完成放電。當IGBT(用於降壓)再次導通時,電抗器開始充電的瞬間相當於該迴路的截斷狀態,這時與高壓電池並聯的電容器會持續對高壓電池充電。精確地控制IGBT(用於降壓)的通斷時間,可讓電抗器左端產生略高於201.6V的高壓電池充電電壓。與高壓電池並聯的電容器和逆變器側的電容器都是起到了儲存能量和濾波的作用。

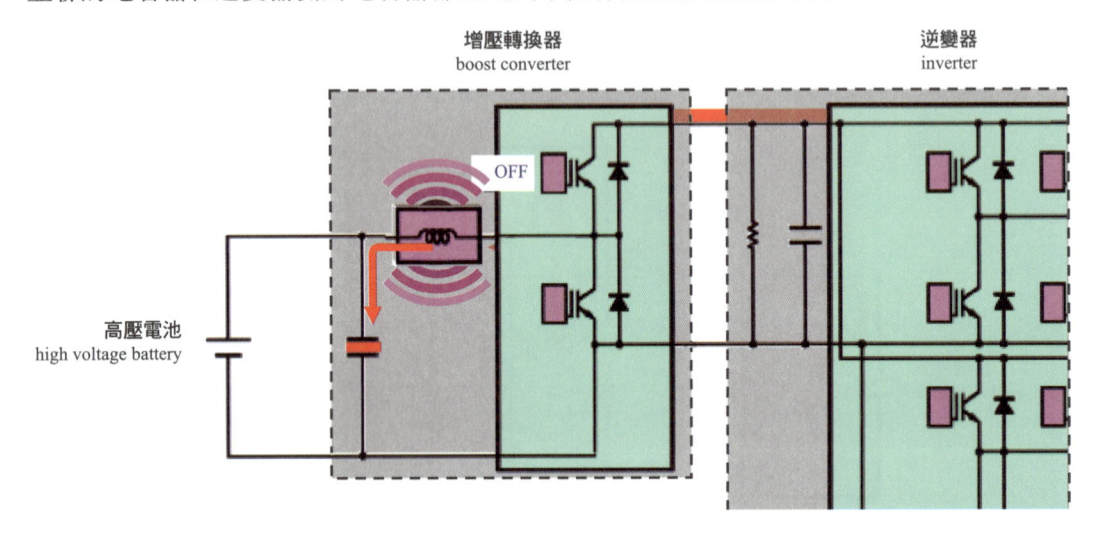

圖5-80 IGBT截止示意圖

(4) DC/DC轉換器

將高壓電池(直流電壓201.6V)的電壓降至直流電壓12V(用於電器部件)(圖5-81)。為了能夠作為前大燈和音響等輔助類以及各ECU的電源使用,把高壓電池和發電機產生的201.6V電壓降壓至12V,並且還進行12V輔助電池的充電,因此Corolla雙擎沒有搭載傳統汽油車上的交流發電機。

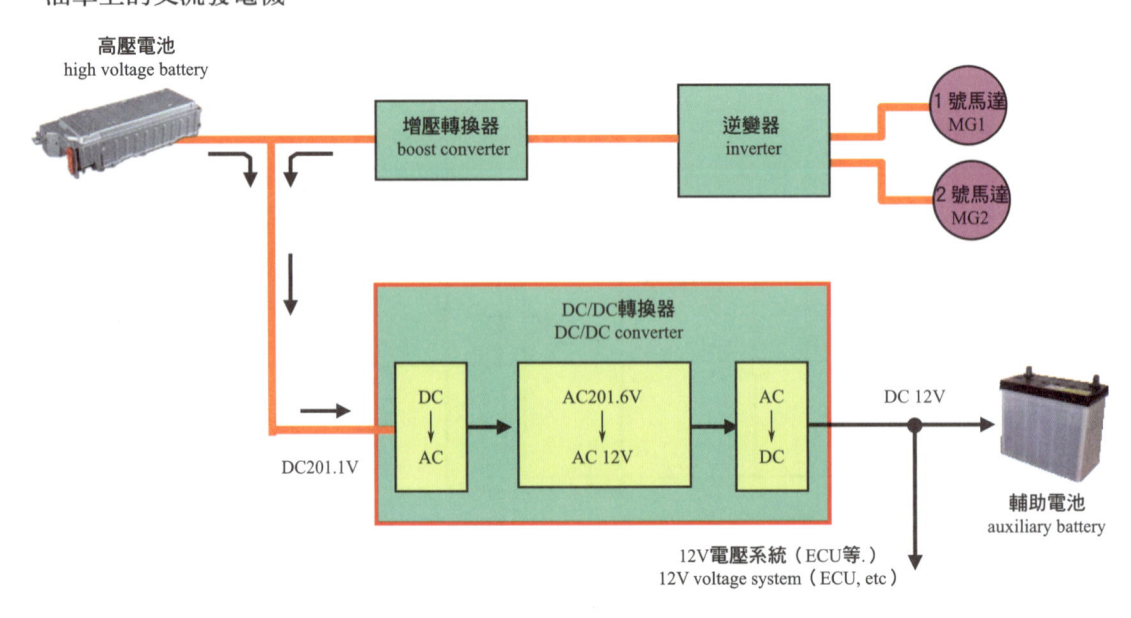

圖5-81 DC/DC轉換器框圖

DC/DC轉換器基本工作原理是,首先將動力電池的高壓直流電轉換成交流電,再由交流變壓器降低為低壓交流電12V,然後經整流器整流、濾波,輸出為直流電12V,供車用12V系統(圖5-82)。

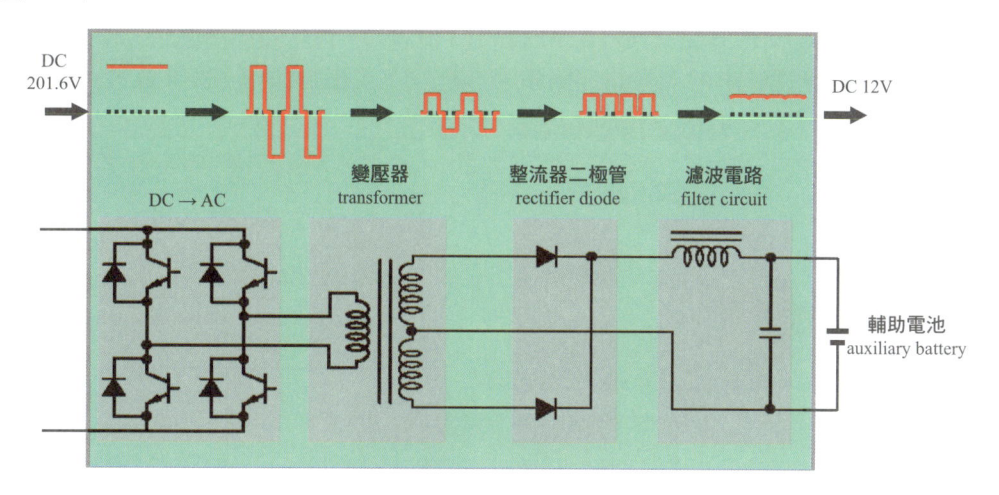

圖5-82 DC/DC轉換器原理

(5) 馬達和逆變器冷卻系統

Corolla雙擎採用專門的馬達和逆變器冷卻系統,與引擎冷卻系統各自獨立(圖5-83)。冷卻系統的散熱器集成在引擎的散熱器中。採用強制循環式水冷卻,由電動水泵浦提供循環動力。冷卻系統用來冷卻逆變器、1號馬達和2號馬達。

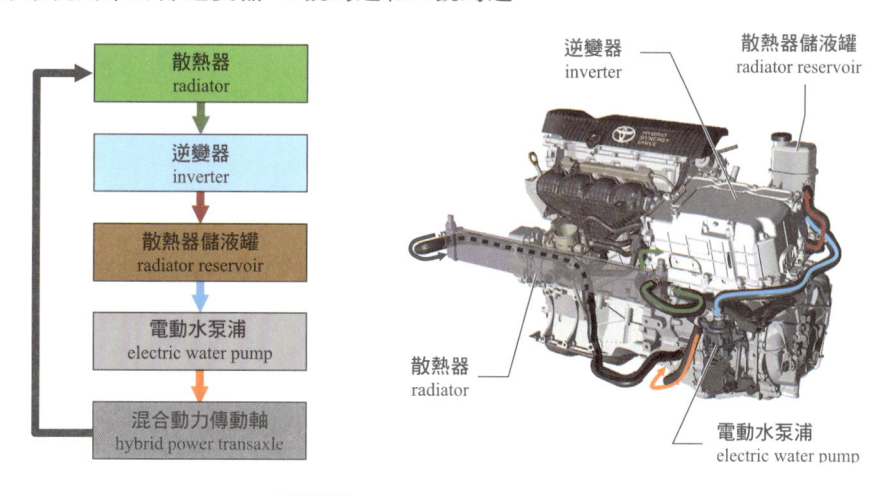

圖5-83 馬達及逆變器冷卻系統

（6）互鎖開關

若在混合動力系統接通的情況下試圖維修汽車，互鎖開關可在高壓部件裸露出前切斷高壓電，以確保維修人員安全。整車ECU檢測到互鎖信號電路斷路時，切斷SMR繼電器。電源開關置於ON（IG）（IG為點火ignition的縮寫）位置時，若互鎖開關閉合，端子ILK（互鎖interlock的縮寫）電壓為0V；若互鎖開關斷開，端子ILK電壓為12V（圖5-84）。

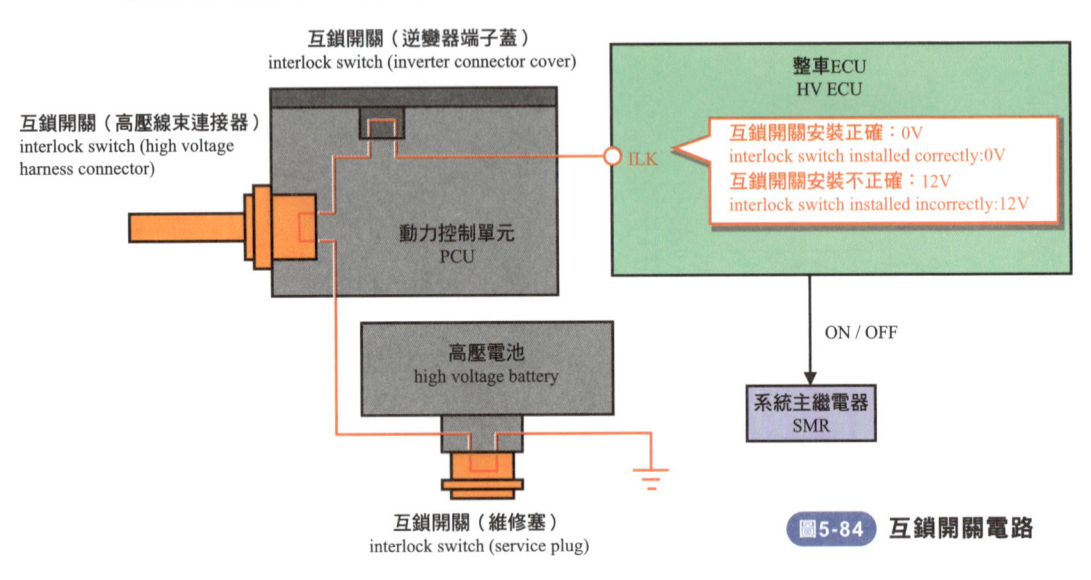

圖5-84 互鎖開關電路

（7）維修塞

維修塞位於高壓電池中部，用於切斷電池高壓電路。維修塞把手連接至電池模組電路的中部，用於手動切斷高壓電路。電路中還安裝了可檢測維修塞把手安裝狀態的互鎖開關。把手解鎖時，互鎖開關關閉，整車ECU切斷系統主繼電器。因此，為確保操作安全，拆下維修塞把手前務必將電源開關置於OFF位置。高壓電路的主熔絲（125A）位於維修塞把手內，如圖5-85所示。

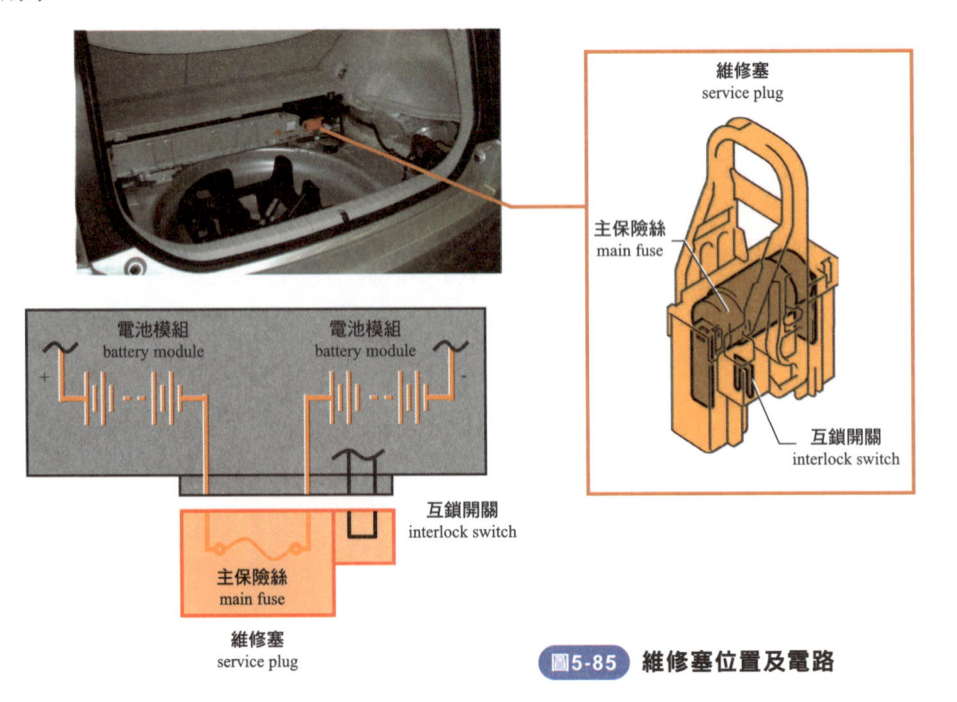

圖5-85 維修塞位置及電路

5.1.10 Corolla雙擎煞車系統

(1) 電控煞車系統

Corolla雙擎採用電控煞車(Electronic Control Brake，ECB)系統，總煞車力由馬達的能量再生煞車力和液壓煞車系統產生的煞車力兩部分組成(圖5-86)。防滑控制ECU根據駕駛員踩煞車踏板的程度和所施加的力計算總煞車力，高壓電池ECU計算再生煞車力。

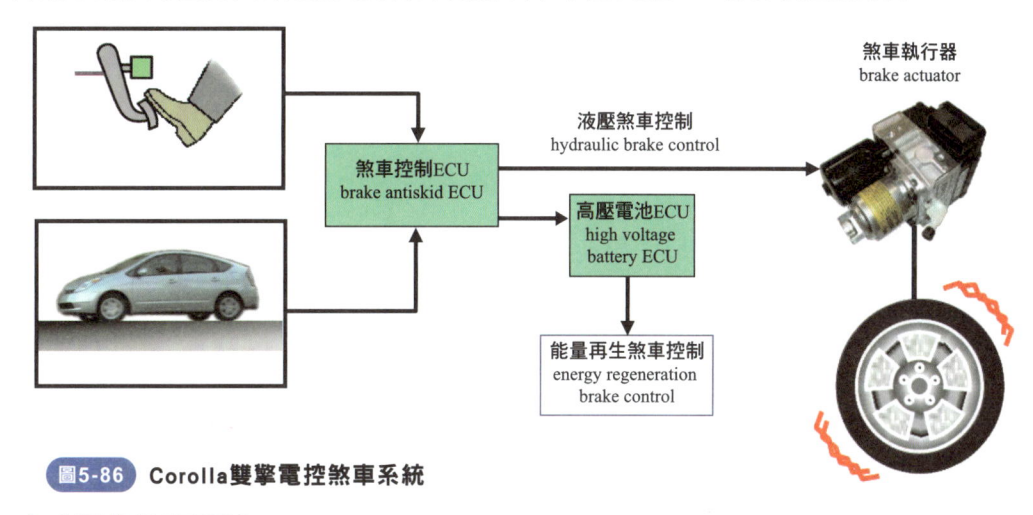

圖5-86 Corolla雙擎電控煞車系統

(2) 再生煞車系統

純電動汽車、混合動力汽車可以將驅動馬達用作發電機，獲得再生煞車力。當駕駛員踩下煞車踏板時，防滑控制ECU根據煞車調節器壓力感知器和煞車踏板行程感知器計算所需總煞車力(圖5-87)。計算出所需總煞車力後，防滑控制ECU將再生煞車力請求發送至整車ECU，利用2號馬達產生負轉矩(減速力)，進行再生煞車。防滑控制ECU控制煞車執行器電磁閥並產生輪缸壓力，產生的壓力是從所需總煞車力中減去實際再生煞車控制值後剩餘的

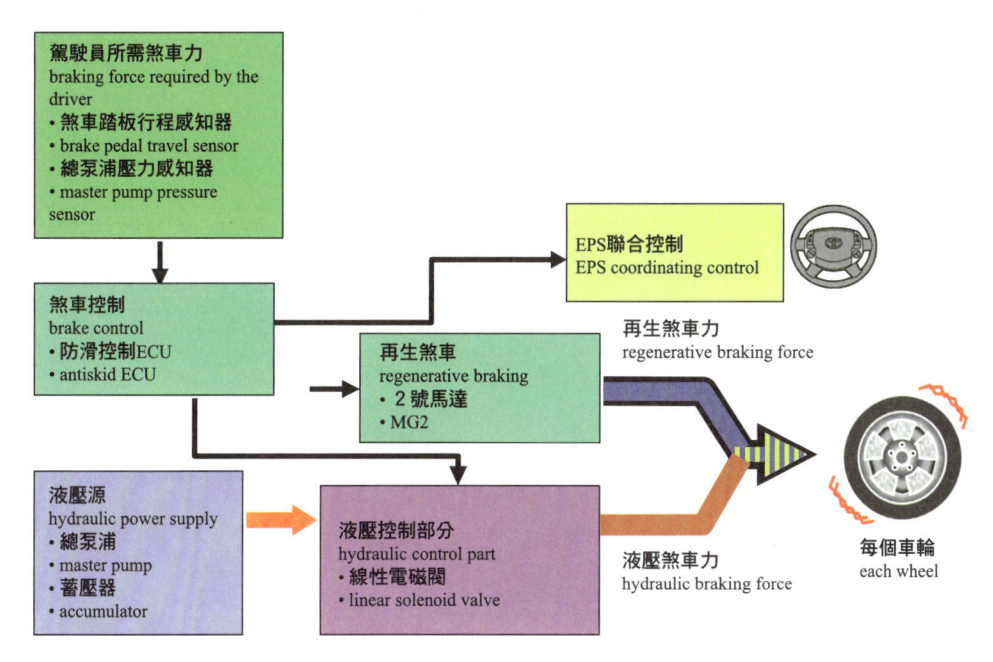

圖5-87 再生煞車系統工作原理

值，即：總煞車力＝液壓煞車力＋再生煞車力。同時防滑控制ECU協調控制電動助力轉向系統（EPS），保持汽車的穩定行駛。

當車速較高時，由於2號馬達的轉矩特性很難獲得足夠的再生煞車力，因此需要用摩擦煞車力來補充不足的這一部分（圖5-88）。隨著車速的降低，再生煞車力得以不斷增加，同時又減少摩擦煞車力。當汽車停車時，再生煞車力大幅度下降，此時利用摩擦煞車力來滿足駕駛員所需的煞車力。液壓煞車和再生煞車之間的煞車力分配根據車速的不同而變化，盡量多採用再生煞車。但是，需要強煞車力時，採用液壓煞車。車速過低（低於約5km/h）時，系統切換至液壓煞車以提高煞車感。選擇N擋時由於逆變器斷開，因此只能採用液壓煞車。液壓煞車和再生煞車之間的煞車力分配根據車速的不同而變化。

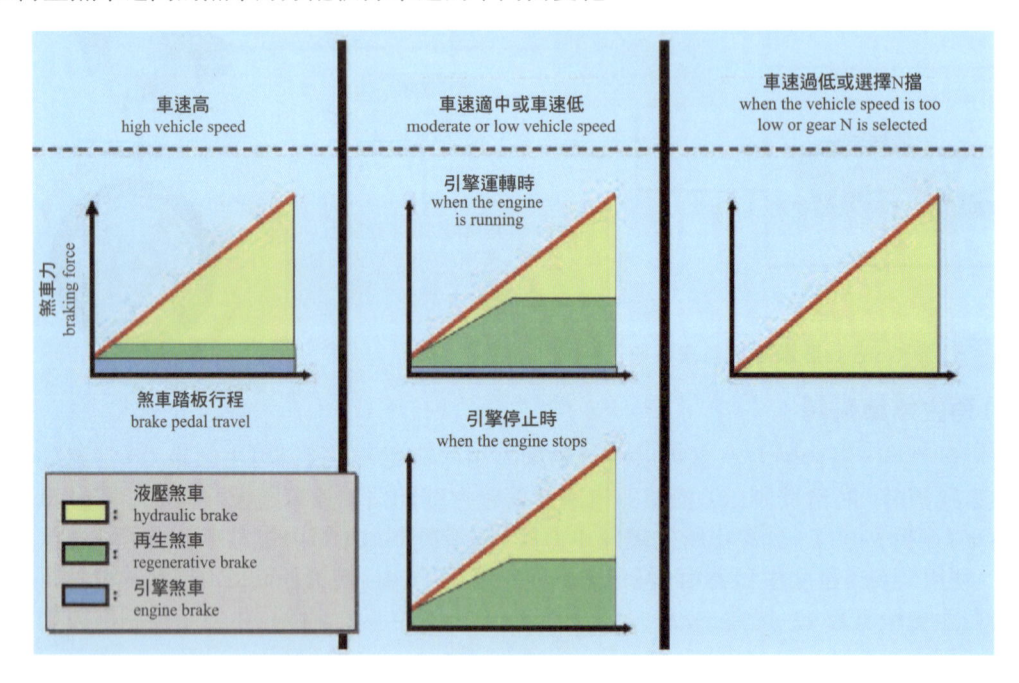

圖5-88 液壓煞車與再生煞車力隨車速的變化

液壓煞車力和再生煞車力的分配也隨著煞車時間而變化。煞車力的分配通過控制液壓煞車來實現，液壓煞車和再生煞車組成的總煞車力要與駕駛員所需的煞車力一致，煞車力分配的變化如圖5-89所示。

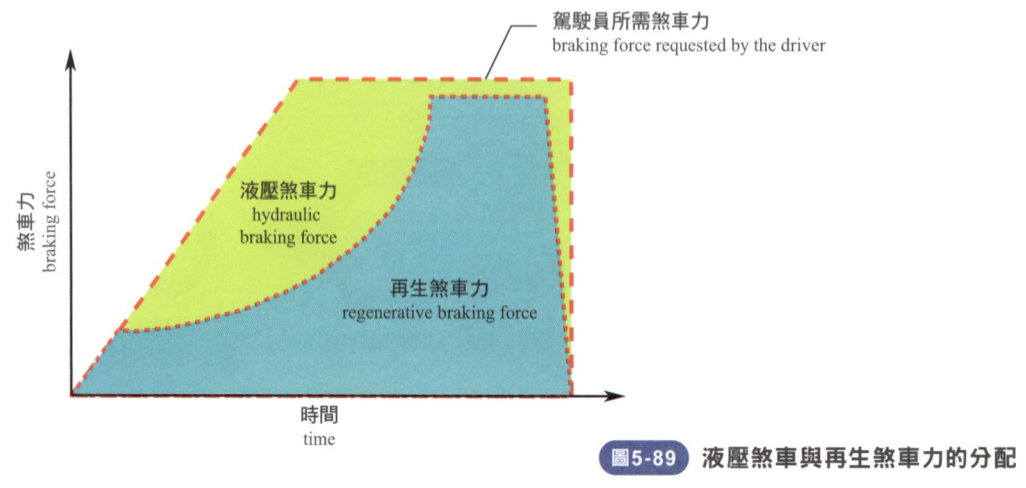

圖5-89 液壓煞車與再生煞車力的分配

（3）Corolla雙擎煞車液壓管路

煞車液壓管路產生防滑控制ECU用於控制煞車的液壓壓力，主要部件有泵浦、泵浦馬達、蓄能器、液壓煞車助力器、行程模擬器和煞車執行器等（圖5-90）。

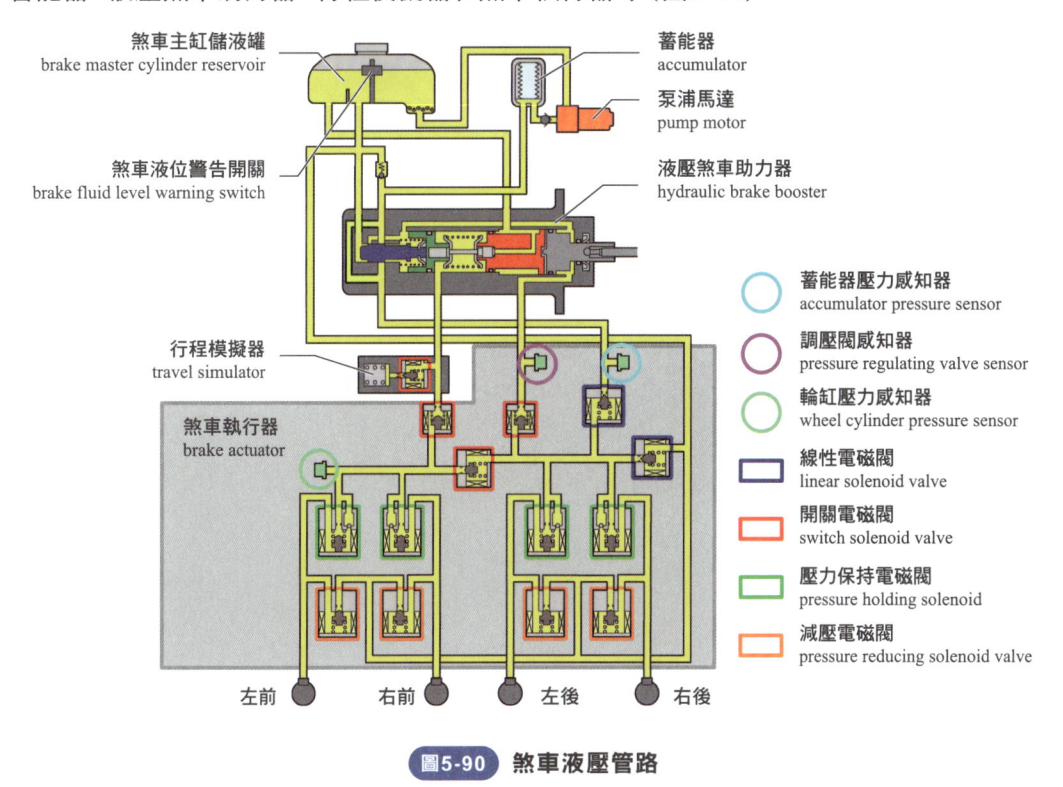

圖5-90 煞車液壓管路

❶ **液壓煞車助力器** 液壓煞車助力器根據煞車踏板受到的力產生相應液壓壓力（圖5-91）。

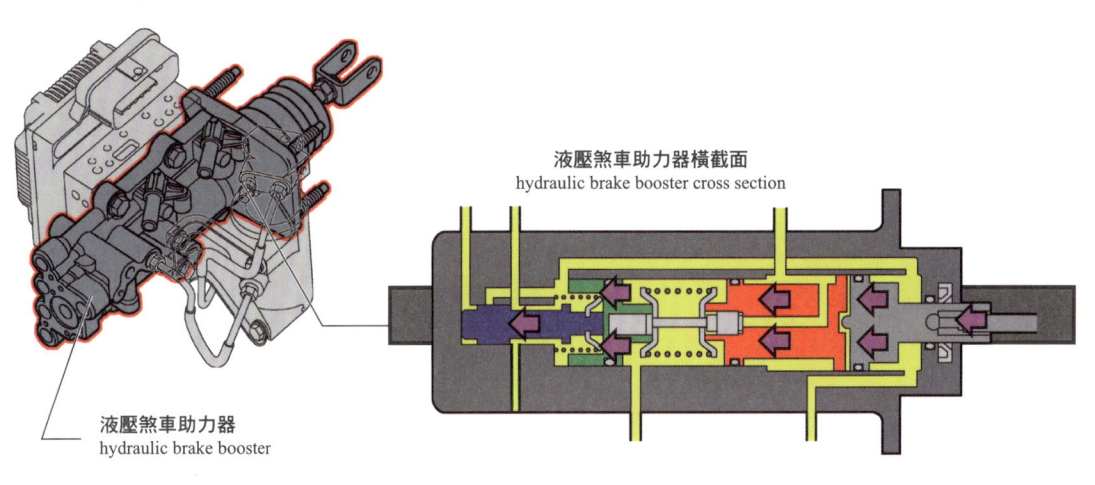

圖5-91 液壓煞車助力器位置

❷ **煞車執行器** 煞車執行器包括執行器部分和防滑控制ECU，在進行煞車控制時執行器用於控制煞車液迴路（圖5-92），包括防滑控制ECU、2個線性電磁閥、4個開關電磁閥、8個控制電磁閥、調壓閥感知器、輪缸壓力感知器、蓄能器壓力感知器。

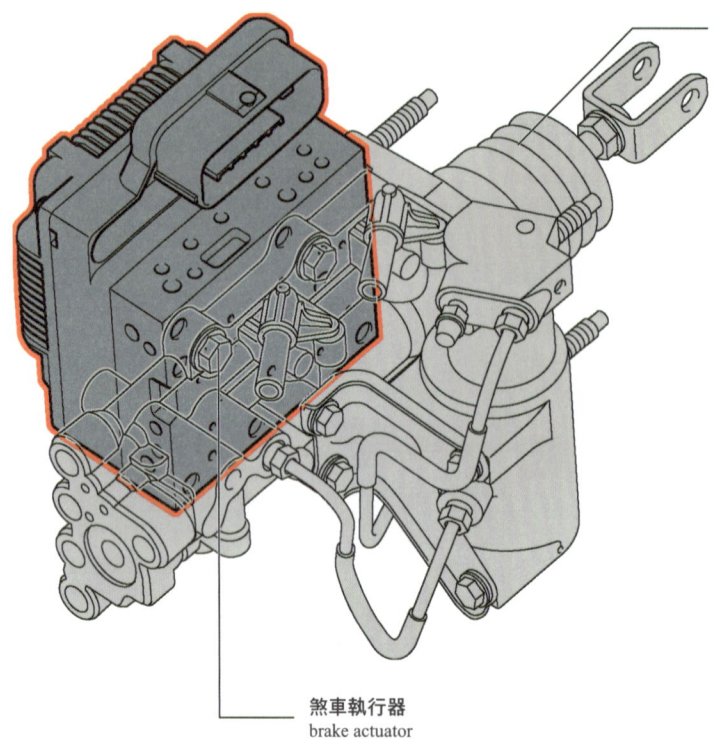

主缸煞車助力器
master cylinder brake booster

煞車執行器
brake actuator

圖5-92 煞車執行器

❸ **行程模擬器** 行程模擬器使駕駛員踩踏板時產生與煞車踏板行程一致的感覺（圖5-93）。

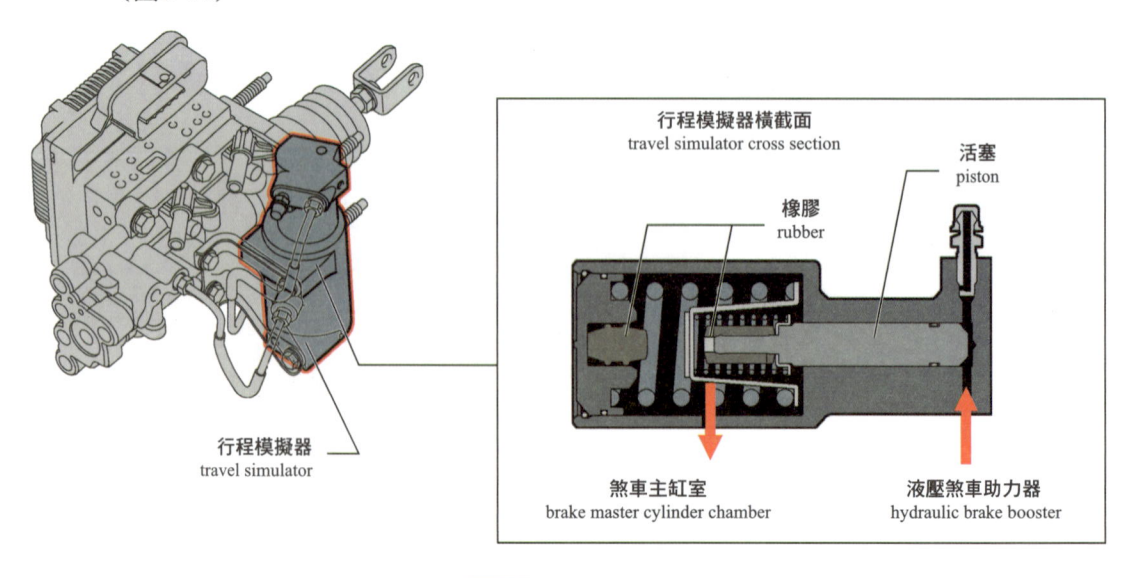

行程模擬器橫截面
travel simulator cross section

活塞
piston

橡膠
rubber

行程模擬器
travel simulator

煞車主缸室
brake master cylinder chamber

液壓煞車助力器
hydraulic brake booster

圖5-93 行程模擬器

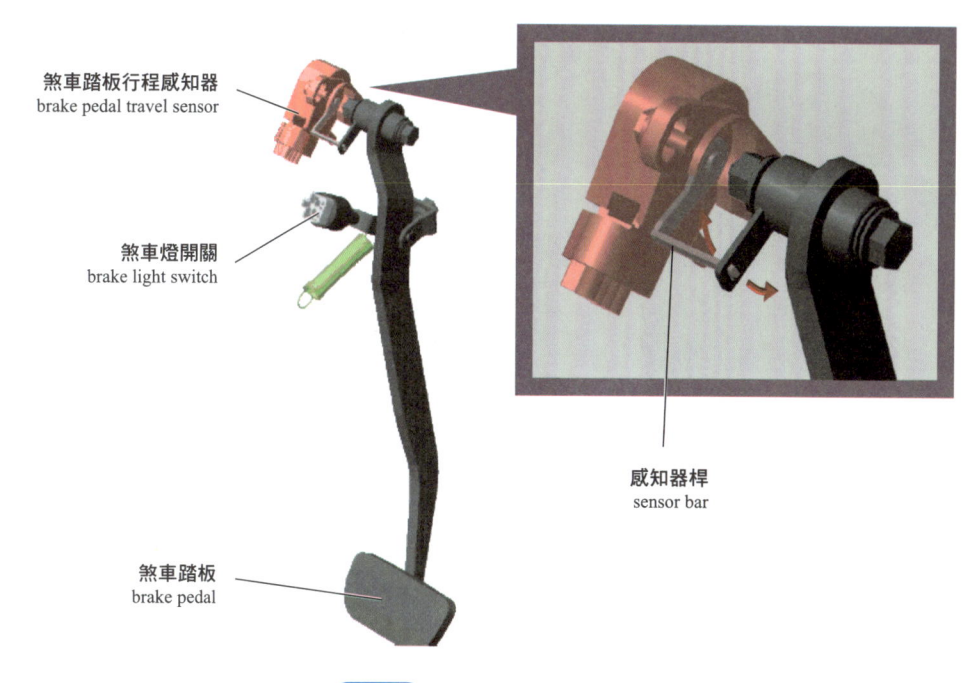

❹ **煞車踏板行程感知器** 此感知器用以檢測煞車踏板行程（圖5-94）。

圖5-94　煞車踏板行程感知器

❺ **液壓源部件** 液壓源部件包括泵浦、泵浦馬達、蓄能器、安全閥及蓄能器壓力感知器，產生並儲存液壓壓力（圖5-95）。

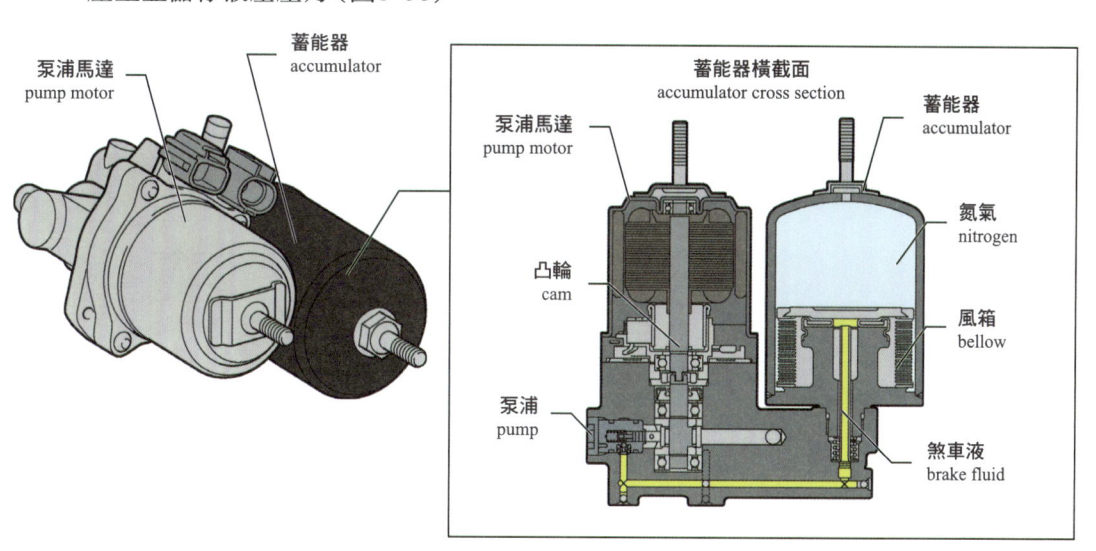

圖5-95　液壓源部件

❻ **駐車煞車器** 採用內置型駐車煞車器（圖5-96）。

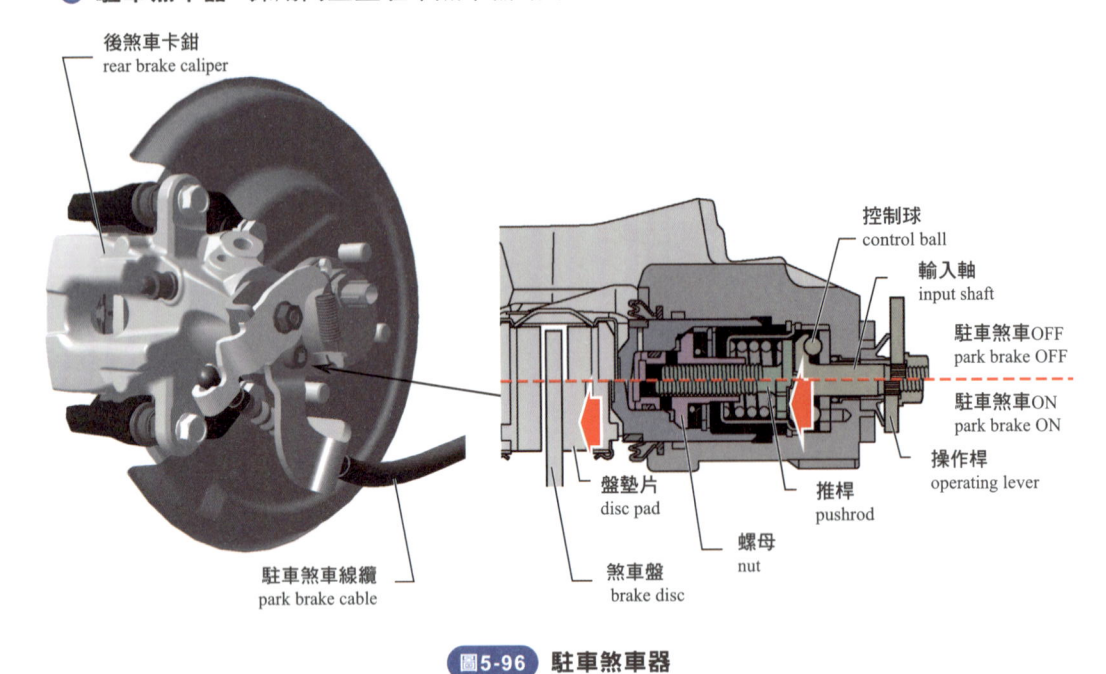

圖5-96 駐車煞車器

5.1.11 Corolla雙擎轉向系統

　　Corolla雙擎電動助力轉向系統（Electric Power Steering，EPS）由轉向機（含轉向軸柱和減速機構等）、馬達、轉矩感知器、EPS控制器等部件組成。EPS控制器根據各感知器輸出的信號計算所需的轉向助力，並通過功率放大模組控制助力馬達的轉動，馬達的輸出經過減速機構減速增扭後驅動齒輪齒條機構產生相應的轉向助力。EPS採用安裝在轉向柱上的DC馬達和減速機構產生轉矩來給轉向助力。EPS ECU根據感知器信號計算轉向助力的大小（圖5-97）。

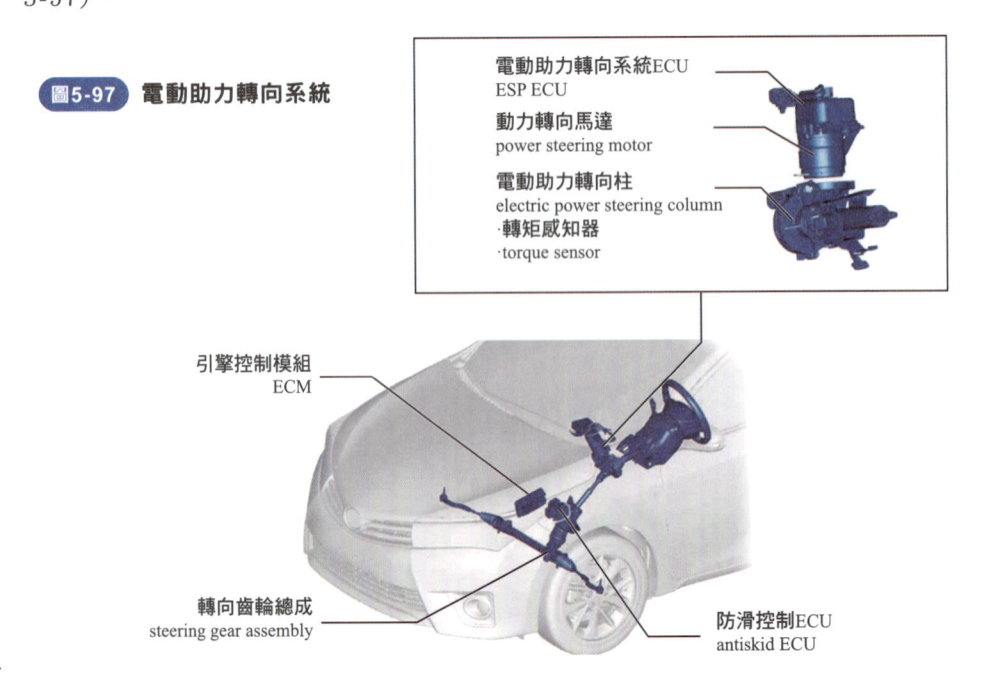

圖5-97 電動助力轉向系統

(1) 電動助力轉向系統結構

助力馬達包括轉子、定子和馬達軸。助力馬達產生的轉矩通過聯軸器傳到蝸桿，然後又通過蝸輪傳送到轉向柱軸（圖5-98）。

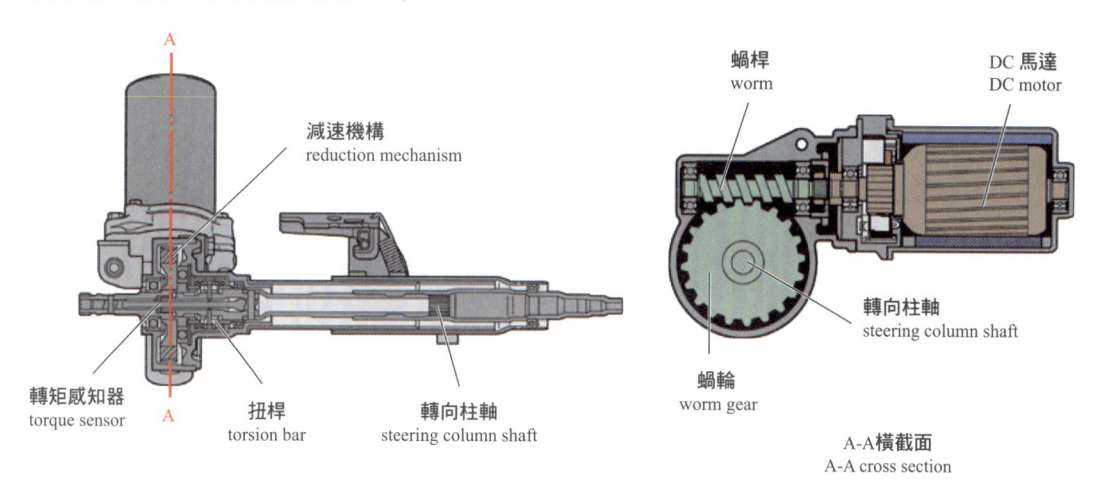

圖5-98 電動助力轉向系統結構

(2) 轉矩感知器

轉矩感知器檢測扭力槓桿的扭轉程度，轉換為電信號來計算扭力桿上的轉矩，並將信號傳輸給EPS控制器。在輸入軸上安裝有檢測環1和檢測環2，而檢測環3安裝在輸出軸上，輸入軸和輸出軸通過扭力桿連接在一起，檢測線圈和校正線圈位於各檢測環外側，不經接觸可形成勵磁電路（圖5-99）。

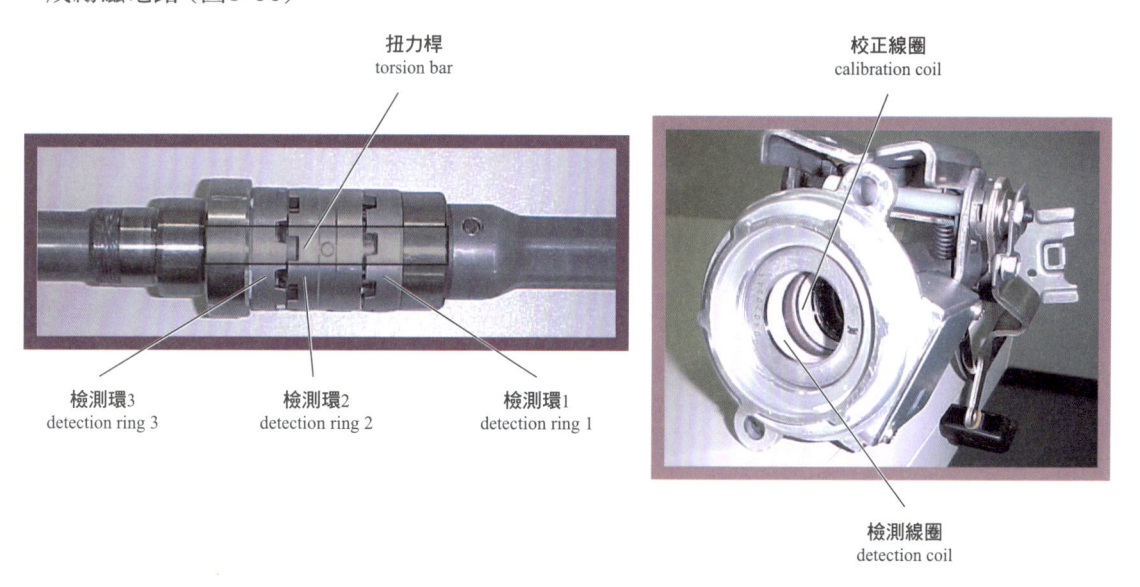

圖5-99 轉矩感知器構造

檢測線圈通過對偶電路可以輸出2個信號VT1（轉矩感知器信號1）和VT2（轉矩感知器信號2）。ECU根據這兩個信號控制助力大小，同時檢測感知器故障（圖5-100）。

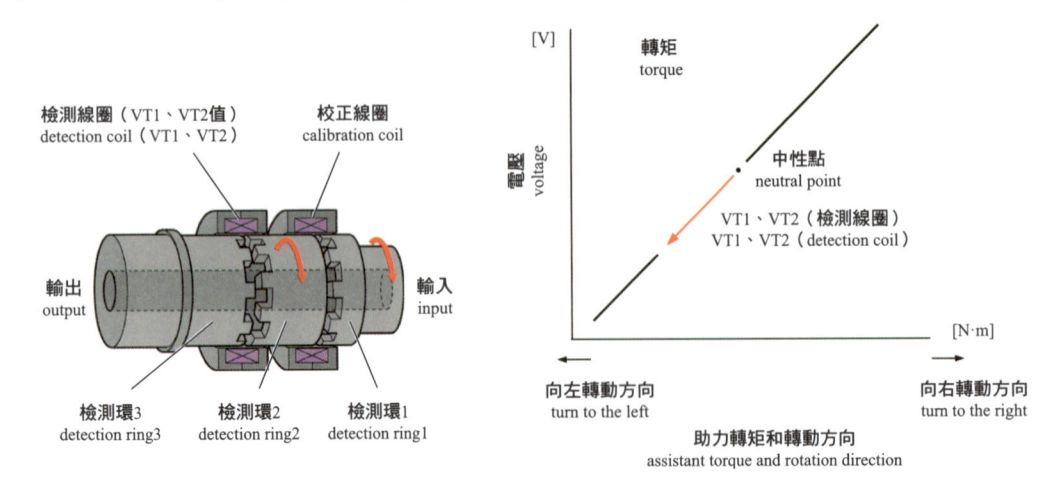

圖5-100 轉矩感知器輸出電壓與助力轉矩關係

5.1.12 Corolla雙擎空調系統

Corolla雙擎採用電動變頻壓縮機，由空調逆變器提供交流電來驅動。即使引擎不工作，空調系統也能工作。

(1) 空調壓縮機

壓縮機總成由渦旋壓縮機、直流無刷馬達、機油分離器、馬達軸和空調逆變器等組成（圖5-101）。電動壓縮機除了由馬達作為壓縮機的動力驅動外，壓縮機的基本構造和工作原理與普通的渦旋式壓縮機相同。它具有體積小、重量輕、零部件少、運動部件受力波動小、振動小、噪聲低、絕熱效率高、容積效率高、機械效率高等優點。

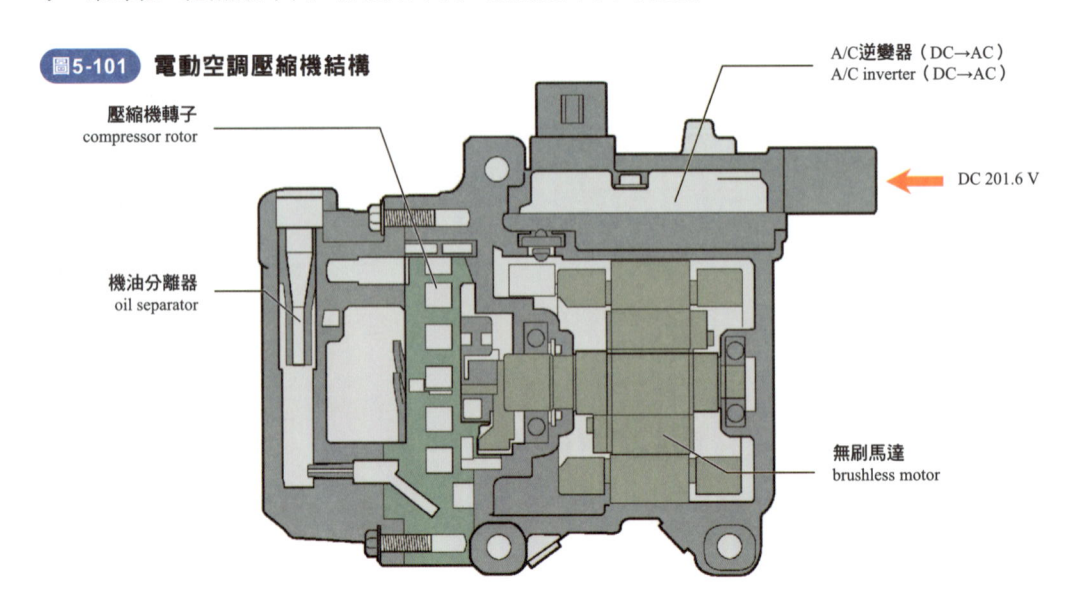

圖5-101 電動空調壓縮機結構

（2）空調逆變器

空調逆變器的功用是將高壓電池的直流電，轉換成適合壓縮機使用的交流電。空調ECU控制壓縮機的轉速和轉矩（圖5-102）。

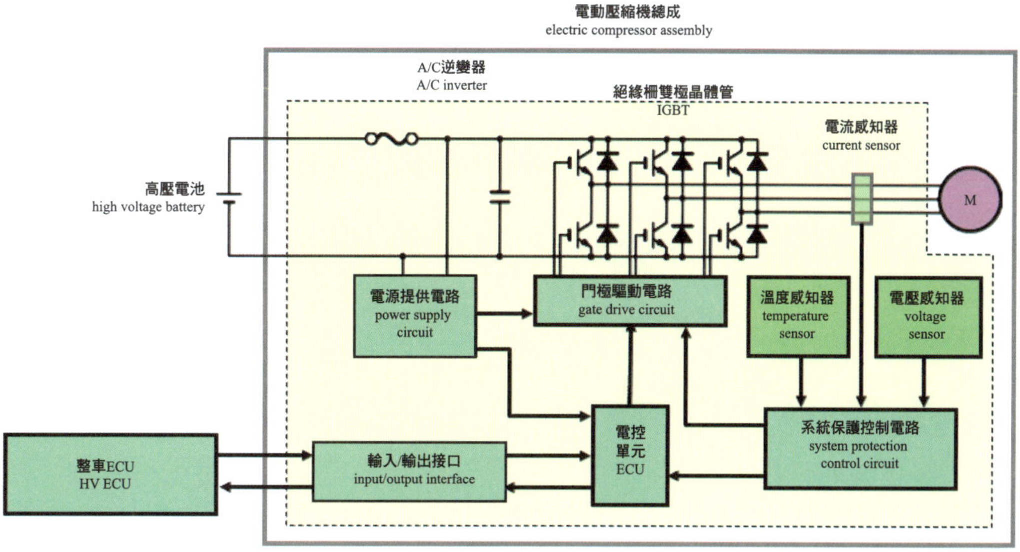

圖5-102 空調逆變器原理

5.2 雅哥混合動力汽車

雅哥採用智能多模式驅動（intelligent Multi-Mode Drive, i-MMD）混合動力系統。i-MMD 系統利用超越離合器來實現引擎驅動發電機或者驅動車輪的自動切換，該混合動力系統為串聯式基礎上同時具備引擎直接驅動車輪（高速巡行時）的全新混動模式。

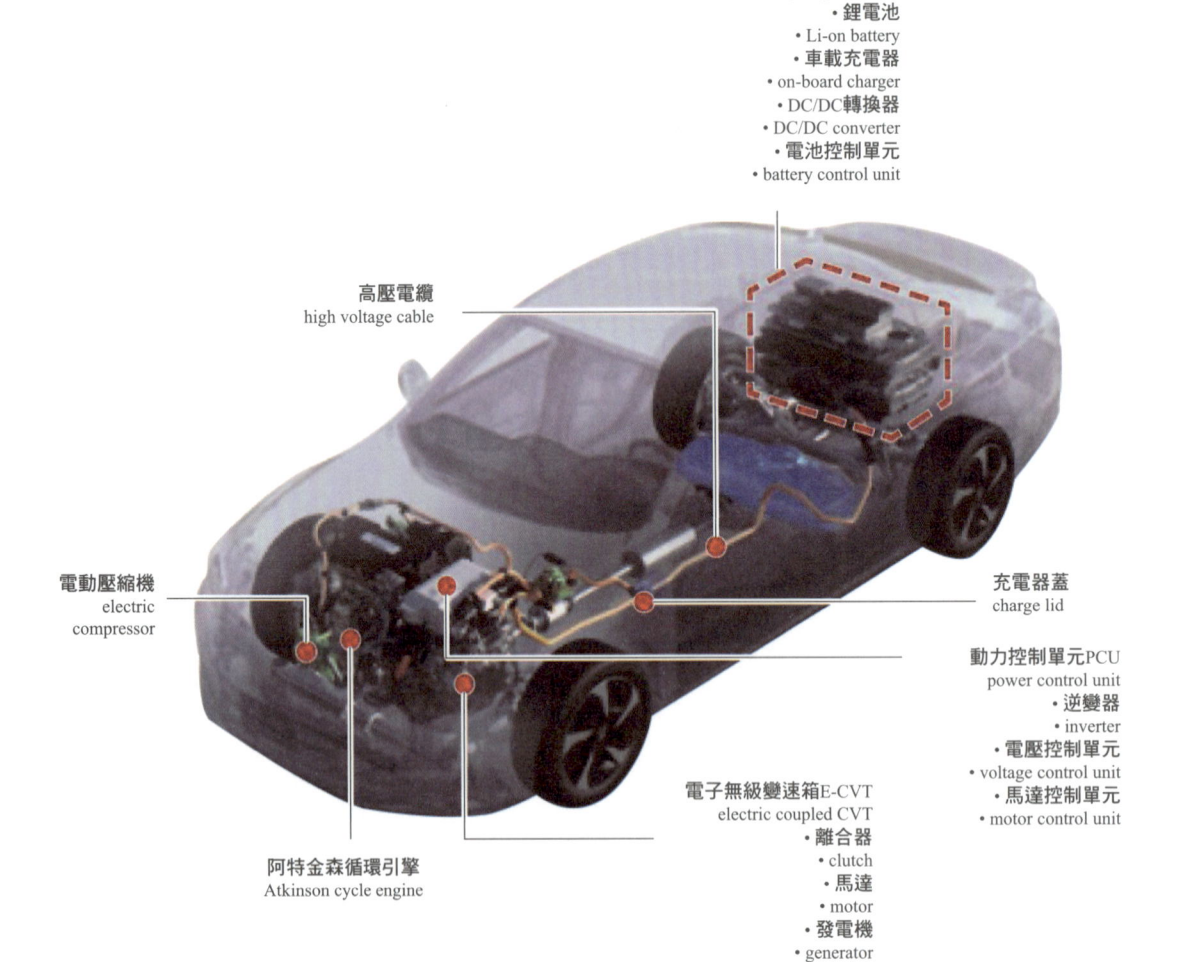

5.2.1 雅哥混合動力系統組成

雅哥混合動力系統主要由阿特金森循環引擎、電子無級變速箱（Electric coupled CVT, E-CVT）（內置發電機、驅動馬達、超越離合器及平行軸系及齒輪、主減速器及差速器總成等）、智能動力單元（Intelligent Power Unit, IPU）（直流變換器、電池控制單元、高容量鋰電池組）、動力控制單元（Power Control Unit, PCU）（逆變器、電壓控制單元、馬達控制單元）等組成（圖5-103）。

智能動力單元IPU
intelligent power unit
- 鋰電池
- Li-on battery
- 車載充電器
- on-board charger
- DC/DC轉換器
- DC/DC converter
- 電池控制單元
- battery control unit

高壓電纜
high voltage cable

電動壓縮機
electric compressor

阿特金森循環引擎
Atkinson cycle engine

電子無級變速箱E-CVT
electric coupled CVT
- 離合器
- clutch
- 馬達
- motor
- 發電機
- generator

充電器蓋
charge lid

動力控制單元PCU
power control unit
- 逆變器
- inverter
- 電壓控制單元
- voltage control unit
- 馬達控制單元
- motor control unit

圖5-103 雅哥混合動力系統組成

雅哥混合動力系統採用雙馬達非直連式（也可稱為雙馬達電連式）混動結構（圖5-104），引擎並不是直接連接機械式傳動裝置去驅動車輪，而採用一種類似電傳動的形式。引擎運轉產生的機械能用來驅動1號馬達，由1號馬達發電產生電能為電池充電。然後由電池給2號馬達供電，2號馬達驅動車輪。該結構將電能作為中間能量傳遞的介質，而並非機械能。

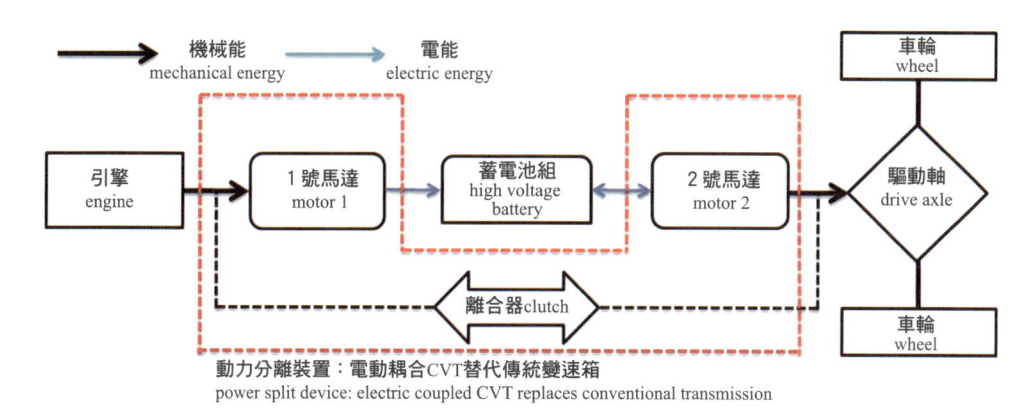

圖5-104 雅哥混合動力系統示意圖

5.2.2 雅哥混合動力系統工作模式

雅哥混合動力系統有純馬達驅動、純引擎驅動、混合動力驅動等三種驅動模式。混合動力系統可以根據行駛條件的不同，自動切換驅動模式。

（1）純馬達驅動（EV模式）

在高壓鋰電池電量正常時，或起步及低速行駛時，均採用純馬達驅動模式。該模式行駛時驅動馬達為唯一的動力來源，引擎停機、發電機停止轉動（圖5-105）。

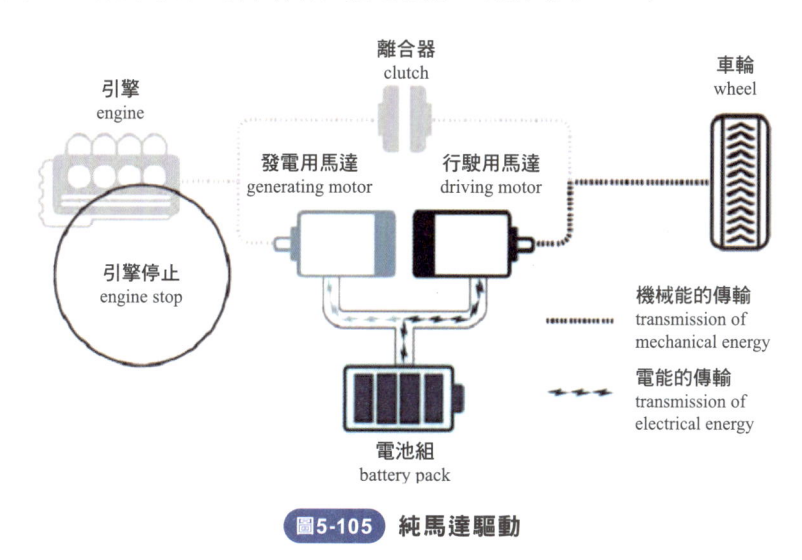

圖5-105 純馬達驅動

（2）純引擎驅動

在高速公路巡航行駛（低負荷、高速）時，採用純引擎驅動汽車，驅動馬達、發電機均不工作（圖5-106）。

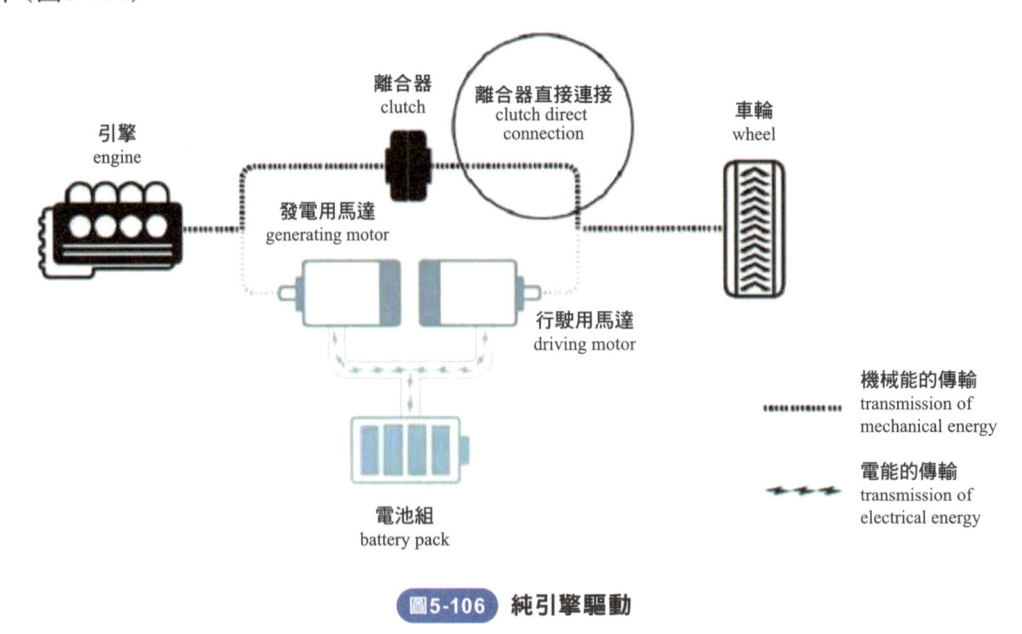

圖5-106 純引擎驅動

（3）混合動力驅動（HV模式）

若高壓鋰電池組的電池低於閾值就會自動啟動引擎。汽車行駛中引擎啟動，是由發電機倒拖（發電機作為馬達使用）實現的。引擎著火後，引擎驅動發電機轉動，發電機發電並向驅動馬達提供電能。如果來自發電機的供電不足，高壓鋰電池將提供補充電能。此外，如果發電機發電量充足，發電機將多餘電能輸入高壓蓄電池充電，驅動馬達得到持續供電並驅動汽車行駛。此時，為典型的串聯式（增程式）混合動力佈置方式（圖5-107）。

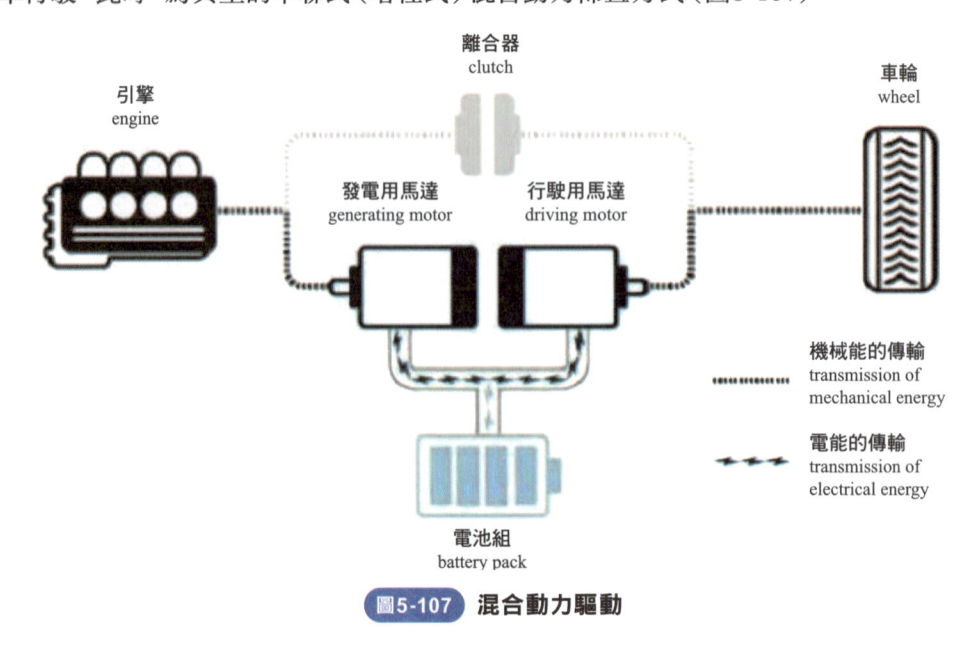

圖5-107 混合動力驅動

5.2.3 雅哥混合動力汽車引擎

雅哥混合動力汽車採用型號為LFA 11的阿特金森循環引擎,該引擎為2.0L直列四缸自然進氣缸內直噴引擎,安裝電控廢氣再循環(EGR)系統,採用電動冷卻液泵浦(圖5-108)。LFA 11引擎也可以採用奧圖循環(提供更大的功率輸出),通過動力控制單元對電子氣門正時控制(VTEC)系統進行控制,實現自動切換。

圖5-108 雅哥混合動力汽車引擎

(1) 阿特金森循環引擎

在傳統引擎(奧圖循環引擎)中,壓縮比和膨脹比是一樣的。和傳統引擎相比,除了進氣、壓縮、做功和排氣之外,阿特金森循環引擎還有「回流」,在壓縮行程中,通過延遲關閉進氣門,部分氣缸內的空氣燃油混合氣被壓回到進氣歧管中。其最大特點就是做功行程比壓縮行程長,也就是我們常說的膨脹比大於壓縮比,更長的做功行程可以更有效地利用燃燒後廢氣殘存的高壓,所以燃油效率比傳統引擎更高一些(圖5-109)。

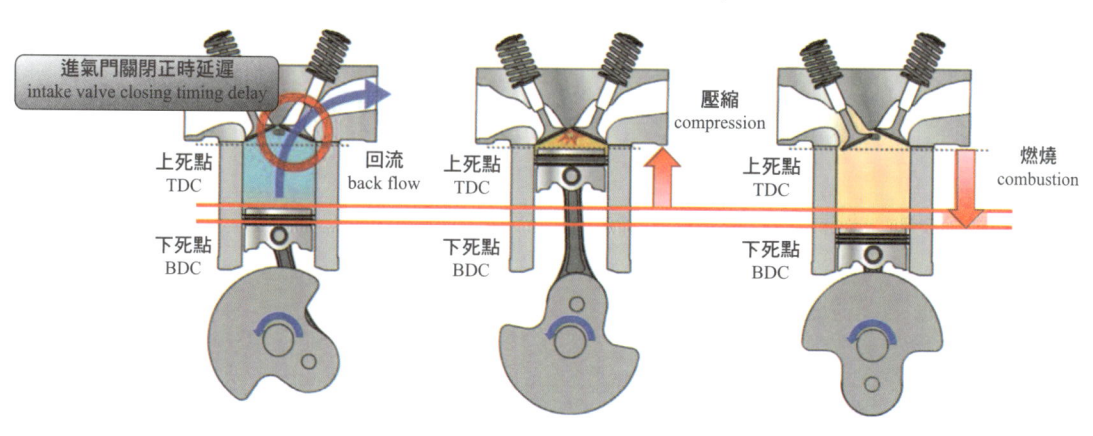

圖5-109 阿特金森循環

在阿特金森循環引擎中，延遲的進氣門正時會產生回流，減少泵氣損失，同時維持完全燃燒行程，確保將熱能轉換為動能（圖5-110）。當活塞從下死點位置向上運動，開始進入壓縮行程，奧圖循環引擎的進氣門開始關閉，而阿特金森循環引擎沒有開始關閉。

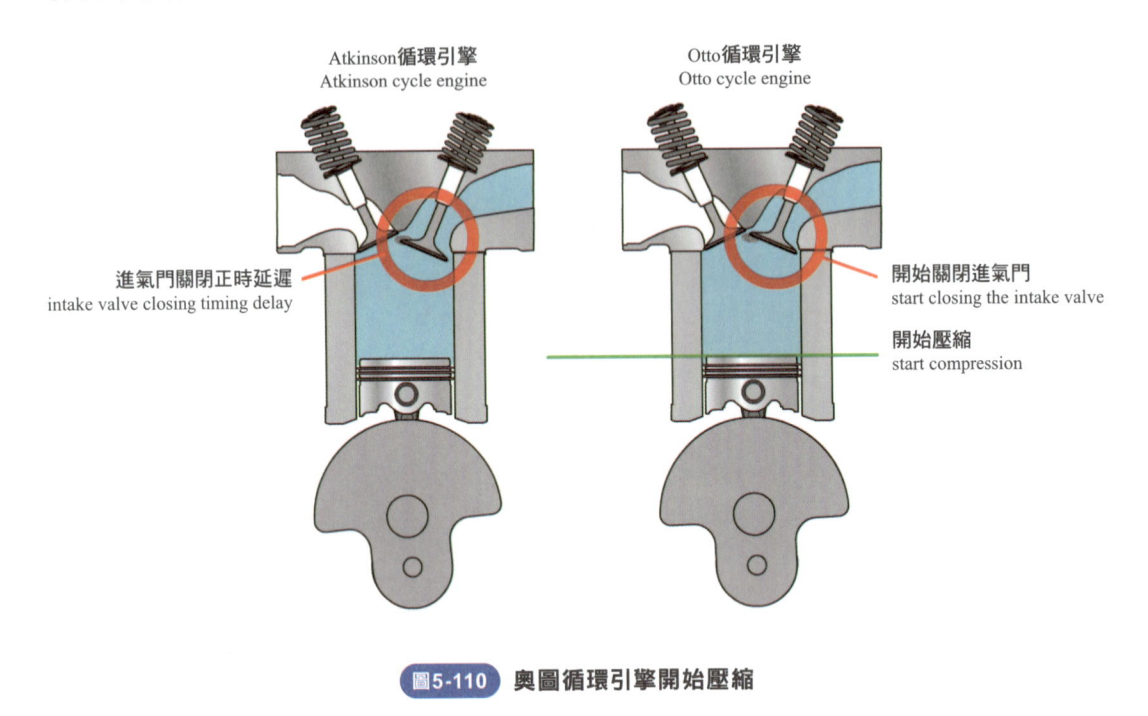

圖5-110 奧圖循環引擎開始壓縮

由於引擎活塞已經開始向上運動，但阿特金森循環引擎進氣門沒有關閉，故部分氣缸內氣體經進氣口回流到進氣管，而奧圖循環引擎缸內的氣體開始壓縮（圖5-111）。

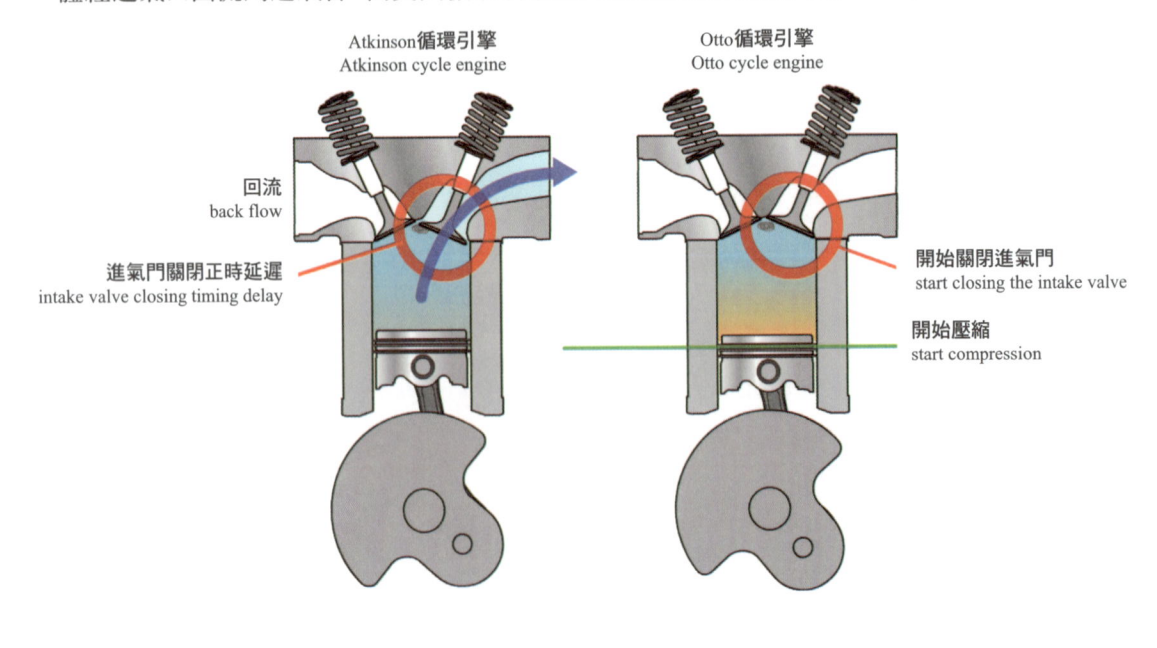

圖5-111 阿特金森循環引擎進氣門延遲關閉

當曲軸轉過一定角度,阿特金森循環引擎進氣門才開始關閉,進入壓縮行程,而奧圖循環引擎缸內已經有一定的壓縮壓力(圖5-112)。

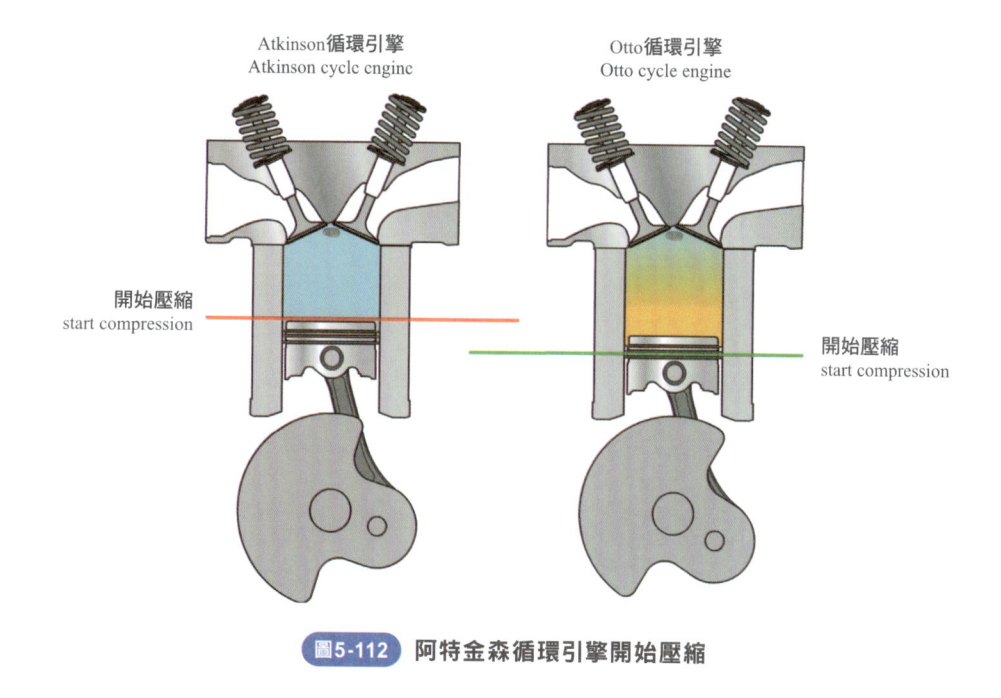

圖5-112　阿特金森循環引擎開始壓縮

可以看出,阿特金森循環引擎與奧圖循環引擎相比,壓縮起始點晚,壓縮行程短(圖5-113)。

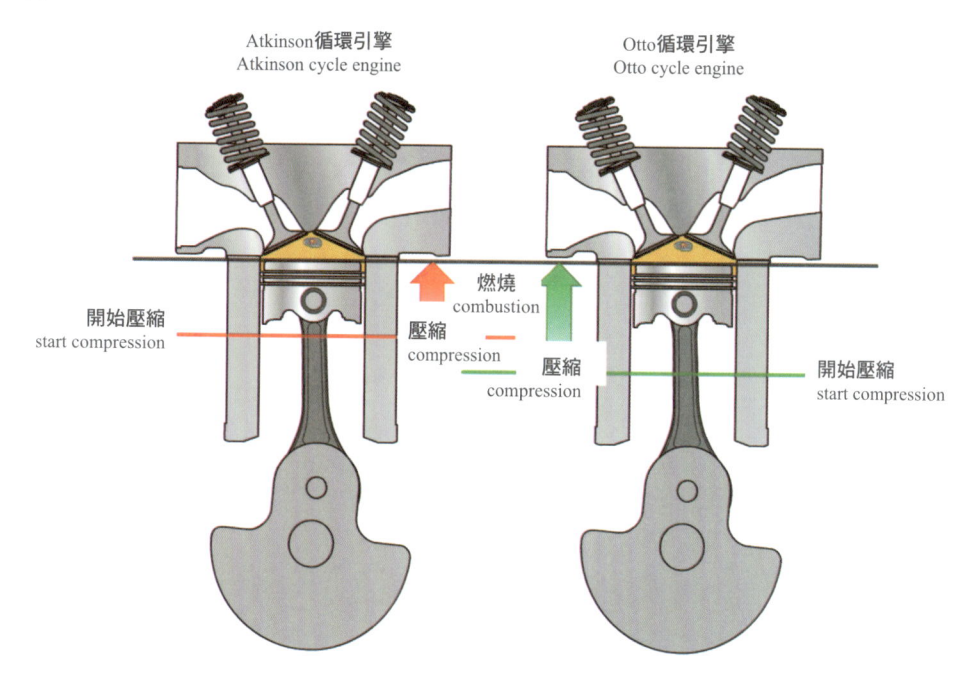

圖5-113　阿特金森循環引擎與奧圖循環引擎壓縮點比較

阿特金森循環引擎與奧圖循環引擎的燃燒膨脹行程相同（圖5-114）。

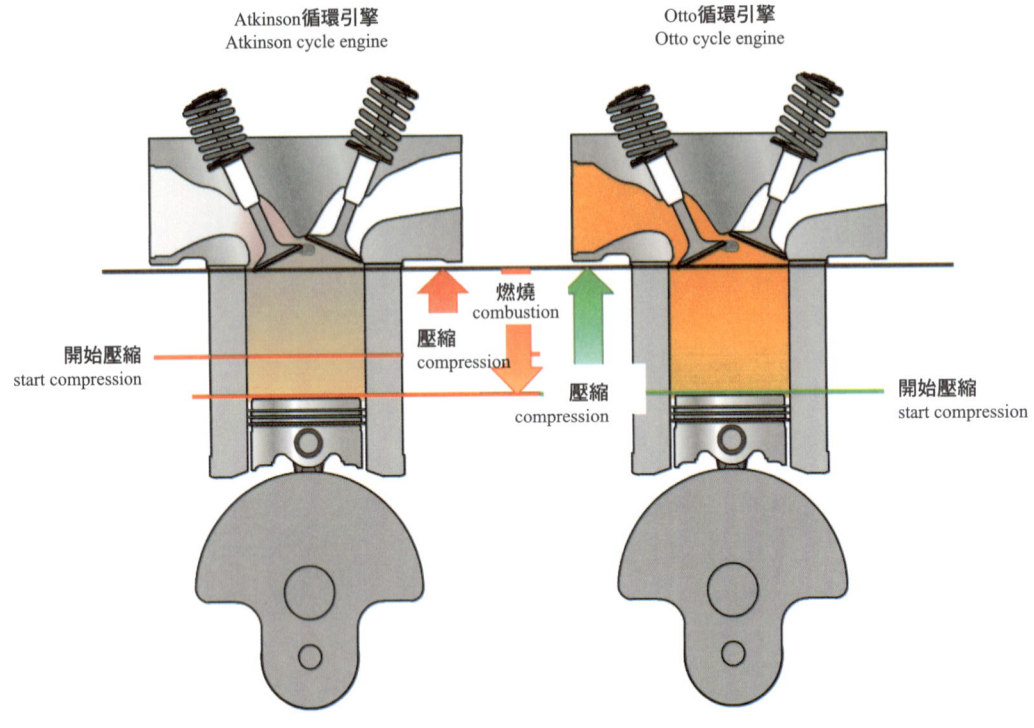

圖5-114　阿特金森循環引擎與奧圖循環引擎壓縮行程比較

（2）液壓挺柱

排氣側的氣門機構採用了液壓挺柱，維護保養時排氣側氣門間隙無需手動調節（圖5-115）。

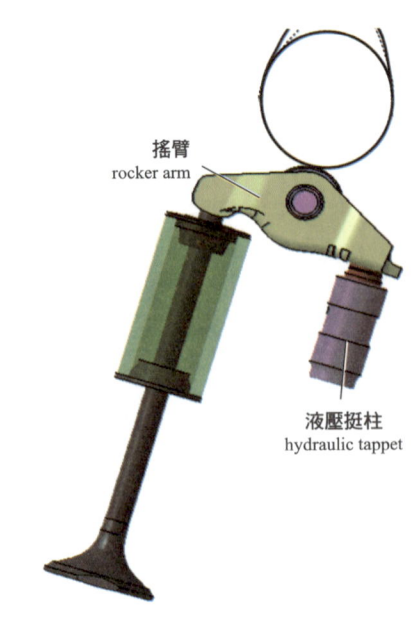

圖5-115　液壓挺柱

（3）電動水泵浦

引擎採用電動冷卻液泵浦代替傳統車型通過帶傳動的機械式冷卻液泵浦，減少機械損失、降低引擎的負荷。此外，電動冷卻液泵浦的流量可自動調節，以確保充足的冷卻液供給，從而減少熱損失和爆震傾向（圖5-116）。

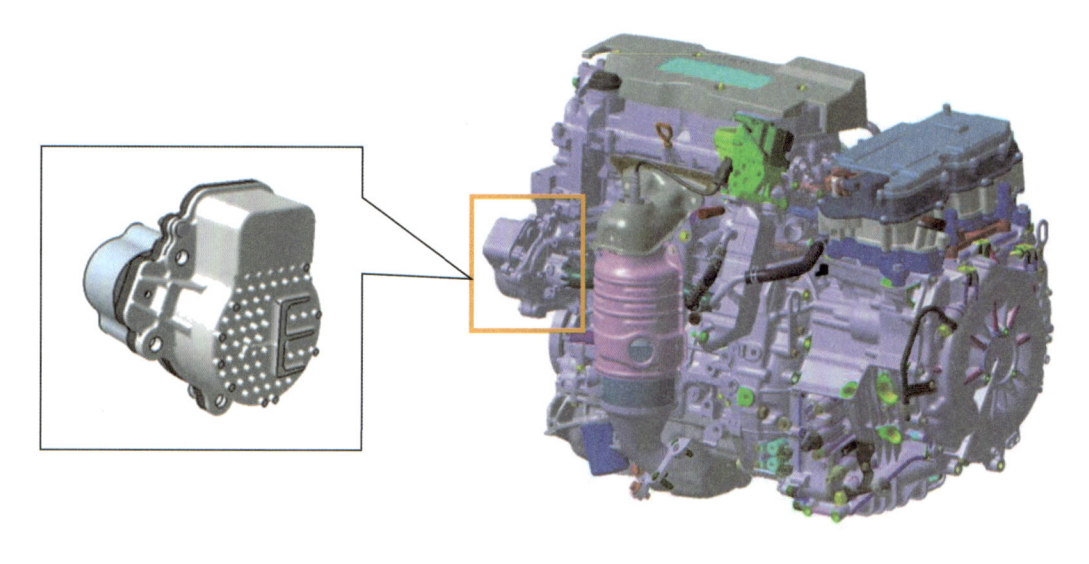

圖5-116　電動水泵浦

阿特金森循環運行過程中，引擎高凸輪可以延遲進氣門的關閉時間，進而實現壓縮行程的回流。通過比較低/高凸輪的輪廓，你會發現凸輪高度是一樣的，只是高凸輪的角度大一些，工作時氣門開啟的時間會長一些（圖5-117）。

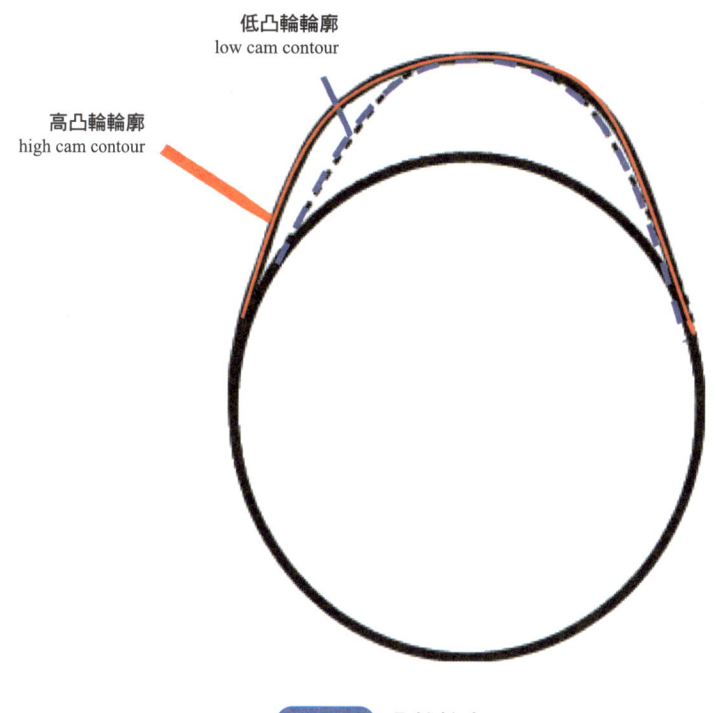

低凸輪輪廓
low cam contour

高凸輪輪廓
high cam contour

圖5-117　凸輪輪廓

（4）電子氣門正時控制

電子氣門正時控制（Electronic Valve Timing Control, E-VTC）系統通過馬達驅動凸輪軸，使其和凸輪軸鏈輪出現相對運動，以實現進氣提前和延遲（圖5-118）。

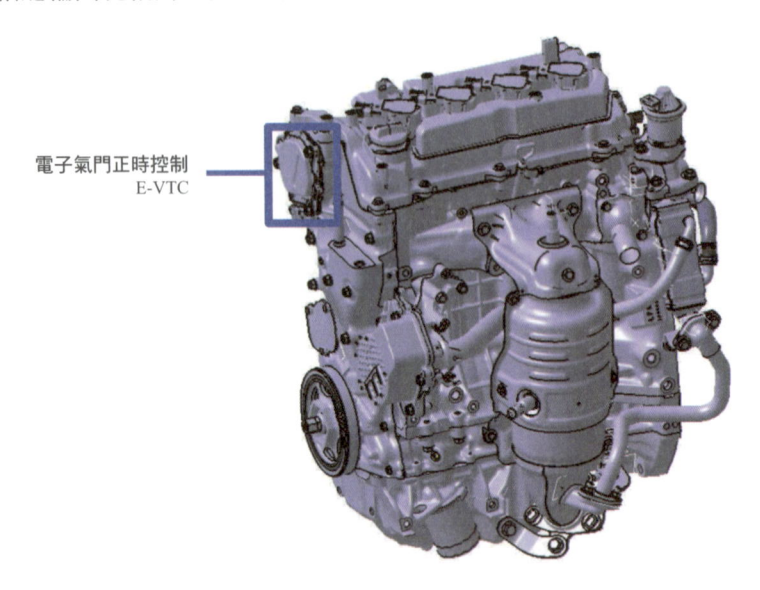

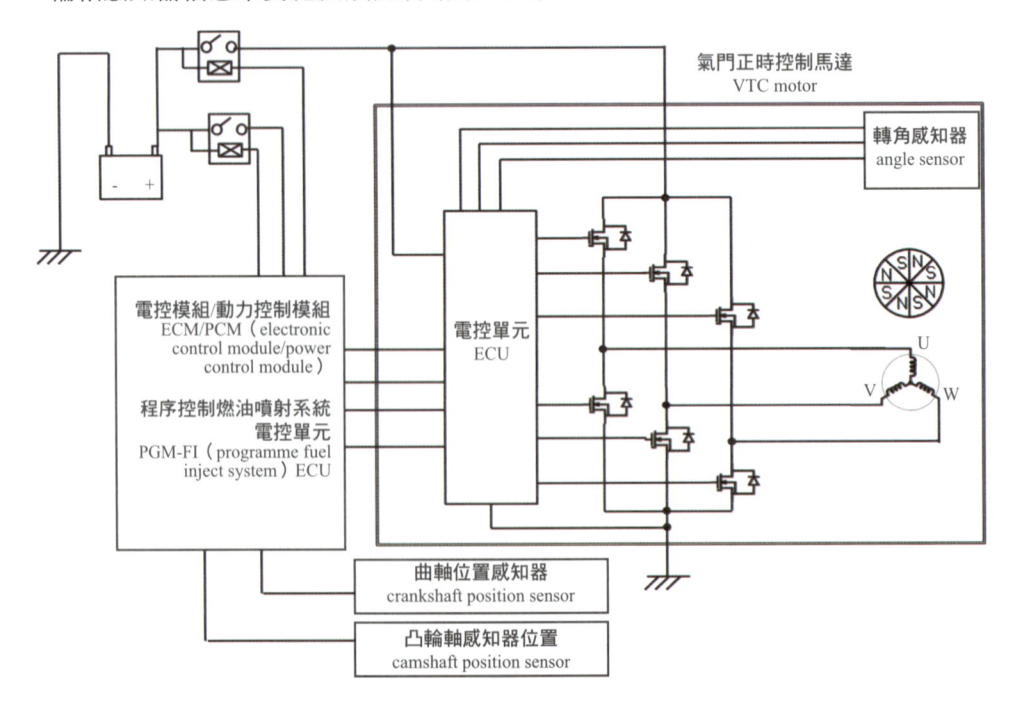

圖5-118 電子氣門正時控制

❶ **電子氣門正時控制系統** 引擎電控模組/動力控制模組（ECM/PCM）控制氣門正時馬達動作，接收各個感知器信息來給出引擎提前和延遲進氣正時的指令，同時通過獲取凸輪軸感知器信息來實施反饋控制（圖5-119）。

圖5-119 電子氣門正時控制系統圖

❷ **電子氣門正時控制部件**　電子氣門正時控制(E-VTC)結構分為兩部分,一部分是和控制單元一體的氣門正時馬達,另一部分為氣門正時執行器。正時馬達驅動正時執行器,調節凸輪軸和凸輪軸鏈輪的相對位置,實現進氣提前和延遲(圖5-120)。

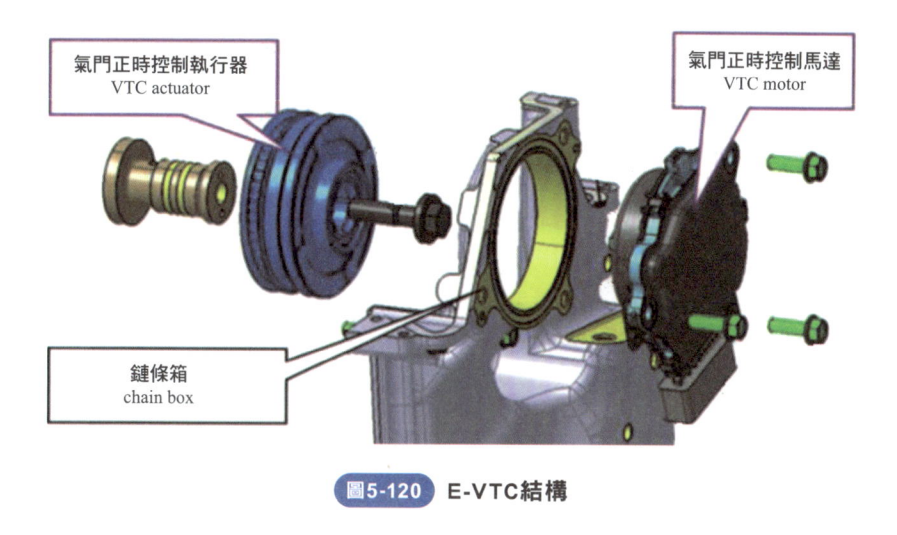

圖5-120　E-VTC結構

(5) 廢氣再循環冷卻系統

LFA 11引擎安裝電控廢氣再循環(Exhaust Gas Recirculation, EGR)系統,由電動EGR閥、EGR冷卻器及連接管路等部件組成,EGR閥的開度由動力控制單元控制(圖5-121)。廢氣再循環冷卻系統的主要作用是降低NOx的排放。

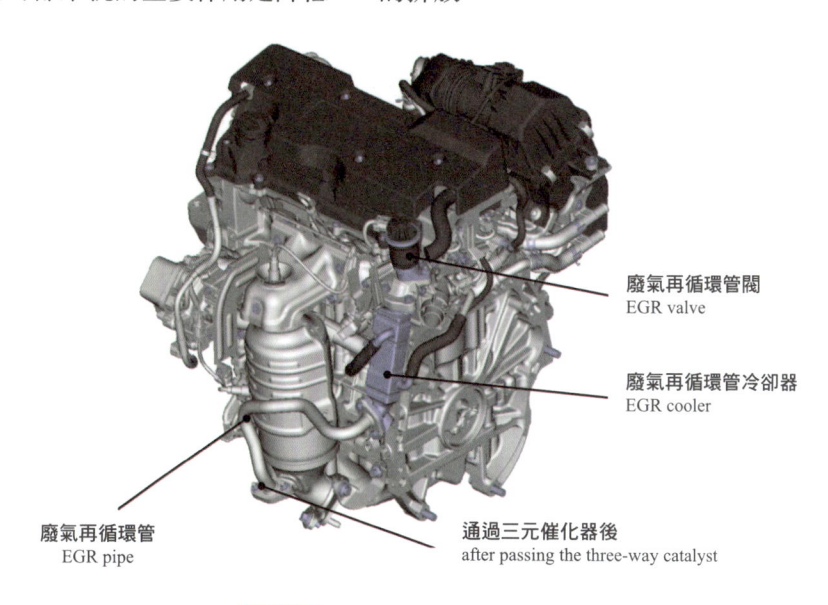

圖5-121　廢氣再循環冷卻系統組成

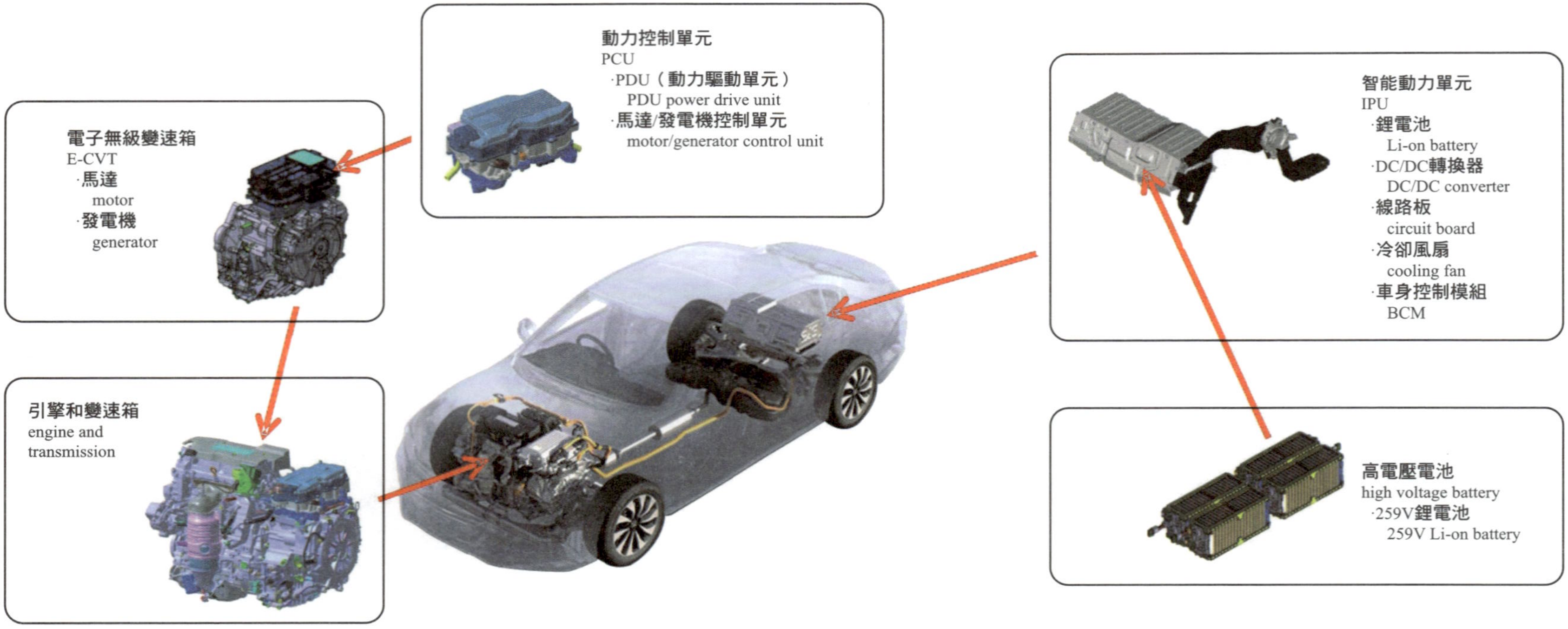

圖解新能源汽車原理與構造

智能動力單元
IPU
·鋰電池 Li-on battery
·DC/DC轉換器 DC/DC converter
·線路板 circuit board
·冷卻風扇 cooling fan
·車身控制模組 BCM

高電壓電池 high voltage battery
·259V鋰電池 259V Li-on battery

動力控制單元
PCU
·PDU（動力驅動單元） PDU power drive unit
·馬達/發電機控制單元 motor/generator control unit

電子無級變速箱
E-CVT
馬達 motor
發電機 generator

引擎和變速箱
engine and transmission

圖5-122 電驅動系統組成

· 178 ·

5.2.4 雅哥混合動力汽車電驅動系統

雅哥混合動力汽車電驅動系統由電子無級變速箱（E-CVT）內兩個馬達、引擎艙內動力控制單元（PCU）以及行李廂內高壓電池組成（圖5-122）。

(1) 驅動馬達與發電機

馬達、發電機為混合動力系統的核心部件，兩者均採用質量輕、體積小、效率高的三相永磁同步馬達。驅動馬達的作用是產生驅動力以驅動汽車或滑行、煞車時回收能量。發電機的作用是發電並向高壓鋰電池充電及行駛中倒拖啟動引擎。驅動馬達與發電機的結構相同，均由安裝在殼體內的三相線圈定子、永磁轉子及馬達轉子位置感知器等組成。為了實現對馬達的矢量控制，需精確測量馬達轉子的轉速及磁極的位置（相位），為此安裝馬達轉子位置感知器。馬達轉子位置感知器採用旋轉變壓器的結構形式，由三個定子線圈和轉子（隨馬達轉子同步旋轉）組成（圖5-123）。

圖5-123 驅動馬達與發電機結構

(2) 鋰離子電池

雅哥混合動力汽車採用高壓鋰電池作為動力電池，安裝在車內後排座椅與行李廂之間的空槽內。高壓電池組包含4個電池模組總計72個電芯，每個電池模組由18個電芯組成。動力電池總成由高壓鋰電池、智能動力單元IPU及高壓鋰電池單元散熱風扇等組成（圖5-124）。

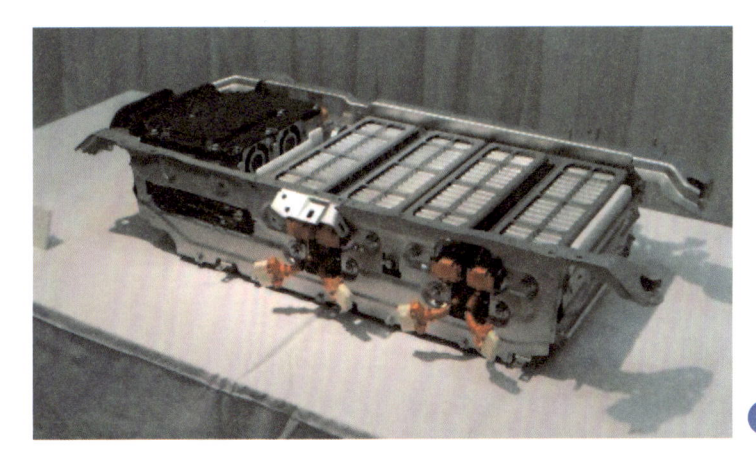

圖5-124 鋰離子電池

(3)智能動力單元

智能動力單元（Intelligent Power Unit，IPU）接線情況如圖5-125所示。

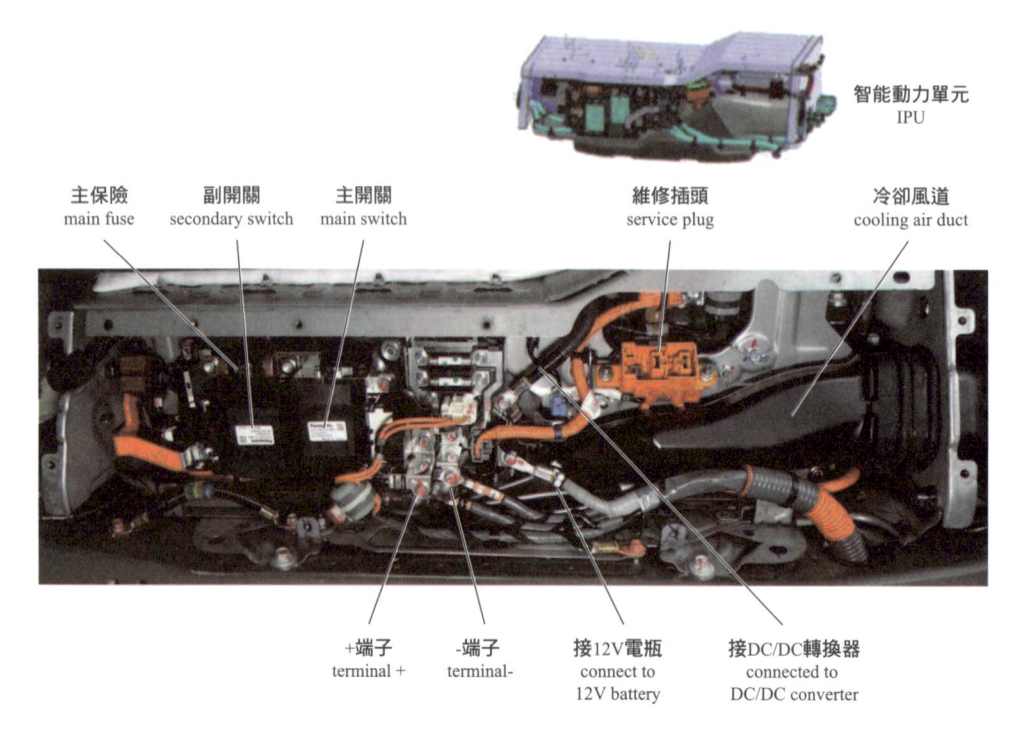

智能動力單元 IPU
主保險 main fuse
副開關 secondary switch
主開關 main switch
維修插頭 service plug
冷卻風道 cooling air duct
+端子 terminal +
-端子 terminal-
接12V電瓶 connect to 12V battery
接DC/DC轉換器 connected to DC/DC converter

圖5-125 IPU智能動力單元接口

(4)動力控制單元

動力控制單元（Power Control Unit，PCU）是混合動力系統的核心元件，包含動力驅動單元、馬達/發電機控制單元和相電流感知器等（圖5-126）。

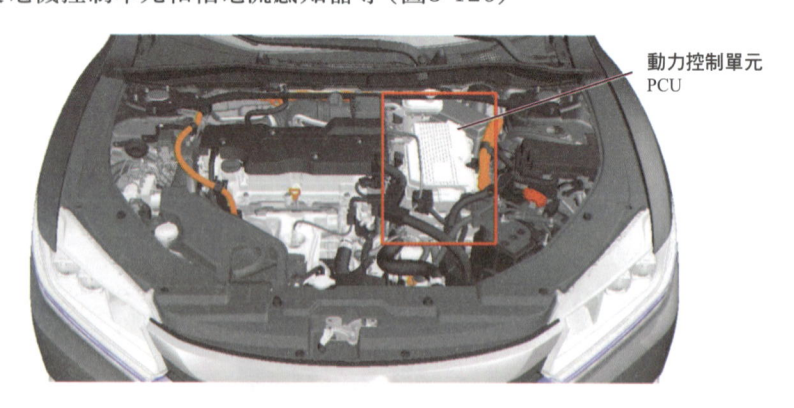

動力控制單元 PCU

圖5-126 動力控制單元（PCU）位置

動力控制單元結構如圖5-127所示。

動力控制單元冷卻系統由電動冷卻液泵浦、散熱器、儲液罐（加注箱）、冷卻軟管和動力控制單元水套等組成（圖5-128）。冷卻液從動力控制單元內部水套吸收熱量，流經散熱器內部並將熱量散發到空氣中。電動冷卻液泵浦內置馬達及控制單元，泵浦馬達為12V直流無刷馬達。

動力控制單元
PCU

馬達/發電機控制單元
motor/generator control unit

電流感知器
current sensor

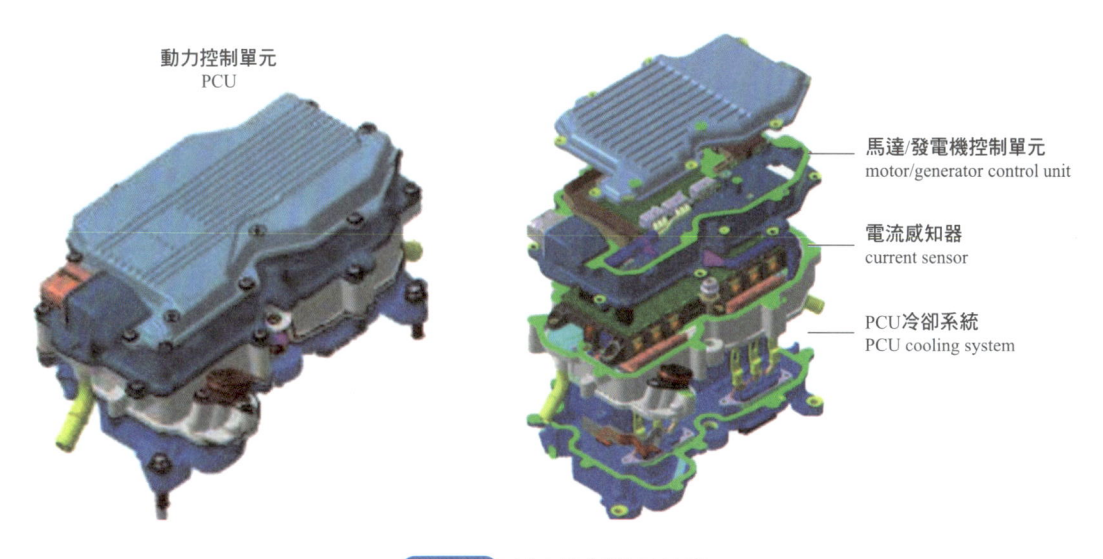

PCU冷卻系統
PCU cooling system

圖5-127 動力控制單元結構

散熱器蓋
radiator cap

加油箱
filling tank

動力控制單元
PCU

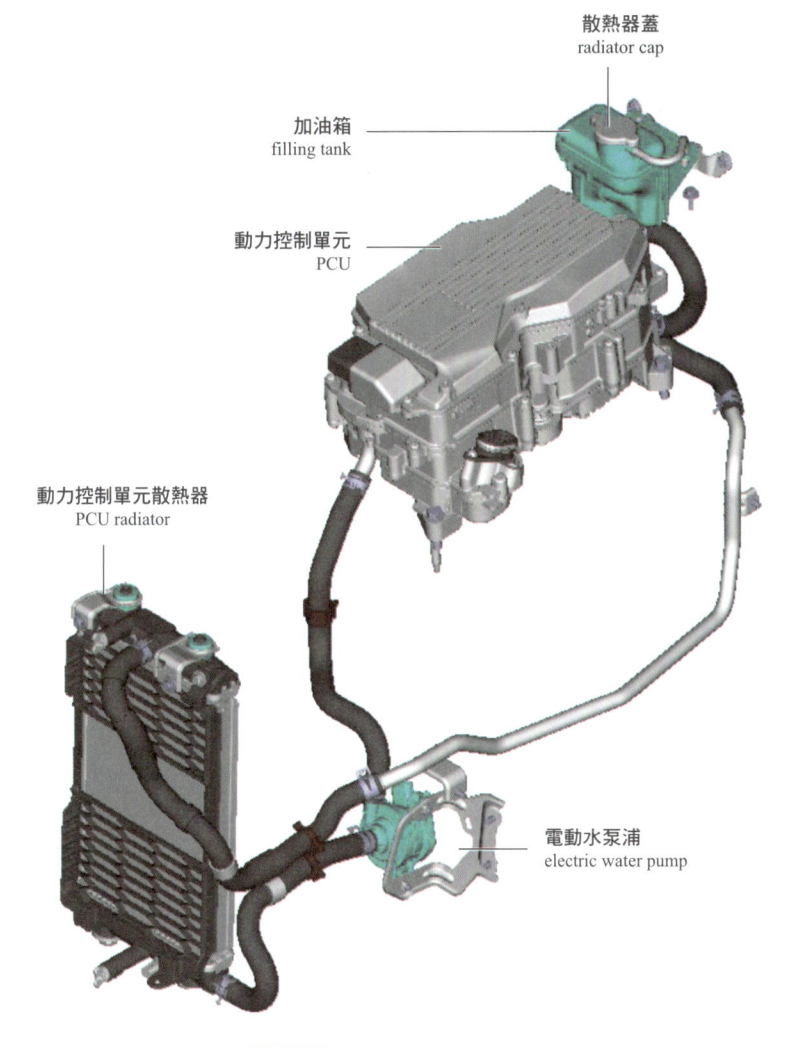

動力控制單元散熱器
PCU radiator

電動水泵浦
electric water pump

圖5-128 動力控制單元的冷卻

5.2.5　雅哥混合動力汽車電子無級變速箱

雅哥混合動力汽車採用電子無級變速箱（Electric coupled CVT, E-CVT）。雖然名字還叫變速箱，但其實它的功能就是耦合引擎和馬達兩種動力源，實質可以看做是離合器。在起步和低速階段由馬達直接驅動汽車，在馬達效率不高的高速階段，直接由引擎驅動汽車（圖5-129）。

圖5-129　電子無級變速箱

(1) 電子無級變速箱組成

電子無級變速箱內部集成發電機、驅動馬達、扭轉減振器、超越離合器、超越離合器齒輪、四根平行軸及齒輪等部件（圖5-130）。引擎的動力通過輸入軸與超越離合器連接。驅動馬達通過主減速器、差速器、半軸將動力傳給驅動輪，驅動汽車行駛。引擎轉動時，通過常嚙合齒輪傳動帶動發電機運轉。雅哥混合動力汽車採用超越離合器，超越離合器為液壓驅動的離合器（濕式多片式），位於輸入軸的末端。通過超越離合器改變動力傳遞路徑，從而實現在驅動發電機和驅動車輪之間切換引擎的動力。

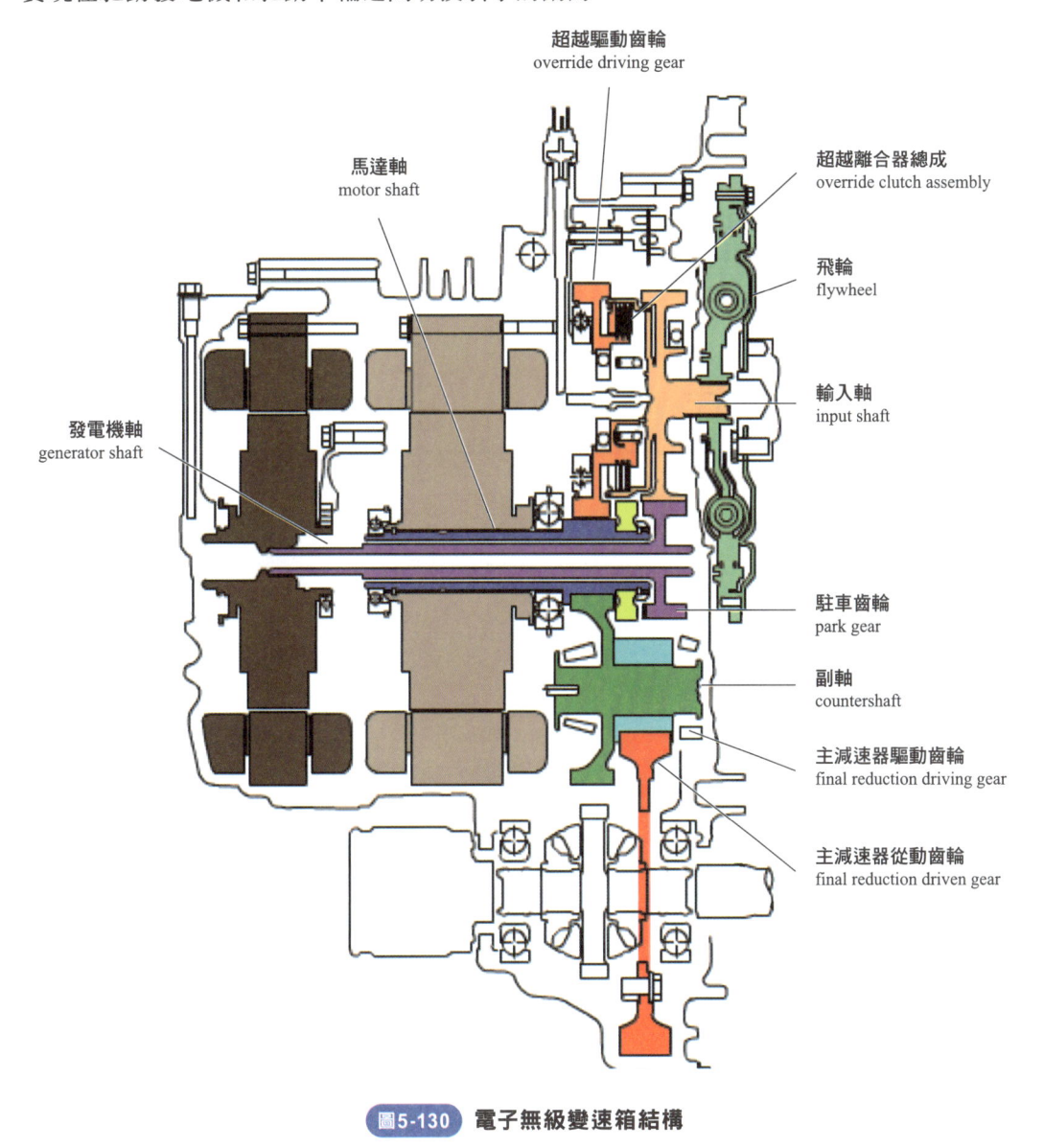

圖5-130　電子無級變速箱結構

電子無級變速箱工作原理如圖5-131所示，通過組合使用引擎、齒輪和馬達，提供無級前進速度和倒車。電子無級變速箱允許汽車通過電動動力或引擎動力驅動。兩種動力均通過變速箱內的齒輪傳送到輸出軸。電子無級變速箱能夠實現並聯和混聯兩種模式的切換，其關鍵是採用超越離合器。當超越離合器分離時，引擎和馬達即為典型的串聯模式，引擎轉動帶動發電機充電，同時電能驅動馬達轉動帶動車輪運轉，對負荷較低的市區工況來說，通過引擎直接驅動車輪往往效率較低，通過串聯模式則可以使引擎維持在高效狀態下運行，多餘的電能將儲存在電池中。而當超越離合器結合、發電機切斷時，引擎和馬達又變為典型的並聯模式，此時引擎和馬達的動力通過不同的減速比減速之後共同傳給驅動軸。此時汽車有兩個動力源，引擎燃燒汽油，馬達的能量來源為之前通過動能回收和引擎發電儲存的電能，動力更為強勁。此外，電子無級變速箱也提供了煞車充電模式，以及引擎單獨驅動和馬達單獨驅動的模式。

圖5-131 電子無級變速箱工作原理框圖

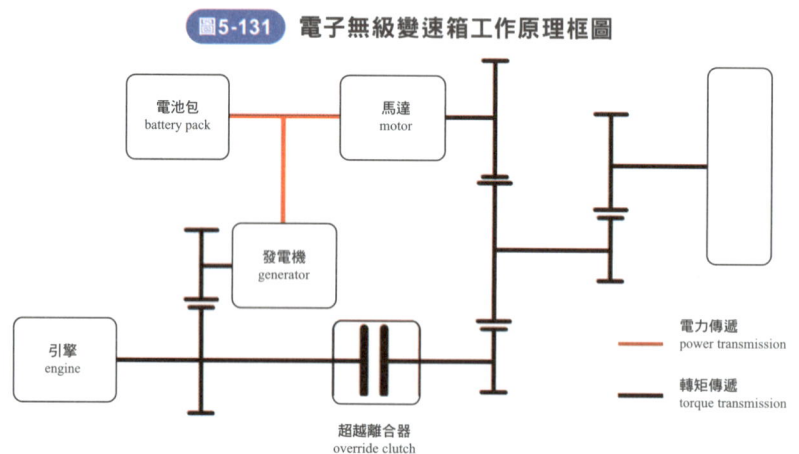

（2）電子無級變速箱原理

❶ **動力源** 通過齒輪和軸從馬達和引擎兩個不同的動力來源傳輸動力（圖5-132）。

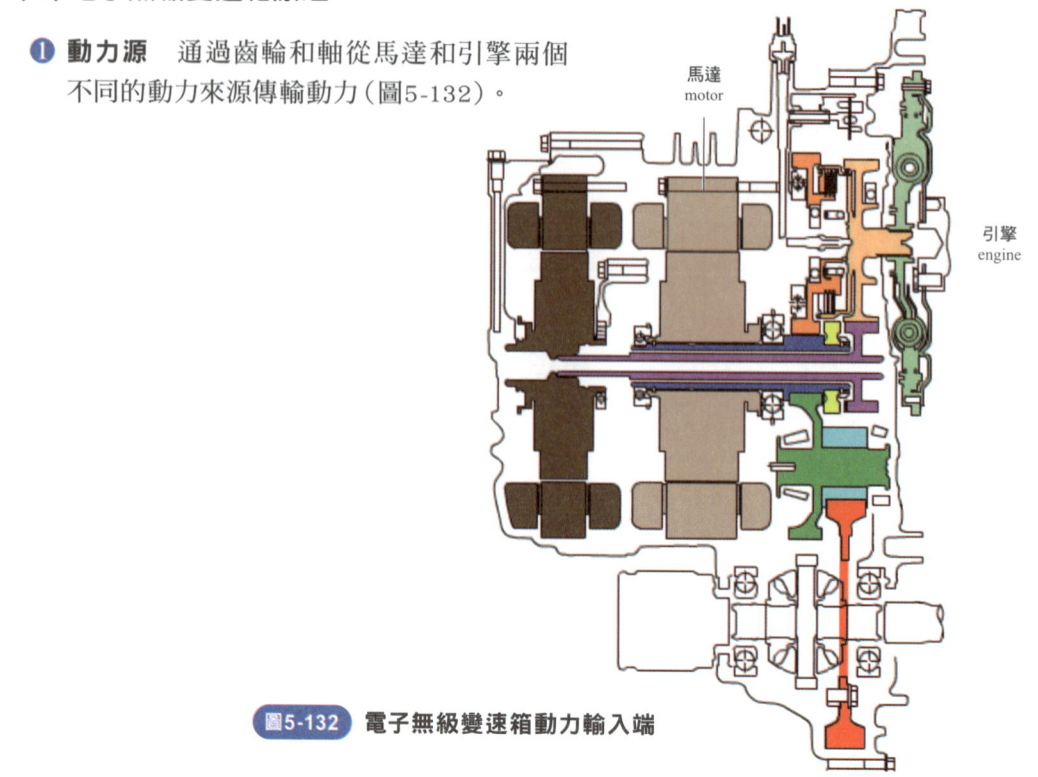

圖5-132 電子無級變速箱動力輸入端

第 5 章　混合動力汽車

❷ **發電模式**　超越離合器改變動力流向路徑，在驅動發電機和驅動車輪之間切換引擎動力。圖5-133表示不應用超越離合器時的情況。當超越離合器不工作（分離）時，若引擎運行，引擎動力將通過扭轉減振器→輸入軸→輸入軸齒輪→發馬達軸齒輪→發馬達軸→發電機進行傳輸，實現引擎驅動發電機發電。

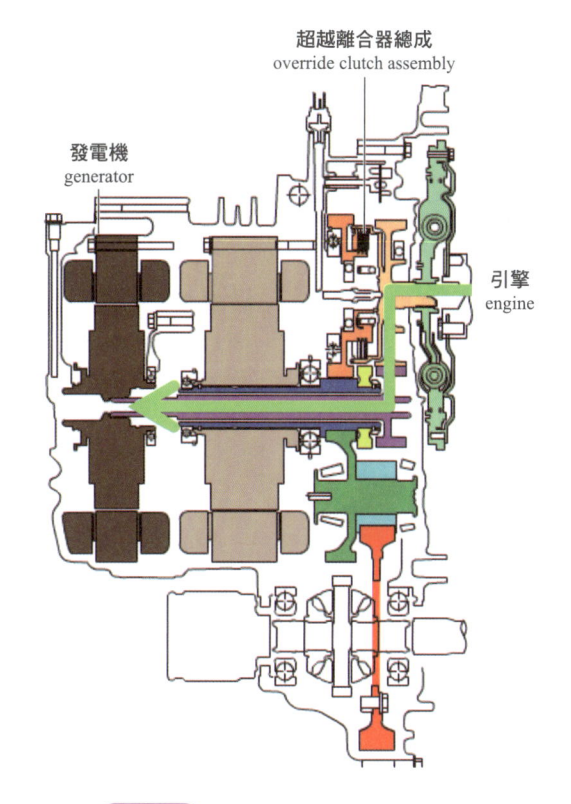

圖5-133　電子無級變速箱發電模式

❸ **引擎驅動模式**　圖5-134表示應用超越離合器時的情況。引擎驅動車輪，發電機不工作。純引擎驅動汽車的動力傳遞路線為：引擎→飛輪及扭轉減振器→輸入軸→超越離合器（結合）→超越驅動齒輪→副軸常嚙合齒輪→副軸→主減速器驅動齒輪→主減速器從動齒輪→差速器→半軸→前輪（驅動輪）。

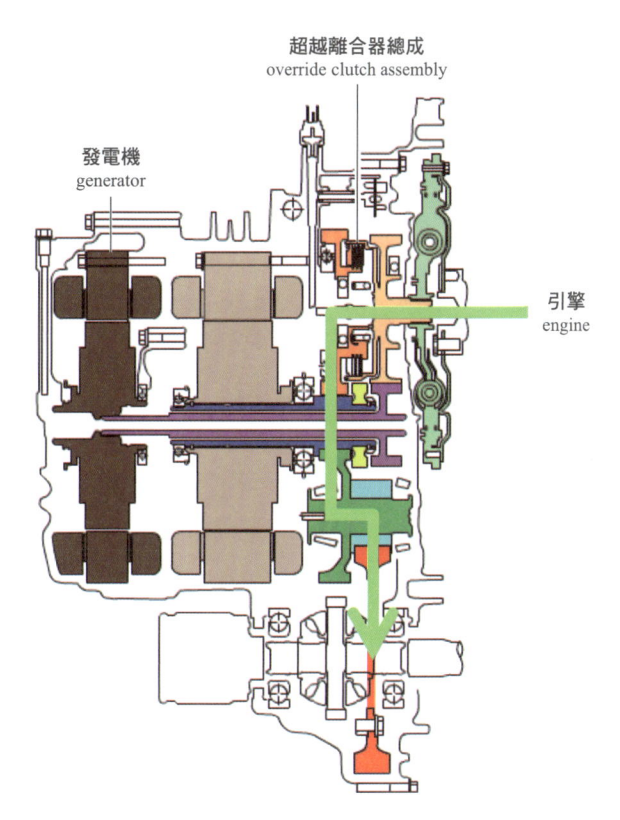

圖5-134　電子無級變速箱引擎驅動模式

· 185 ·

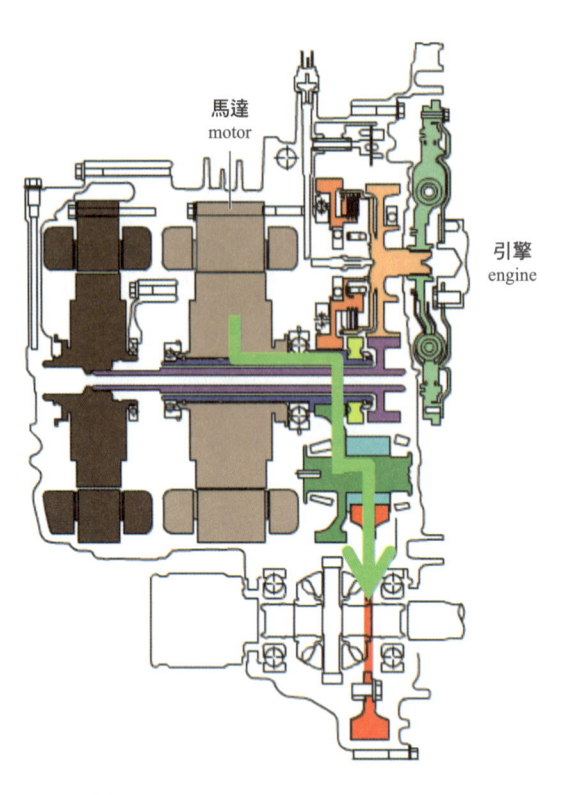

❹ **純電動驅動模式** 圖5-135表示僅馬達運行期間，流經變速箱用於前進擋的動力。動力傳遞路線為：驅動馬達→驅動馬達軸→驅動馬達軸常嚙合齒輪→副軸常嚙合齒輪→主減速器驅動齒輪→主減速器從動齒輪→差速器→半軸—前輪（驅動輪）。

圖5-135 電子無級變速箱純電動驅動模式

❺ **混合動力驅動模式** 如圖5-136所示，引擎驅動發電機的動力傳遞路線為：引擎→飛輪及扭轉減振器→輸入軸→輸入軸常嚙合齒輪→發馬達軸常嚙合齒輪→發馬達軸→發電機。驅動馬達驅動汽車的動力傳遞路線為：驅動馬達→驅動馬達軸→驅動馬達軸常嚙合齒輪→副軸常嚙合齒輪→主減速器驅動齒輪→主減速器從動齒輪→差速器→半軸→前輪。

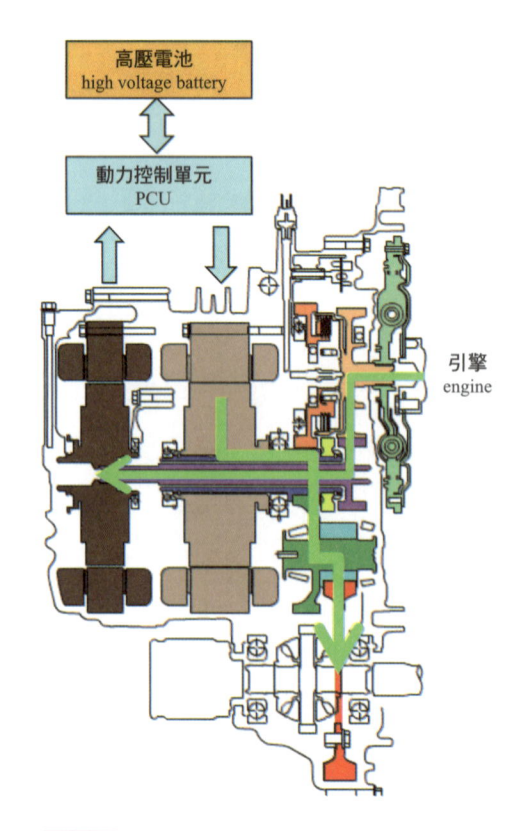

圖5-136 電子無級變速箱混合動力驅動模式

⑥ 引擎驅動模式 圖5-137表示僅引擎運行期間,流經變速箱用於前進擋的動力。動力傳遞路線為:引擎→飛輪→輸入軸→超越離合器→超越齒輪→副軸→主減速器驅動齒輪→主減速器從動齒輪。

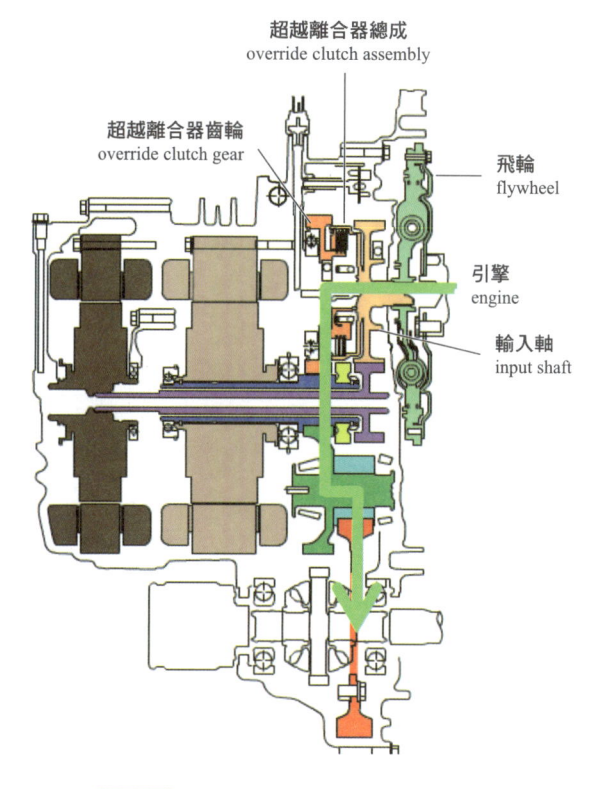

圖5-137 電子無級變速箱引擎驅動模式

⑦ 倒擋模式 圖5-138表示當高壓電池電力充足時,流經變速箱用於倒擋的動力與前進擋相同。通過使馬達反向運行,啟用倒擋操作。動力傳遞路線為:馬達→馬達軸→副軸→主減速器驅動齒輪→主減速器從動齒輪。

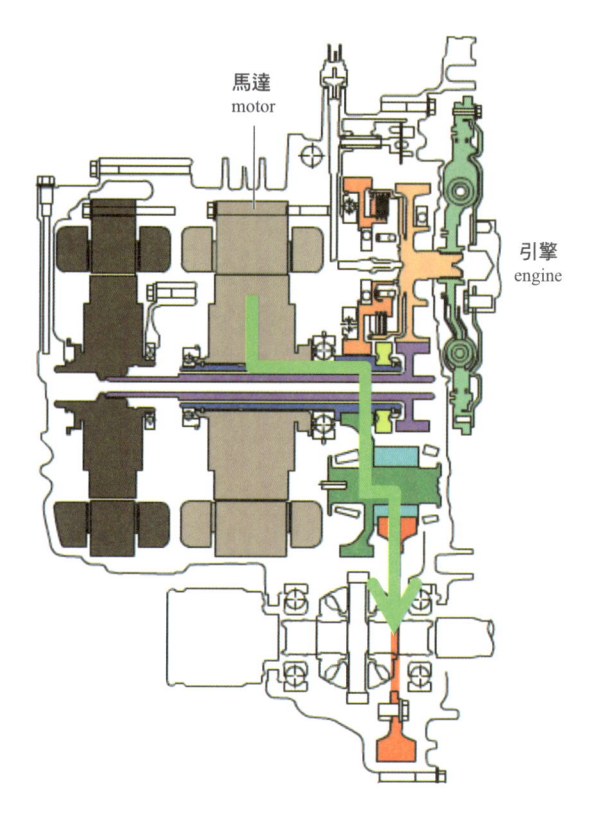

圖5-138 電子無級變速箱倒擋模式

5.2.6 雅哥混合動力汽車線控換擋

雅哥混合動力汽車配備線控換擋系統，無需在換擋桿和變速箱之間接線，即可使變速箱換擋。換擋按鈕總成如圖5-139所示。換擋操作是通過按、扳按鈕執行的（取消了傳統車型的換擋桿），P擋（駐車擋）、N擋（空擋）和D擋（前進擋）按鈕採用按動操作，而R擋（倒擋）按鈕則採用扳動操作。如果拉動「R」按鈕，蜂鳴器將僅鳴響一次。另外，換擋按鈕總成上還有運動模式、電子駐車煞車及煞車保持等按鈕。

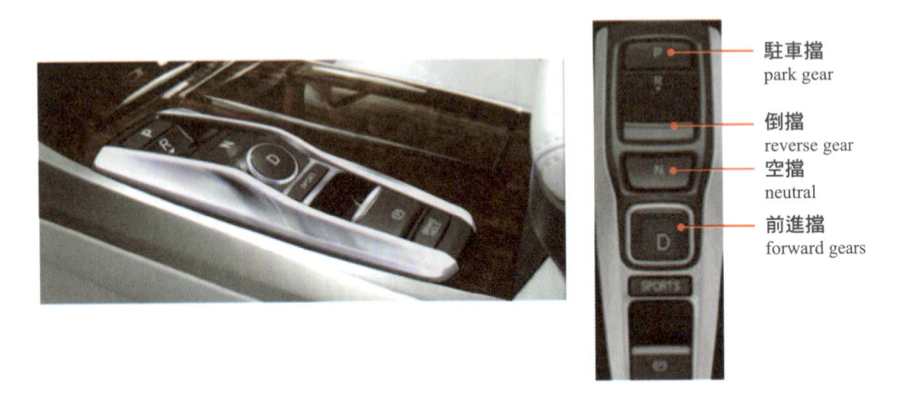

駐車擋 park gear
倒擋 reverse gear
空擋 neutral
前進擋 forward gears

圖5-139　線控換擋系統

線控換擋ECU集成於中央控制台的電子擋位選擇器中（圖5-140）。

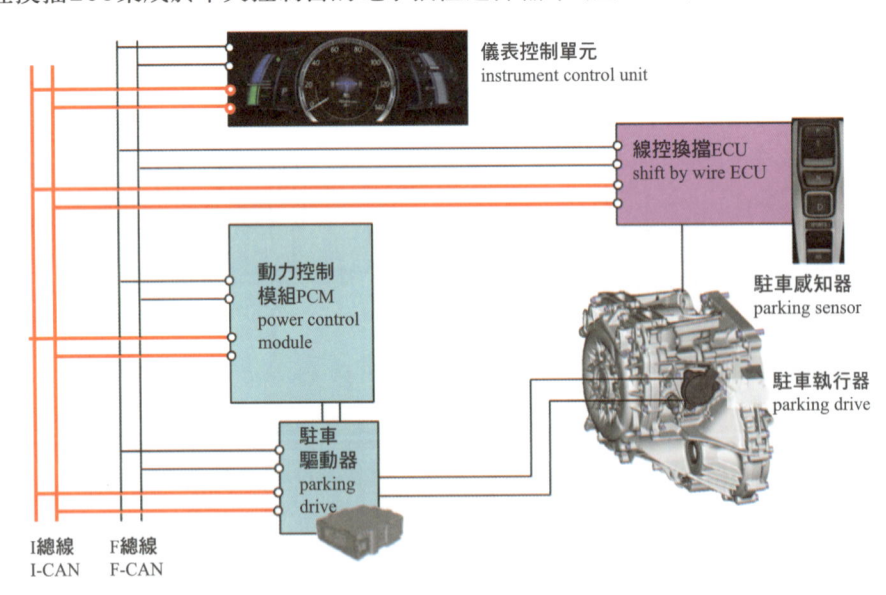

儀表控制單元 instrument control unit
線控換擋ECU shift by wire ECU
動力控制模組PCM power control module
駐車感知器 parking sensor
駐車執行器 parking drive
駐車驅動器 parking drive
I總線 I-CAN
F總線 F-CAN

圖5-140　線控換擋系統圖

5.2.7 雅哥混合動力汽車煞車系統

(1) 電動伺服煞車簡介

電動伺服煞車（ESB）用於在減速期間確保高效煞車能量再生，包括踏板感覺模擬器、串聯式馬達氣缸等（圖5-141）。

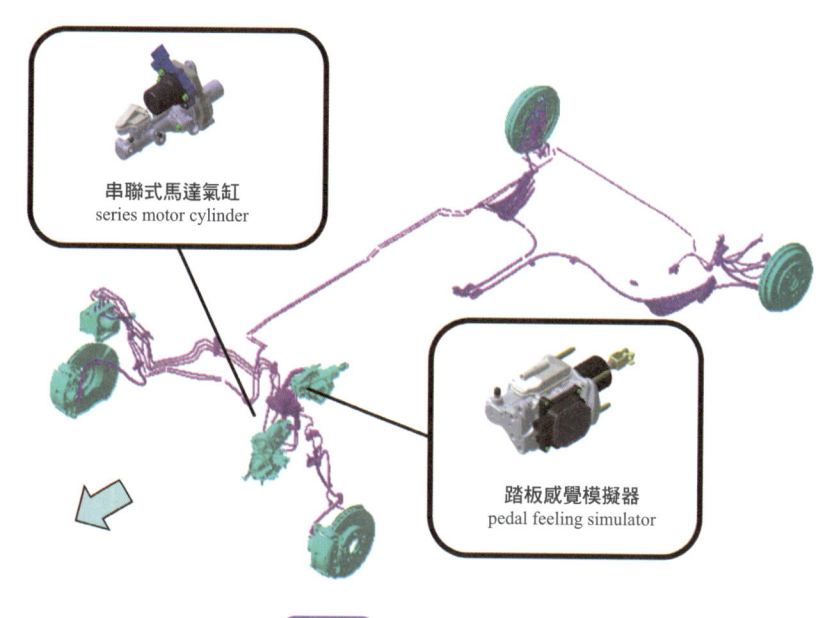

圖5-141 電動伺服煞車器

當煞車開始時，電動伺服會減少通過煞車系統產生的煞車轉矩，並增加通過馬達再生產生的煞車轉矩，從而再生能量。當車速下降時，通過煞車系統產生的煞車轉矩增加，且通過馬達再生產生的煞車轉矩減少，使總的煞車轉矩保持不變（圖5-142）。

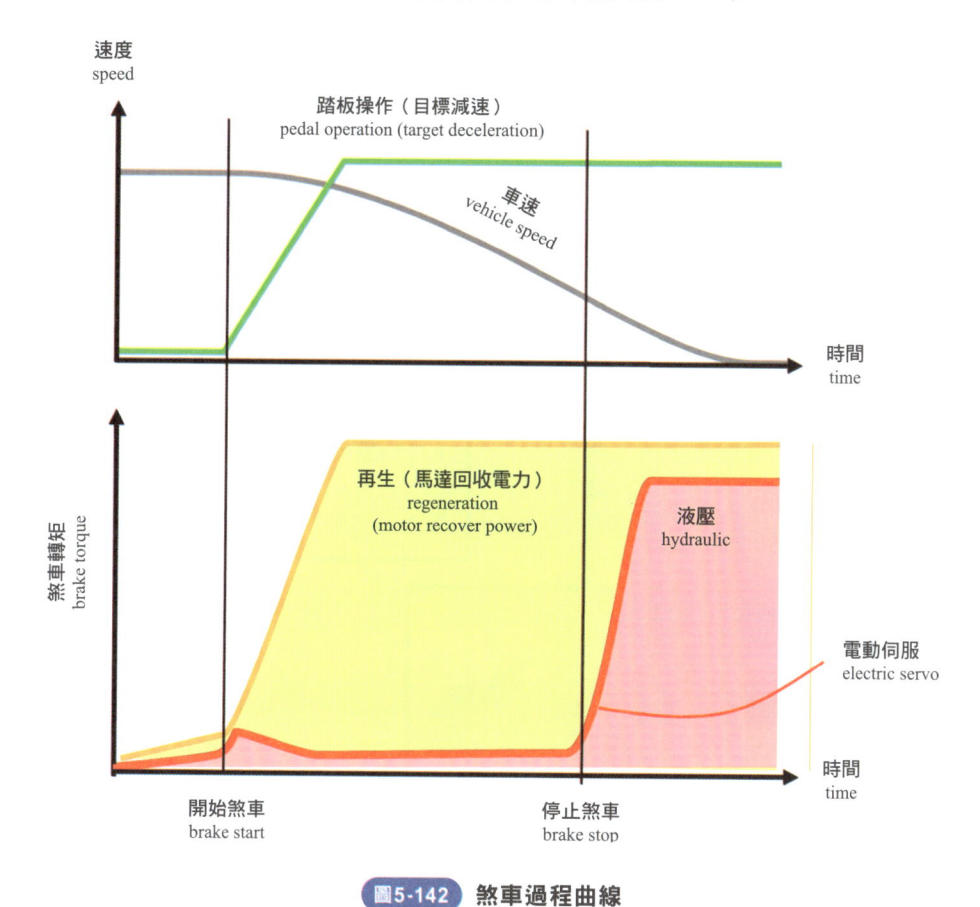

圖5-142 煞車過程曲線

(2) 電動伺服煞車部件

圖5-143為電動伺服煞車系統的部件。

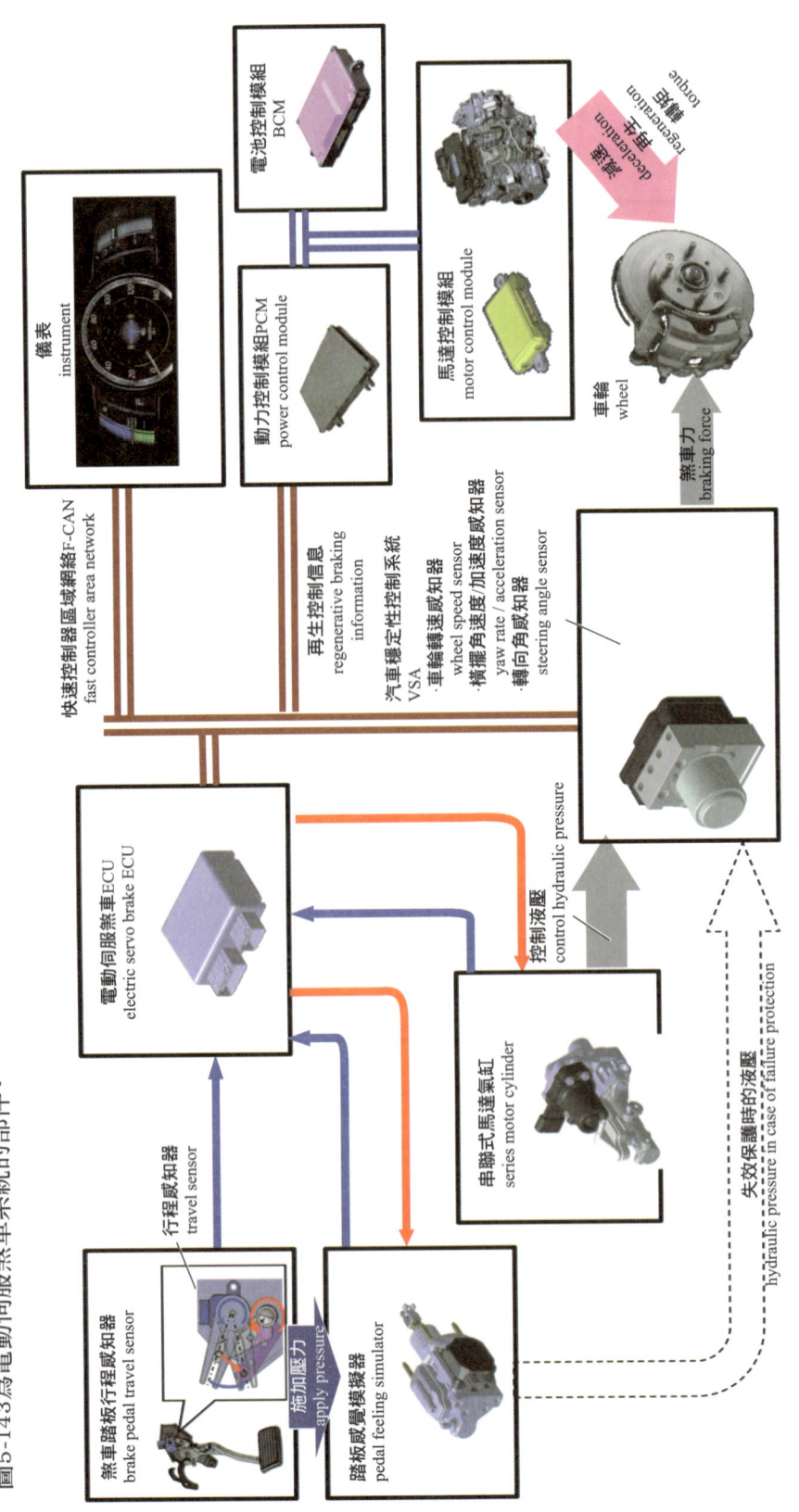

圖5-143 電動伺服煞車系統部件圖

(3) 電動伺服煞車工作原理

❶ 煞車系統未工作 當未踩下煞車踏板時,兩個總泵切斷閥(MCV)打開,踏板力模擬器閥也打開,煞車管路無壓力,不產生煞車(圖5-144)。

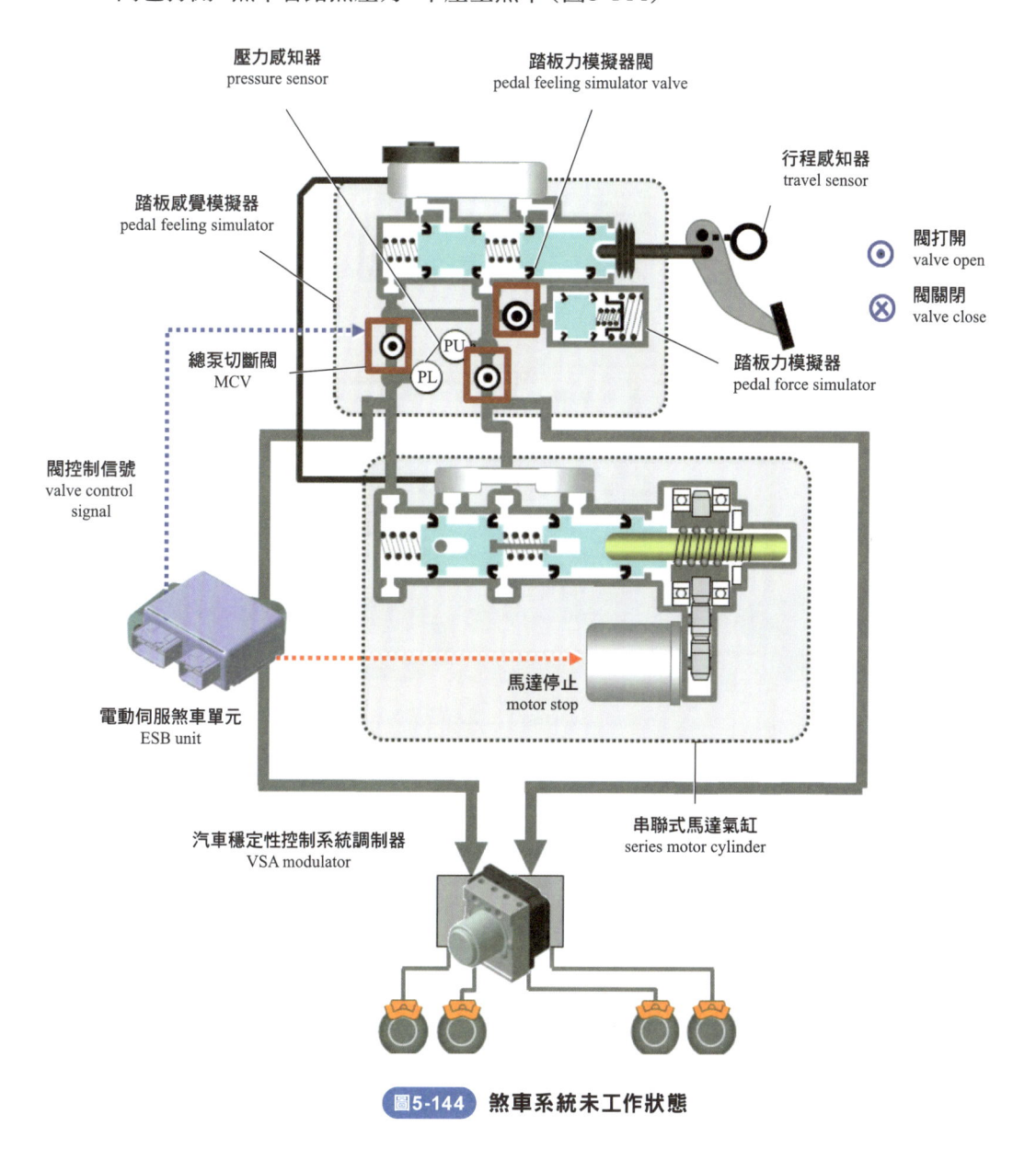

圖5-144 煞車系統未工作狀態

❷ **正常煞車**　正常煞車時，兩個總泵切斷閥（MCV）關閉，而踏板力模擬器閥打開。踏板力模擬器會產生踩下踏板的虛擬感覺。串聯式馬達氣缸內的馬達轉動，推動分泵的活塞運動，對煞車液產生壓力，煞車液經VSA調制器作用到車輪煞車器，產生煞車力。煞車壓力大小取決於馬達的旋轉角度，由ESB單元控制（圖5-145）。

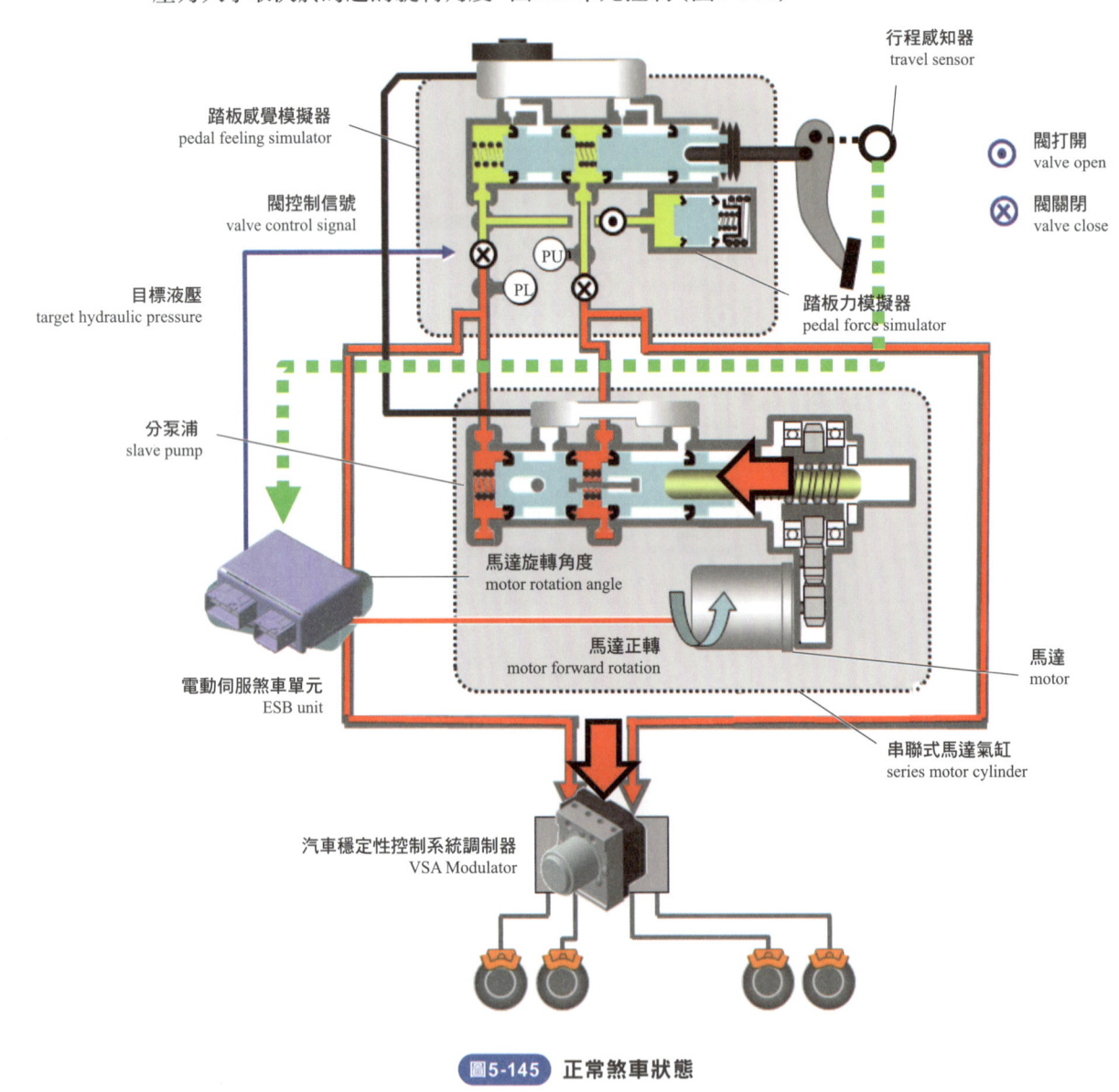

圖5-145　正常煞車狀態

❸ **再生煞車** 再生煞車時，車輪倒拖驅動馬達轉動，驅動馬達發電並向高壓電池充電，實現煞車時回收部分能量，並產生煞車力。兩個總泵切斷閥（MCV）關閉、踏板力模擬器閥（PFSV）打開。ESB單元根據再生煞車信息控制車輪機械煞車力的大小（圖5-146）。

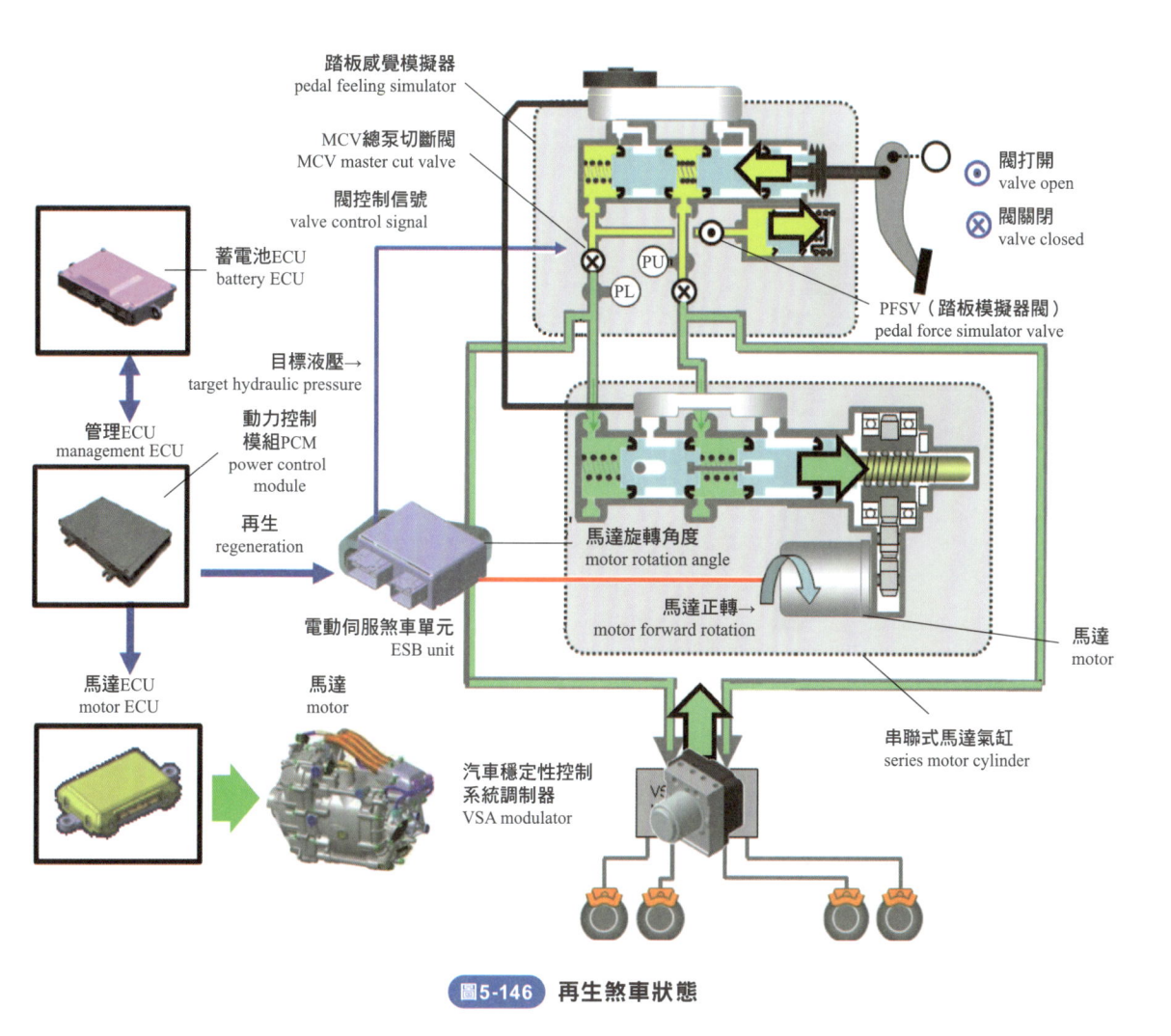

圖5-146 再生煞車狀態

5.2.8 雅哥混合動力汽車電動空調

與傳統車型不同，雅哥混動車採用電動空調系統（圖5-147），空調壓縮機由高壓馬達驅動。若採用傳統車型的空調壓縮機由引擎驅動的方式，當混動汽車純電行駛時，由於引擎停機，空調系統將無法工作。雅哥混動車電動壓縮機要求使用型號為ND-OIL 11的專用潤滑油，該潤滑油具有很高的絕緣性能。若不使用上述規定的潤滑油，可能會引起壓縮機馬達短路，甚至會造成觸電的危險。

圖5-147 電動空調系統

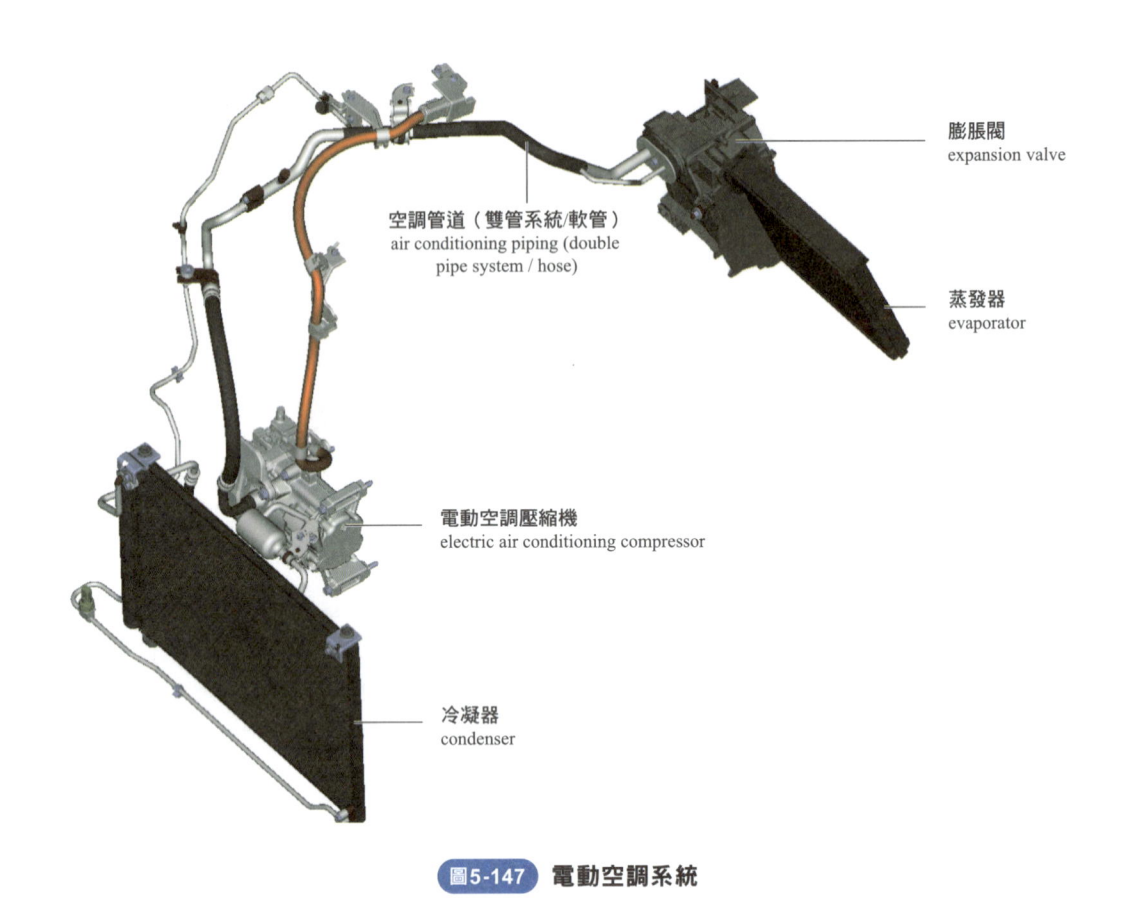

如同傳統汽車，引擎冷卻液流經加熱器芯以加熱和提供熱量。為了避免冷卻液溫度較低時熱量不足的情況，加熱器芯前方添加了一個PTC加熱器（圖5-148）。

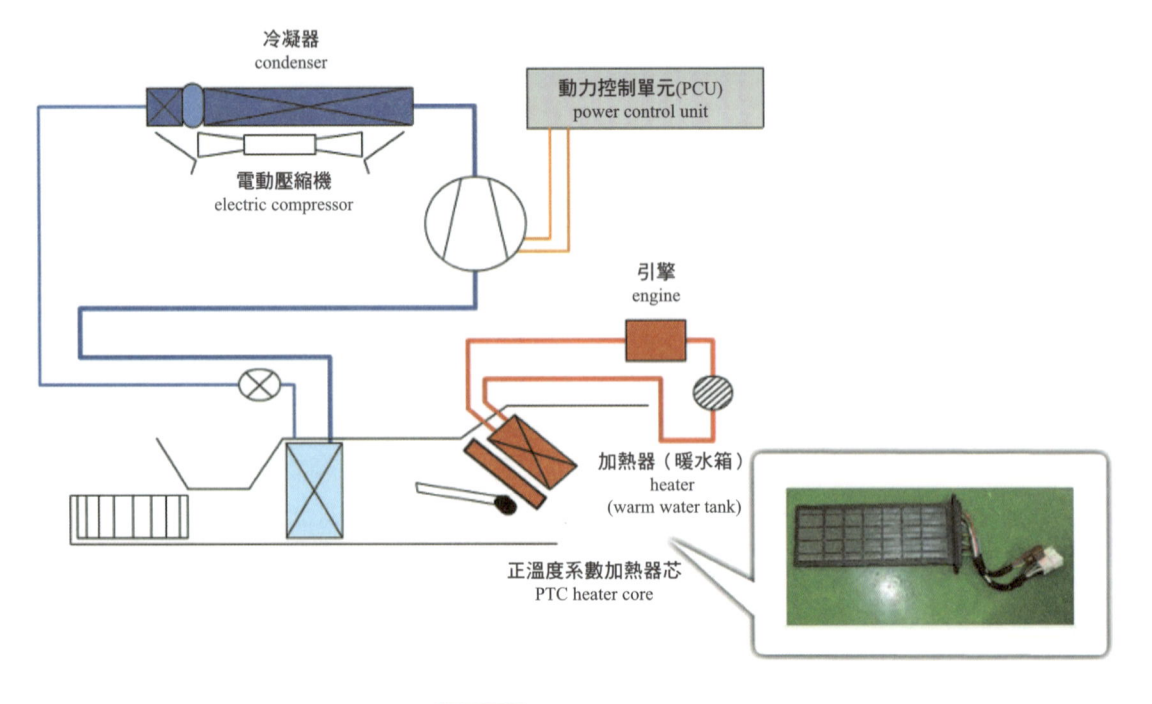

圖5-148 電動空調結構圖

第 6 章 燃料電池汽車

6.1 概述
6.2 Mirai燃料電池汽車

6.1 概述

燃料電池電動汽車（Fuel Cell Electric Vehicle，FCEV）是一種用車載燃料電池裝置產生的電力作為動力的汽車。車載燃料電池裝置所使用的燃料為高純度氫氣。奧迪h-tron quattro燃料電池汽車動力系統如圖6-1所示，主要由燃料電池、馬達、動力電池、功率電子裝置等部件組成。

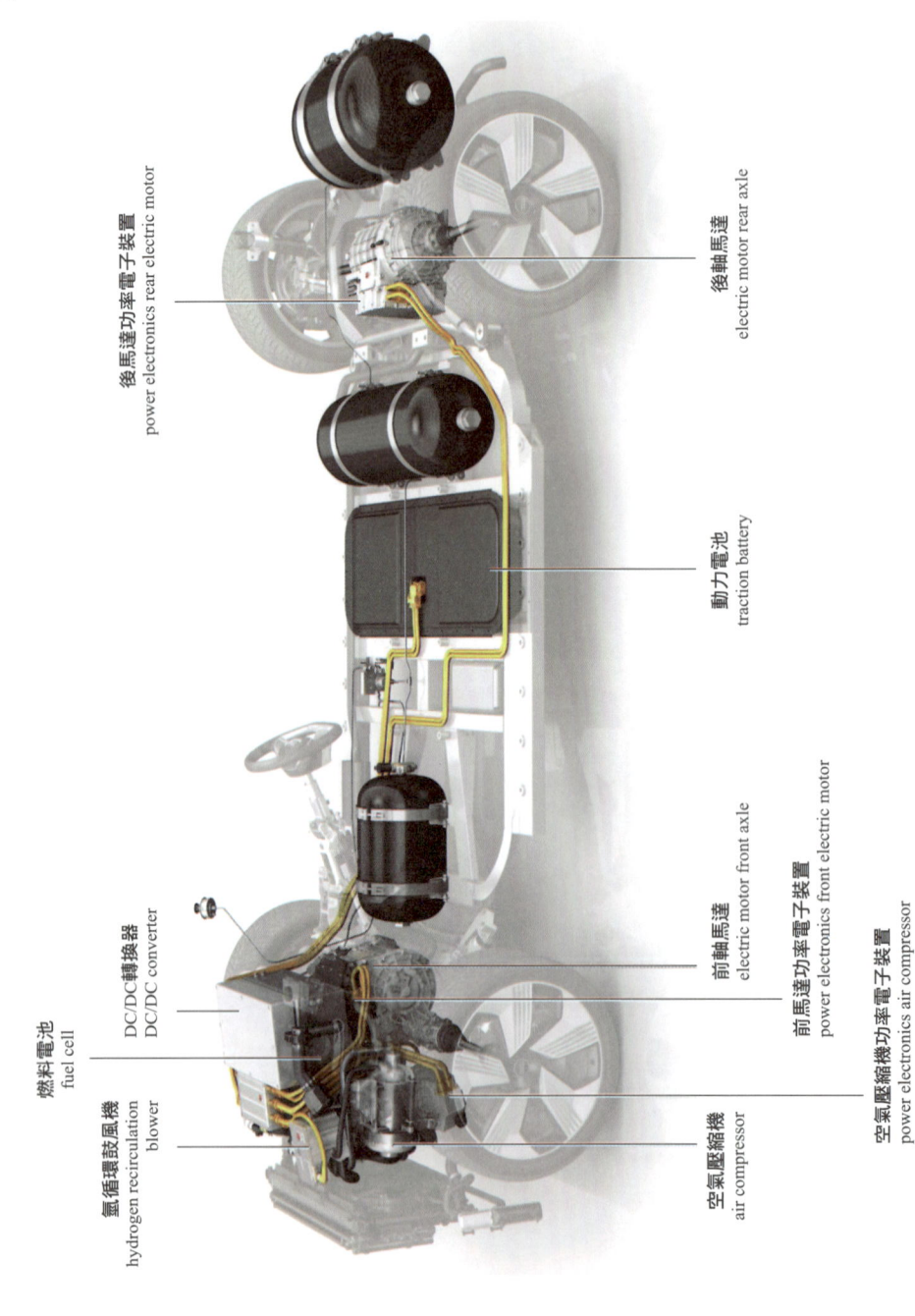

圖6-1 奧迪h-tron quattro動力系統

6.2　Mirai燃料電池汽車

豐田Mirai（未來）氫燃料汽車主要由燃料電池堆、氫氣瓶、電池、升壓器、馬達等組成（圖6-2）。

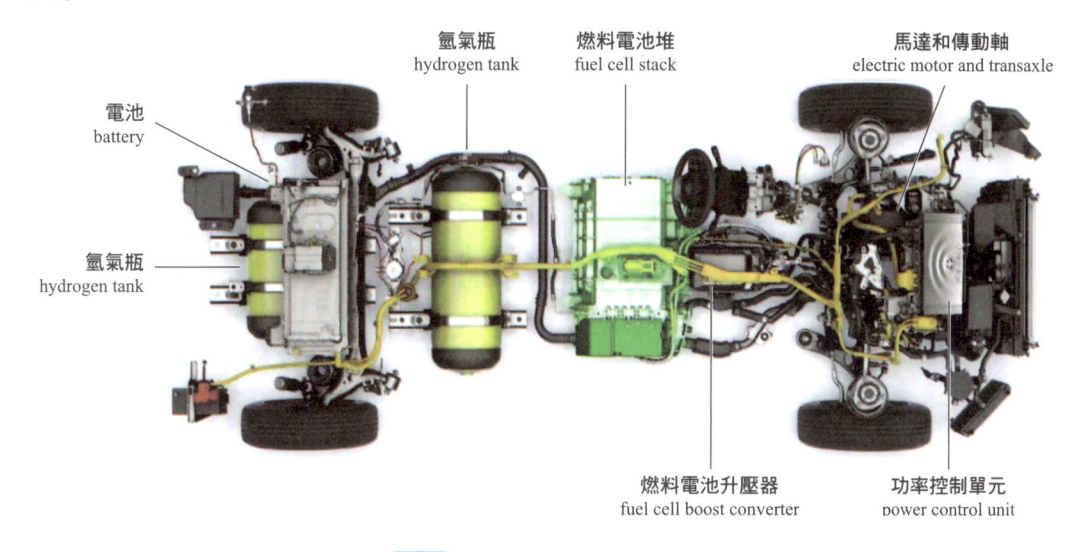

圖6-2　燃料電池汽車主要部件

Mirai的動力電源包括燃料電池和高壓電池（圖6-3）。功率控制單元根據汽車的工作狀態，精確地控制燃料電池輸出功率和高壓電池的充放電。燃料電池與功率控制單元、馬達的連接方式為串聯，以便使汽車在運行的大部分時間里具有較高效率。高壓電池與燃料電池串聯，在燃料電池響應遲緩或汽車滿負荷時提供輔助動力。

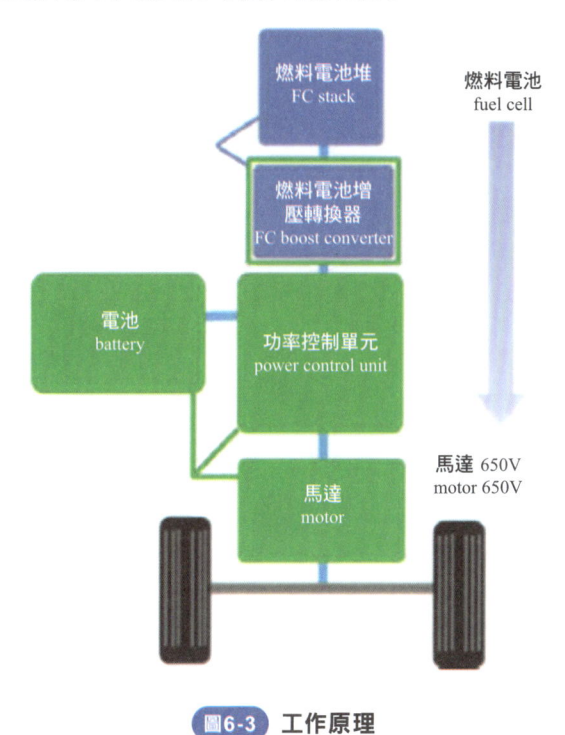

圖6-3　工作原理

6.2.1 燃料電池

Mirai燃料電池由370個電芯疊加組成,每個電芯發電的電壓範圍約為0.6～0.8V。Mirai燃料電池由燃料電池堆和燃料電池輔助系統組成(圖6-4)。

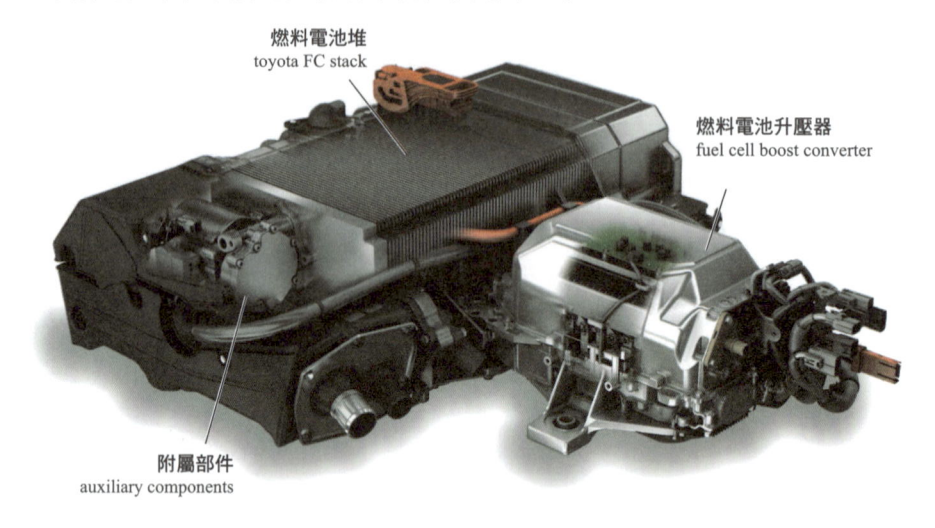

圖6-4 燃料電池

6.2.2 燃料電池堆

燃料電池堆包括質子交換膜、催化劑層、氣體擴散層等(圖6-5)。燃料電池是利用氫氣跟氧氣化學反應過程中的電荷轉移來形成電流,這一過程最關鍵的技術就是利用質子交換膜將氫氣拆分。因為氫分子體積小,可以透過薄膜的微小孔洞游離到對面去,但是在穿越孔洞的過程中,電子被從分子上剝離,只留下帶正電的氫質子通過。

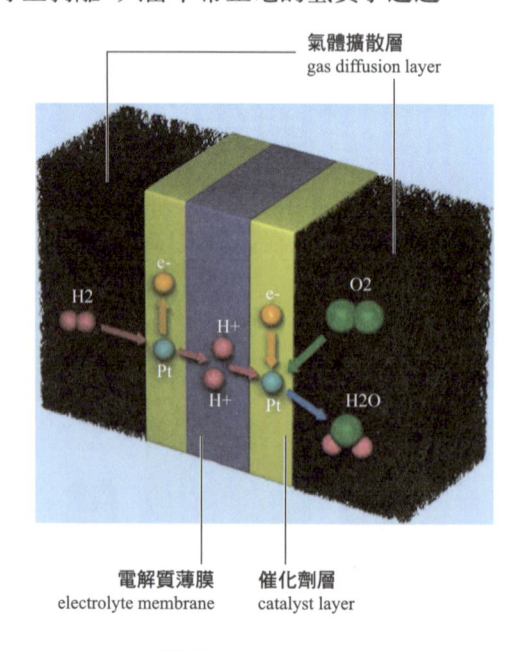

圖6-5 燃料電池堆原理

6.2.3 燃料電池輔助系統

燃料電池輔助系統包括氫氣泵浦、空氣濾清器、空氣壓縮機、排水管等。

(1) 氫氣泵浦

氫氣泵浦經常與燃料電池殼體集成在一起，用於向燃料電池供給充足的氫氣，其進氣壓力較低，大約為1bar（圖6-6）。

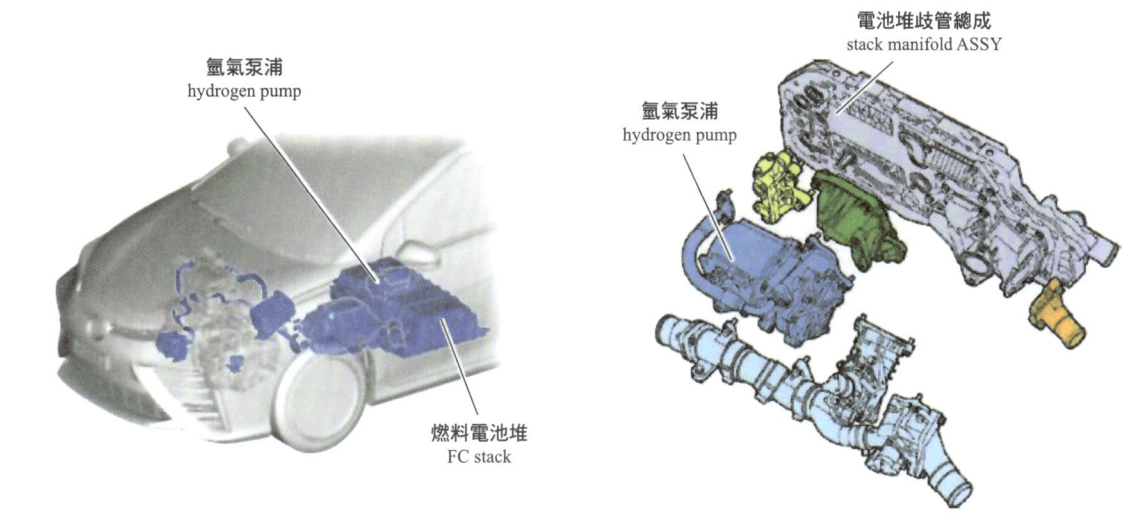

圖6-6　氫氣泵浦

(2) 空氣濾清器

空氣濾清器用於過濾進入燃料電池的雜質，如圖6-7所示。電池內的化學反應需要活性的表面，任何污染物會降低燃料電池的效率。

圖6-7　空氣濾清器

（3）空氣壓縮機

空氣壓縮機用於確保電流所需的空氣流量（圖6-8）。所需的電流越大，送入燃料電池的空氣和氫氣越多。

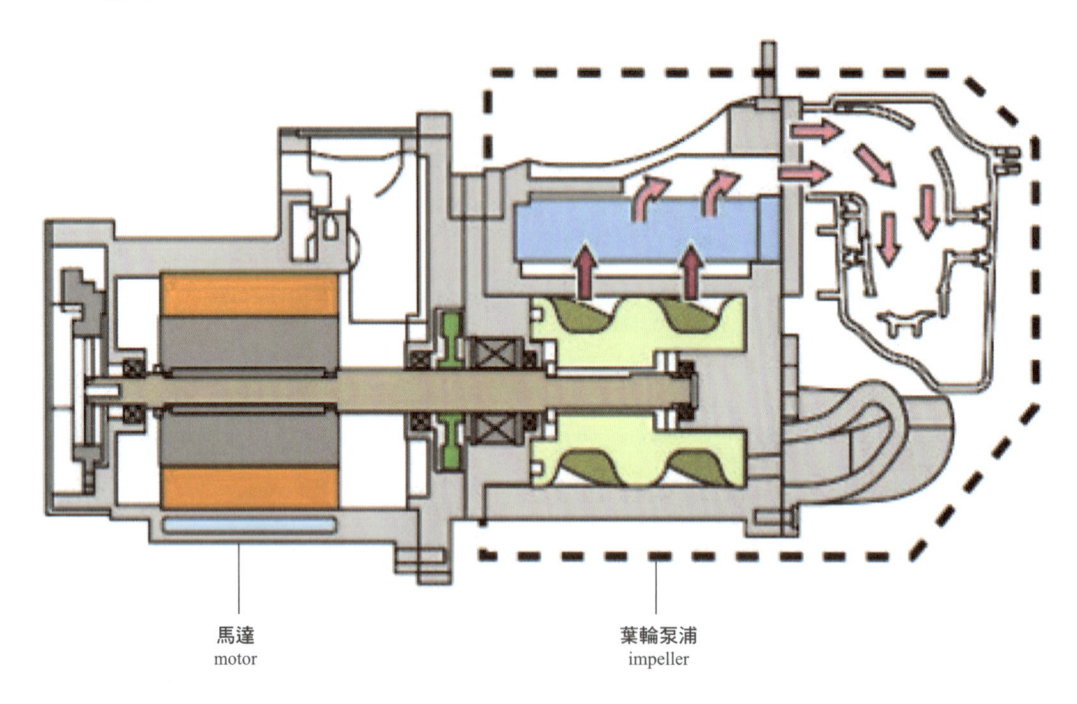

馬達 motor

葉輪泵浦 impeller

圖6-8 空氣壓縮機

（4）排水管

燃料電池的排水管用於排出燃料電池產生的水（圖6-9）。

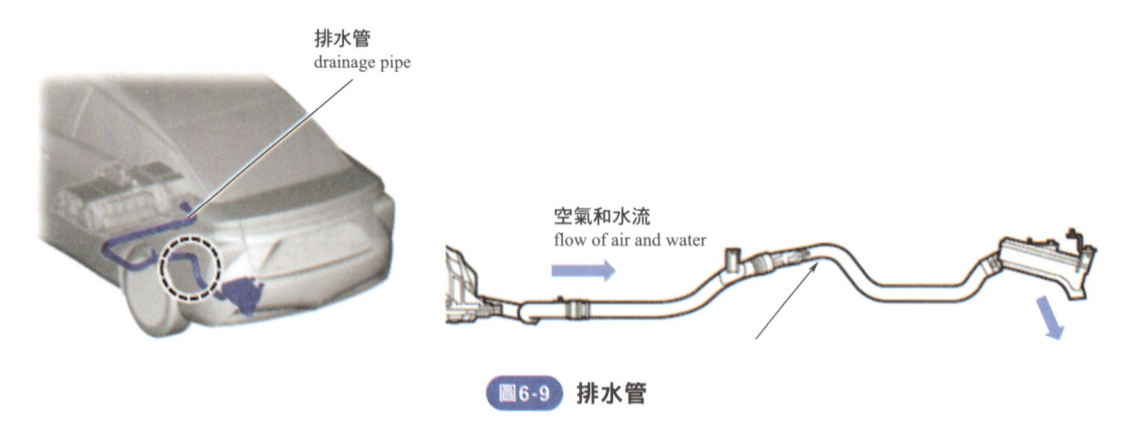

排水管 drainage pipe

空氣和水流 flow of air and water

圖6-9 排水管

6.2.4 高壓儲氫罐

儲氫罐是氣態氫的儲存裝置，用於給燃料電池提供氫氣。圖6-10為豐田Mirai氫燃料電動汽車的儲氣瓶結構，罐體採用碳纖維加凱夫拉復合材質，其強度可以抵擋輕型槍械的攻擊。

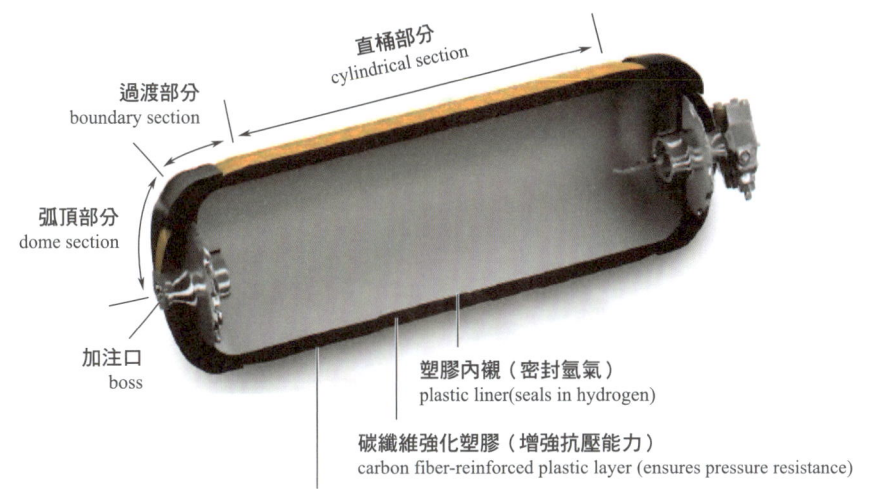

圖6-10 高壓儲氫罐

6.2.5 高壓電池

豐田Mirai採用鎳氫電池作為輔助動力源，與豐田混合動力汽車所用的高壓電池結構相同（圖6-11）。

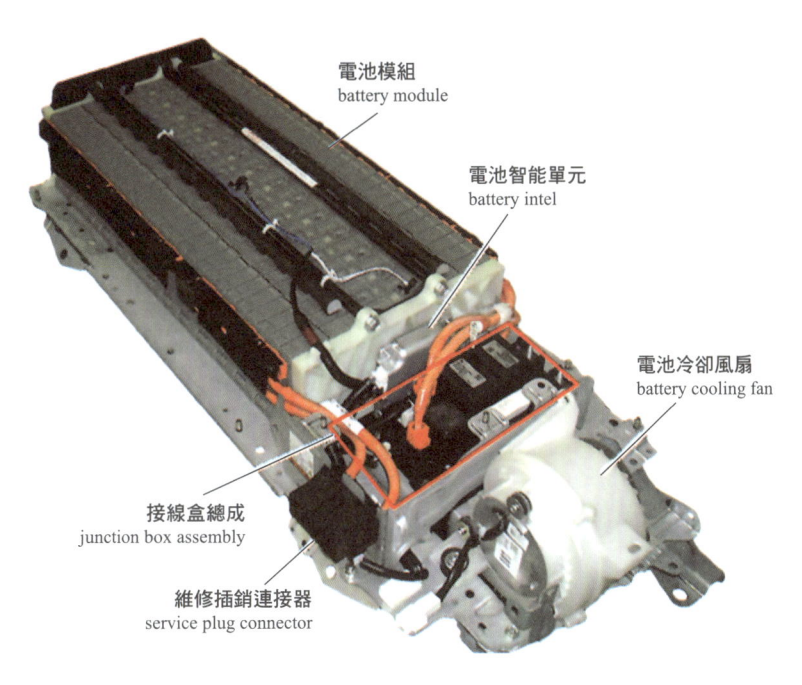

圖6-11 高壓電池

6.2.6 升壓器

升壓器,也稱燃料電池DC/DC轉換器(FC DC/DC converter,FDC),將燃料電池產生的222～296V之間的電壓升壓到650V,以便更好地驅動馬達(圖6-12)。

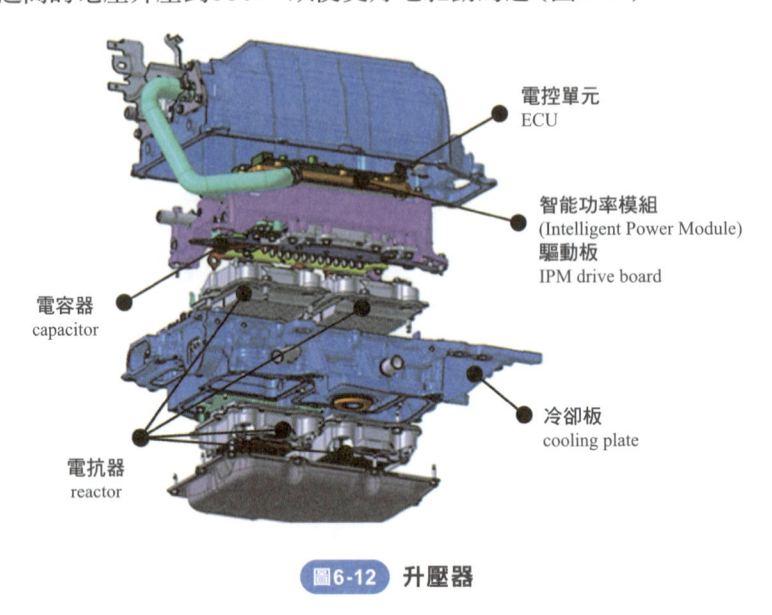

電控單元 ECU
智能功率模組 (Intelligent Power Module)
驅動板 IPM drive board
電容器 capacitor
冷卻板 cooling plate
電抗器 reactor

圖6-12 升壓器

6.2.7 驅動馬達

豐田Mirai採用交流永磁同步驅動馬達,如圖6-13所示。

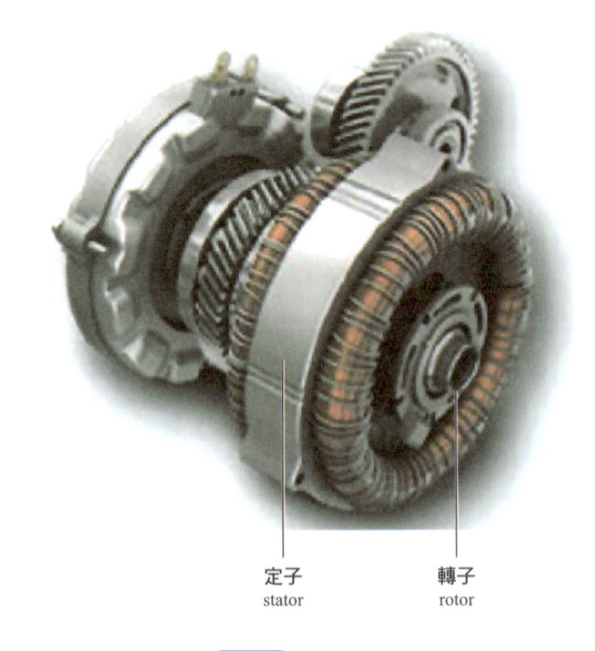

定子 stator
轉子 rotor

圖6-13 驅動馬達

圖 6-14 工作原理

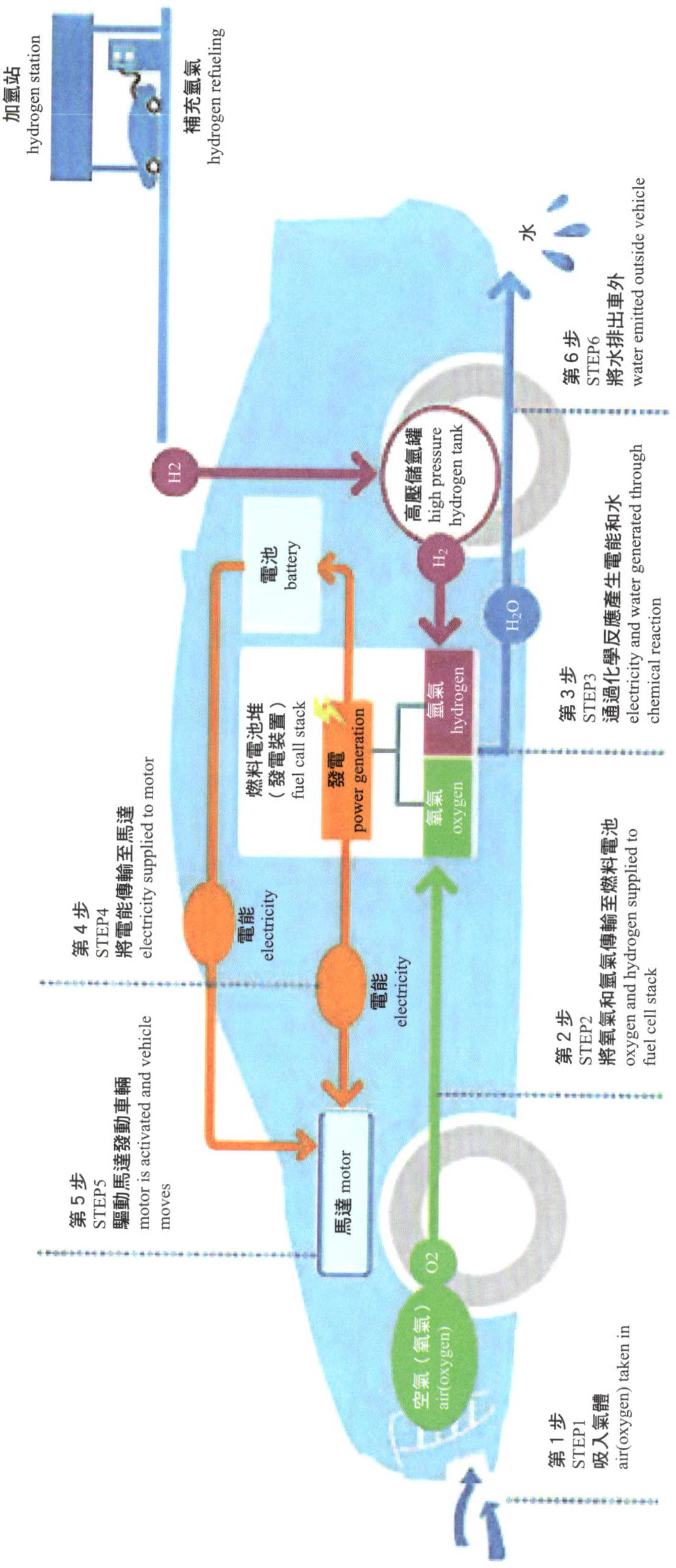

6.2.8 工作原理

空氣（氧氣）通過車輛前方的空氣壓縮機壓入到燃料電池堆中，在高壓氫氣瓶中儲存的氫氣也同時輸送到燃料電池中。氫氣和空氣中的氧氣在燃料電池堆中進行反應，產生電能和水。產生的電通過升壓轉換器後，提供給馬達，驅動車輛行駛。唯一的產物—水，將通過水管排出車外（圖6-14）。

第 7 章
天然氣汽車

- 7.1 概述
- 7.2 奧迪A4 Avant g-tron天然氣汽車

7.1 概述

天然氣是從天然氣田直接開採出來的,其主要成分是甲烷。目前大都將其壓縮充入車用氣瓶中儲存和供汽車使用,即所謂的壓縮天然氣(CNG)。Volvo汽車壓縮天然氣供給系統如圖7-1所示,天然氣從氣瓶出來,經過壓力調節器進入燃氣分配器,由ECM根據引擎運行工況精確控制噴氣嘴的噴氣量。

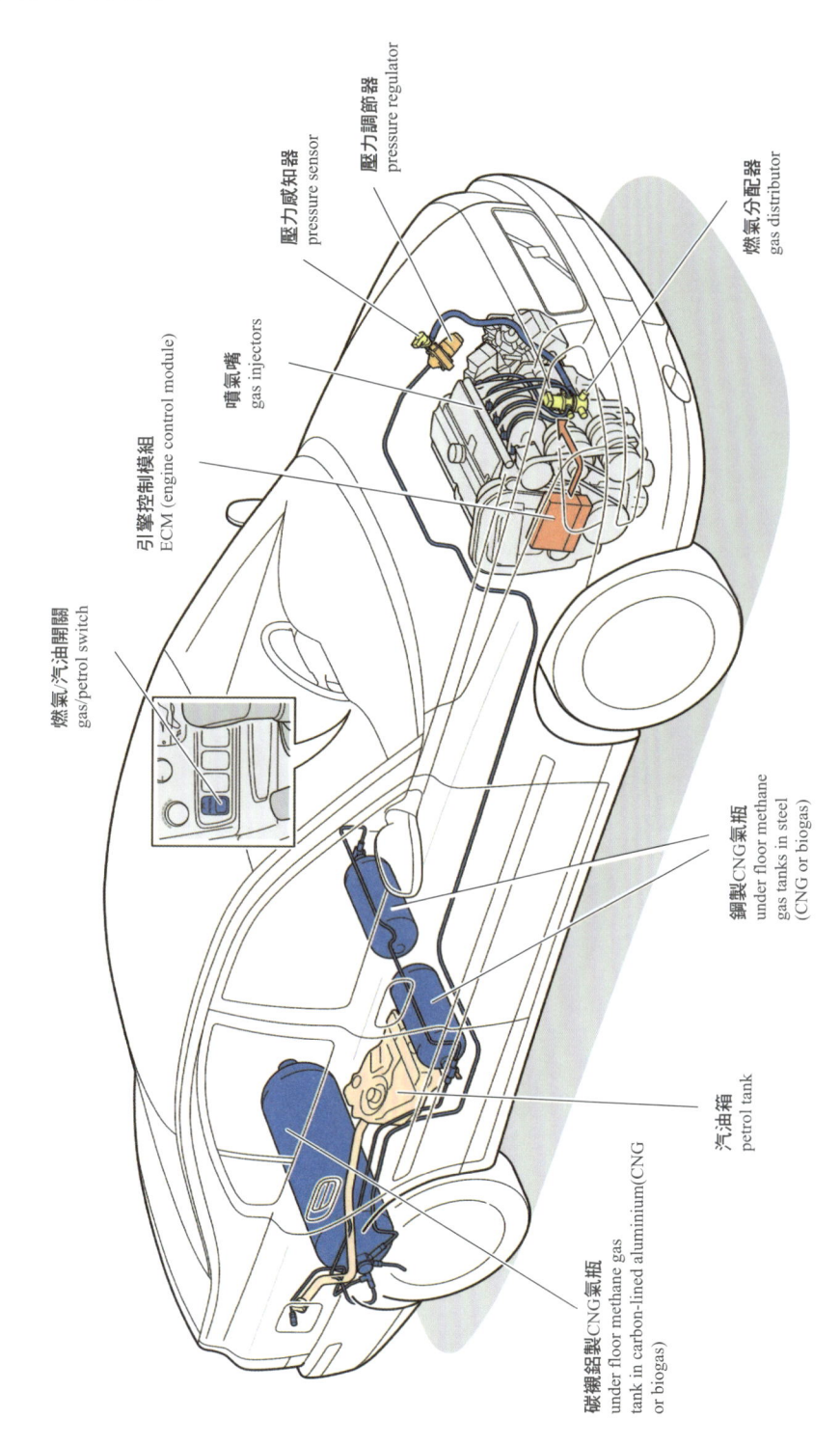

圖7-1 Volvo汽車壓縮天然氣供給系統

壓力感知器 pressure sensor
壓力調節器 pressure regulator
燃氣分配器 gas distributor
噴氣嘴 gas injectors
引擎控制模組 ECM (engine control module)
燃氣汽油開關 gas/petrol switch
鋼製CNG氣瓶 under floor methane gas tanks in steel (CNG or biogas)
汽油箱 petrol tank
碳纖鋁製CNG氣瓶 under floor methane gas tank in carbon-lined aluminium(CNG or biogas)

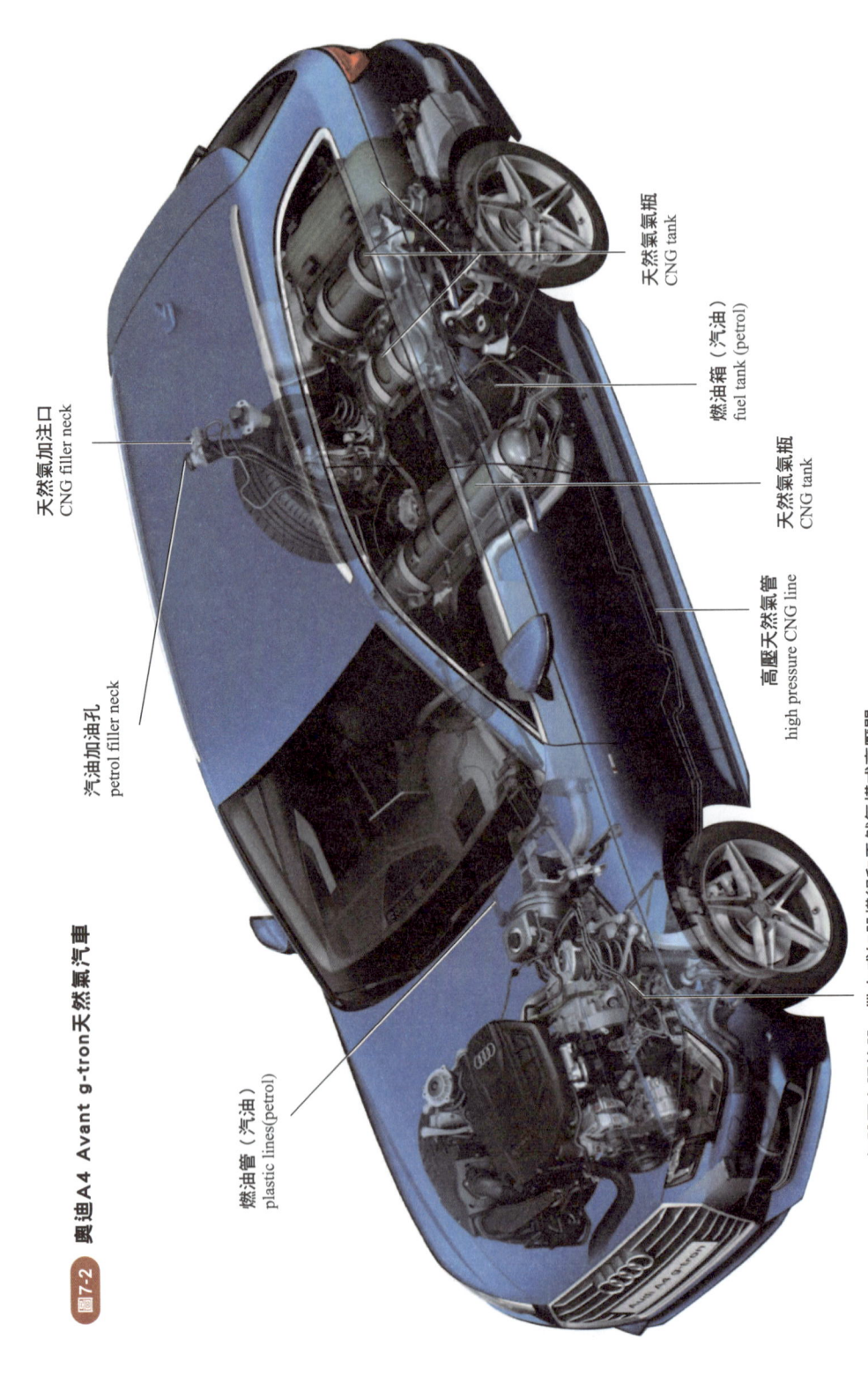

圖解新能源汽車原理與構造

圖7-2 奧迪A4 Avant g-tron天然氣汽車

- 天然氣加注口 CNG filler neck
- 汽油加油孔 petrol filler neck
- 燃油管（汽油）plastic lines(petrol)
- 天然氣氣瓶 CNG tank
- 燃油箱（汽油）fuel tank (petrol)
- 天然氣氣瓶 CNG tank
- 高壓天然氣管 high pressure CNG line
- 氣體壓力調節器，帶有感知器模組和天然氣模式高壓閥 gas pressure regulator with sensor module and high pressure valve for gas operation

· 206 ·

7.2　奧迪A4 Avant g-tron天然氣汽車

　　奧迪A4 Avant g-tron為天然氣汽油兩用燃料汽車，搭載2.0 TFSI引擎，具有較高燃燒效率（圖7-2）。A4 Avant g-tron每百公里僅消耗4kg的天然氣。當天然氣氣瓶壓力下降到10bar時，引擎會無縫切換到汽油燃燒模式。

7.2.1　加油孔

　　在車右側的油箱蓋下面，有CNG加注口和汽油加油孔（圖7-3）。

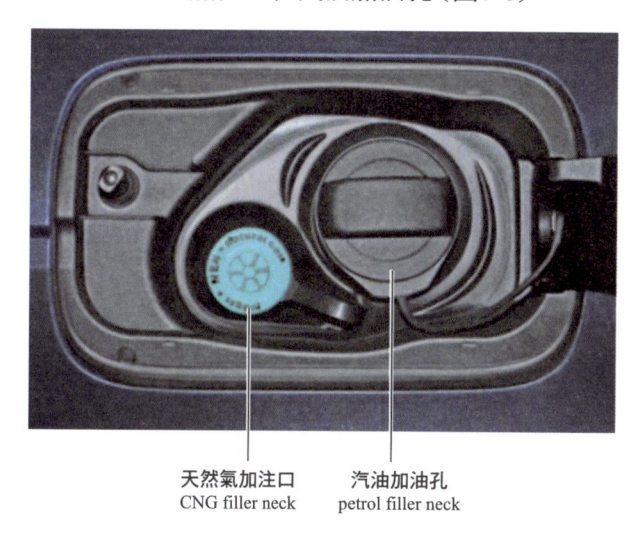

天然氣加注口
CNG filler neck

汽油加油孔
petrol filler neck

圖7-3　加油孔

7.2.2　帶有濾清器的止回閥

　　在CNG加注口加入一個帶濾清器的止回閥。加注的天然氣會打開這個止回閥，天然氣以最大260 bar的壓力進入CNG氣瓶（圖7-4）。天然氣中的較粗的雜質會被濾清器濾掉。

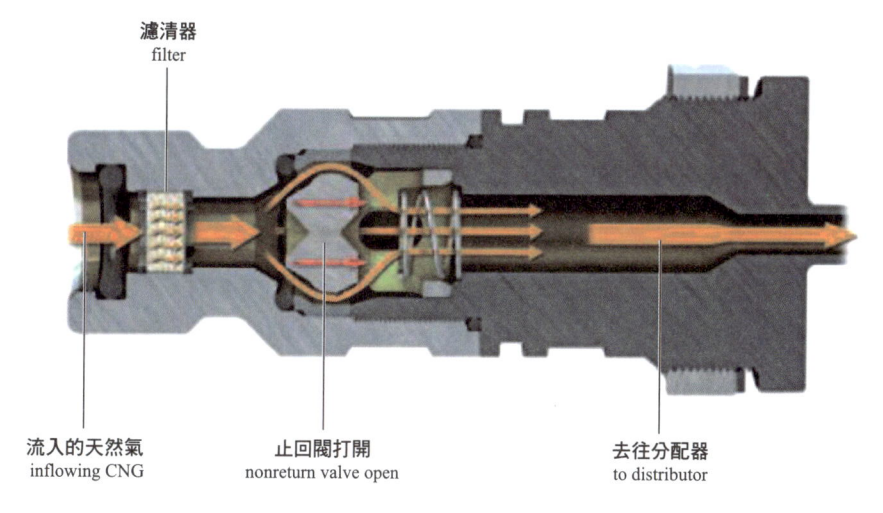

濾清器
filter

流入的天然氣
inflowing CNG

止回閥打開
nonreturn valve open

去往分配器
to distributor

圖7-4　帶有濾清器的止回閥

7.2.3 氣瓶和汽油箱

4個圓筒形CNG氣瓶佈置在車輛的後部（圖7-5）。每個氣瓶的尺寸各不相同，這是為了適應其所處的空間位置要求。所有CNG氣瓶（其中還包含有一個25L的汽油燃油箱）直接固定到車身上。

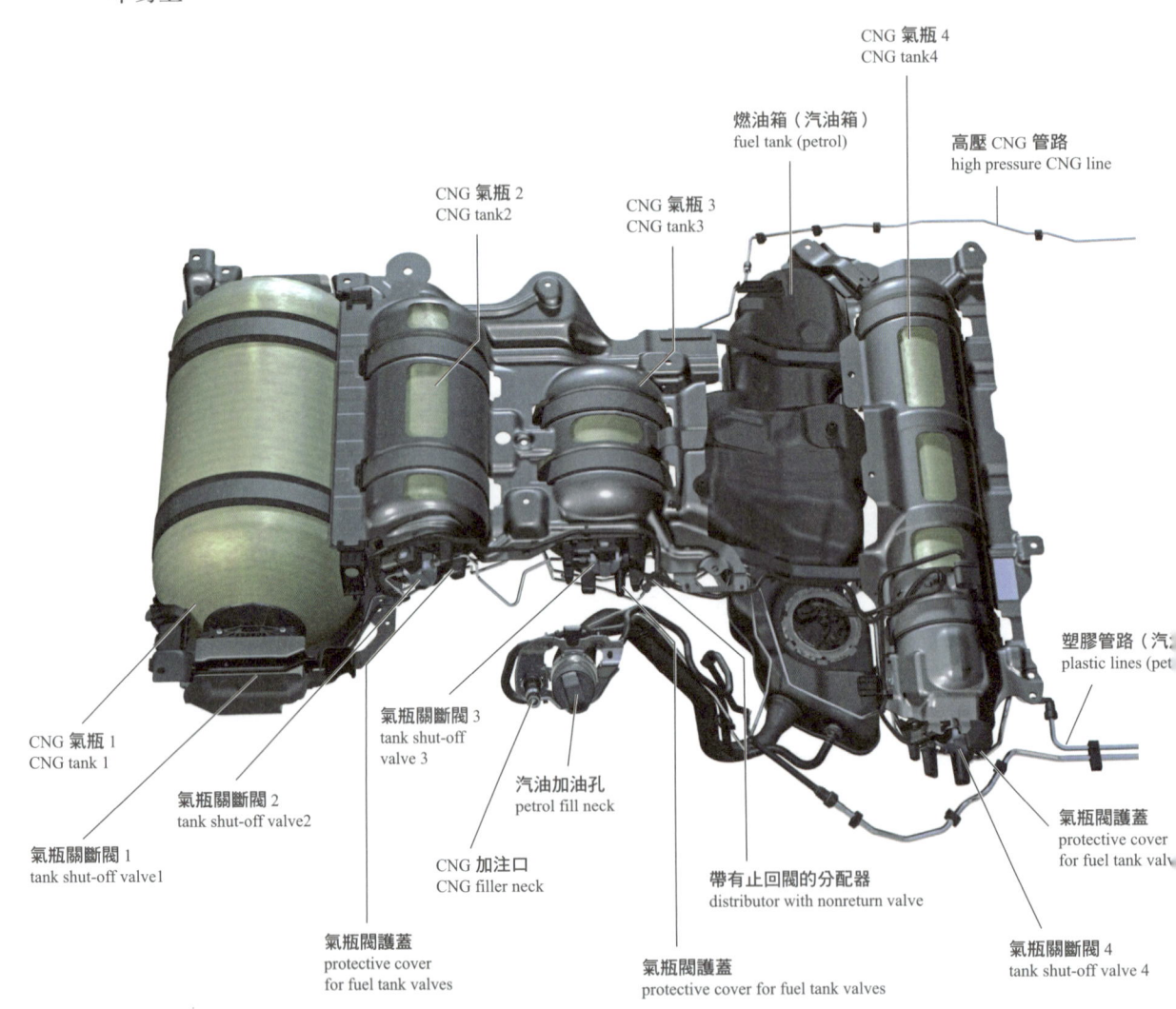

圖7-5 天然氣氣瓶和汽油箱

7.2.4 壓縮天然氣氣瓶

CNG氣瓶採用復合材質製成。為了保證氣密性，使用聚醯胺基體構成內層。外層使用玻璃纖維增強塑膠製成。使用高強度環氧樹脂作為纖維材料的黏合劑（圖7-6）。

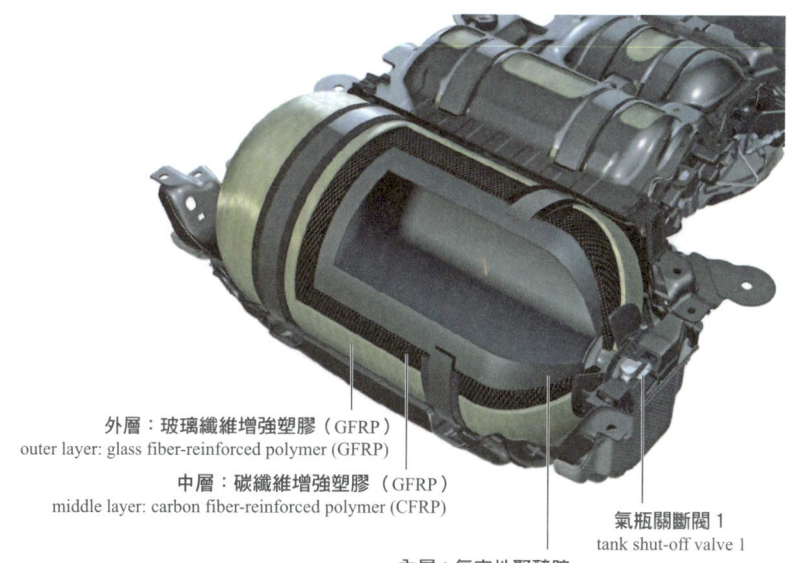

外層：玻璃纖維增強塑膠（GFRP）
outer layer: glass fiber-reinforced polymer (GFRP)

中層：碳纖維增強塑膠（GFRP）
middle layer: carbon fiber-reinforced polymer (CFRP)

內層：氣密性聚醯胺
inner layer: impermeable polyamide

氣瓶關斷閥 1
tank shut-off valve 1

圖7-6 氣瓶

7.2.5 氣瓶關斷閥總成

氣瓶關斷閥總成包括電動氣瓶關斷閥、手動氣瓶截止裝置、熱熔保險裝置、流量限制閥、天然氣管接口等。關斷閥總成被安裝在氣瓶上（圖7-7）。

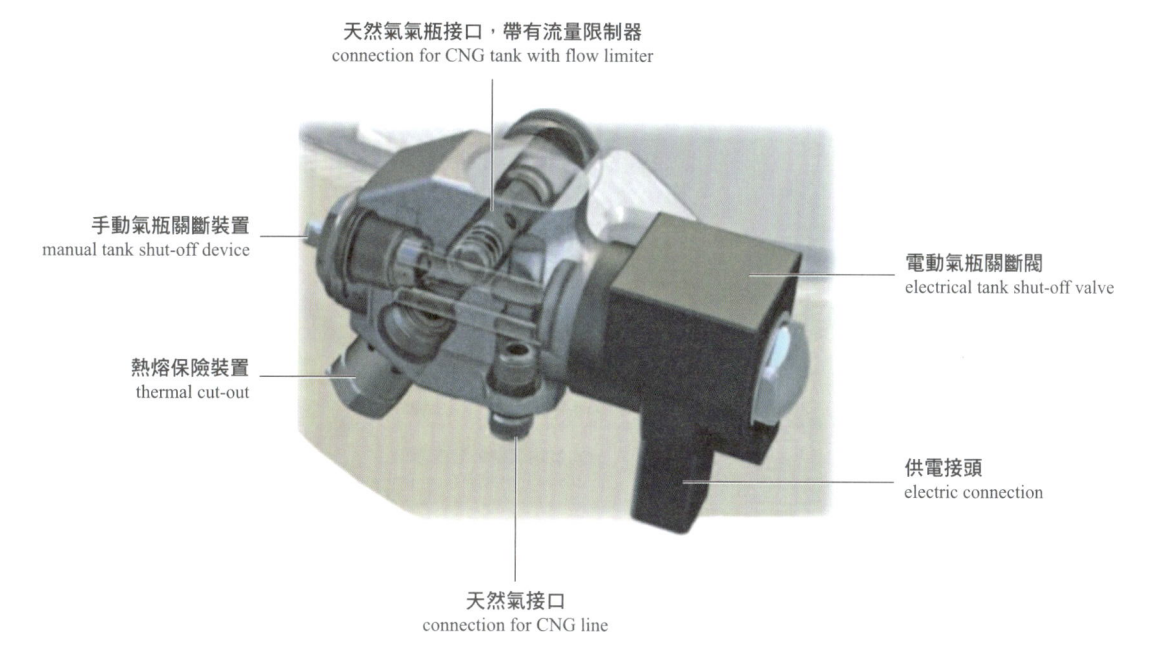

天然氣氣瓶接口，帶有流量限制器
connection for CNG tank with flow limiter

手動氣瓶關斷裝置
manual tank shut-off device

熱熔保險裝置
thermal cut-out

電動氣瓶關斷閥
electrical tank shut-off valve

供電接頭
electric connection

天然氣接口
connection for CNG line

圖7-7 氣瓶關斷閥總成

（1）電動氣瓶關斷閥

在未通電時，閥彈簧將閥壓靠在閥座上，閥關閉。此時氣瓶內向外流的天然氣被切斷（圖7-8）。如果電磁線圈通電，閥將克服彈簧的壓力開啟，天然氣又可以流出。電動閥由引擎ECU來控制。

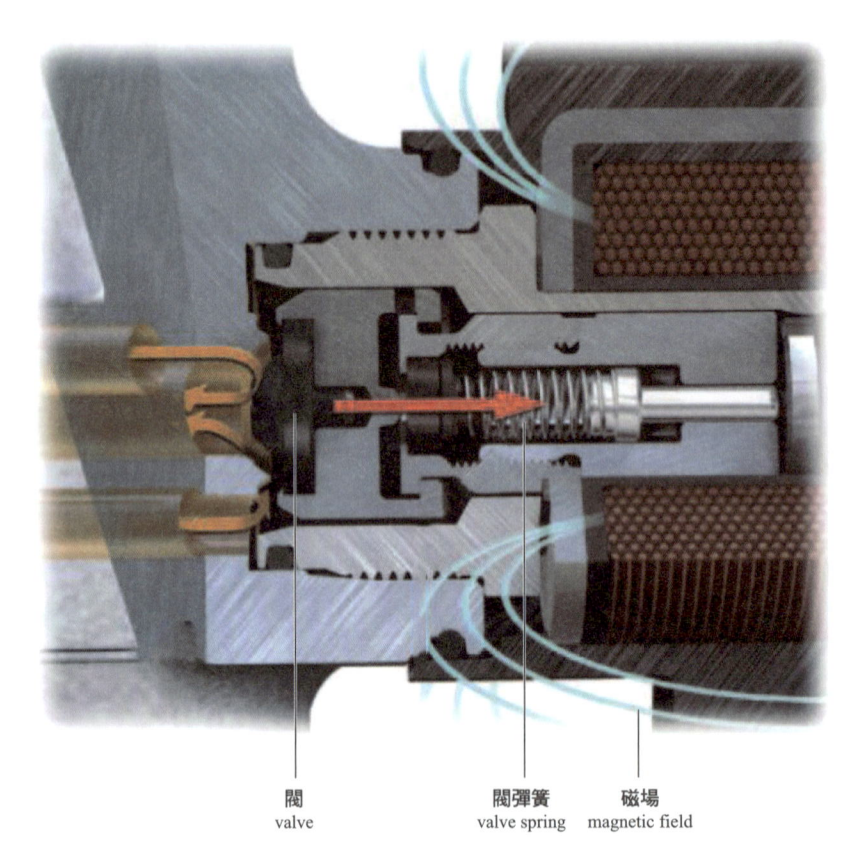

閥 valve　　閥彈簧 valve spring　　磁場 magnetic field

圖7-8　電動氣瓶關斷閥

（2）手動氣瓶截止裝置

通過手動氣瓶截止裝置可以關閉氣瓶關斷閥（圖7-9）。氣瓶關斷閥關閉時，天然氣不能驅動汽車行駛。

手動氣瓶關斷裝置 manual tank shut-off device

手動氣瓶關斷閥已關閉 manual tank shut-off valve closed

通向電動氣瓶關斷閥的通道已關閉 channel to electrical tank shut-off valve closed

通向熱熔保險裝置的通道 channel to thermal cut-out

熱熔保險裝置 thermal cut-out

圖7-9　手動氣瓶截止裝置

（3）熱熔保險裝置

氣瓶關斷閥總成中有熱熔保險裝置（Thermal Cut-out）。熔化材料封住通向大氣的通道[圖7-10(a)]。如果熱熔保險裝置在一定時間內持續受到高於110℃的加熱，熔化材料就熔化，通道被打開，天然氣將溢出氣瓶而進入大氣[圖7-10(b)]。熱熔保險裝置可防止氣瓶在受熱溫度過高時破裂。

熔化材料
fusible link

通向大氣的通道被封閉
channel leading to atmosphere closed

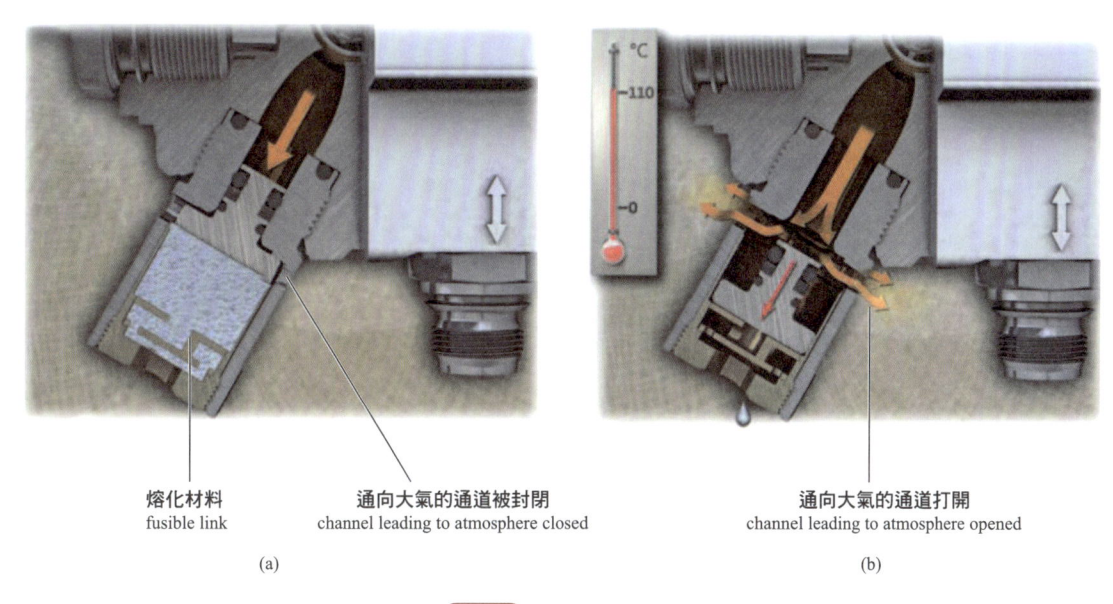

(a)

通向大氣的通道打開
channel leading to atmosphere opened

(b)

圖7-10　熱熔保險裝置

（4）流量限制閥

流量限制是氣瓶關斷閥的機械式安全功能。當高壓一側的壓力突然降低時，流量限制功能可以防止天然氣從氣瓶不受控地流出（圖7-11）。如果高壓一側的壓力突然降低，比如天然氣管斷裂，壓力差就會讓閥關閉。

流量限制閥
flow limiter

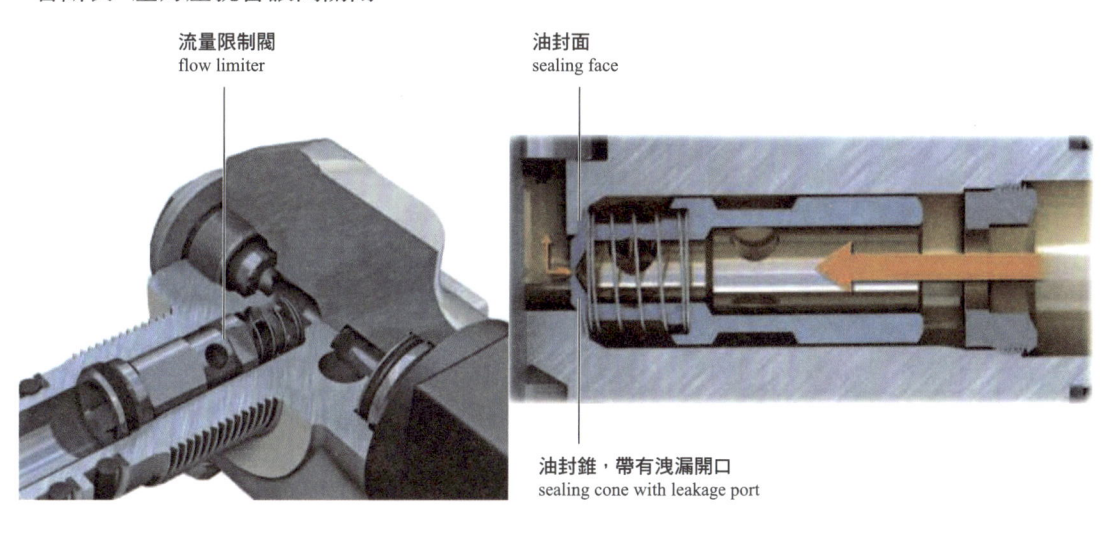

油封面
sealing face

油封錐，帶有洩漏開口
sealing cone with leakage port

圖7-11　流量限制閥

7.2.6 氣體壓力調節器

　　氣體壓力調節器是二級式的，將天然氣壓力從約200bar減至約5～10bar。氣體壓力調節器接口與剖面如圖7-12、圖7-13所示。感知器安裝在氣體壓力調節器上，其功能是獲取高壓側天然氣壓力值。高壓天然氣在減壓過程中需要吸收大量的熱量，為防止減壓器結冰，將引擎冷卻液引出到調節器對燃氣進行加熱。

感知器模組
sensor module

氣體工作高壓閥
high pressure valve for gas operation

天然氣高壓接口
high pressure CNG connection

機械式卸壓閥
mechanical pressure relief valve

天然氣低壓接口
low pressure CNG connection

冷卻液接口
coolant connection

冷卻液接口
coolant connection

圖7-12 氣體壓力調節器接口

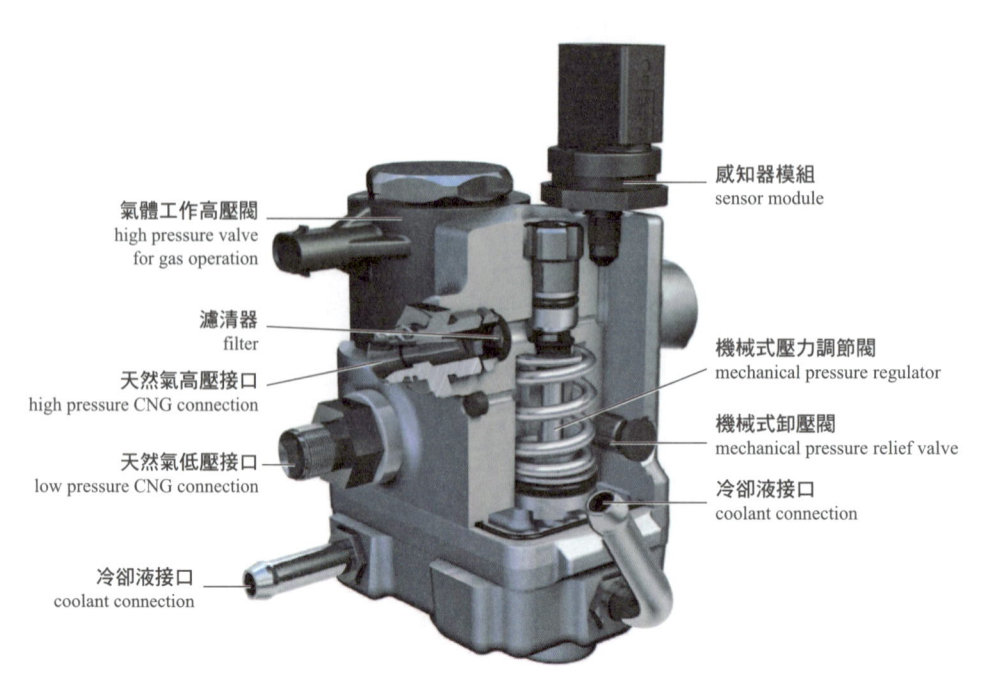

氣體工作高壓閥
high pressure valve for gas operation

感知器模組
sensor module

濾清器
filter

天然氣高壓接口
high pressure CNG connection

機械式壓力調節閥
mechanical pressure regulator

天然氣低壓接口
low pressure CNG connection

機械式卸壓閥
mechanical pressure relief valve

冷卻液接口
coolant connection

冷卻液接口
coolant connection

圖7-13 氣體壓力調節器剖面圖

(1) 第一級壓力調節

第一級壓力調節為機械式壓力調節。調節活塞將天然氣壓力調節至約20bar。天然氣從氣瓶經過高壓接口進入調壓通道，引擎不工作時，彈簧將中間空心的活塞推離油封座，然後天然氣從活塞空槽流到中間槽。引擎工作時，作用在活塞頭部的壓力若超過20bar，天然氣的壓力會克服彈簧力產生位移，直到活塞頂到油封座，將氣道關閉，天然氣不再流到中間槽（圖7-14）。

(2) 第二級壓力調節

在第二級壓力調節中，氣體工作高壓閥以電子調節方式將天然氣壓力調節至約5～10bar。已在第一級調節至約20bar的天然氣壓力作用到氣體工作高壓閥的針閥上。如果引擎ECU關閉氣體工作高壓閥，針閥關閉，通向低壓接口的通道封閉[圖7-15(a)]。若引擎ECU開啟氣體工作高壓閥，銜鐵連同閥針就被拉入電磁線圈內，針閥打開一條縫。天然氣就以約5～10bar的壓力進入到低壓區[圖7-15(b)]。

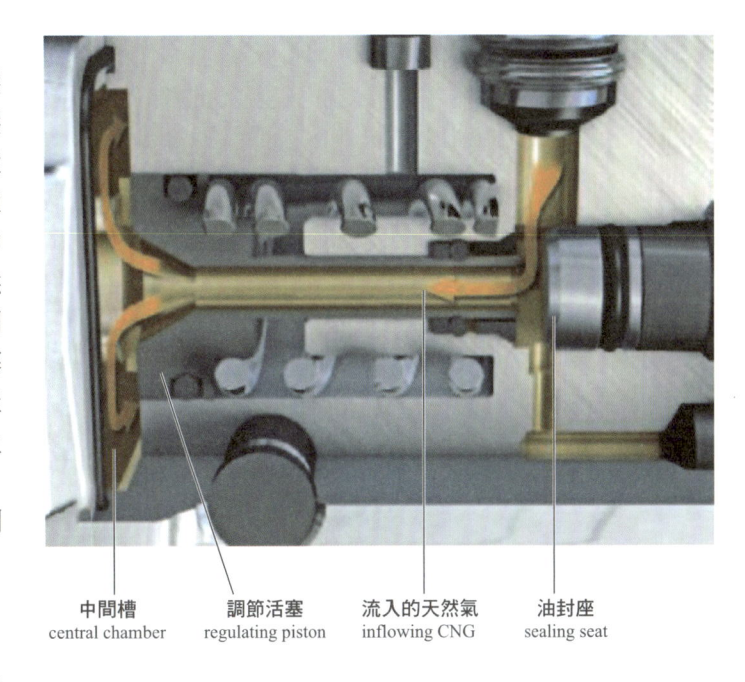

圖7-14 調節活塞

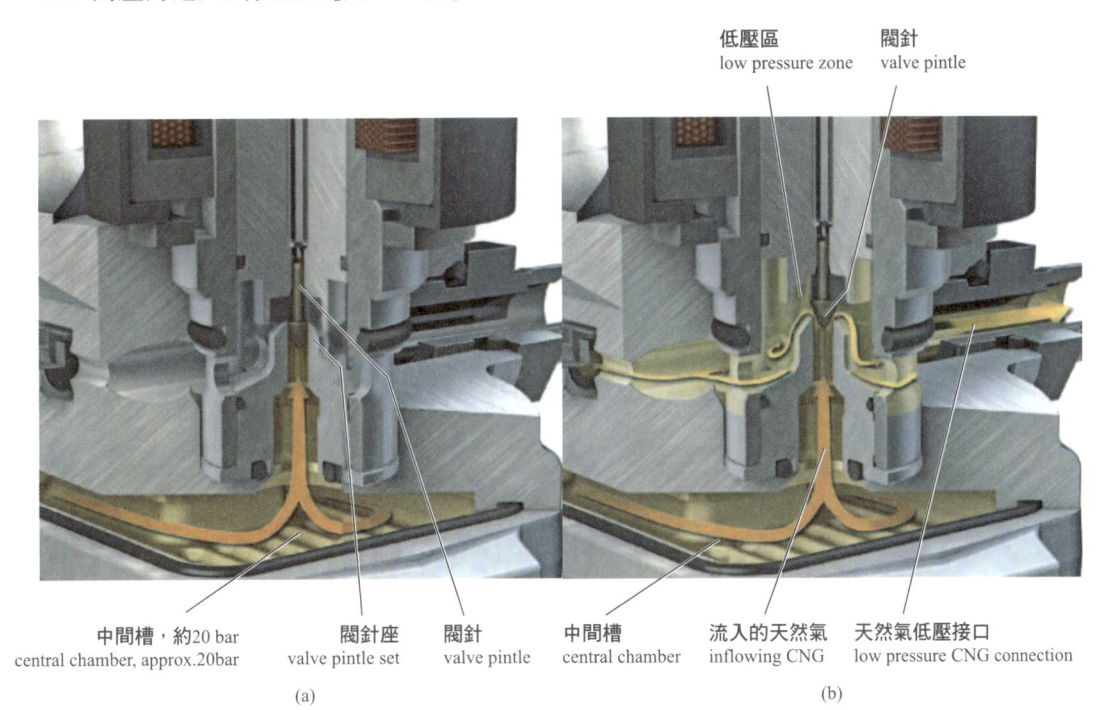

圖7-15 氣體工作高壓閥

7.2.7　機械式卸壓閥

天然氣供給系統中，在低壓側的氣體壓力調節器內，還另有一個安全部件，就是機械式卸壓閥。在出現故障時如果低壓側的天然氣壓力超過約14bar，卸壓閥就會打開，這樣就可防止天然氣以很高的壓力流入低壓區（那可能會造成損壞）（圖7-16）。

天然氣低壓接口
low pressure CNG connection

機械式卸壓閥
mechanical pressure relief valve

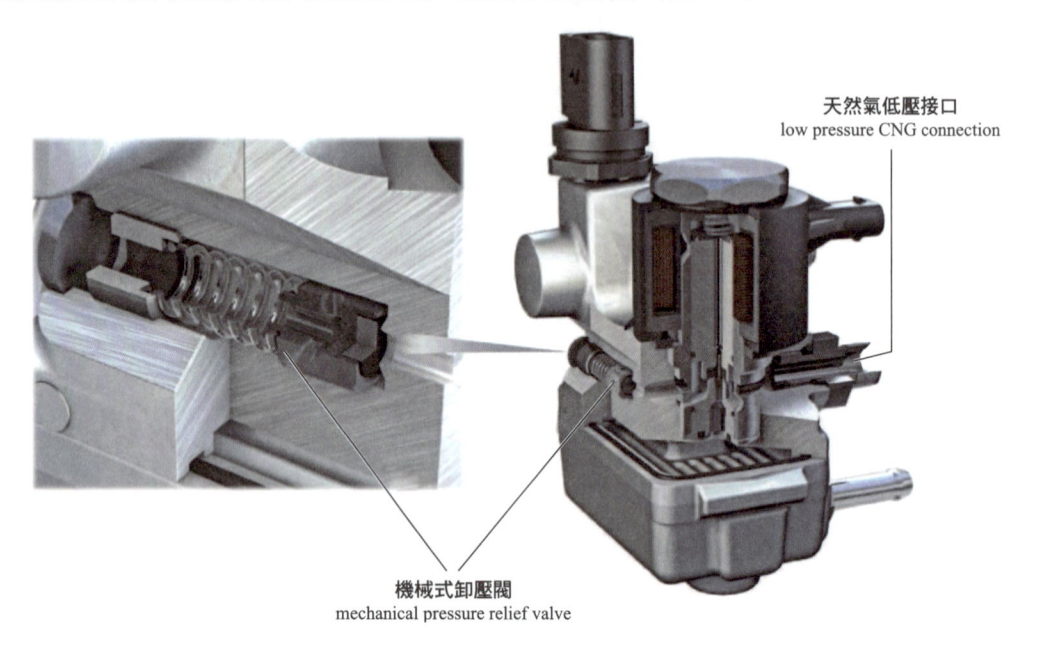

圖7-16　機械式卸壓閥

7.2.8　噴氣嘴

四個噴氣嘴插在進氣歧管上，將天然氣噴入進氣歧管內的進氣門前端（圖7-17）。

氣體壓力調節器
gas pressure regulator

氣體噴射
gas injection

汽油噴射
petrol injection

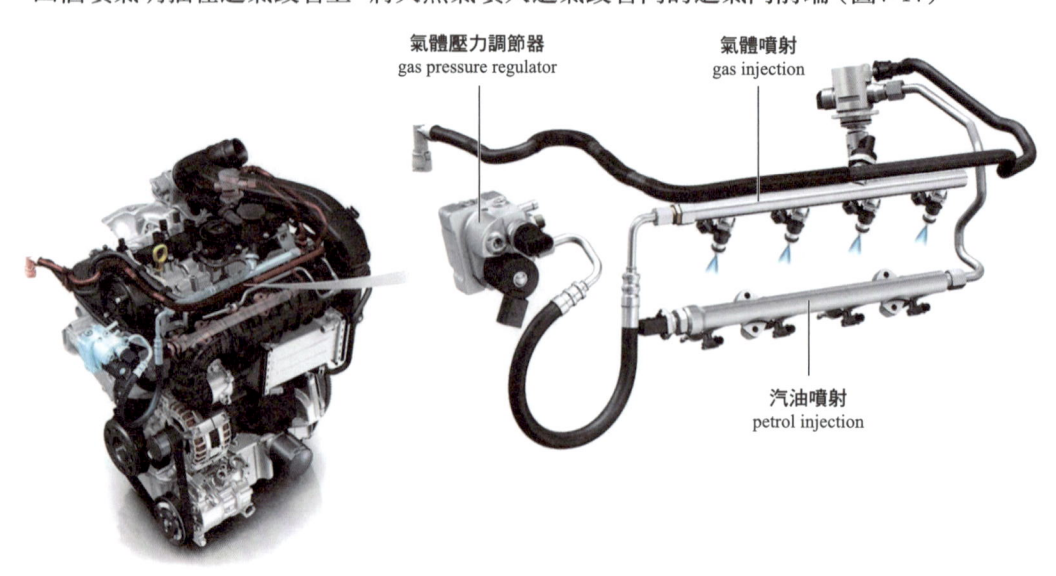

圖7-17　噴氣嘴

噴氣嘴在氣體分配軌上的安裝位置如圖7-18所示。

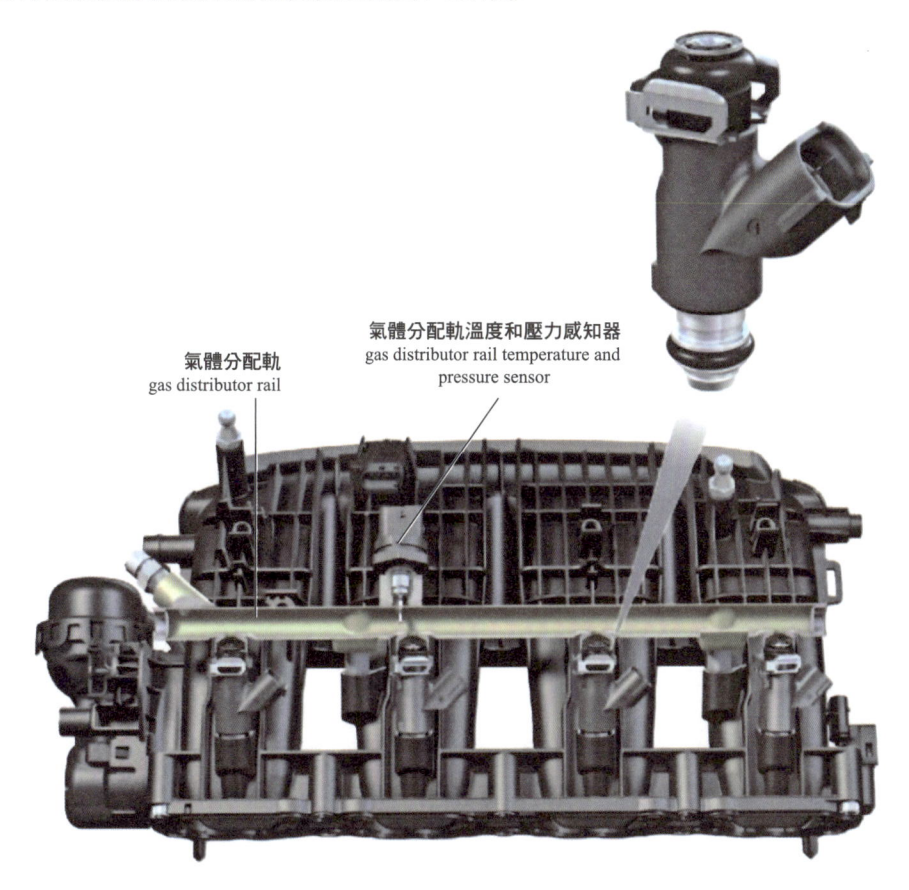

氣體分配軌
gas distributor rail

氣體分配軌溫度和壓力感知器
gas distributor rail temperature and pressure sensor

圖7-18 噴氣嘴安裝位置

第 8 章 液化石油氣汽車

8.1 概述
8.2 Golf 液化石油氣汽車

第 8 章 液化石油氣汽車

8.1 概述

　　液化石油氣（Liquefied Petroleum Gas, LPG）是一種在常溫常壓下為氣態的烴類混合物。液化石油氣汽車具有兩套燃料供應系統，一套供給液化石油氣，另一套供給汽油或柴油。LPG供給系統主要部件如圖8-1所示。

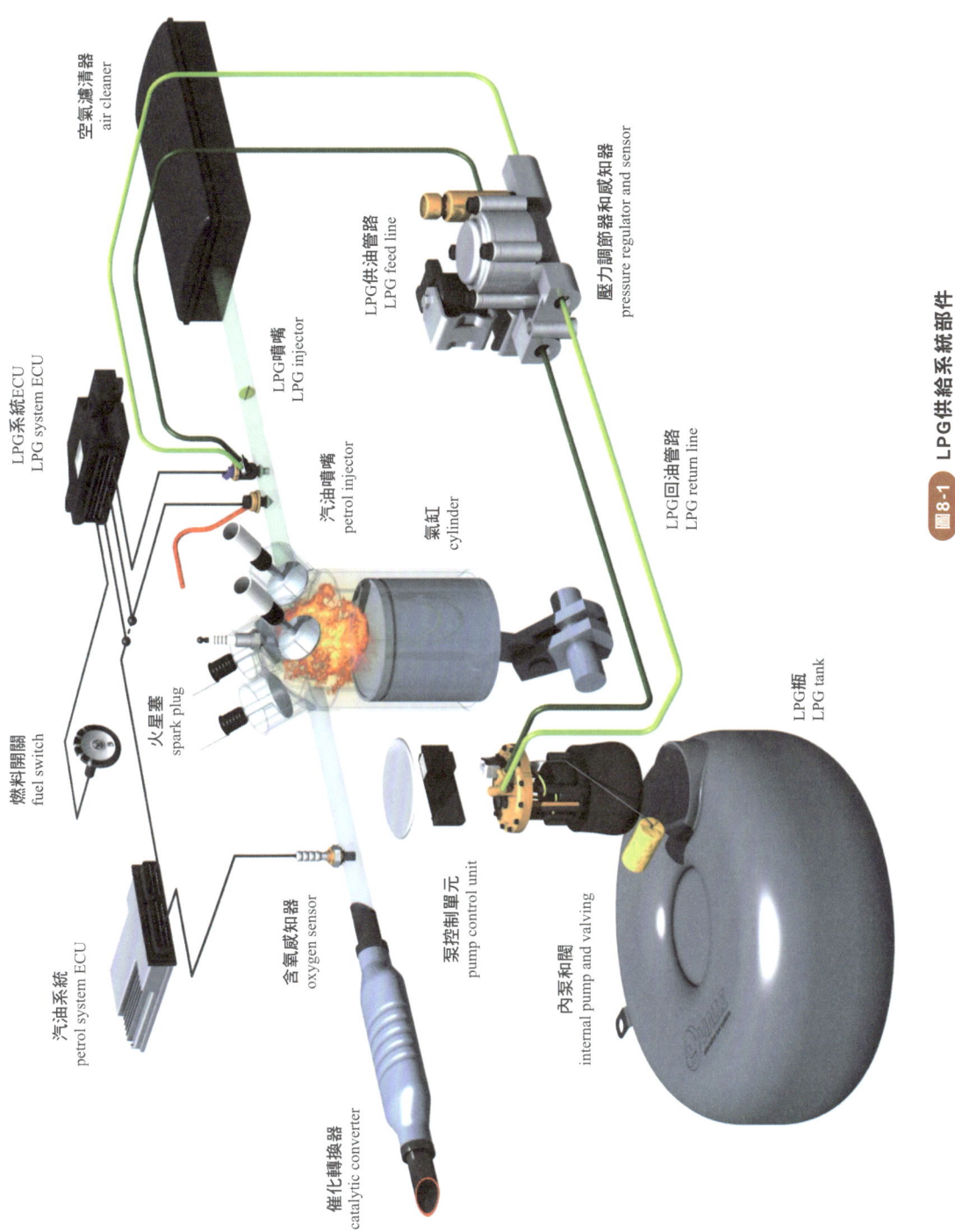

圖8-1 LPG供給系統部件

· 217 ·

8.2　Golf 液化石油氣汽車

福斯 Golf 液化石油氣汽車有兩套燃料供給系統，由儲氣瓶、加氣管、燃料轉換開關、蒸發器、濾清器、燃氣軌和噴嘴等組成（圖8-2）。

氣體模式控制單元
gas mode control unit

加氣口
gas filler neck

蒸發器及氣體模式高壓閥
vaporiser with high pressure valve for gas mode

氣體濾清器
gas filter

燃氣軌、噴氣嘴和燃氣軌感知器
gas fuel rail with gas injection valves and gas rail sensor

LPG氣瓶、氣量表、卸壓閥、氣瓶閥和自動限充閥
LPG tank with gas gauge sender G707, pressure relief valve, gas tank valve N495 and automatic fill limiter

選擇按鈕、氣量表、汽油或燃氣選擇開關
selection button with gas gauge G706 and petrol or gas fuel selection switch

圖8-2　福斯 Golf 液化石油氣汽車主要部件

8.2.1　LPG供給系統

當燃料轉換開關撥到LPG位置時，氣瓶電磁閥通電。LPG液體從儲氣瓶出來，經過氣瓶電磁閥到達蒸發器，經過降壓、汽化變為接近大氣壓的氣體。LPG氣體流經濾清器到達燃氣軌，燃氣軌上的噴氣嘴將適量的燃氣噴入進氣歧管（圖8-3）。

第8章　液化石油氣汽車

圖 8-3　Golf LPG供給系統示意圖

- 燃氣噴知器 gas rail sensor
- 進氣歧管 intake manifold
- 氣量表選擇鈕、汽油或燃氣選擇開關 selection button with gas gauge and petrol or gas fuel selection switch
- gas injection valves
- 燃氣軌 gas fuel rail
- LPG管路（壓力）大約1bar，高於進氣歧管壓力 LPG pipe approx. 1bar above intake manifold pressure
- 氣體濾清器 gas filter
- 氣體模式控制單元 gas mode control unit
- 氣體模式高壓閥 high pressure valve for gas mode
- 適配器 adapter
- 充氣管口 gas filler neck
- 感知器信號纜線 sensor signal cable
- 真空軟管 vacuum hose
- 蒸發器 vaporiser
- 氣瓶 tank
- 氣體壓力感知器 gas gauge sender
- LPG管路（壓力）約10bar LPG pipe approx. 10bar
- 連到進氣歧管的真空軟管 vacuum hose to intake manifold
- 冷卻液出口 coolant outlet
- 冷卻液入口 coolant inlet
- 氣瓶閥 gas tank valve
- 自動限充閥 automatic fill limiter
- 卸壓閥 pressure relief valve
- 冷卻液軟管 coolant hose
- 執行器信號纜線 actuator signal cable

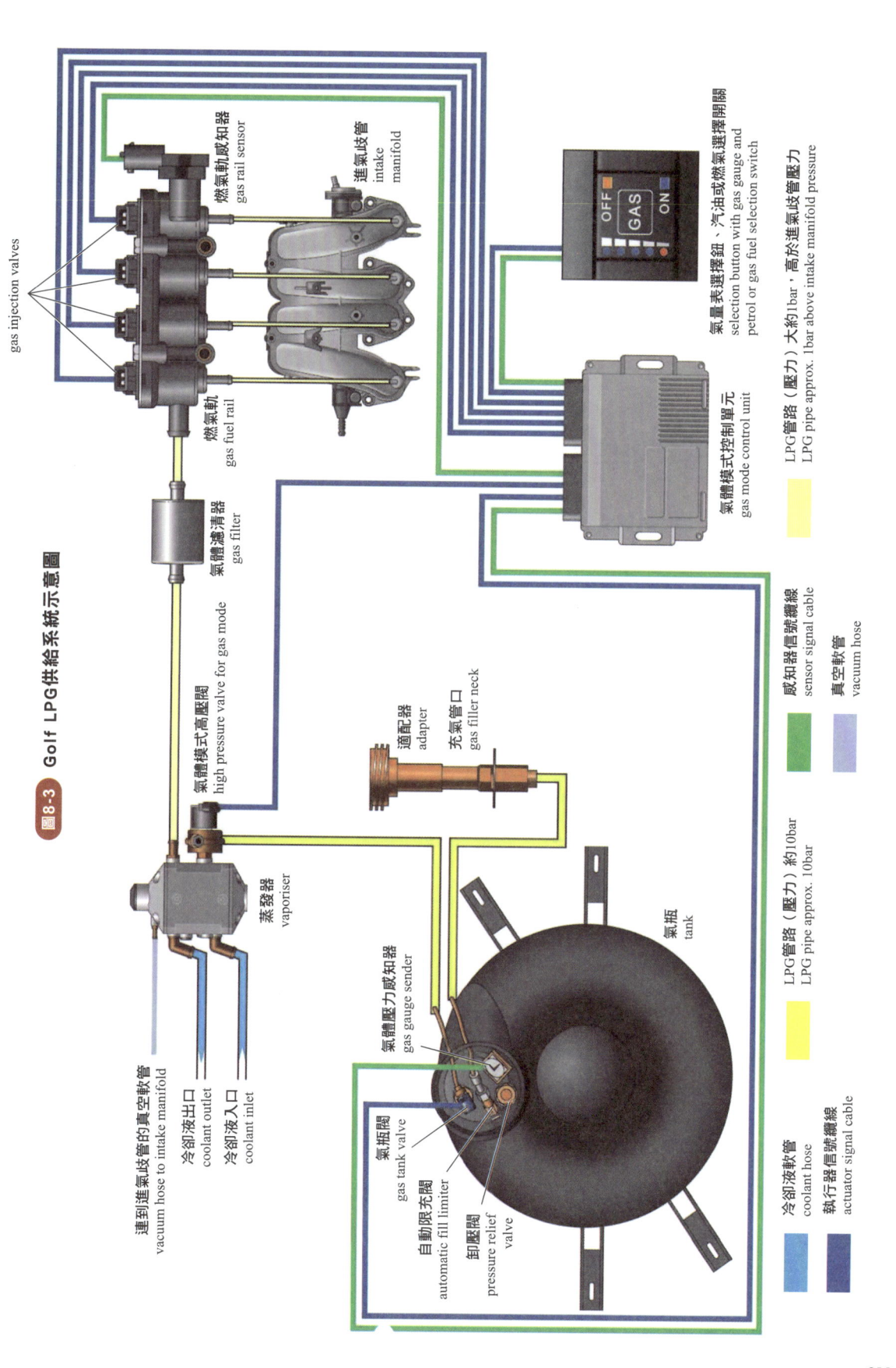

· 219 ·

8.2.2 儲氣瓶

儲氣瓶安裝在車尾部的行李廂內，其作用是儲存LPG（圖8-4）。

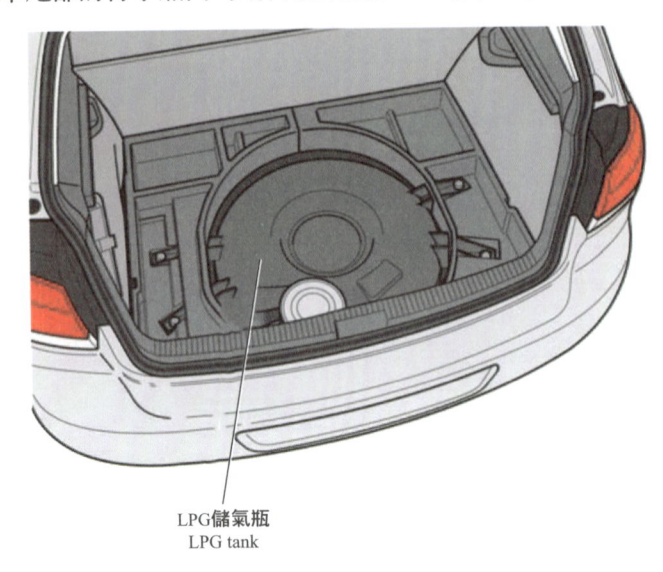

LPG儲氣瓶
LPG tank

圖8-4 LPG儲氣瓶

8.2.3 LPG氣瓶集成閥

儲氣瓶上面安裝了多個閥，用於保證儲氣瓶和燃料供給系統的安全使用，如圖8-5所示。

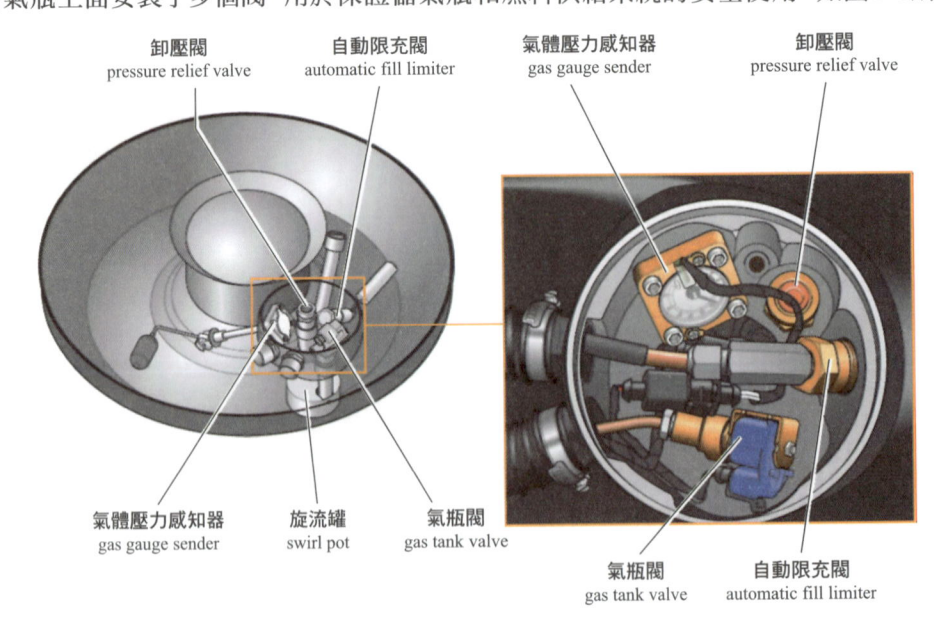

卸壓閥
pressure relief valve

自動限充閥
automatic fill limiter

氣體壓力感知器
gas gauge sender

卸壓閥
pressure relief valve

氣體壓力感知器
gas gauge sender

旋流罐
swirl pot

氣瓶閥
gas tank valve

氣瓶閥
gas tank valve

自動限充閥
automatic fill limiter

圖8-5 LPG氣瓶集成閥

(1) 氣瓶閥

氣瓶閥（Gas Tank Valve）的作用是接通（或切斷）氣瓶到蒸發器的通道（圖8-6）。

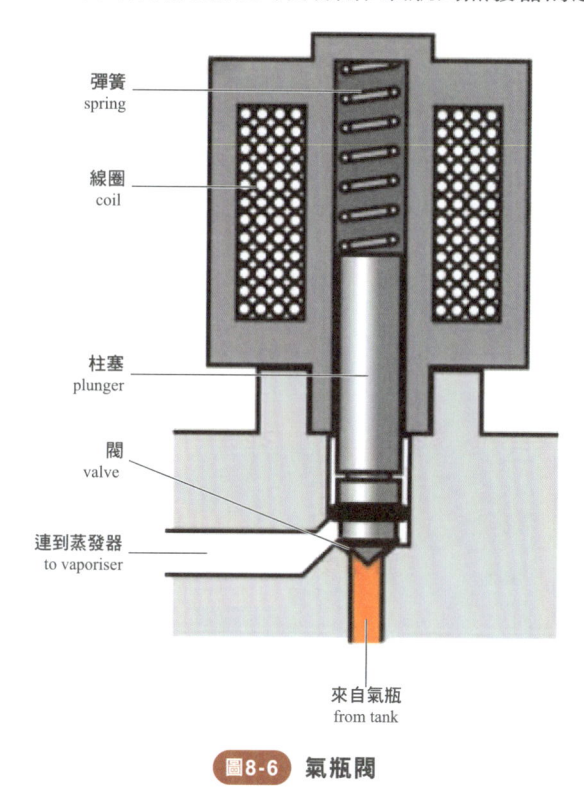

圖8-6 氣瓶閥

(2) 自動限充閥

充加LPG時，限充浮子隨著LPG液面增加逐漸上浮[圖8-7(a)]。當儲氣瓶內LPG達到設定的液面高度（約75～80%）時，自動限充閥（Automatic Fill Limiter）關閉，限制LPG繼續充裝，從而提供了由於溫度升高所必需的LPG的膨脹空間[圖8-7(b)]。

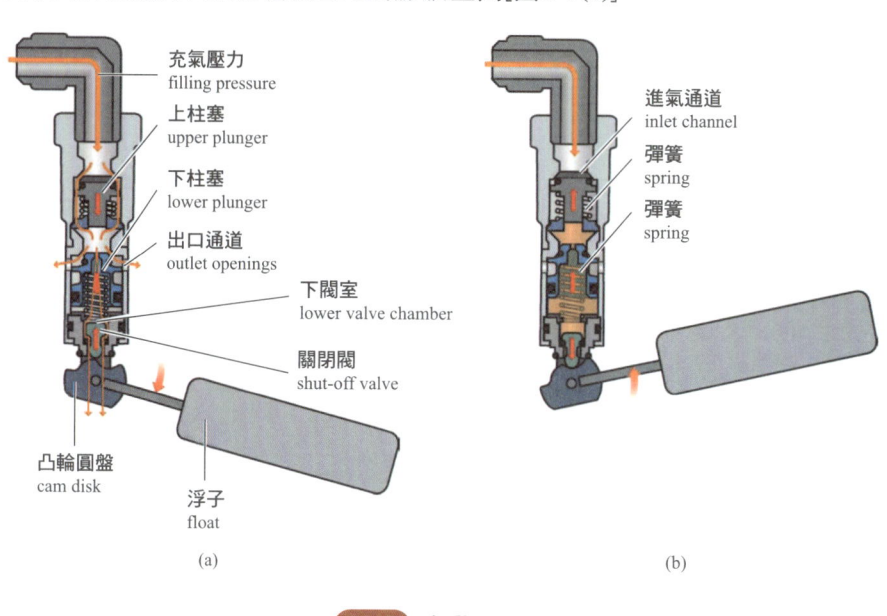

圖8-7 自動限充閥

（3）卸壓閥

當儲氣瓶內壓力低於設定的壓力時，卸壓閥（Pressure Relief Valve）保持關閉[圖8-8(a)]；當壓力超過設定的安全極限壓力時，卸壓閥自動打開釋放LPG[圖8-8(b)]，防止因壓力過高而發生安全事故。

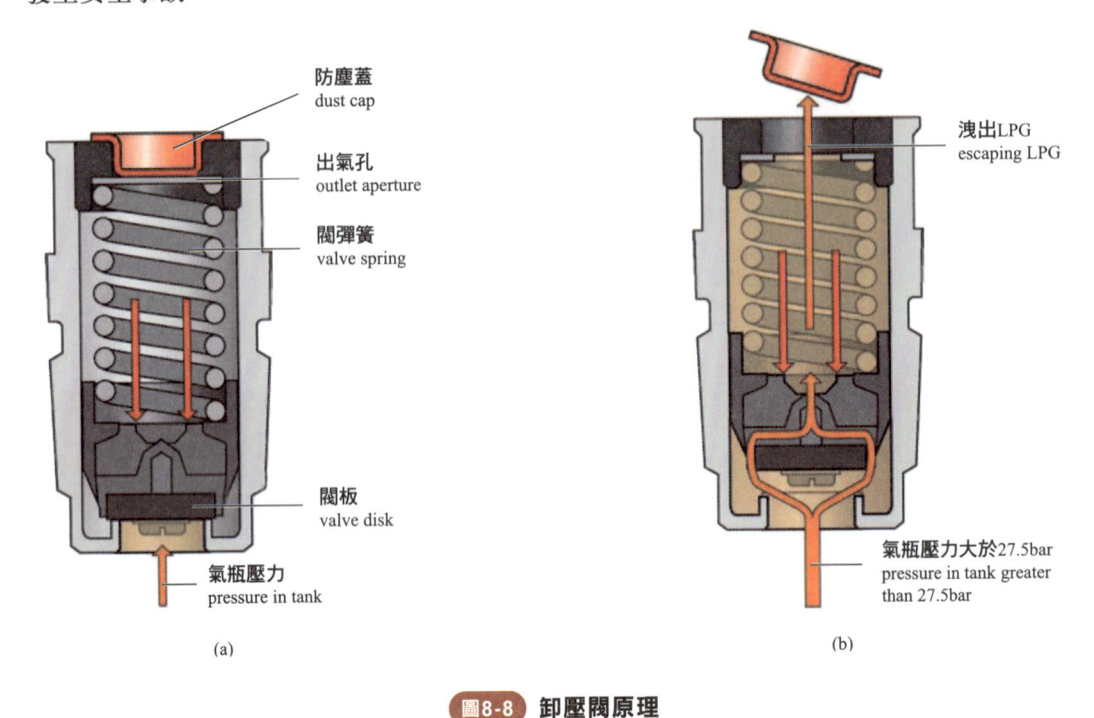

圖8-8 卸壓閥原理

（4）氣體壓力感知器

氣體壓力感知器（Gas Gauge Sender）用於感知儲氣瓶內的液面高度，並將液面高度信號傳到駕駛室內的氣量表（圖8-9）。

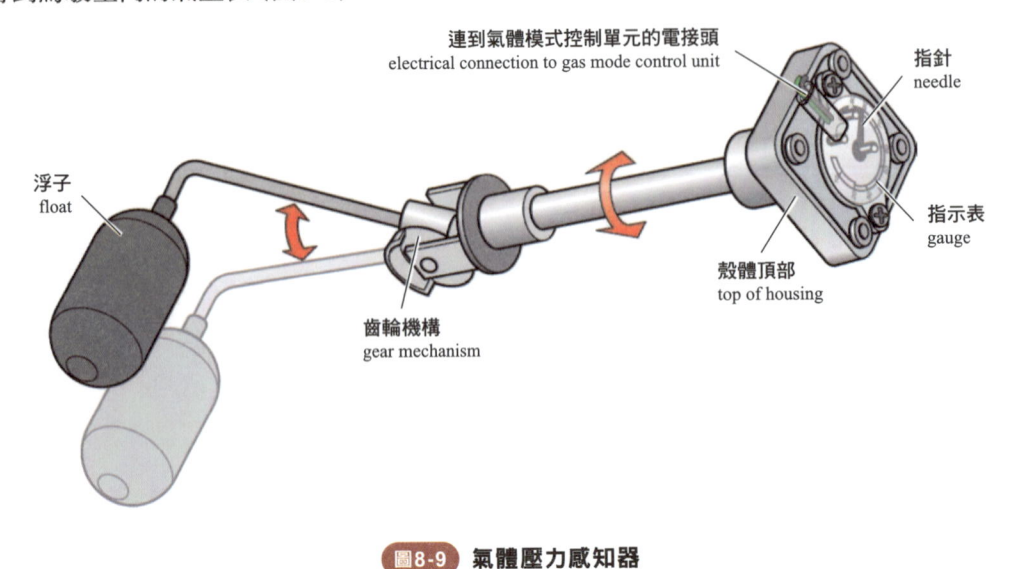

圖8-9 氣體壓力感知器

氣量表指示系統包括氣量表、氣體壓力感知器和氣體模式控制單元,如圖8-10所示。

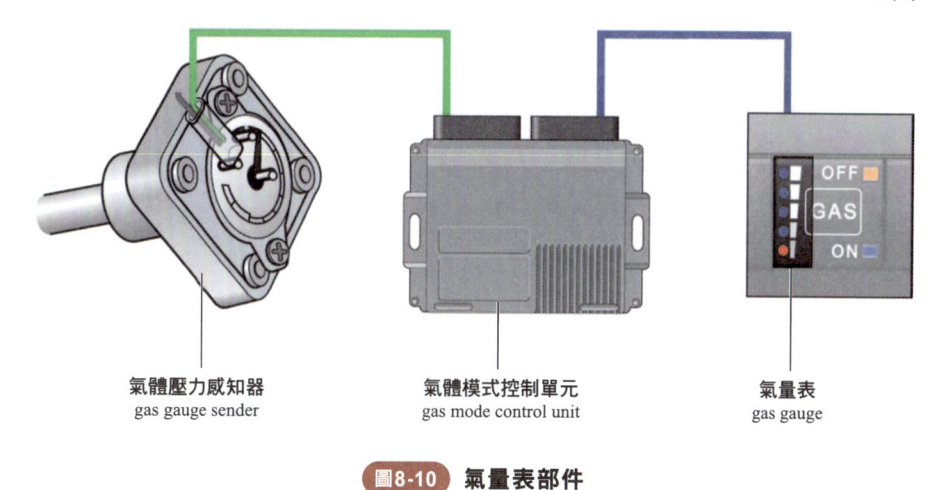

氣體壓力感知器
gas gauge sender

氣體模式控制單元
gas mode control unit

氣量表
gas gauge

圖8-10 氣量表部件

8.2.4 蒸發器

(1) 蒸發器的接口

蒸發器(Vaporiser,又稱調壓器、汽化器)通過進氣歧管真空接口與進氣管連接,目的是根據工況控制調壓器出口壓力(圖8-11)。通過兩根水管與引擎的冷卻水循環水管路連通,利用引擎循環熱水,提供液態燃氣進行汽化所需的汽化熱。

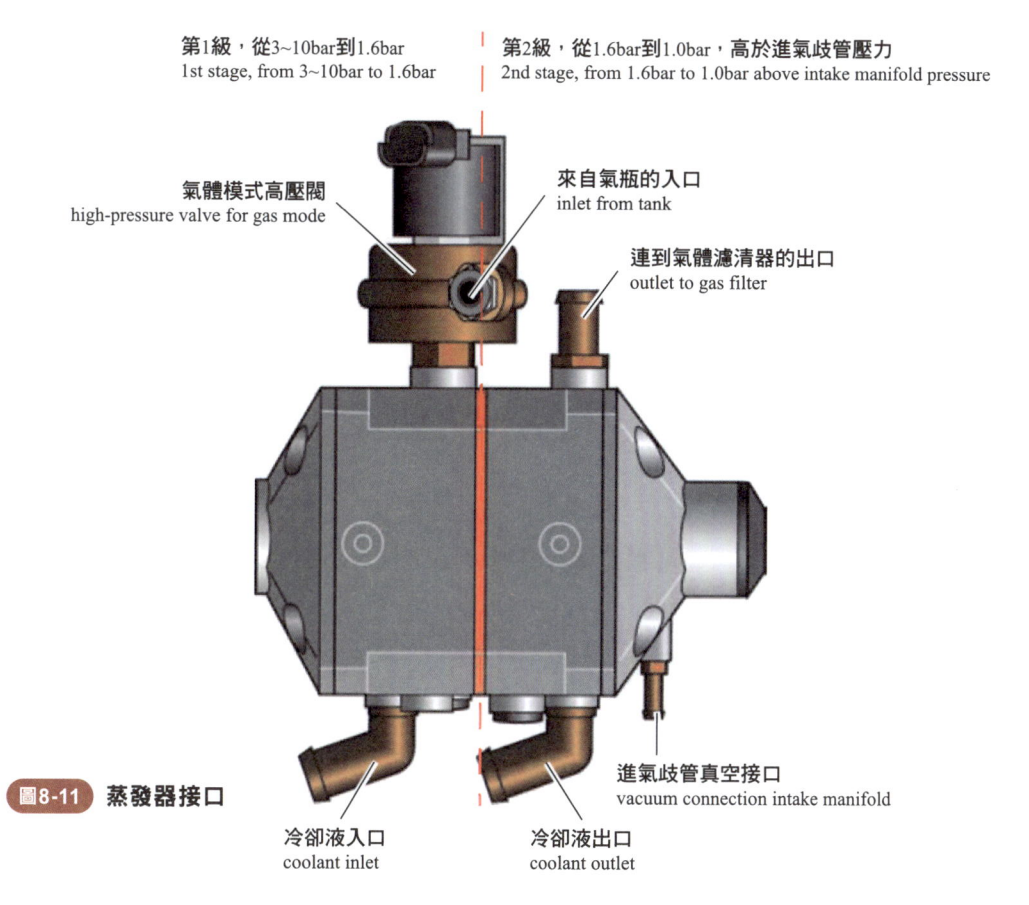

第1級,從3~10bar到1.6bar
1st stage, from 3~10bar to 1.6bar

第2級,從1.6bar到1.0bar,高於進氣歧管壓力
2nd stage, from 1.6bar to 1.0bar above intake manifold pressure

氣體模式高壓閥
high-pressure valve for gas mode

來自氣瓶的入口
inlet from tank

連到氣體濾清器的出口
outlet to gas filter

進氣歧管真空接口
vacuum connection intake manifold

冷卻液入口
coolant inlet

冷卻液出口
coolant outlet

圖8-11 蒸發器接口

(2) 蒸發器結構

蒸發器為兩級減壓器，主氣路經過兩級減壓後出氣。蒸發器的每級均由一個內槽、一個外槽和一個控制槽組成（圖8-12）。LPG通過溢流通道從第一級流到第二級，每級都有一個閥門和柱塞，柱塞由螺栓固定到膜片上。每個彈簧槽中都有一個彈簧。第一級彈簧槽壓力為大氣壓，第二級的彈簧槽壓力為進氣歧管壓力。在第一級和第二級之間有一個橡膠油封墊，將LPG冷卻管路隔開。

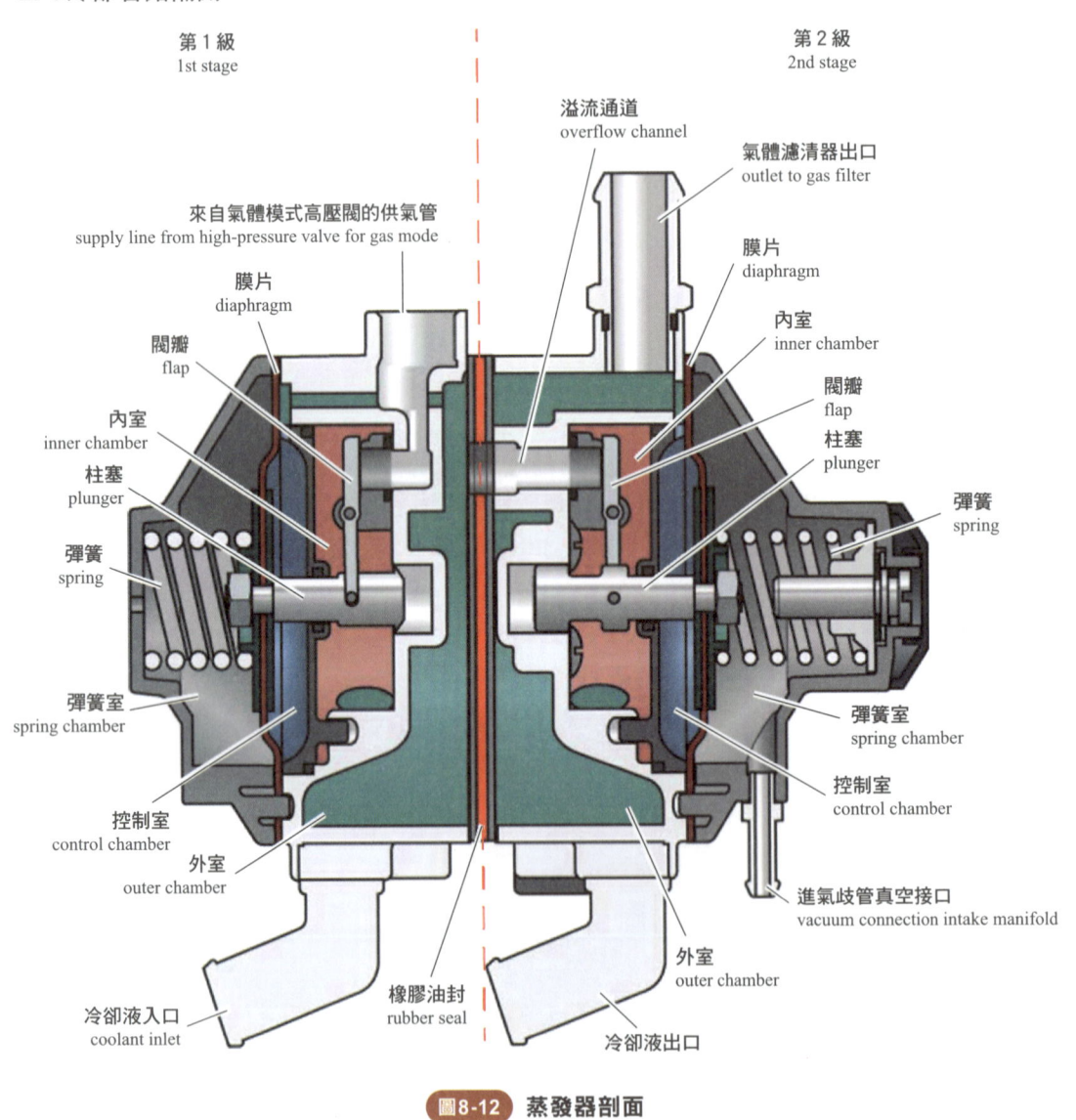

圖8-12 蒸發器剖面

(3) 蒸發器工作原理

蒸發器通過啟閉閥門的節流，將進口壓力減至某一需要的出口壓力，並使出口壓力保持穩定。天然氣通過高壓閥進入一級減壓槽使一級膜片逐步左移，當一級減壓槽氣壓達到一定值，膜片的推力完全克服一級彈簧的預緊力時，作用於槓桿的合力矩關閉閥瓣（圖8-13）。燃氣流量隨引擎負荷變化而變化，在彈簧與膜片相互作用下，閥瓣隨時變化開度，保證輸出壓力穩定，完成一級減壓。

第 8 章　液化石油氣汽車

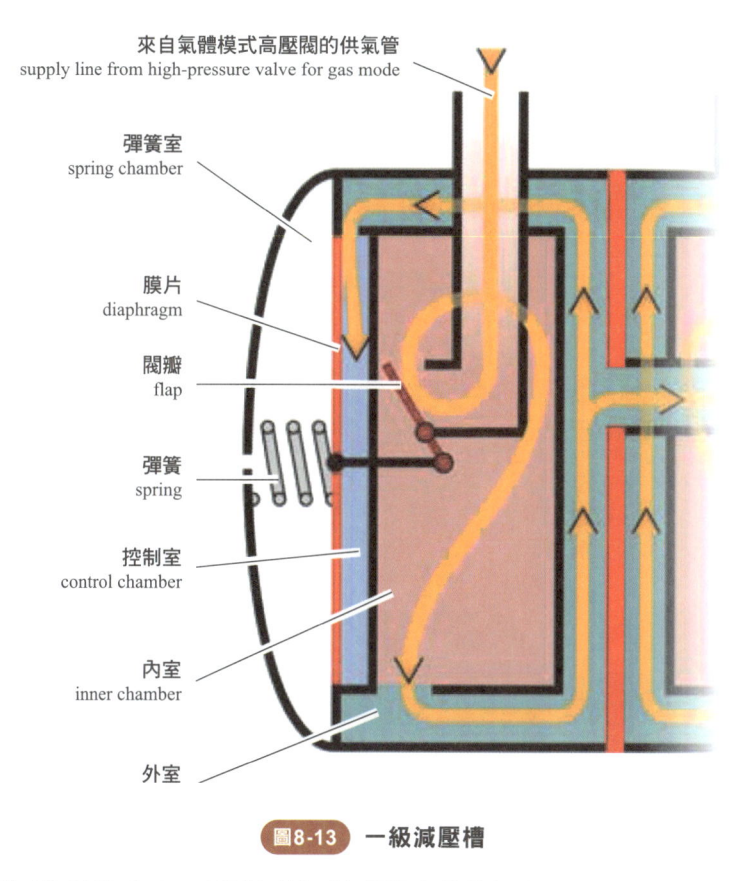

圖 8-13　一級減壓槽

經過一級減壓的氣體進入二級減壓槽，隨引擎負荷的變化，膜片帶動槓桿移動，調節閥瓣的開度（圖 8-14）。

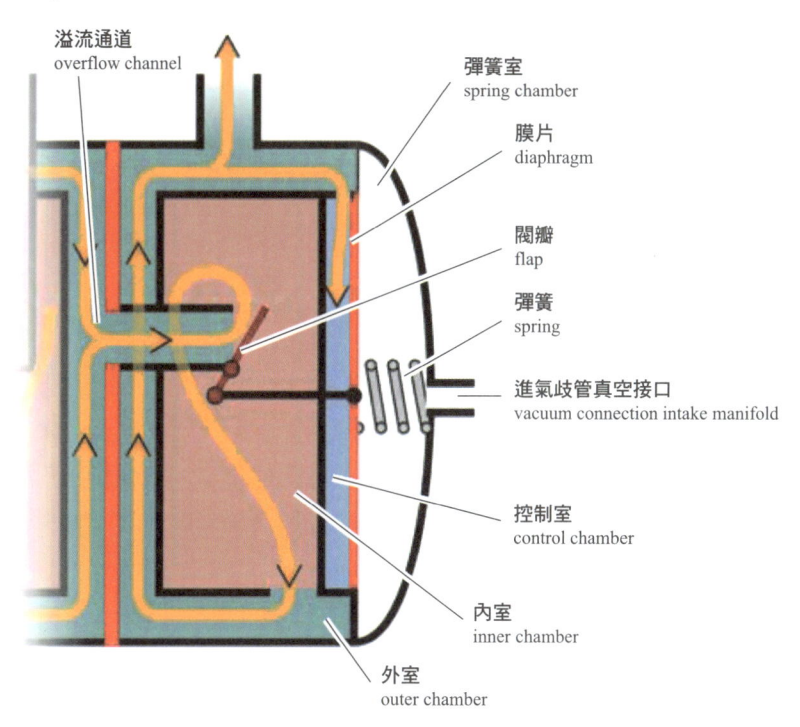

圖 8-14　二級減壓槽

· 225 ·

(4) 蒸發器冷卻管路

蒸發器冷卻管路通過接頭與引擎冷卻系統連接（圖8-15）。在蒸發器內部，橡膠油封將冷卻管路分成一級和二級管路。通過兩個溢流通道，LPG從一級管路流到二級管路。

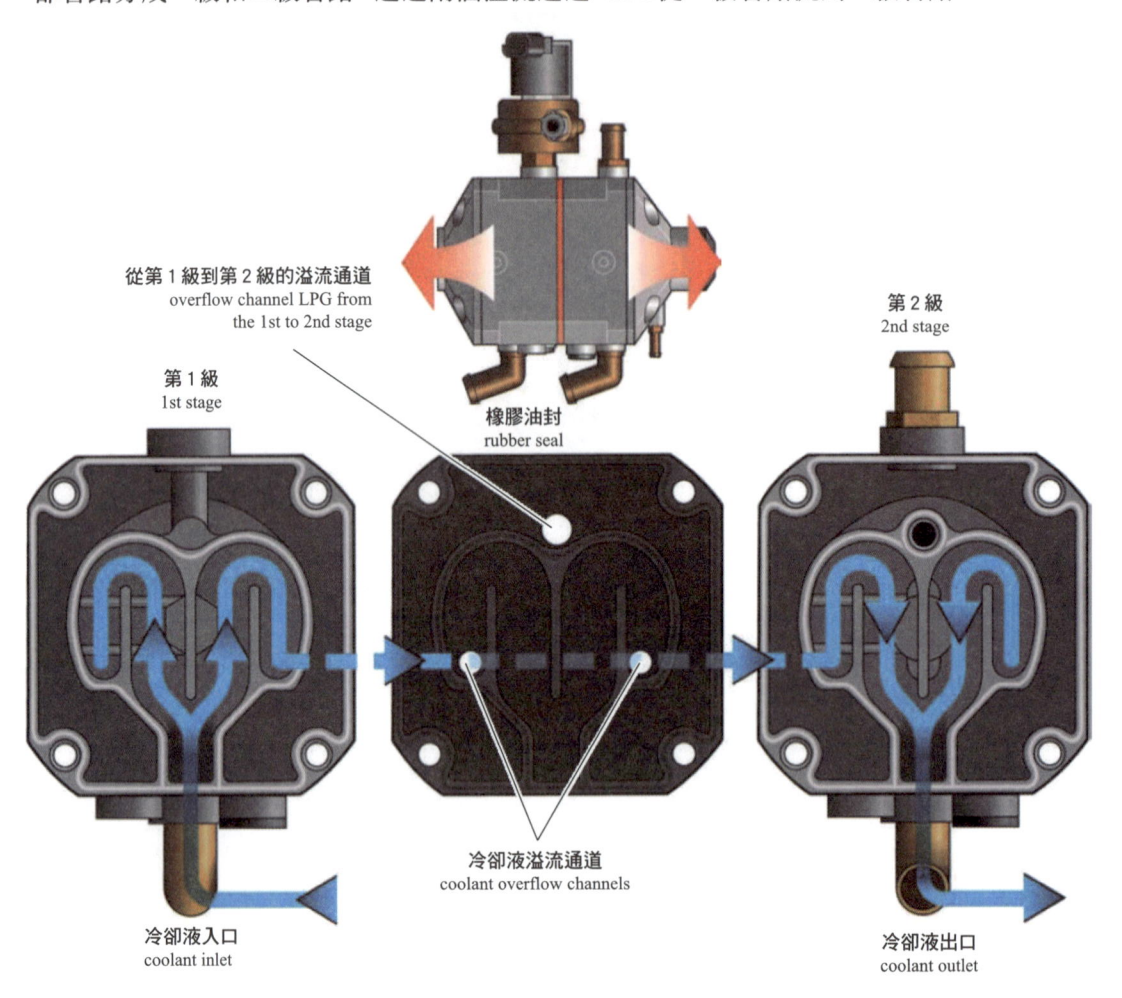

圖8-15 蒸發器冷卻管路

8.2.5 氣體模式高壓閥

氣體模式高壓閥安裝在蒸發器上，用於切斷到蒸發器的供氣，開閉由引擎ECU控制。當轉換到汽油工作模式、關閉引擎、發生事故沒有電時，高壓閥自動關閉，不再向蒸發器供給LPG（圖8-16）。

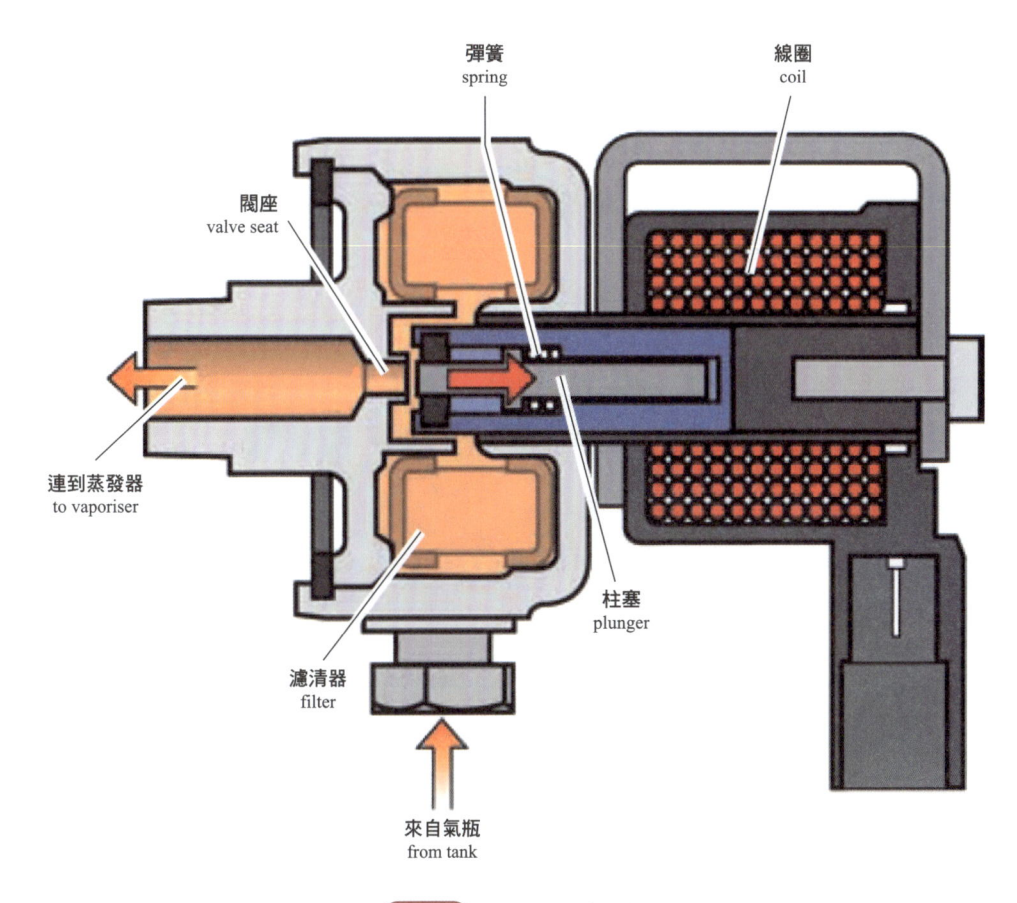

圖 8-16 氣體模式高壓閥

8.2.6 燃氣過濾器

安裝在蒸發器和燃氣軌之間，過濾掉雜質，保護噴氣嘴（圖8-17）。

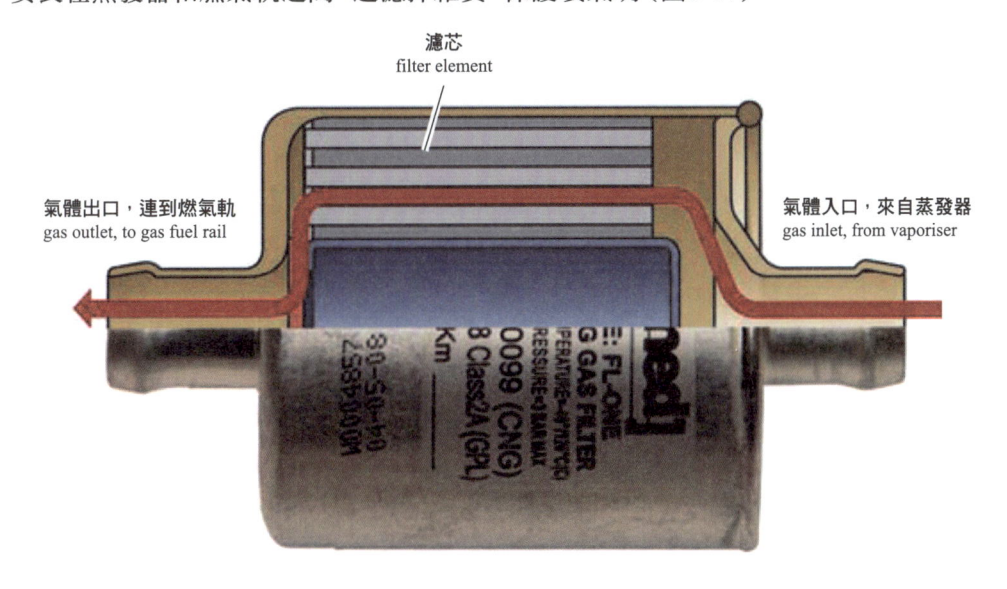

圖 8-17 燃氣過濾器

8.2.7　燃氣軌

燃氣軌安裝在引擎進氣歧管上，四個電控噴氣嘴和燃氣軌感知器集成在燃氣軌上，感知器用於測量LPG的壓力和溫度（圖8-18）。

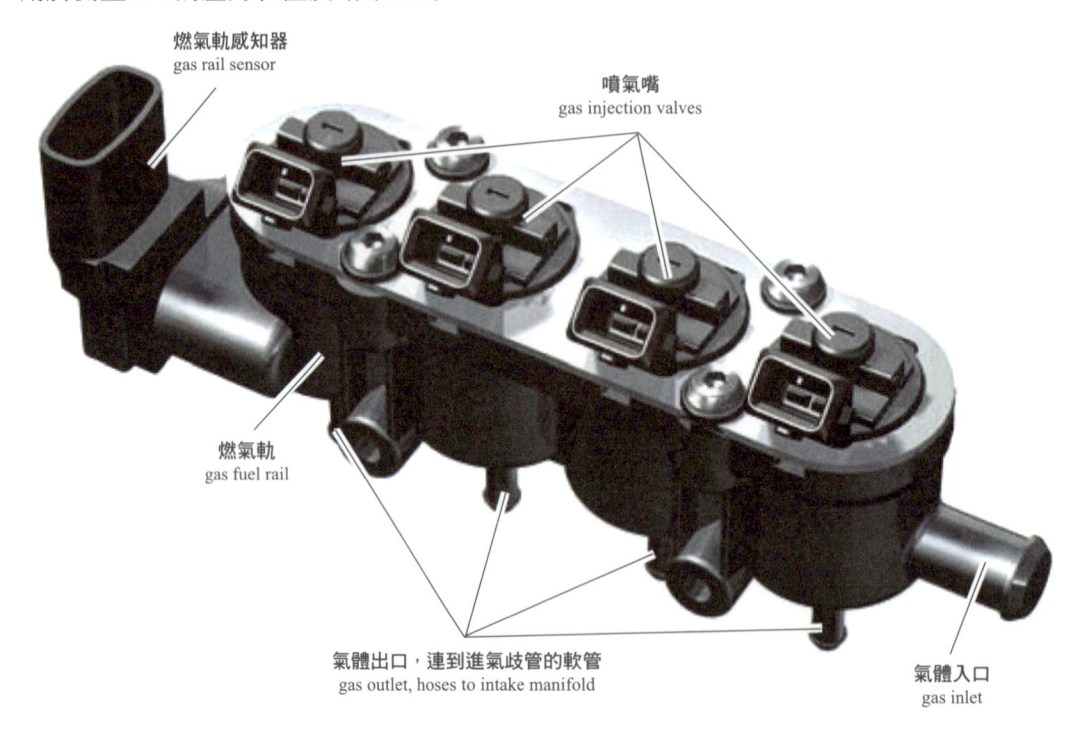

圖8-18　燃氣軌主要部件

來自濾清器的LPG流進燃氣軌，噴氣嘴將LPG噴入進氣歧管（圖8-19）。

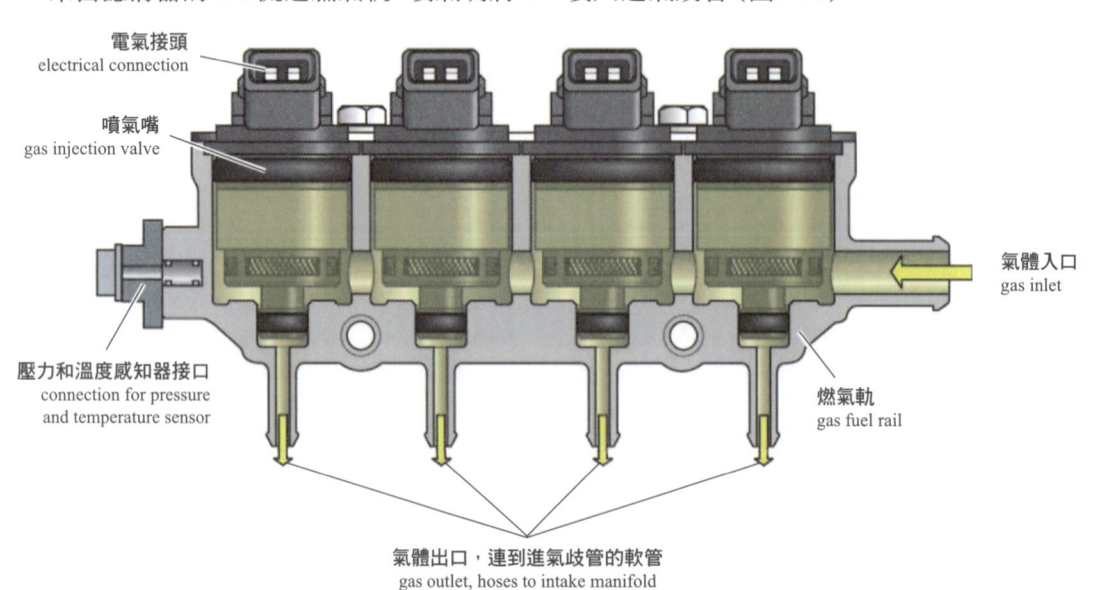

圖8-19　燃氣軌工作原理

8.2.8 噴氣嘴

噴氣嘴安裝在燃氣軌上，由引擎ECU控制噴氣量（圖8-20）。

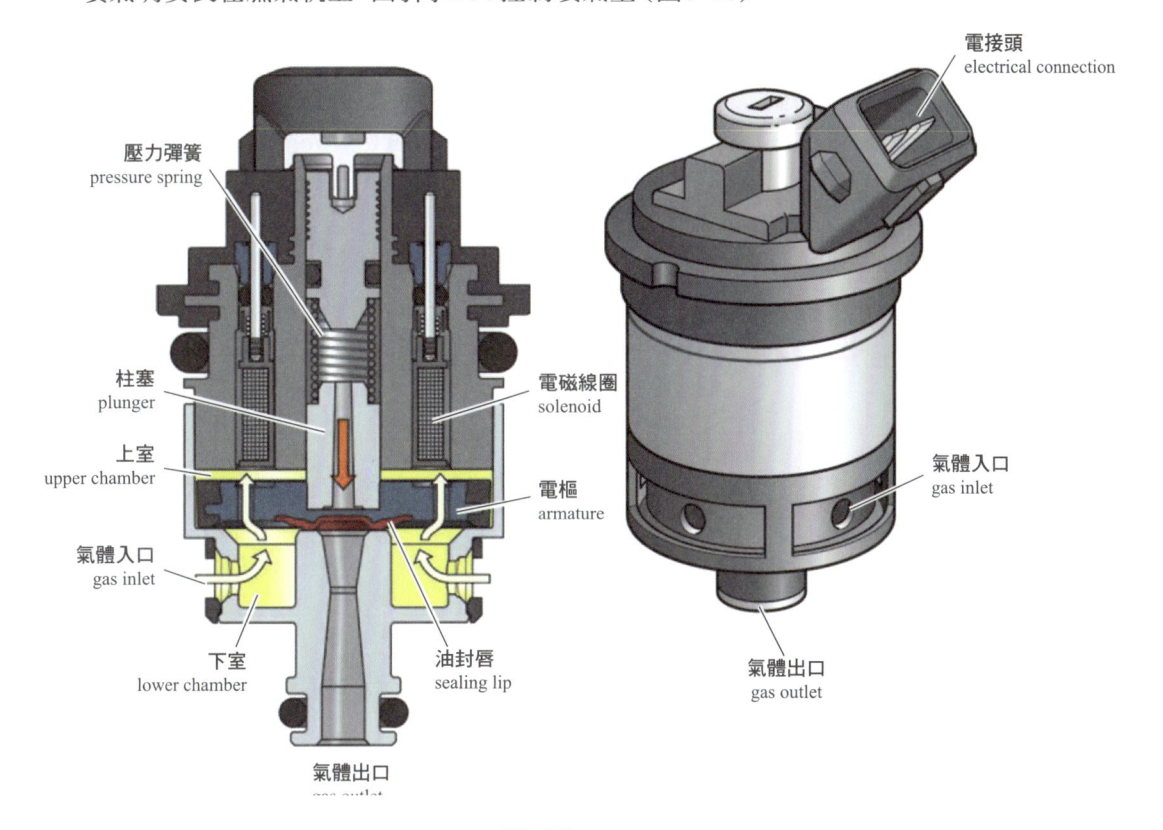

圖8-20 噴氣嘴

參考文獻

[1]Denton T. Automobile Mechanical and Electrical Systems. Oxford: Butterworth Heinemann, 2018.

[2]Mehrdad Ehsani. Modern Electric, Hybrid Electric, and Fuel Cell Vehicles. 3rd ed. Boca Raton: CRC Press, 2018.

圖解新能源汽車原理與構造（彩色版）
本書由化學工業出版社有限公司經大前文化股份有限公司正式授權中文繁體
字版權予楓葉社文化事業有限公司。非經書面同意，不得以任何形式任意複製、轉載
Copyright © Chemical Industry Press Co., Ltd.
Original Simplified Chinese edition published by Chemical Industry Press Co., Ltd.
Complex Chinese translation rights arranged with Chemical Industry Press Co., Ltd.,
, through LEE's Literary Agency.
Complex Chinese translation rights © Maple Leaves Publishing Co., Ltd

圖解新能源汽車原理與構造

出　　　版／楓葉社文化事業有限公司
地　　　址／新北市板橋區信義路163巷3號10樓
郵 政 劃 撥／19907596　楓書坊文化出版社
網　　　址／www.maplebook.com.tw
電　　　話／02-2957-6096
傳　　　真／02-2957-6435
編　　　著／張金柱
審　　　定／黃國修
港 澳 經 銷／泛華發行代理有限公司
定　　　價／520元
出 版 日 期／2025年6月

國家圖書館出版品預行編目資料

圖解新能源汽車原理與構造 / 張金柱編著.
-- 初版. -- 新北市：楓葉社文化事業有限公
司, 2025.06　面；　公分

ISBN 978-986-370-798-1（平裝）

1. 汽車　2. 汽車工程

447.1　　　　　　　　　　114005599